网站开发案例课堂

网页设计与网站建设案例课堂

刘玉红　蒲　娟　编　著

清华大学出版社

北　京

内 容 简 介

本书以零基础讲解为宗旨，用实例引导读者深入学习，采取"网站基础入门→静态网页制作→动态网站制作→网页美化布局→网页脚本→网页元素设计→网站开发实战→网站全能扩展"的讲解模式，深入浅出地讲解网页设计和网站建设的各项技术及实战技能。

本书适合任何想学习网页设计与网站建设知识的人员，无论读者是否从事计算机相关行业，是否接触过网页设计与网站建设，通过学习本书均可快速掌握网页设计与网站建设的方法和技巧。

图书在版编目(CIP)数据

网页设计与网站建设案例课堂/刘玉红，蒲娟编著.--北京：清华大学出版社，2016
(网站开发案例课堂)
ISBN 978-7-302-42354-6

Ⅰ.①网…　Ⅱ.①刘…　②蒲…　Ⅲ.①网页制作工具　Ⅳ.①TP393.092

中国版本图书馆 CIP 数据核字(2015)第 296148 号

责任编辑：张彦青　郑期彤
装帧设计：杨玉兰
责任校对：周剑云
责任印制：宋　林

出版发行：清华大学出版社
　　　网　　　址：http://www.tup.com.cn，http://www.wqbook.com
　　　地　　　址：北京清华大学学研大厦 A 座　　　邮　　编：100084
　　　社　总　机：010-62770175　　　邮　　购：010-62786544
　　　投稿与读者服务：010-62776969，c-service@tup.tsinghua.edu.cn
　　　质　量　反　馈：010-62772015，zhiliang@tup.tsinghua.edu.cn
　　　课　件　下　载：http://www.tup.com.cn，010-62791865
印　刷　者：清华大学印刷厂
装　订　者：三河市新茂装订有限公司
经　　　销：全国新华书店
开　　　本：190mm×260mm　　印　　张：41　　字　　数：1009 千字
　　　　　　(附 DVD1 张)
版　　　次：2016 年 1 月第 1 版　　　印　　次：2016 年 1 第 1 次印刷
印　　　数：1～3000
定　　　价：79.00 元

产品编号：066180-01

前　　言

"网站开发案例课堂"系列图书是专门为网站开发和数据库初学者量身定做的一套学习用书，由刘玉红策划，千谷网络科技实训中心的高级讲师编著。整套书涵盖网站开发、数据库设计等方面，具有以下几个特点。

- 前沿科技

无论是网站建设、数据库设计还是 HTML5、CSS3，我们都精选较为前沿或者用户群最大的领域推进，帮助大家认识和了解最新动态。

- 权威的作者团队

组织国家重点实验室和资深应用专家联手编著该套图书，融合丰富的教学经验与优秀的管理理念。

- 学习型案例设计

以技术的实际应用过程为主线，全程采用图解和同步多媒体结合的教学方式，生动、直观、全面地剖析各种应用技能，降低难度，提升学习效率。

编写目的

随着互联网的普及，很多企事业单位、大中专院校学生及普通网民对于建立网站的需求越来越强烈，但又因为不懂网页代码程序，而不知道该从哪里下手。本书即针对这样零基础的读者编写，书中详细讲解了网页设计和网站建设中需要用到的各项技术，能够带领读者学习网页设计和网站建设的全面知识。通过对本书的学习，读者可以迅速掌握设计网页和开发网站的技能。

本书特色

- 零基础、入门级的讲解

无论读者是否从事计算机相关行业，无论读者是否接触过网页设计与网站建设，都能从本书中找到最佳起点。

- 超多、实用、专业的范例和项目

本书在编排上注意由浅入深，从网页设计与网站建设的基本操作开始，带领读者逐步深入地学习各种应用技巧，书中侧重实战技能，使用大量简单易懂的实际案例进行分析和操作指导，让读者读起来简明轻松，操作起来有章可循。

- 随时检测自己的学习成果

每章首页中均提供"本章要点"，以指导读者重点学习及学后检查。

每章最后的"跟我练练手"板块均根据本章内容精选而成，读者可以随时检测自己的学习成果和实战能力，做到融会贯通。

- 细致入微、贴心提示

各章中均使用"注意""提示""技巧"等小栏目，使读者在学习过程中更清楚地了解相关操作，理解相关概念，并轻松掌握各种操作技巧。

● 专业创作团队和技术支持

本书由千谷网络科技实训中心编著并提供技术支持。如在学习过程中遇到任何问题，可添加智慧学习乐园 QQ 群(221376441)进行提问，随时有资深实战型讲师在旁指点，并精选难点、重点在腾讯课堂直播讲授。

内容总览

本书以学习网页设计与网站建设的最佳路径来分配章节，包括网站基础入门篇、静态网页制作篇、动态网站制作篇、网页美化布局篇、网页脚本篇、网页元素设计篇、网站开发实战篇、网站全能扩展篇等。

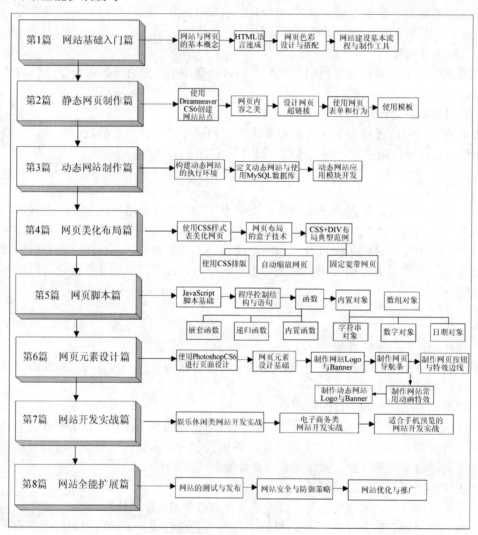

超值光盘

● 全程同步教学录像

涵盖本书所有知识点，详细讲解每个实例及项目的制作过程及技术关键点，能更轻松地掌握书中所有的网页设计与网站建设的相关技术，扩展的讲解部分可使读者收获更多。

● 超多容量王牌资源大放送

赠送大量王牌资源，包括本书实例源文件、教学幻灯片、本书精品教学视频、网页样式与布局案例赏析、Dreamweaver CS6 快捷键和技巧、HTML 标签速查表、精彩网站配色方案赏析、CSS+DIV 布局赏析案例、Web 前端工程师常见面试题、88 类精美实用的网页模板等。

读者对象

● 没有任何网页设计与网站建设基础的初学者。
● 有一定的网页设计和网站建设基础，想精通网站开发的人员。
● 有一定的动态网站开发基础，没有项目经验的人员。
● 正在进行毕业设计的学生。
● 大专院校及培训学校的老师和学生。

创作团队

本书由刘玉红策划，千谷网络科技实训中心高级讲师编著，参加编写的人员有付红、李园、王攀登、郭广新、侯永岗、蒲娟、刘海松、孙若淞、王月娇、包慧利、陈伟光、胡同夫、梁云梁和周浩浩。

在编写过程中，我们竭尽所能地将最好的内容呈现给读者，但也难免有疏漏和不妥之处，敬请读者不吝指正。若您在学习中遇到困难、疑问或有何建议，可发邮件至 357975357@qq.com。

编　者

目　　录

第 1 篇　网站基础入门篇

第 6 章 制作我的第一个网页——
网页内容之美 81

第 7 章 不在网页中迷路——设计
网页超链接 117

第 3 篇 动态网站制作篇

第 4 篇　网页美化布局篇

第 5 篇 网页脚本篇

第 6 篇 网页元素设计篇

第1篇

网站基础入门篇

第1章

网站建设入门——
网站与网页的
基本概念

随着 Internet 的发展与普及，越来越多的人开始在网上通信、工作、购物、娱乐，甚至在网络上建立自己的网站。本章主要介绍网页的基本知识，包括网页和网站的基本概念、网页的相关概念以及网站的种类和特点。

本章要点(已掌握的在方框中打钩)

☐ 熟悉网页和网站。
☐ 熟悉网页的相关概念。

1.1 认识网页和网站

在创建网站之前，首先需要认识什么是网页、什么是网站以及网站的种类与特点，本节就来认识一下网页和网站，了解它们的相关概念。

1.1.1 什么是网页

网页是 Internet 中最基本的信息单位，是把文字、图形、声音、动画等各种多媒体信息相互链接起来而构成的一种信息表达方式。

通常情况下，网页中有文字和图像等基本信息，有些网页中还有声音、动画和视频等多媒体内容。网页一般由站标、导航栏、广告栏、信息区、版权区等部分组成，如图 1-1 所示。

在访问一个网站时，首先看到的网页一般称为该网站的首页。有些网站的首页具有欢迎访问者的作用。首页只是网站的开场页，单击页面上的文字或图片，即可打开网站主页，而首页也随之关闭，如图 1-2 所示。

图 1-1 网站网页

图 1-2 网站主页

网站主页与首页的区别在于：主页设有网站的导航栏，是所有网页的链接中心。但多数网站的首页与主页通常合为一个页面，即省略了首页而直接显示主页，在这种情况下，它们指的是同一个页面。如图 1-3 所示为新浪网的主页。

1.1.2 什么是网站

网站就是在 Internet 上通过超级链接的形式构成的相关网页的集合。简单地说，网站是一种通信工具，人们可以通过网页浏览器来访问网站，获取自己需要的资源或享受网络提供的服务。

例如，人们可以通过淘宝网查找自己需要的信息，如图 1-4 所示。

图 1-3　新浪网主页

图 1-4　淘宝网

1.1.3　网站的种类和特点

按照内容形式的不同，网站可以分为门户网站、职能网站、专业网站和个人网站四大类。

1. 门户网站

门户网站是指涉及领域非常广泛的综合性网站，如国内著名的三大门户网站：网易、搜狐和新浪。如图 1-5 所示为网易的首页。

2. 职能网站

职能网站是指一些公司为展示其产品或对其所提供的售后服务进行说明而建立的网站。如图 1-6 所示为联想集团的中文官方网站。

图 1-5　网易

图 1-6　联想集团网站

3. 专业网站

专业网站是指专门以某个主题为内容而建立的网站，这类网站通常以某一题材作为网站的内容。如图 1-7 所示为赶集网，该网站主要为用户提供租房、二手货交易等同城相关服务。

4. 个人网站

个人网站是由个人开发建立的网站，在内容形式上具有很强的个性，通常用来宣传自己或展示个人的兴趣爱好，如图 1-8 所示。

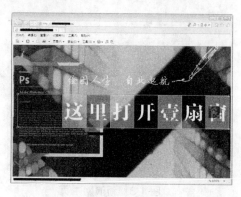

图 1-7　赶集网　　　　　　　　　　　　　图 1-8　个人网站

1.2　网页的相关概念

在制作网页时，经常会接触到很多和网页有关的概念，如浏览器、URL、FTP、IP 地址、域名等，理解与网页相关的概念，有利于更好地制作网页。

1.2.1　因特网

因特网(Internet)又称为互联网，是一个把分布于世界各地的计算机用传输介质互相连接起来的网络。Internet 主要提供的服务有万维网(WWW)、文件传输协议(FTP)、电子邮件(E-mail)及远程登录(Telnet)等。如图 1-9 所示为 Internet Explorer(IE)浏览器图标，通过该浏览器可以浏览互联网的任何信息。

1.2.2　万维网

万维网(World Wide Web)缩写为 WWW 或简称 3W，它是无数个网络站点和网页的集合，也是 Internet 提供的最主要的服务。它是由多媒体链接而形成的集合，通常人们上网看到的就是万维网的内容。如图 1-10 所示就是使用万维网服务打开的百度首页。

图 1-9　IE 浏览器图标

图 1-10　百度首页

1.2.3 浏览器

浏览器是指将互联网上的文本文档(或其他类型的文件)翻译成网页，并让用户与这些文件交互的一种软件工具，主要用于查看网页的内容。目前常用的浏览器有很多，如 Internet Explorer、Firefox、Google Chrome、QQ 浏览器、360 浏览器等。如图 1-11 所示为使用 IE 浏览器打开的页面。

1.2.4 HTML

HTML(HyperText Marked Language)即超文本标记语言，是一种用来制作超文本文档的简单标记语言，也是用于制作网页的最基本的语言，它可以直接由浏览器执行。如图 1-12 所示为使用 HTML 语言制作的页面。

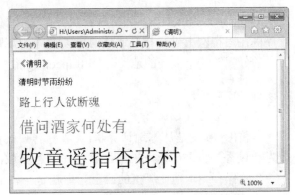

图 1-11　IE 浏览器打开的页面　　　　　图 1-12　使用 HTML 语言制作的页面

1.2.5 URL

URL(Uniform Resource Locator)即统一资源定位器，也就是网络地址，是在 Internet 上用来描述信息资源，并将 Internet 提供的服务统一编址的系统。简单来说，通常人们在浏览器中输入的网址就是 URL 的一种。例如，输入百度网址 http://www.baidu.com，如图 1-13 所示。

1.2.6 域名

域名类似于 Internet 上的门牌号，是用于识别和定位互联网上计算机的层次结构式字符标识，与该计算机的因特网协议(IP)地址相对应。但相对于 IP 地址而言，更便于使用者理解和记忆。URL 和域名是两个不同的概念，如 http://www.sohu.com/是 URL，而 www.sohu.com 是域名，如图 1-14 所示。

图 1-13　URL 地址

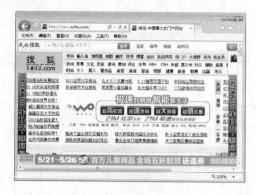

图 1-14　搜狐首页

1.2.7　IP 地址

IP(Internet Protocol)即因特网协议，是为计算机网络相互连接进行通信而设计的协议，是计算机在因特网上进行相互通信时应当遵守的规则。IP 地址是给因特网上的每台计算机和其他设备分配的一个唯一的地址。使用 ipconfig 命令可以查看本机的 IP 地址，如图 1-15 所示。

1.2.8　上传与下载

上传(Upload)是从本地计算机(一般称客户端)向远程服务器(一般称服务器端)传送数据的行为和过程。下载(Download)是从远程服务器取回数据到本地计算机的过程。例如，将网页上的图片保存到本地计算机的磁盘当中就是一种下载方法，如图 1-16 所示。

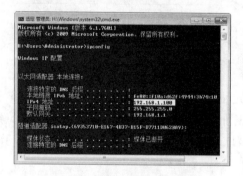

图 1-15　查看 IP 地址

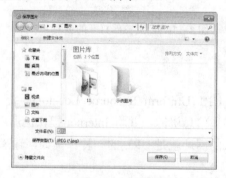

图 1-16　图片另存为

1.2.9　电子邮件

电子邮件(E-mail)是目前 Internet 上使用最多、最受欢迎的一种服务。电子邮件是利用计算机网络的电子通信功能传送信件、单据、资料等电子媒体信息的通信方式，它最大的特点是人们可以在任何时间、任何地点收发信件，大大地提高了工作的效率，为办公自动化、商业活动提供了很大便利。如图 1-17 所示为 163 网易邮箱登录界面。

1.2.10　FTP

FTP(File Transfer Protocol)即文件传输协议，是一种快速、高效和可靠的信息传输方式，通过该协议可把文件从一个地方传输到另一个地方，从而真正实现资源共享。制作好的网页要上传到服务器上，就要用到FTP。如图1-18所示为FTP上传工具的工作界面。

图 1-17　163 网易邮箱登录界面　　　　　　　图 1-18　FTP 上传工具

1.3　跟我练练手

1.3.1　练习目标

能够熟练掌握本章所讲内容。

1.3.2　上机练习

练习1：使用浏览器浏览网页。
练习2：使用电子邮件发送信件。

1.4　高手甜点

甜点1：在网页设计中如何使用图像

图像内容应有一定的实际作用，切忌虚饰浮夸。图像可以弥补文字之不足，但并不能够完全取代文字。很多用户把浏览软件设定为略去图像，只看文字，以求节省时间。因此，在制作主页时必须注意将图像所表达的重要信息或链接到其他页面的指示用文字重复表达几次，同时要注意避免使用过大的图像。如果不得不放置大的图像在网站上，应该把图像缩小版本的预览效果显示出来，这样用户就不必浪费金钱和时间去下载他们根本不想看的大图像。

甜点 2：网页设计对 HTML 编码的要求高吗

为了成功地设计网站，必须理解 HTML 是如何工作的。建议新手应从 HTML 的书中寻找答案，用记事本制作网页。因为用 HTML 设计网站，可以控制设计的整个过程。

第 2 章

读懂网页密码——
HTML 语言速成

HTML 即超文本标记语言，是一种用来制作超文本文档的简单标记语言，是一种应用非常广泛的网页格式，也是被用来显示 Web 页面的语言之一。可以说，一个网页对应于一个 HTML 文件，HTML 文件以.htm 或.html 为扩展名，可以使用任何能够生成TXT 类型源文件的文本编辑器来编辑HTML 文件。

本章要点(已掌握的在方框中打钩)

☐ 掌握网页的 HTML 结构。
☐ 掌握 HTML 常用的标签。
☐ 掌握制作日程表的步骤。

2.1 网页的 HTML 构成

在一个 HTML 文档中，必须包含<HTML></HTML>标签，并且放在一个 HTML 文档中的开始和结束位置，即每个文档以<HTML>开始，以</HTML>结束。<HTML></HTML>之间通常包含两个部分，分别是<HEAD></HEAD>和<BODY></BODY>。HEAD 标签中包含 HTML 头部信息，如文档标题、样式定义等。BODY 标签中包含文档主体部分，即网页内容。需要注意的是，HTML 标签不区分大小写。

为了便于读者从整体上把握 HTML 文档结构，下面通过一个 HTML 页面来介绍其整体结构，示例代码如下。

```
<!DOCTYPE HTML>
<HTML>
<HEAD>
    <TITLE>网页标题</TITLE>
</HEAD>
<BODY>
    网页内容
</BODY>
</HTML>
```

从上面的代码可以看出，一个基本的 HTML 页面由以下几个部分构成。

(1) <!DOCTYPE>声明必须位于 HTML5 文档中的第一行，也就是位于<HTML>标签之前。该标签告知浏览器文档所使用的 HTML 规范。<!DOCTYPE>声明不属于 HTML 标签，它是一条指令，告诉浏览器编写页面所用的标签的版本。

(2) <HTML></HTML>说明本页面使用 HTML 语言编写，使浏览器软件能够准确无误地解释、显示。

(3) <HEAD></HEAD>是 HTML 的头部标签，头部信息不显示在网页中，在此标签内可以保护其他标签，用于说明文件标题和整个文件的一些公用属性。可以通过<STYLE>标签定义 CSS 样式表，通过<SCRIPT>标签定义 JavaScript 脚本文件。

(4) <TITLE></TITLE>是 HEAD 中的重要组成部分，它包含的内容显示在浏览器的窗口标题栏中。如果没有 TITLE，浏览器标题栏将显示页面的文件名。

(5) <BODY></BODY>包含 HTML 页面的实际内容，显示在浏览器窗口的客户区中。例如，页面中的文字、图像、动画、超链接以及其他 HTML 相关内容都定义在 BODY 标签中。

2.1.1 文档标签

基本 HTML 的页面以<HTML>标签开始，以</HTML>标签结束。HTML 文档中的所有内容都应该在这两个标签之间。空结构在 IE 中的显示是空白的。

<HTML>标签的语法格式如下。

```
<HTML>
...
...
```

```
...
</HTML>
```

2.1.2　头部标签

头部标签(<HEAD>...</HEAD>)包含文档的标题信息，如标题、关键字、说明以及样式等。除了<TITLE>标题外，位于头部的内容一般不会直接显示在浏览器中，而是通过其他方式显示。

1. 内容

头部标签中可以嵌套多个标签，如<TITLE>、<BASE>、<ISINDEX>、<SCRIPT>等，也可以添加任意数量的属性，如<SCRIPT>、<STYLE>、<META>或<OBJECT>。除了<TITLE>外，其他嵌入标签可以使用多个。

2. 位置

在所有的 HTML 文档中，头部标签都不可或缺，但结束标签可省略。在各个 HTML 版本的文档中，头部标签后一直紧跟<BODY>标签，但在框架设置文档中，其后跟的是<FRAMESET>标签。

3. 属性

<HEAD>标签的属性 PROFILE 给出了元数据描写的位置，说明其中的<META>和<LIND>元素的特性，该属性的形式没有严格的格式规定。

2.1.3　主体标签

主体标签(<BODY>...</BODY>)包含文档的内容，用若干个属性来规定文档中显示的背景和颜色。

主体标签可能用到的属性如下。

- BACKGROUND=URL：文档的背景图像，URL 指图像文件的路径。
- BGCOLOR=Color：文档的背景色。
- TEXT=Color：文本颜色。
- LINK=Color：链接颜色。
- VLINK=Color：已访问的链接颜色。
- ALINK=Color：被选中的链接颜色。
- ONLOAD=Script：文档已被加载。
- ONUNLOAD=Script：文档已退出。

为该标签添加属性的代码格式如下。

```
<BODY BACKGROUND="URL " BGCOLOR="Color ">
...
</BODY>
```

2.2 HTML 常用标签

HTML 文档是由标签组成的文档，要熟练掌握 HTML 文档的编写，首先就是了解 HTML 的常用标签。

2.2.1 标题标签\<h1>～\<h6>

在 HTML 文档中，文本的结构除了以行和段出现之外，还可以作为标题存在。通常一篇文档最基本的结构就是由若干不同级别的标题和正文组成。

HTML 文档中包含有各种级别的标题，各种级别的标题由\<h1>～\<h6>元素来定义，\<h1>～\<h6>标题标签中的字母 h 是英文 headline(标题行)的简称。其中\<h1>代表 1 级标题，级别最高，文字也最大，其他标题元素依次递减，\<h6>级别最低。

下面给出一个实例，来具体介绍标题标签的使用方法。

【**例 2.1**】标题标签的使用(实例文件：ch02\2.1.html)。

```
<html>
<head>
<title>文本段换行</title>
</head>
<body>
<h1>这里是 1 级标题</h1>
<h2>这里是 2 级标题</h2>
<h3>这里是 3 级标题</h3>
<h4>这里是 4 级标题</h4>
<h5>这里是 5 级标题</h5>
<h6>这里是 6 级标题</h6>
</body>
</html>
```

将上述代码输入记事本，并以后缀名为.html 的格式保存，然后在 IE 中预览效果，如图 2-1 所示。

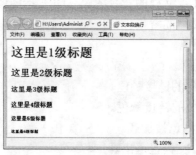

图 2-1　标题标签的使用

注意　作为标题，它们的重要性是有区别的，其中\<h1>标题的重要性最高，\<h6>标题的重要性最低。

2.2.2　段落标签<p>

段落标签<p>用来定义网页中的一段文本，文本在一个段落中会自动换行。段落标签是双标签，即<p></p>，在<p>开始标签和</p>结束标签之间的内容形成一个段落。如果省略结束标签，从<p>标签开始，直到遇见下一个段落标签之前的文本，都在一个段落内。段落标签中的 p 是英文单词 paragraph(段落)的首字母。

下面给出一个实例，来具体介绍段落标签的使用方法。

【例 2.2】段落标签的使用(实例文件：ch02\2.2.html)。

```
<html>
<head>
<title>段落标签的使用</title>
</head>
<body>
 <p>白雪公主与七个小矮人!</p>
<p>很久以前，白雪公主的后母——王后美貌盖世，但魔镜却告诉她世上唯有白雪公主最漂亮，王后怒
火中烧，派武士把她押送到森林准备谋害，武士同情白雪公主，让她逃往森林深处。
</p>
</p>
小动物们用善良的心抚慰她，鸟兽们还把她领到一间小屋中，收拾完房间后她进入了梦乡。房子的主人
是在外边开矿的七个小矮人，他们听了白雪公主的诉说后把她留在家中。
</p>
王后得知白雪公主未死，便用魔镜把自己变成一个老太婆，来到密林深处，哄骗白雪公主吃下一只有毒
的苹果，使公主昏死过去。鸟儿识破了王后的伪装，飞到矿山报告白雪公主的不幸。七个小矮人火速赶
回，王后仓皇逃跑，在狂风暴雨中跌下山崖摔死。
</p>
七个小矮人悲痛万分，把白雪公主安放在一只水晶棺里日日夜夜守护着她。邻国的王子闻讯，骑着白马
赶来，爱情之吻使白雪公主死而复生。然后王子带着白雪公主骑上白马，告别了七个小矮人和森林中的
动物，到王子的宫殿中开始了幸福的生活。
</p>
</body>
</html>
```

将上述代码输入记事本，并以后缀名为.html 的格式保存，然后在 IE 中预览效果，如图 2-2 所示，可以看出<p>标签将文本分成标题与 4 个段落。

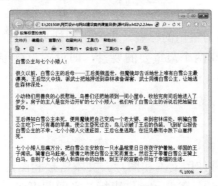

图 2-2　段落标签的使用

2.2.3　换行标签\

使用换行标签\
可以对文字强制换行，该标签是一个单标签，它没有结束标签，是英文单词 break 的缩写。一个\
标签代表一个换行，连续的多个标签可以实现多次换行。使用换行标签时，在需要换行的位置添加\
标签即可。

下面给出一个实例，来具体介绍换行标签的使用方法。

【例 2.3】 换行标签的使用(实例文件：ch02\\2.3.html)。

```
<html>
<head>
<title>文本段换行</title>
</head>
<body>
清明<br/>
清明时节雨纷纷<br/>
路上行人欲断魂<br/>
借问酒家何处有<br/>
牧童遥指杏花村
</body>
</html>
```

将上述代码输入记事本，并以后缀名为.html 的格式保存，然后在 IE 中预览效果，如图 2-3 所示。

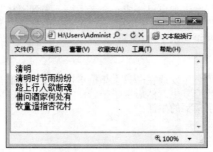

图 2-3　换行标签的使用

2.2.4　链接标签\<a>

链接标签\<a>是网页中最为常用的标签，主要用于把页面中的文本或图片链接到其他的页面、文本或图片。建立链接有两个最重要的要素，即设置为链接的网页元素和链接指向的目标地址。基本的链接结构如下。

```
<a href=URL>网页元素</a>
```

1. 文本和图片链接

设置链接的网页元素通常使用文本和图片。文本链接和图片链接是通过\<a>\</a>标签实现的，将文本或图片放在\<a>开始标签和\</a>结束标签之间即可建立文本或图片链接。

【例 2.4】 设置文本和图片链接(实例文件：ch02\2.4.html)。

打开记事本文件，在其中输入如下 HTML 代码。

```
<html>
<head>
<title>文本和图片链接</title>
</head>
<body>
<a href="a.html"><img src="images/Logo.gif"></a>
<a href="b.html">公司简介</a>
</body>
</html>
```

代码输入完成，将其保存为"链接.html"文件，然后双击该文件，就可以在浏览器中查看应用链接标签后的效果，如图 2-4 所示。

2. 电子邮件链接

电子邮件链接用来链接一个电子邮件的地址。下面是电子邮件链接可以使用的写法。

`mailto:邮件地址`

【例 2.5】 设置电子邮件链接(实例文件：ch02\2.5.html)。

打开记事本文件，在其中输入如下 HTML 代码。

```
<html>
<head>
<title>电子邮件链接</title>
</head>
<body>
使用电子邮件链接: <a href="mailto:liule2012@163.com">链接</a>
</body>
</html>
```

代码输入完成，将其保存为"电子邮件链接.html"文件，然后双击该文件，就可以在浏览器中查看应用电子邮件链接后的效果。当单击含有链接的文本时，会弹出邮件发送窗口，如图 2-5 所示。

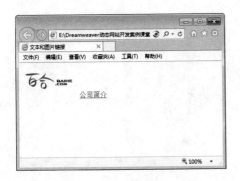

图 2-4 文本与图片链接

图 2-5 电子邮件链接

2.2.5 列表标签<ul>

文字列表可以有序地编排一些信息资源，使其结构化和条理化，并以列表的样式显示出来，以便浏览者能更加快捷地获得相应信息。HTML 中的文字列表如同文字编辑软件 Word 中的项目符号和自动编号。

1. 建立无序列表

无序列表相当于 Word 中的项目符号，无序列表的项目排列没有顺序，只以符号作为分项标识。无序列表使用一对标签<ul></ul>，其中每一个列表项使用<li></li>，其结构如下。

```
<ul>
  <li>无序列表项</li>
  <li>无序列表项</li>
  <li>无序列表项</li>
  <li>无序列表项</li>
</ul>
```

在无序列表结构中，使用<ul></ul>标签表示这一个无序列表的开始和结束，<li>则表示一个列表项的开始。在一个无序列表中可以包含多个列表项，并且<li>可以省略结束标签。

下面给出的实例使用无序列表实现文本的排列显示。

【例 2.6】 建立无序列表(实例文件：ch02\2.6.html)。

打开记事本文件，在其中输入如下 HTML 代码。

```
<html>
<head>
<title>嵌套无序列表的使用</title>
</head>
<body>
<h1>网站建设流程</h1>
<ul>
    <li>项目需求</li>
    <li>系统分析
      <ul>
        <li>网站的定位</li>
        <li>内容收集</li>
        <li>栏目规划</li>
        <li>网站目录结构设计</li>
        <li>网站标志设计</li>
        <li>网站风格设计</li>
        <li>网站导航系统设计</li>
      </ul>
    </li>
  <li>伪网页草图
      <ul>
        <li>制作网页草图</li>
        <li>将草图转换为网页</li>
      </ul>
```

```
    </li>
    <li>站点建设</li>
    <li>网页布局</li>
    <li>网站测试</li>
    <li>站点的发布与站点管理 </li>
</ul>
</body>
</html>
```

代码输入完成，将其保存为"无序列表.html"文件，然后双击该文件，就可以在浏览器中查看应用无序列表后的效果了，如图 2-6 所示。读者会发现，在无序列表项中可以嵌套一个列表。如代码中的"系统分析"列表项和"伪网页草图"列表项中都有下级列表，因此在这对<li></li>标签间又增加了一对<ul></ul>标签。

2. 建立有序列表

有序列表类似于 Word 中的自动编号功能。有序列表的使用方法和无序列表的使用方法基本相同，它使用标签<ol></ol>，每一个列表项前使用<li></li>。每个项目都有前后顺序之分，多数用数字表示，其结构如下。

```
<ol>
  <li>第 1 项</li>
  <li>第 2 项</li>
  <li>第 3 项</li>
</ol>
```

下面给出的实例使用有序列表实现文本的排列显示。

【例 2.7】建立有序列表(实例文件：ch02\2.7.html)。

打开记事本文件，在其中输入如下 HTML 代码。

```
<html>
<head>
<title>有序列表的使用</title>
</head>
<body>
<h1>本讲目标</h1>
<ol>
  <li>网页的相关概念</li>
  <li>网页与 HTML</li>
  <li>Web 标准(结构、表现、行为)</li>
  <li>网页设计与开发的过程</li>
  <li>与设计相关的技术因素</li>
  <li>HTML 简介</li>
</ol>
</body>
</html>
```

代码输入完成，将其保存为"有序列表.html"文件，然后双击该文件，就可以在浏览器中查看应用有序列表后的效果，如图 2-7 所示。

| 图 2-6 无序列表 | 图 2-7 有序列表 |

2.2.6 图像标签<img>

图像可以美化网页，插入图像使用单标签<img>。<img>标签的属性及描述如表 2-1 所示。

表 2-1 <img>标签的属性及描述

属 性	值	描 述
alt	text	定义有关图像的短的描述
src	URL	要显示的图像的 URL
height	pixels %	定义图像的高度
ismap	URL	把图像定义为服务器端的图像映射
usemap	URL	定义作为客户端图像映射的一幅图像
width	pixels %	定义图像的宽度

1. 插入图像

src 属性用于指定图像源文件的路径，它是<img>标签必不可少的属性。其语法格式如下。

```
<img src="图像路径">
```

图像路径可以是绝对路径，也可以是相对路径。

下面给出的实例将在网页中插入图像。

【例 2.8】插入图像(实例文件：ch02\2.8.html)。

打开记事本文件，在其中输入如下 HTML 代码。

```
<html>
<head>
<title>插入图像</title>
</head>
<body>
<img src="images/meishi.jpg">
</body>
</html>
```

代码输入完成，将其保存为"插入图像.html"文件，然后双击该文件，就可以在浏览器中查看插入图像后的效果，如图 2-8 所示。

2. 从不同位置插入图像

在插入图像时，用户可以将其他文件夹或服务器的图像插入到网页中。

【例 2.9】从不同位置插入图像(实例文件：ch02\2.9.html)。

打开记事本文件，在其中输入如下 HTML 代码。

```
<html>
<body>
<p>
来自一个文件夹的图像：
<img src="images/meishi.jpg"/>
</p>
<p>
来自 baidu 的图像：
<img
src="http://www.baidu.com/img/shouye b5486898c692066bd2cbaeda86d74448.gif"
/>
</p>
</body>
</html>
```

代码输入完成，将其保存为"插入其他位置图像.html"文件，然后双击该文件，就可以在浏览器中查看插入图像后的效果，如图 2-9 所示。

图 2-8　插入图像

图 2-9　从不同位置插入图像

3. 设置图像在页面中的宽度和高度

在 HTML 文档中，还可以设置插入图像的显示大小。图像一般是按原始尺寸显示，但也可以任意设置显示尺寸。设置图像的宽度和高度分别使用属性 width(宽度)和 height(高度)。

【例 2.10】设置图像在网页中的宽度和高度(实例文件：ch02\2.10.html)。

打开记事本文件，在其中输入如下 HTML 代码。

```
<html>
<head>
<title>插入图像</title>
</head>
```

```
<body>
<img src="images/01.jpg">
<img src="images/01.jpg" width="200">
<img src="images/01.jpg" width="200" height="300">
</body>
</html>
```

代码输入完成，将其保存为"设置图像大小.html"文件，然后双击该文件，就可以在浏览器中查看插入图像后的效果，如图 2-10 所示。

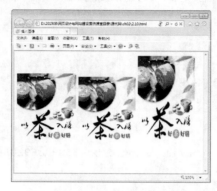

图 2-10　设置图像的高度与宽度

由图 2-10 可以看到，图像的显示尺寸是由 width(宽度)和 height(高度)值控制的。当只为图像设置一个尺寸属性时，另外一个尺寸就以图像原始的长宽比例来显示。图像的尺寸单位可以选择百分比或数值。百分比为相对尺寸，数值为绝对尺寸。

注意　在网页中插入的图像都是位图，放大尺寸时，图像中会出现马赛克，图像变得模糊。

技巧　在 Windows 中查看图像的尺寸，只需要找到图像文件，把鼠标指针移动到图像上，停留几秒后，就会出现一个提示框，说明图像文件的尺寸。尺寸后显示的数字代表图像的宽度和高度，如 256×256。

2.2.7　表格标签<table>

在 HTML 中用于标识表格的标签如下。

- <table>标签用于标识一个表格对象的开始，</table>标签用于标识一个表格对象的结束。一个表格中只允许出现一对<table>标签。
- <tr>标签用于标识表格一行的开始，</tr>标签用于标识表格一行的结束。表格内有多少对<tr></tr>标签，就表示表格中有多少行。
- <td>标签用于标识表格某行中的一个单元格开始，</td>标签用于标识表格某行中的一个单元格结束。<td></td>标签书写在<tr></tr>标签内，一对<tr></tr>标签内有多少对<td></td>标签，就表示该行有多少个单元格。

最基本的表格必须包含一对<table></table>标签、一对或几对<tr></tr>标签以及一对或几对<td></td>标签。一对<table></table>标签定义一个表格，一对<tr></tr>标签定义一行，一对

<td></td>标签定义一个单元格。

【例 2.11】 定义一个 4 行 3 列的表格(实例文件：ch02\2.11.html)。

打开记事本文件，在其中输入如下 HTML 代码。

```html
<html>
<head>
<title>表格基本结构</title>
</head>
<body>
<table border="1">
  <tr>
    <td>A1</td>
    <td>B1</td>
    <td>C1</td>
  </tr>
  <tr>
    <td>A2</td>
    <td>B2</td>
    <td>C2</td>
  </tr>
  <tr>
    <td>A3</td>
    <td>B3</td>
    <td>C3</td>
  </tr>
  <tr>
    <td>A4</td>
    <td>B4</td>
    <td>C4</td>
  </tr>
</table>
</body>
</html>
```

代码输入完成，将其保存为"表格.html"文件，然后双击该文件，就可以在浏览器中查看插入表格后的效果，如图 2-11 所示。

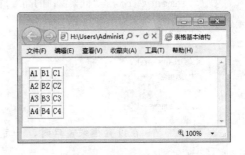

图 2-11　表格标签的使用

2.2.8　框架标签<frame>

框架通常用来定义页面的导航区域和内容区域。使用框架最常见的情况就是：一个框架用于显示包含导航栏的文档，而另一个框架用于显示含有内容的文档。框架是网页中最常用的页面设计方式，很多网站都使用了框架技术。

框架页面中最基本的内容就是框架集文件，它是整个框架页面的导航文件，其基本语法如下。

```html
<html>
<head>
<title>框架页面的标题</title>
```

```
</head>
<frameset>
    <frame>
    <frame>
    …
</frameset>
</html>
```

从上面的语法结构中可以看到，在使用框架的页面中，`<body>`主体标签被框架标签`<frameset>`所代替。而框架页面中包含的每一个框架，都是通过`<frame>`标签来定义的。

> **注意**
>
> 不能将`<body></body>`标签与`<frameset></frameset>`标签同时使用。不过，假如要添加包含一段文本的`<noframes>`标签，就必须将这段文本嵌套于`<body></body>`标签内。

混合分割窗口是指在一个页面中，既有水平分割的框架，又有垂直分割的框架。其语法结构如下。

```
<frameset rows="框架窗口的高度,框架窗口的高度,……">
<frame>
<frameset cols="框架窗口的宽度,框架窗口的宽度,……">
<frame>
<frame>
…
</frameset>
<frame>
…
</frameset>
```

当然，也可以先进行垂直分割，再进行水平分割。其语法结构如下。

```
<frameset cols="框架窗口的宽度,框架窗口的宽度,……">
<frame>
<frameset rows="框架窗口的高度,框架窗口的高度,……">
<frame>
<frame>
…
</frameset>
<frame>
…
</frameset>
```

> **注意**
>
> 在设置框架窗口时，一定要注意窗口大小的设置与窗口个数的统一。

【例 2.12】将一个页面分割成不同的框架(实例文件：ch02\2.12.html)。

打开记事本文件，在其中输入如下 HTML 代码。

```
<html>
<head>
<title>混合分割窗口</title>
</head>
<frameset rows="30%,70%">
```

```
<frame>
<frameset cols="20%,55%,25%">
<frame>
<frame>
<frame>
</frameset>
</frameset>
</html>
```

由代码可以看出，其首先将页面水平分割成上下两个窗口，接着下面的框架又被垂直分割成三个窗口。因此，下面的框架标签<frame>被框架集标签代替。运行程序，效果如图 2-12 所示。

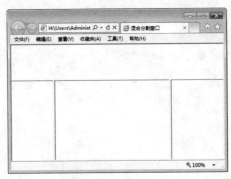

图 2-12　框架标签的使用

2.2.9　表单标签<form>

表单主要用于收集网页浏览者的相关信息，其标签为<form></form>。表单标签的基本语法格式如下。

```
<form action="url" method="get|post" enctype="mime">
</form >
```

其中，action="url"指明提交表单时向何处发送数据，它可以是一个 URL 地址或一个电子邮件地址。method="get | post"指明提交表单的 HTTP 方法。enctype="mime"指明在把表单提交给服务器之前如何对表单进行编码。表单是一个能够包含表单元素的区域。通过添加不同的表单元素，将显示不同的效果。

下面给出一个具体的实例，即开发一个简单的网站用户意见反馈页面。

【例 2.13】用户意见反馈页面(实例文件：ch02\2.13.html)。

打开记事本文件，在其中输入如下 HTML 代码。

```
<html>
<head>
<title>用户意见反馈页面</title>
</head>
<body>
<h1 align=center>用户意见反馈页面</h1>
<form method="post">
<p>姓    名:
```

```
<input type="text" class=txt size="12" maxlength="20" name="username"/>
</p><p>性    别:
<input type="radio" value="male"/>男
<input type="radio" value="female"/>女
</p><p>年    龄:
<input type="text" class=txt name="age"/>
</p>
<p>联系电话:
<input type="text" class=txt name="tel"/>
</p><p>电子邮件:
<input type="text" class=txt name="email"/>
</p><p>联系地址:
<input type="text"  class=txt name="address"/>
</p>
<p>
请输入您对网站的建议<br>
<textarea name="yourworks" cols = "50" rows = "5"></textarea>
<br>
<input type="submit" name="submit" value="提交"/>
<input type="reset" name="reset" value="清除"/>
</p>
</form>
</body>
</html>
```

代码输入完成,将其保存为"表单.html"文件,然后双击该文件,就可以在浏览器中查看插入表单后的效果,如图 2-13 所示。可以看到页面中创建了一个用户意见反馈表单,包含标题,以及【姓名】、【性别】、【年龄】、【联系电话】、【电子邮件】、【联系地址】、【请输入您对网站的建议】等选项。

图 2-13 表单标签的使用

2.2.10 注释标签<!>

注释是在 HTML 代码中插入的描述性文本,用来解释该代码或提示其他信息。注释只出现在代码中,浏览器对注释代码不进行解释,并且在浏览器的页面中不显示。在 HTML 源代码中适当地插入注释语句是一种非常好的习惯。对于设计者日后的代码修改、维护工作很有好处。另外，如果将代码交给其他设计者，其他人也能很快读懂原作者所撰写的内容。

注释标签的语法结构如下。

```
<!--注释的内容-->
```

注释语句元素由前后两半部分组成，前半部分包括一个左尖括号、一个半角感叹号和两个连字符头，后半部分包括两个连字符和一个右尖括号。下面给出一个例子。

```
<html>
<head>
<title>标记测试</title>
</head>
<body>
<!-- 这里是标题-->
<h1>网站建设精讲</h1>
</body>
</html>
```

页面注释不但可以对 HTML 中一行或多行代码进行解释说明，而且可以注释掉这些代码。如果希望某些 HTML 代码在浏览器中不显示，可以将这部分内容放在"<!--"和"-->"之间。例如，修改上述代码，如下所示。

```
<html>
<head>
<title>标签测试</title>
</head>
<body>
<!--
<h1>网站建设精讲</h1>
-->
</body>
</html>
```

修改后的代码，将<h1>标签作为注释内容处理，在浏览器中将不会显示这部分内容。

2.2.11 移动标签<marquee>

使用<marquee>标签可以将文字设置为动态滚动的效果。其语法结构如下。

```
<marquee>滚动文字</marquee>
```

只要在标签之间添加要进行滚动的文字即可，而且可以在标签之间设置这些文字的字体、颜色等。

【例 2.14】制作一个滚动的文字(实例文件：ch02\2.14.html)。

打开记事本文件，在其中输入如下 HTML 代码。

```
<html>
<head>
<title>设置滚动文字</title>
</head>
<body>
<marquee>
```

```
<font face="隶书" color="#CC0000" size=4>你好，欢迎光临五月蔷薇女裤专卖店!这里有最
适合你的打底裤，这里有最让你满意的服务</font>
</marquee>
</body>
</html>
```

代码输入完成，将其保存为"滚动文字.html"文件，然后双击该文件，就可以在浏览器
中查看滚动文字的效果，如图 2-14 所示，可以看到设置为红色隶书的文字从浏览器的右方缓
缓向左滚动。

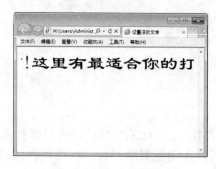

图 2-14　滚动标签的使用

2.3　实战演练——制作日程表

通过在记事本中输入 HTML 语言，可以制作出多种多样的页面效果。本节以制作日程表
为例，介绍 HTML 语言的综合应用方法。

具体操作步骤如下。

step 01　打开记事本，在其中输入如下代码，如图 2-15 所示。

```
<html>
 <head>
   <META http-equiv="Content-Type" content="text/html; charset=gb2312"/>
<title>制作日程表</title>
</head>

<body>
</body>
</html>
```

图 2-15　在记事本中输入代码

step 02　在</head>标签之前输入如下代码，如图 2-16 所示。

```css
<style type="text/css">
body {
background-color: #FFD9D9;
text-align: center;
}
</style>
```

step 03　在</style>标签之前输入如下代码，如图 2-17 所示。

```css
.ziti {
    font-family: "方正粗活意简体", "方正大黑简体";
    font-size: 36px;
}
```

图 2-16　在记事本中输入代码　　　　　图 2-17　在记事本中输入代码

step 04　在<body>…</body>标签之间输入如下代码，如图 2-18 所示。

```html
<span class="ziti">一周日程表</span>
```

step 05　在</body>标签之前输入如下代码，如图 2-19 所示。

```html
<table width="470" border="1" align="center" cellpadding="2"
cellspacing="3">
  <tr>
    <td width="84" style="text-align: center"> </td>
    <td width="84" style="text-align: center">工作一</td>
    <td width="86" style="text-align: center">工作二</td>
    <td width="83" style="text-align: center">工作三</td>
    <td width="83" style="text-align: center">工作四</td>
  </tr>
  <tr>
    <td style="text-align: center; font-family: '宋体';">星期一</td>
    <td style="text-align: center"> </td>
    <td style="text-align: center"> </td>
    <td style="text-align: center"> </td>
    <td style="text-align: center"> </td>
  </tr>
  <tr>
    <td style="text-align: center; font-family: '宋体';">星期二</td>
    <td style="text-align: center"> </td>
    <td style="text-align: center"> </td>
    <td style="text-align: center"> </td>
    <td style="text-align: center"> </td>
  </tr>
```

```
<tr>
  <td style="text-align: center; font-family: '宋体';">星期三</td>
  <td style="text-align: center"> </td>
  <td style="text-align: center"> </td>
  <td style="text-align: center"> </td>
  <td style="text-align: center"> </td>
</tr>
<tr>
  <td style="text-align: center; font-family: '宋体';">星期四</td>
  <td style="text-align: center"> </td>
  <td style="text-align: center"> </td>
  <td style="text-align: center"> </td>
  <td style="text-align: center"> </td>
</tr>
<tr>
  <td style="text-align: center; font-family: '宋体';">星期五</td>
  <td style="text-align: center"> </td>
  <td style="text-align: center"> </td>
  <td style="text-align: center"> </td>
  <td style="text-align: center"> </td>
</tr>
</table>
```

图 2-18　在记事本中输入代码　　　　　　图 2-19　在记事本中输入代码

step 06　在记事本中选择【文件】→【保存】菜单命令，弹出【另存为】对话框，设置保存的位置，并设置【文件名】为"制作日程表.html"，然后单击【保存】按钮，如图 2-20 所示。

step 07　双击打开保存的文件，即可看到制作的日程表，如图 2-21 所示。

图 2-20　【另存为】对话框

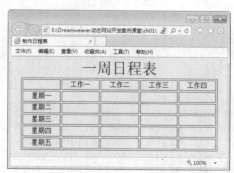

图 2-21　制作的日程表

step 08 如果需要在日程表中添加工作内容，可以用记事本打开文件，在\<td style="text-align: center">\ \</td>的\ 之前输入内容即可。比如要输入星期一完成的第 1 件工作内容"完成校对"，可以在如图 2-22 所示的位置输入。

step 09 保存后打开文件，即可看到添加的工作内容，如图 2-23 所示。

图 2-22　在记事本中输入代码

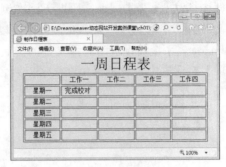

图 2-23　修改后的日程表

2.4　跟我练练手

2.4.1　练习目标

能够熟练掌握本章所讲内容。

2.4.2　上机练习

练习 1：HTML 常用标签的使用。

练习 2：制作日程表。

2.5　高手甜点

甜点 1：HTML5 中的单标签和双标签书写方法

HTML5 中的标签分为单标签和双标签。单标签没有结束标签；双标签既有开始标签，又有结束标签。

对于单标签，不允许给其添加结束标签，只允许使用"\<元素 />"的形式进行书写。例如"\
…\</br>"的书写方式是错误的，正确的书写方式为\
。当然，在 HTML5 之前的版本中，\
这种书写方式可以被沿用。HTML5 中不允许写结束标签的元素有：area、base、br、col、command、embed、hr、img、input、keygen、link、meta、param、source、track、wbr。

对于部分双标签，可以省略其结束标签。HTML5 中允许省略结束标签的元素有：li、dt、dd、p、rt、rp、optgroup、option、colgroup、thead、tbody、tfoot、tr、td、th。

在 HTML5 中，有些元素还可以完全被省略。即使被省略了，该元素还是以隐式的方式存在。HTML5 中允许省略全部标签的元素有：html、head、body、colgroup、tbody。

甜点 2：使用记事本编辑 HTML 文件的注意事项

很多初学者在保存文件时，没有将 HTML 文件的扩展名.html 或.htm 作为文件的后缀，导致文件还是以.txt 为扩展名，因此无法在浏览器中查看。如果读者是通过右键快捷菜单创建记事本文件的，在给文件重命名时，一定要以.html 或.htm 作为文件的后缀。特别要注意的是，当 Windows 系统被设置为隐藏文件的扩展名时，更容易出现这样的错误。读者可以在【文件夹选项】对话框中查看是否允许显示扩展名。

第 3 章

第一视觉最重要
——网页色彩
设计与搭配

　　色彩在网站设计中占据着相当重要的地位，无论是平面设计还是网页设计，色彩永远是最重要的一环。当我们距离显示屏较远的时候，我们看到的不是优美的版式或者美丽的图片，而是网页的色彩。

本章要点(已掌握的在方框中打钩)

☐ 认识色彩的基础知识。

☐ 掌握网页色彩的搭配方法。

☐ 理解网站色彩搭配案例的应用技巧。

3.1 色彩基础知识

在任何一个设计中,色彩对视觉的刺激都起到传达第一信息的作用。网页中的色彩设计会带来最直接的视觉效果,不同的颜色会给人以不同的感受,高明的设计师能运用颜色来表现网站的理念和内在品质。为了能更好地应用色彩来设计网页,下面先来了解一下色彩的基础知识。

3.1.1 认识色彩

自然界中的色彩五颜六色、千变万化,比如玫瑰是红色的,大海是蓝色的,橘子是橙色的等,但是最基本的色彩只有三种(红、黄、蓝),其他色彩都可以由这三种色彩调和而成,我们称这三种色彩为"三原色",如图 3-1 所示。

人们平时所看到的白色光中包括红、橙、黄、绿、青、蓝、紫 7 种颜色,各颜色间自然过渡,其中红、绿、蓝是三原色,对三原色进行不同比例的混合可以得到各种颜色,如图 3-2 所示。

图 3-1   三原色   图 3-2   色彩色块

3.1.2 色彩的三属性

色彩的三属性是色彩的基本特征,了解色彩的三属性是学习配色的基础。但在了解色彩的三属性之前,有必要先了解一下色彩的分类。一般情况下,色彩可以分为无彩色、有彩色和独立色三大类。

无彩色是指黑、白和灰三种颜色;有彩色是指除了黑、白、灰以外的纯色、暗色、清色或浊色,如粉红、暗红等;独立色则包括金色与银色两种。色彩的具体分类如图 3-3 所示。

只有对色彩进行分类,才能对色彩的构成元素进行抽象的了解。构成色彩的元素有三个,即色相、明度和饱和度,这三个元素并称为色彩的三属性。

1. 色相

色相是指色彩的相貌,每一种色彩都有不同的相貌,所以需要对这些色彩的相貌进行命名,以区别其中的差异。色彩以红、橙、黄、绿、青、蓝、紫的光谱色为基本色相。不同色相是不同波长给人的一种感觉。基本色相的秩序以色相环的形式体现,包括六色相环、九色相环、十二色相环、二十色相环等。

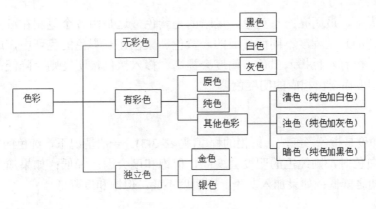

图 3-3 色彩的分类

色相是纯色，即组成可见光谱的单色，具体体现如表 3-1 所示。

表 3-1 色彩表

色　相	色　彩	RGB 值
黑色		R: 0、　G: 0、　B: 0
绿色		R: 0、　G: 255、B: 0
蓝色		R: 0、　G: 0、　B: 255
红色		R: 255、G: 0、　B: 0
黄色		R: 255、G: 255、B: 0
紫色		R: 255、G: 0、　B: 255

2. 明度

所谓明度，是指色彩的明暗程度，是颜色明暗深浅的一种表现。对光源色来说，可以称为光度；对物体色来说，可以称为亮度、深浅度等。在无彩色类中，明度最高的是白色，明度最低的是黑色。在白、黑色之间存在一个系列的灰色，一般可分为九级。靠近白色的部分称为浅灰色，靠近黑色的部分称为暗灰色，如表 3-2 所示。

表 3-2 明度表

明　度	色　彩	色　相
最高明度		白色
高明度		浅灰色
		浅灰色
稍亮		中灰色
中明度		中灰色
稍暗		中灰色
低明度		暗灰色
		暗灰色
最低明度		黑色

在有彩色类中，最明亮的是黄色，最暗的是紫色，这是由各个色相在可见光谱上的振幅不同而造成眼睛的知觉程度不同而形成的。黄色、紫色在有彩色的色环中，成为划分明暗的分界线。任何一个有彩色掺入白色，明度会提高；掺入黑色，明度则会降低；掺入灰色时，依灰色的明暗程度而得出相应的明度色。

3．饱和度

色彩的饱和度是指色彩纯洁、鲜艳的程度(见表 3-3)。一般情况下，纯色的饱和度最高。将一个纯色加入白色时，则纯色的明度会变高，但饱和度会因此降低；如果加入黑色，则其明度和饱和度都随之降低；如果加入灰色，则明度不变，但饱和度降低。

表 3-3　饱和度信息表

彩　度	色　彩	色　阶
最低彩度		1S
低彩度		2S
		3S
中彩度		4S
高彩度		5S
最高彩度		6S

3.1.3　216 网页安全色

在网络上，即使是一模一样的色彩，也会由于显示设备、操作系统、显卡以及浏览器的不同而有不尽相同的显示效果。即使网页使用了非常合理、非常漂亮的配色方案，网页中的色彩也会受到外界因素的影响，使得每个人看到的效果都不相同，如此一来，配色方案想要烘托的网站主题就无法很好地传达给浏览者。那么，怎样才能解决这个问题呢？

最早使用互联网的一些发达国家花费了很长时间探索这一问题的解决方案，终于发现了 216 种网页安全色(216 Web Safety Color)，如图 3-4 所示。216 网页安全色是在不同硬件环境、不同操作系统、不同浏览器中都能够正常显示的色彩集合，也就是说这些色彩在任何设备中都能显示出相同的效果。使用 216 网页安全色进行网页配色可以避免失真问题。

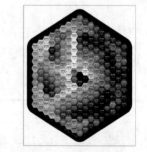

图 3-4　216 网页安全色

我们无须特别地记忆 216 网页安全色，很多常用网页制作软件中已携带 216 网页安全色调色板，非常方便。例如，在 Photoshop 的【色板】面板菜单中选择【Web 安全颜色】、【Web 色相】和【Web 色谱】等命令，载入色板中的任何色彩在任何计算机中都会有同样的显示效果。而在 Dreamweaver 中，所有提供的色彩调色板也都是 216 网页安全色。其他软件就不一一列举了。

虽然只有 216 种色彩可以确保在任何计算机上都具有相同的显示效果，但这并不代表不能使用这 216 种色彩之外的颜色。216 网页安全色在需要实现高精度的渐变效果或显示真彩图像或照片时会有一定的欠缺，但用于显示标志或二维平面效果时却绰绰有余。在合理使用网页安全色的同时，还应注意搭配使用非网页安全色，以创造独特的风格。

3.2 网页色彩的搭配

打开一个网站，给用户留下第一印象的既不是网站的内容，也不是网站的版面布局，而是网站的色彩。色彩给人带来的视觉效果非常明显，一个网站设计得成功与否，在某种程度上取决于设计者对色彩的运用和搭配。

3.2.1 网页色彩的感觉

有了好的框架和页面设计，而色彩把握不准，则可能会导致整个设计失败。色彩会最先也最持久地将网站的形象展示在浏览者眼前。单一色彩很容易给人们具体和抽象的联想，不同的色彩组合在一起，就会形成另一种风格，给人以不同的感觉。

1. 色彩的冷暖感觉

色彩在色相环中可以分为冷暖色调，当色彩的明度高低不同时，也会产生色彩的冷暖感觉。同一种色彩，其明度越高，给人的感觉就越冷；其明度越低，给人的感觉就越暖，如浅蓝色就比深蓝色要冷。

如图 3-5 所示为色彩冷感觉的页面。如图 3-6 所示为色彩暖感觉的页面。

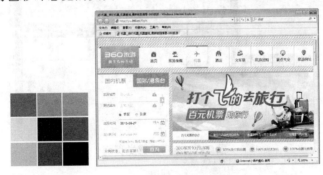

图 3-5 色彩冷感觉页面

图 3-6 色彩暖感觉页面

2. 色彩的轻重感觉

色彩既然有冷暖的感觉，当然也就存在着轻重的感觉，色彩的轻重感觉也是以明度的高低来评定的。一般情况下，明度越高的色彩，感觉就越轻；相反地，明度越低的色彩，感觉就越重。冷色调的颜色给人的感觉比较轻，而暖色调的颜色给人的感觉比较重。

判断色彩的轻重除了以明度为评定标准之外，还可以以饱和度的变化来评定。明度高、饱和度低的颜色给人的感觉比较轻，而明度低、饱和度高的颜色给人的感觉就比较重。

如图 3-7 所示为色彩轻感觉的页面。如图 3-8 所示为色彩重感觉的页面。

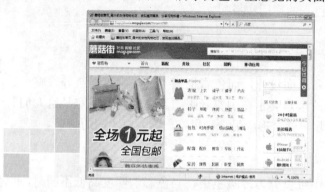

图 3-7　色彩轻感觉页面

图 3-8　色彩重感觉页面

3. 色彩的爽朗郁闷感

人的心情有快乐和郁闷之分，色彩也有好坏心情之分。那些暖色调的色彩和那些明度比较高的色彩，让人看起来就比较舒服、爽快，这样的色彩通常被称为爽朗感色彩，如图 3-9 所示。

而那些冷色调的色彩和那些明度比较暗的色彩，让人看起来就比较忧郁，打不起精神，这样的色彩通常被称为郁闷感色彩，如图 3-10 所示。

4. 色彩的兴奋沉稳感

众所周知，人们在平时生活中购物时，购买的商品的颜色与当时的心情好坏有直接的联系。当人们心情好、情绪比较激动兴奋时，选择的往往是一些颜色比较明朗且具有亲切感的商品，因为这些颜色给人一种兴奋的感觉。这种具有兴奋感觉的颜色一般是一些暖色调的颜色，并且是明度和饱和度都较高的颜色，如图 3-11 所示。

图 3-9　色彩爽朗感觉页面

图 3-10　色彩郁闷感觉页面

与之相反，当人们情绪低落、心情不平静时，往往喜欢购买一些颜色比较暗的商品，因为这些颜色可以让人们不平静的心得到稍微的平静。一般情况下，冷色调的颜色都比较沉稳，虽然有点儿冷冷的感觉，但能让头脑清醒一些。

此外，还有那些明度和饱和度都比较低的颜色也给人一种沉稳感，让人心里踏实，有安全感，如图 3-12 所示。

图 3-11　色彩兴奋感觉页面

图 3-12　色彩沉稳感觉页面

5. 色彩的华丽与朴实

不同的色调还会带来气质上的不同感觉。那些饱和度高、明度高的纯色调，会给人一种高贵华丽的感觉，如图 3-13 所示。而那些饱和度低、明度低的暗色调与深色调，则会给人一种朴实无华的感觉，如图 3-14 所示。

图 3-13　色彩华丽感觉页面

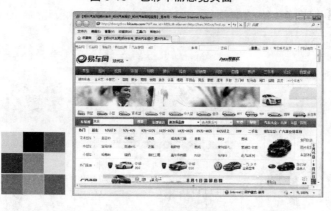

图 3-14　色彩朴实感觉页面

6. 色彩的酸甜苦辣感

酸甜苦辣是指人的味觉，但在色彩中也同样存在这样的感觉，不同的色块组合在一起，就能给人以不同的酸甜苦辣感。

1) 酸

提起酸，人们不免就联想到未成熟的葡萄、橘子等物体。有时，当人们看到与这些果实相同的颜色时，就会感觉口里酸酸的，这就是具有酸感觉的颜色。生葡萄的颜色是绿色，橘子的颜色是橙色，这两种颜色的搭配会给人一种酸酸的感觉，如图3-15所示。

2) 甜

提起甜，就会联想到亮晶晶的白糖、红彤彤的苹果以及成熟了的橘子，所以人们一看到乳白色、黄色就会感觉出甜味，这就是具有甜感觉的颜色，并且这些颜色都是明度高且暖色调的颜色，如图3-16所示。

图 3-15 色彩酸感觉页面

图 3-16 色彩甜感觉页面

3) 苦

提起苦，就会想到那些苦药丸子，不用闻，只是光看就感觉苦苦的。这些药丸一般都为黑色或黑褐色，特别是名为"甘草片"的棕色药丸已经达到想想就很苦的地步。于是，人们只要看到这些近似药丸的、明度比较低，并且饱和度比较低的浊色色彩，就会有一种苦苦的感觉,如图3-17所示。

4) 辣

提起辣,就会想到那火红的辣椒、黄黄的生姜,看见这些不免感觉嘴中麻麻的,所以在色相环中由红色、黄色等搭配起来的色块,就有一种辣辣的感觉,如图3-18所示。

图 3-17 色彩苦感觉页面

图 3-18 色彩辣感觉页面

3.2.2 网页色彩搭配原理

色彩搭配既是一项技术性很强的工作,也是一项艺术性很强的工作,因此在设计网页时,除了要考虑网站本身的特点外,还要遵循一定的艺术规律,从而设计出色彩鲜明、性格独特的网站。

网页的色彩是树立网站形象的关键要素之一,色彩搭配却是令网页设计初学者感到头疼的问题。网页的背景、文字、图标、边框、链接等应该采用什么样的色彩,应该搭配什么样的色彩,才能最好地表达出网站的内涵和主题呢?下面介绍网页色彩搭配的一些原理。

1. 色彩的鲜明性

网页的色彩要鲜明,这样容易引人注目。一个网站的用色必须要有自己独特的风格,这样才能显得个性鲜明,给浏览者留下深刻的印象。

2. 色彩的独特性

网页要有与众不同的色彩，使得浏览者对网站有强烈的印象。

3. 色彩的艺术性

网站设计也是一种艺术活动，因此必须遵循艺术规律。在考虑到网站本身特点的同时，应当按照内容决定形式的原则，大胆地进行艺术创新，设计出既符合网站要求，又有一定艺术特色的网站。不同的色彩会让人产生不同的联想，如蓝色想到天空、黑色想到黑夜、红色想到喜事等，选择色彩要和网页的内涵相关联，如图 3-19 所示。

图 3-19　色彩的艺术性

4. 色彩搭配的合理性

网页设计虽然属于平面设计的范畴，但又与其他平面设计不同，它在遵循艺术规律的同时，还应当考虑人的生理特点。色彩搭配一定要合理，色彩和表达的内容气氛要相适合，应给人一种和谐、愉快的感觉，要避免采用纯度很高的单一色彩，这样容易造成视觉疲劳。

3.2.3　网页色彩搭配技巧

色彩的搭配是一门艺术，灵活运用它能让网页更具亲和力。要想制作出漂亮的网页，需要灵活地运用色彩再加上自己的创意和技巧。下面是网页色彩搭配的一些常用技巧。

1. 使用单色

尽管网站设计要避免采用单一色彩，以免产生单调的感觉，但通过调整色彩的饱和度和透明度，也可以产生变化，使网站避免单调，做到色彩统一，有层次感。

2. 使用邻近色

所谓邻近色，就是在色带上相邻近的颜色，如绿色和蓝色、红色和黄色就互为邻近色。

采用邻近色搭配网页色彩可以避免色彩杂乱,易于实现页面的色彩丰富、和谐统一。

3. 使用对比色

对比色可以突出重点,产生强烈的视觉效果,通过合理使用对比色,能够使网站特色鲜明、重点突出。在设计时,一般以一种颜色为主色调,将对比色作为点缀,这样可以起到画龙点睛的作用。

4. 背景色的使用

背景的颜色不要太深,否则会显得过于厚重,这样会影响整个页面的显示效果。一般可采用素淡清雅的色彩,要避免采用花纹复杂的图片和纯度很高的色彩作为背景色。同时,背景色要与文字的色彩对比强烈一些。

5. 色彩的数量

一般初学者在设计网页时往往会使用多种颜色,使网页变得很"花",缺乏统一和协调,缺乏内在的美感,给人一种繁杂的感觉。事实上,网站用色并不是越多越好,一般应控制在 4 种色彩以内,然后可以通过调整色彩的各种属性来产生颜色的变化,并保持整个网页的色调统一。

6. 要和网站内容匹配

应当了解网站所要传达的信息和品牌,进而选择可以加强这些信息的颜色。例如,在设计一个强调稳健的金融机构的网站页面时,就要选择冷色系、柔和的颜色,如蓝色、灰色或绿色。在这样的状况下,如果使用暖色系或活泼的颜色,就可能会破坏该网站的品牌。

7. 围绕网页主题

色彩要能够烘托出主题。同时还要考虑网站的访问对象,文化差异会使色彩产生非预期的反应,不同地区与不同年龄层对颜色的反应也会有所不同。年轻人一般比较喜欢饱和色,但这样的颜色却引不起高年龄层人群的兴趣。

总之,色彩的使用并没有一定的法则,如果一定要套用某个法则,结果只会适得其反。色彩的运用还与每个人的审美观、喜好、知识层次等密切相关。一般应先确定一种能体现主题的主体色,然后根据具体的需要应用颜色的近似和对比来完成整个页面的配色方案。整个页面在视觉上应该是一个整体,以获得和谐、悦目的视觉效果。

3.3　网站的色彩应用案例

在了解了网页色彩的搭配原理与技巧后,下面介绍一些网站的色彩搭配应用案例。

3.3.1　案例1——网络购物类网站色彩应用

网络购物类网站一般不仅要体现出文化的时尚,而且还要体现出品牌的时尚。通常情况下,说起具有品牌时尚的女性服装和鞋子,人们脑海中不自觉地就会涌现出红色、紫色及粉红色，因为这些颜色已经成为女性的专用色彩，所以典型的女性服饰都常以这些色彩作为修饰色。

如图 3-20 所示即为一个主色调为红色(中明度、中纯度)，辅助色为灰色(低明度、低纯度)、蓝色(中明度、中纯度)和白色(高明度、高纯度)的网络购物类网站。该网站的红色给人以醒目温暖的感觉，白色则给人以干净明亮的感觉。

图 3-20　网络购物类网站

3.3.2　案例 2——游戏类网站色彩应用

随着互联网技术的不断进步，各种类型的游戏类网站如雨后春笋般出现，并逐渐成为娱乐类网站中一种不可缺少的类型。这类网站的风格和颜色也是千变万化，随着游戏性质的不同而呈现出不同的样貌。

如图 3-21 所示即为一个战斗性游戏类网站。该网站的主色调为灰色(中明度、中纯度)，辅助色为黑色(低明度、低纯度)、黄色(中明度、中纯度)。网站大面积使用灰色修饰网页，给人一种深幽、复古的感觉，仿佛回到了那悠远的远古时代。使用黑色和黄色做点缀，更加突出了远古人们决斗的场景，从而吸引更多浏览者进入虚幻的战斗中去。

图 3-21　游戏类网站

3.3.3 案例3——企业门户网站色彩应用

企业门户网站在整个网站界占据着重要地位,其网站配色十分重要,是作为初学者必须学习的。

1. 以形象为主的企业门户网站

以形象为主的企业门户网站就是以企业形象为主体宣传的网站,这类网站的表现形式与众不同,经常是以宽广的视野、雄厚的实力、强大的视觉冲击力,并配以震撼的音乐以及气宇轩昂的色彩,将企业形象不折不扣地展现在世人面前,给人以信任和安全的感觉。

如图 3-22 所示是一个标准以企业形象为主的地产公司网站首页。该网站的主色调为暗红色(中明度、中纯度),辅助色为灰色(中明度、低纯度)。页面采用暗红色来勾勒修饰,运用战争年代战士们冲锋陷阵的图片作为网站的主背景,意在向人们展现此企业犹如抗战时期的中国一样,有毅力,有动力,有活力,并且有足够的信心将自己的企业做大做强。另外,用灰色作为修饰色,更突出表现出坚定的决心和充足的信心。

2. 以产品为主的企业门户网站

以产品为主的企业门户网站大都以推销其产品为主,整个网页贯穿产品的各种介绍,并从整体和局部准确地展示产品的性能和质量,从而突出产品的特点和优越性。此类网站的表现手法也比较新颖,总是在网站首页或欢迎页面以产品形象作为展示的核心,同时配以动画或音效等,吸引浏览者的注意,从而达到宣传自己产品的目的。

如图 3-23 所示的某品牌汽车厂商网站就是一个很好的例子。该网站是以汽车销售为主的企业门户网站,用黑色(低明度、低纯度)作为主色调,用以展现其汽车产品的强悍与优雅;用灰色(中明度、低纯度)作为辅助色,使页面在稳重中增添了明亮的色彩,增加了汽车的力量感,从而将企业产品醒目地展现给浏览者。

图 3-22　以形象为主的企业门户网站　　　图 3-23　以产品为主的企业门户网站

3.3.4 案例4——时政新闻类网站色彩应用

时政新闻类网站是指那些以提供专业动态信息为主,面向获取信息的专业用户的网站,此类网站比门户类网站更具特色。

如图 3-24 所示即为一个标准的时政新闻类网站。该网站的主色调为蓝色(高明度、高纯度)，辅助色为白色(高明度、高纯度)。该网站结构清晰明了，各个板块分配明朗，色彩调和也非常到位，用白色作为背景色，更显示出蓝色的纯净与舒适，使整个页面显得简单而又整齐，给人一种赏心悦目的感觉。

图 3-24　时政新闻类网站

3.3.5　案例 5——影音类网站色彩应用

在众多网站中，影音类网站是受欢迎程度相当高的网站类型之一，特别是青少年群体无疑是影音类网站浏览者的主力。由于影音类网站以突出影像和声音为其特点，所以此类网站在影像和声音方面的表现尤为突出。

如图 3-25 所示的影音类网站运用具有空旷气息的蓝色作为整个网页的修饰色，意在突出此网站的自然气息。该网站的主色调为蓝色(中明度、中纯度)，辅助色为橘黄色(中明度、中纯度)和白色(高明度、高纯度)，使用自然的白色更加衬托出蓝色的洁净和优雅，又运用橘黄色作为整个网站的点缀色彩，起到烘托修饰的作用，从而更加鲜明地突出了网站内容的主题。

图 3-25　影音类网站

3.3.6 案例6——娱乐类网站色彩应用

在众多类别的网站中，思想最活跃、格调最休闲、色彩最缤纷的网站非娱乐类网站莫属，格式多样化的娱乐类网站，总是通过独特的设计思路来吸引浏览者注意，表现其个性的网站空间。

如图 3-26 所示是一个音乐类网站。该网站的主色调为白色(高明度、高纯度)，使用具有神秘色彩的黑色作为点缀，给人一种新鲜感。

图 3-26 音乐类网站

3.4 跟我练练手

3.4.1 练习目标

能够熟练掌握网页色彩设计与搭配的方法。

3.4.2 上机练习

练习1：了解色彩的三属性。
练习2：搭配不同类型的网页色彩。

3.5 高手甜点

甜点1：如何使自己的网站搭配颜色后更具亲和力

在对网页进行配色时，必须考虑网站本身的性质。如果网站的产品是以化妆品为主，那么网站的色彩应多采用柔和、柔美、明亮的色彩，这样能给浏览者一种温柔的感觉，让其感受到很强的亲和力。

甜点 2：如何在网页中营造出地中海式的风情配色

可使用"白+蓝"的配色，由于天空是淡蓝的，海水是深蓝的，可以把白色的清凉与无瑕表现出来。白色很容易令人感到十分自由，令人心胸开阔，似乎像海天一色的大自然一样开阔自在。

第4章

开启网页制作之路
——网站建设基本
流程与制作
工具

    建立网站之前，用户首先需要了解网站建设流程，然后在网上注册一个域名，申请一个网站空间，以便存放网站。网站建设过程中，需要搭配使用多种制作工具，主要包括用于制作网页文字与图像特效的 Photoshop、用于制作网页动画效果的 Flash 和用于制作网页布局的 Dreamweaver。

本章要点(已掌握的在方框中打钩)

- ☐ 熟悉网站的建站方式。
- ☐ 熟悉网站的建站流程。
- ☐ 熟悉网页制作的软件。

4.1 建站方式

目前，建设一个网站已经不是什么神秘的事情了，用户可以选择多种建站方式，比较常见的建站方式主要有三种，分别是自助建站、智能建站和专业设计。

4.1.1 自助建站

自助建站就是通过一套完善、智能的系统，让不会建设网站的人通过一些非常简单的操作就能轻松建立自己的网站。自助建站一般是将已经做好的网站(包含非常多的模板及非常智能化的控制系统)传到网络空间上，购买了自助建站服务的人只需要登录后台进行一些非常简单的设置，就能建立其个性化的网站。

如图 4-1 所示为提供自助建站服务的网站。

"会打字就能建网站"是自助建站方式的最大亮点。一个会简单计算机操作的人只要几分钟就能快速生成一个企业网站，甚至是各类门户网站，这就是自助建站所提出的网站建设理念。这种建站方式使企事业单位能够快速而有效地以"成本节约、简单易用、维护方便"的方式来建设和实施其先进的电子商务系统，通过有效地应用互联网技术来提高运作效率、降低成本、拓展业务，从而实现更大的利润和效益。

如图 4-2 所示为提供自助建站服务的网站中展示的网页预览效果。用户只需要找到自己所需网站的类型，然后选择自己喜欢的网页就可以预览效果了。

图 4-1　提供自助建站服务的网站

图 4-2　网页预览效果

4.1.2 智能建站

智能建站是自助建站的"升级版"，与自助建站相比，智能建站继承了其易上手、成本低的优点，摒弃了其功能简单、呆板的缺点。智能建站系统的功能十分强大，可以比拟大型的 CMS(内容管理系统)程序，还能够自定义网站板块功能，使原先在自助建站程序上不具备的购物系统、在线支付系统、权限系统、产品发布系统、新闻系统、会员系统等功能成为现实。

如图 4-3 所示为提供智能建站服务的网站，用户只需在网页左侧选择自己的行业分类，就可以在右侧查看该网站已经做好的网页模板。

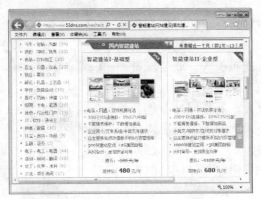

图 4-3　提供智能建站服务的网站

4.1.3　专业设计

专业设计也被称为人工建站。人工建站就需要网站建设者找建站公司按照自己的要求设计网站。市面上的人工建站价格都不会太低，就拿搭建一个最简单的企业网站来说，其报价就不会低于千元，这其中还不包括注册域名和购买主机空间的费用。

不过，人工建站固然成本很高，但其优势也是显而易见的，因为人工建站可以根据网站主的要求定制，网站模板可以任意修改，直至用户满意为止。但是，这种服务是一锤子买卖，网站交付给网站主后，如果出现漏洞或设计问题也不会有免费售后服务。相对智能建站的 24 小时在线免费技术支持，手工建站的安全和升级问题令人担忧。

4.2　建　站　流　程

对一个网站来说，除了网页内容以外，还要对网站进行整体规划设计。格局凌乱的网站即使内容再精彩，也不能说是一个好网站。要设计出一个精美的网站，前期的规划是必不可少的。

4.2.1　网站规划

规划站点就像设计师设计大楼一样，图纸设计好了，才能建成一座漂亮的楼房。规划站点就是对站点中所使用的素材和资料进行管理和规划，对网站中栏目的设置、颜色的搭配、版面的设计、文字图片的运用等进行规划。

一般情况下，将站点中所用的图片和按钮等图形元素放在 Images 文件夹中，HTML 文件放在根目录下，而动画和视频等放在 Flash 文件夹中。还要对站点中的素材进行详细的规划，便于日后管理。

4.2.2 搜集资料

确定了网站风格和布局后，就要开始搜集素材了。常言道："巧妇难为无米之炊。"要让自己的网站有声有色、能吸引人，就要尽量搜集素材，包括文字、图片、音频、动画及视频等，搜集到的素材越充分，制作网站就越容易。素材既可以从图书、报刊、光盘及多媒体上得来，也可以从网上搜集，还可以自己制作，然后把搜集到的素材去粗取精，选出制作网页所需的素材，如图 4-4 所示。

不过，在搜集图片素材时，一定要注意图片的大小，因为在网络中传输时，图片的容量越小，传输的速度就越快，所以应尽量搜集容量小、画面精美的图片。

图 4-4　搜索网站素材图片

4.2.3 制作网页

制作网页是一个复杂而细致的过程，一定要按照先大后小、先简单后复杂的顺序来制作。所谓先大后小，是指在制作网页时，先把大的结构设计好，然后再逐步完善小的结构设计。所谓先简单后复杂，是指先设计出简单的内容，然后再设计复杂的内容，以便出现问题时能及时修改。

进行网页排版时，要尽量保持网页风格的一致性，不至于在网页跳转时产生不协调的感觉。在制作网页时灵活地运用模板，可以大大地提高制作的效率。将相同版面的网页做成模板，基于此模板创建网页，以后想改变网页时，只需要修改模板就可以了。如图 4-5 所示就是一个主题鲜明的网页，全网页围绕着旅游这个主题来进行。

图 4-5　网站的首页

4.2.4 网站测试

网页制作完毕后，在上传网站之前，要在浏览器中打开网站，逐一对站点中的网页进行测试，发现问题要及时修改，然后再上传。

4.2.5 申请域名

网站建设好之后，就要在网上给网站注册一个标识，即域名。申请域名的方法很多，用户可以登录域名服务商的网站，根据提示申请域名。域名有免费域名和收费域名两种，用户可以根据实际的需要进行选择。

4.2.6 申请空间

域名注册成功之后，就需要申请网站空间。应根据不同的网站类型选择不同的空间。

网站空间有免费空间和收费空间两种，对个人网站的用户来说，可以先申请免费空间使用。免费空间只需要向空间提供商提出申请，得到答复后，按照说明上传主页即可，主页的域名和空间都不用操心。使用免费空间美中不足的是：网站的空间有限，提供的服务一般，空间不是非常稳定，域名不能随心所欲。

对商业网站而言，用户需要考虑空间和安全性等因素，为此可以选择收费空间。

4.2.7 网站备案

网站备案(见图 4-6)的目的是防止不法用户在网上从事非法的网站经营活动，打击不良互联网信息的传播。

不管是经营性还是非经营性的网站均需要备案且备案流程基本一致。

图 4-6　网站备案

网站备案的流程如下。

step 01　网站备案的途径有两种：一种是网站主办者自己登录到网站备案系统进行备案，另一种是通过接入商代为备案，如图 4-7 所示。

提示　　网站接入商也称服务器提供商，就是提供网站空间的服务商。

step 02 通过上述两种途径，将网站和网站主办者的信息提供给提供网站接入服务的服务器提供商，如图4-8所示。

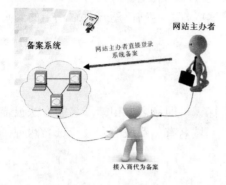

图 4-7　网站备案的方式

图 4-8　接入服务单位

step 03 服务器提供商对网站主办者提供的信息的真实性进行查验，如图4-9所示。

step 04 如果信息有误，会被退回；如果信息正确、完整，服务器提供商会将信息提交到省局的信息审核系统继续审核，如图4-10所示。

图 4-9　验证网站备案资料

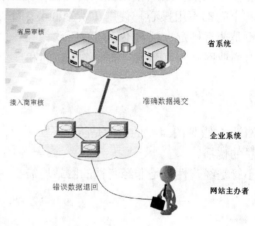

图 4-10　审核网站的备案信息

step 05 信息在省局系统中等待审核，如图4-11所示。

step 06 如果备案信息在省局的审核中通过，将发放网站备案号，如图4-12所示。

图 4-11　等待审核

图 4-12　审核通过，返回备案号

step 07 如果没有通过省局的审核，信息会返回到企业系统(服务器提供商)并退回给网站主办者，需要重新提交和审核网站备案信息。如果通过审核，则省局的备案系统将网站的备案信息提交到部级的网站备案系统中保存，同时网站的 CPI 备案过程完成，如图 4-13 所示。

图 4-13　网站备案完成

4.2.8　发布网页

在一切前期的准备工作都做好后，再经过网站的测试，下面就可以发布网页了。发布网页也被称为上传网站，一般使用 FTP 协议来上传，即以远程文件传输方式上传到服务器中申请的域名之下。常用的 FTP 上传工具有 FlashFXP、CuteFTP 和 LeapFTP。另外，还可以直接使用网页制作工具 Dreamweaver CS6 提供的上传和下载功能来发布网页。

4.2.9　网站推广和维护

1. 网站推广

网站制作好之后，还要不断地对其进行宣传，这样才能让更多人认识它，以提高网站的访问率和知名度。推广的方法很多，如到搜索引擎上注册、与别的网站交换链接或加入广告链接等。

网站推广是企业网站获得有效访问的重要步骤，合理而科学的推广计划能令企业网站收到预期的宣传效果。网站推广作为电子商务服务的一个独立分支正显示出其巨大的魅力，并越来越引起企业的高度重视和关注。

2. 网站维护

网站维护包括服务器及相关软硬件的维护、数据库的维护、网站安全维护、网站内容更新等。网站维护是为了让网站能够长期稳定地运行，并不断吸引更多浏览者，增加访问量。

网站要注意经常更新内容，保持内容的新鲜，不要做好就放在那儿不变了。只有不断地给它补充新的内容，才能够吸引住浏览者，并给浏览者留下良好的印象；只有不断地更新内容，才能使网站有生命力。否则网站不仅不能起到应有的作用，反而会对网站自身的形象造成不良的影响。

4.3　制作网页的常用软件

制作单一的网页直接应用某个软件即可完成，但要制作生动有趣的网页，则需要有图像处理软件，如 Photoshop；动画制作软件，如 Flash；网页布局软件，如 Dreamweaver 等。对一个专业的网页设计人员来说，在建设一个网站的过程中会同时应用到 Dreamweaver、Flash 和 Photoshop 三种软件。

4.3.1　网页布局软件 Dreamweaver CS6

Adobe Dreamweaver CS6 是一款集网页制作和管理网站于一身的所见即所得的网页编辑器，用户不需要编写复杂的代码，利用它可以轻而易举地制作出跨越平台限制和跨越浏览器限制的充满动感的网页。

Dreamweaver 是一款优秀的可视化网页制作工具，即便是那些既不懂 HTML，也没进行过程序设计的用户，也可以很容易上手，轻松制作出自己的精彩网页。

Dreamweaver CS6 的工作界面继承了原版本的一贯风格，有方便编辑的窗口环境和易于辨别的工具列表，无论在使用什么功能时出现问题，都可以找到相关的帮助信息，便于初学者使用。Dreamweaver CS6 的工作界面如图 4-14 所示。

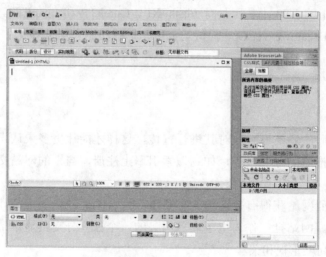

图 4-14　Dreamweaver CS6 的工作界面

4.3.2　图像处理软件 Photoshop CS6

Photoshop CS6 是 Adobe 公司旗下最为出名的图像处理软件之一，其中 CS 是 Adobe

Creative Suite 软件中后面两个单词的缩写，代表"创作集合"，它是一个统一的设计环境。Photoshop 功能强大，操作界面友好，加速了设计者从想象创作到图像实现的过程，赢得了众多用户的青睐。从功能上看，Photoshop 可分为图像编辑、图像合成、校色调色及特效制作四部分。

(1) 图像编辑是图像处理的基础，Photoshop 可用于对图像进行各种变换，如放大、缩小、旋转、倾斜、镜像、透视等，也提供复制、去除斑点、修补、修饰等编辑功能。

(2) 图像合成是指将几幅图像通过图层操作、工具应用等合成为完整的、传达明确意义的一幅图像，这是美术设计的必经之路。Photoshop 提供的绘图工具可将外来图像与创意进行很好的融合，使图像的合成天衣无缝。

(3) 校色调色是 Photoshop 中深具威力的功能之一，可方便快捷地对图像的颜色进行明暗、色调的调整和校正，也可在不同颜色之间进行切换，以满足图像在不同领域(如网页设计、印刷、多媒体等)的应用。

(4) 特效制作在 Photoshop 中主要由滤镜、通道及工具的综合应用完成，包括图像的特效创意和特效字的制作。油画、浮雕、石膏画、素描等常用的传统美术技巧都可借助于 Photoshop 特效完成，而各种特效字的制作更是很多美术设计师热衷于 Photoshop 的原因。

Photoshop CS6 的工作界面如图 4-15 所示。

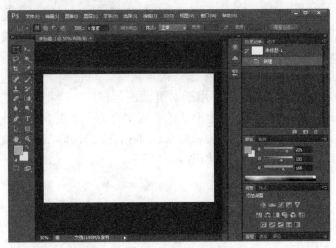

图 4-15　Photoshop CS6 的工作界面

4.3.3　动画制作软件 Flash CS6

Flash 作为一种创作工具，可供设计人员和开发人员用于创建动画、视频、演示文稿、应用程序和其他允许用户交互的内容。

Flash 软件可以实现多种动画特效。动画是由一帧帧的静态图片在短时间内连续播放而形成的视觉效果，是表现动态过程、阐明抽象原理的一种重要媒体。Adobe Flash CS6 的工作界面如图 4-16 所示。

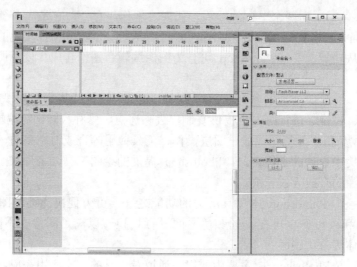

图 4-16　Flash CS6 的工作界面

4.3.4　软件间的相互关系

网页中包含着多种类型的页面元素，要制作出漂亮、生动的网页，是不能仅仅靠一种软件实现的，所以在设计网站的过程中，需要把多种软件结合起来使用。通常使用的软件有上面介绍的 Dreamweaver、Flash、Photoshop 等。对大型网站管理者来说，综合使用这些软件会提高网页的制作速度，从而提高工作效率。

在网页设计中，Dreamweaver 主要用于对页面进行布局，即将创建完成的文字、图像和动画等元素在 Dreamweaver 中通过一定形式的布局整合为一个页面。此外，在 Dreamweaver 中还可以方便地插入 Flash、ActiveX、JavaScript、Java 和 ShockWave 等文件，从而使设计者可以创建出具有特殊效果的精彩网页，如图 4-17 所示。

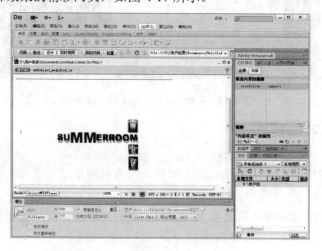

图 4-17　在 Dreamweaver 中插入动画

如果网页中只有静止的图像，即使这些图像再怎么精致，也会让人感觉缺少生动性和活泼性，最终会影响视觉效果和整个页面的美观。因此，在网页的制作过程中往往还需要适时地插入一些 Flash 图像。

在一般网页设计中，Flash 主要用于制作具有动画效果的导航条、Logo、商业广告条等，动画可以更好地表现设计者的创意。由于学习 Flash 本身的难度不大，而且制作含有 Flash 动画的页面很容易吸引浏览者，所以 Flash 动画已成为当前网页设计中不可缺少的元素。如图 4-18 所示为在 Flash CS6 中播放动画。

使用 Photoshop，除了可以对网页中要插入的图像进行调整处理外，还可以对页面的总体布局进行调整。对网页中所出现的 GIF 图像也可使用 Photoshop CS6 进行创建，以获得更加精彩的效果。如图 4-19 所示即为用 Photoshop 制作的网页图片。

图 4-18　在 Flash CS6 中播放动画

图 4-19　使用 Photoshop 制作网页图片

Photoshop 还可以用于对创建 Flash 动画所需的素材进行制作、加工和处理操作，使网页动画中所表现的内容更加精美和引人入胜。

4.4　跟我练练手

4.4.1　练习目标

能够熟练掌握本章所讲内容。

4.4.2　上机练习

练习 1：查找网站建站的方式。

练习 2：熟悉网页制作的常用软件。

4.5 高手甜点

甜点1：常见的域名选取策略

域名是连接企业和互联网网址的纽带，对于企业开展电子商务具有重要作用，被誉为网络时代的"环球商标"。一个好的域名会大大增加企业在互联网上的知名度，因此，取一个好的域名就显得十分重要。域名选取的常见方法如下。

1) 用企业名称的英文翻译作为网站的域名

这是许多企业选取域名的一种方式，这样的域名特别适合于与计算机、网络和通信相关的一些行业。例如，中国电信的域名是 Chinatelecom.com.cn，中国移动的域名为 chinamobile.com，都是采用了此种原则。

2) 用企业名称的汉语拼音作为网站的域名

这是国内企业常见的域名选取方法。这种方法的最大好处是容易记忆。例如，huawei.com 是华为技术有限公司的域名，haier.com 是海尔集团的域名。

3) 用汉语拼音的谐音作为网站的域名

在现实中，采用这种方法的企业也不在少数。例如，美的集团的域名为 midea.com.cn，康佳集团的域名为 konka.com.cn，新浪的域名为 sina.com.cn。

甜点2：如何在网上搜索特定格式的文件资料

在网上搜索资料时，有时需要搜索特定格式的文件，如 PPT 文件、Word 文件等。这里以搜索.doc 格式的文件为例，介绍搜索特定格式文件的方法。

打开百度搜索页面，在搜索文本框中输入"网页制作.doc"，单击【百度一下】按钮，系统将打开搜索结果页面。这里最重要的一点就是在输入搜索关键字时，后面一定要加上特定格式文件的后缀名。

第 2 篇

静态网页制作篇

第 5 章

磨刀不误砍柴工
——使用
Dreamweaver CS6
创建网站站点

　　Dreamweaver CS6 是一款专业的网页编辑软件，利用它可以创建单个网页。该软件具有强大的站点管理功能，可以合理地组织站点结构，加快对站点的设计，提高工作效率，节省时间。本章就来介绍如何利用 Dreamweaver CS6 创建并管理网站站点。

本章要点(已掌握的在方框中打钩)

- ☐ 熟悉 Dreamweaver CS6 的工作环境。
- ☐ 掌握创建站点的方法。
- ☐ 掌握管理站点的方法。
- ☐ 掌握操作站点文件及文件夹的方法。

5.1 认识 Dreamweaver CS6 的工作环境

在学习如何使用 Dreamweaver CS6 制作网页之前，先来认识一下 Dreamweaver CS6 的工作环境。

5.1.1 案例 1——启动 Dreamweaver CS6

完成 Dreamweaver CS6 的安装后，就可以启动 Dreamweaver CS6 了，具体操作步骤如下。

step 01 选择【开始】→【所有程序】→Adobe Dreamweaver CS6 菜单命令，或双击桌面上的 Dreamweaver CS6 快捷图标，即可启动 Dreamweaver CS6，并弹出【默认编辑器】对话框，在其中勾选需要将 Dreamweaver 设置为默认编辑器的文件类型，如图 5-1 所示。

step 02 单击【确定】按钮，进入 Dreamweaver CS6 的初始化界面。Dreamweaver CS6 的初始化界面时尚、大方，给人以焕然一新的感觉，如图 5-2 所示。

图 5-1 【默认编辑器】对话框

图 5-2 Dreamweaver CS6 的初始化界面

step 03 通过初始化界面，便可打开 Dreamweaver CS6 工作区的开始界面。在默认情况下，Dreamweaver CS6 的工作区布局是以设计视图布局的，如图 5-3 所示。

step 04 在开始界面中，单击【新建】栏下边的 HTML 选项，即可打开 Dreamweaver CS6 的工作界面，如图 5-4 所示。

图 5-3 Dreamweaver CS6 的开始界面

图 5-4 Dreamweaver CS6 的工作界面

5.1.2 案例 2——认识 Dreamweaver CS6 的工作区

在 Dreamweaver CS6 的工作区中可以查看文档和对象属性。工作区将许多常用的操作放置于工具栏中，便于快速地对文档进行修改。Dreamweaver CS6 的工作区主要由菜单栏、文档工具栏、文档窗口、状态栏、【属性】面板、工作区切换器、面板组等组成，如图 5-5 所示。

图 5-5 Dreamweaver CS6 的工作区

1. 菜单栏

菜单栏中包括 10 个菜单，单击每个菜单，会弹出下拉菜单，利用菜单基本上能够实现 Dreamweaver CS6 的所有功能，如图 5-6 所示。

文件(F) 编辑(E) 查看(V) 插入(I) 修改(M) 格式(O) 命令(C) 站点(S) 窗口(W) 帮助(H)

图 5-6 菜单栏

2. 文档工具栏

文档工具栏中包含 3 种文档窗口视图(【代码】、【拆分】和【设计】)按钮、各种查看选项和一些常用的操作按钮(如【在浏览器中预览/调试】)，如图 5-7 所示。

代码 拆分 设计 实时视图　标题：无标题文档

图 5-7 文档工具栏

文档工具栏中常用选项的功能如下。

(1) 【代码】按钮：单击该按钮，仅在文档窗口中显示和修改 HTML 源代码。

(2) 【拆分】按钮：单击该按钮，在文档窗口中同时显示 HTML 源代码和网页的设计效果。

(3) 【设计】按钮：单击该按钮，仅在文档窗口中显示网页的设计效果。

(4) 【实时视图】按钮：单击该按钮，可以显示不可编辑的、交互式的、基于浏览器的文档视图。

(5) 【多屏幕】按钮 ：单击该按钮，可以多屏幕浏览网页。

(6) 【标题】文本框：用于设置或修改文档的标题。

(7)【文件管理】按钮 🔧：单击该按钮，通过下拉菜单可以实现消除只读属性、获取、取出、上传、存回、撤销取出、设计备注以及在站点定位等功能。

(8)【在浏览器中预览/调试】按钮 🌐：单击该按钮，可以在定义好的浏览器中预览或调试网页。

(9)【刷新】按钮 ↻：单击该按钮，可以刷新文档窗口的内容。

(10)【可视化助理】按钮 👁：单击该按钮，可以使用各种可视化助理来设计网页。

(11)【检查浏览器兼容】按钮 ✉：单击该按钮，可以检查 CSS 是否对各种浏览器兼容。

(12)【W3C 验证】按钮 ✔：单击该按钮，可以检测网页是否符合 W3C 标准。

3．文档窗口

文档窗口用于显示当前创建和编辑的文档。在该窗口中，可以输入文字、插入图片、绘制表格等，也可以对整个页面进行处理，如图 5-8 所示。

图 5-8　文档窗口

4．状态栏

状态栏位于文档窗口的底部，包括三个功能区：标签选择器(显示和控制文档当前插入点位置的 HTML 源代码标签)、窗口大小弹出菜单(显示页面大小，允许将文档窗口的大小调整到预定义或自定义的尺寸)和下载指示器(估计下载时间，查看传输时间)，如图 5-9 所示。

图 5-9　状态栏

5．【属性】面板

【属性】面板是非常重要的面板，用于显示在文档窗口中所选元素的属性，并且可以对被选中元素的属性进行修改。该面板随着选择元素的不同而显示不同的属性，如图 5-10 所示。

图 5-10　【属性】面板

6．工作区切换器

单击【工作区切换器】下拉按钮 ▾，可以打开一些常用的调板。在下拉菜单中选择相应的命令即可更改页面的布局，如图 5-11 所示。

7．【插入】面板

【插入】面板中包含将各种网页元素(如图像、表格和 AP 元素等)插入到文档时的快捷按钮，如图 5-12 所示。每个对象都是一段 HTML 代码，插入不同的对象时，可以设置不同的属性。单击相应的按钮，可插入相应的元素。要显示【插入】面板，选择【窗口】→【插入】菜单命令即可。

8.【文件】面板

【文件】面板用于管理文件和文件夹，无论它们是 Dreamweaver 站点的一部分还是位于远程服务器上。在【文件】面板中还可以访问本地磁盘上的全部文件，如图 5-13 所示。

图 5-11　工作区切换器　　图 5-12　【插入】面板　　图 5-13　【文件】面板

5.1.3　案例 3——熟悉 Dreamweaver CS6 的面板

【插入】面板中包括 8 组面板，分别是【常用】面板、【布局】面板、【表单】面板、【数据】面板、Spry 面板、InContext Editing 面板、【文本】面板和【收藏夹】面板。

1.【常用】面板

在【常用】面板中，用户可以创建和插入最常用的对象，如图像和表格等，如图 5-14 所示。

2.【布局】面板

在【插入】面板中单击【常用】选项旁的下拉按钮 ▼，在弹出的下拉列表中选择【布局】选项，即可打开【布局】面板，如图 5-15 所示。【布局】面板中包含插入表格、层和框架的常用命令按钮和部分 Spry 工具按钮。

3.【表单】面板

在【插入】面板中单击【布局】选项旁的下拉按钮 ▼，在弹出的下拉列表中选择【表单】选项，即可打开【表单】面板，如图 5-16 所示。【表单】面板中包含一些常用的创建表单和插入表单元素的按钮及一些 Spry 工具按钮，可以根据情况选择所需要的域、表单或按钮等。

4.【数据】面板

在【插入】面板中单击【表单】选项旁的下拉按钮 ▼，在弹出的下拉列表中选择【数据】选项，即可打开【数据】面板。该面板中包含一些 Spry 工具按钮和常用的应用程序按钮，如图 5-17 所示。

5. Spry 面板

在【插入】面板中单击【数据】选项旁的下拉按钮 ▼，在弹出的下拉列表中选择 Spry 选项，即可打开 Spry 面板。该面板中主要包含一些 Spry 工具按钮，如图 5-18 所示。

图 5-14　【常用】面板　　　　图 5-15　【布局】面板　　　　图 5-16　【表单】面板

6. InContext Editing 面板

InContext Editing 面板中包括两个选项，分别是【创建可编辑区域】和【创建重复区域】，如图 5-19 所示。

图 5-17　【数据】面板　　　　图 5-18　Spry 面板　　　　图 5-19　InContext Editing 面板

(1)【创建可编辑区域】：可编辑区域定义了用户可以直接在浏览器中编辑的页面区域。

(2)【创建重复区域】：InContext Editing 重复区域由开始标签中包含 ice:repeating 属性的一对 HTML 标签构成。重复区域定义了用户在浏览器中进行编辑时，可以"重复"和向其中添加内容的页面区域。

7.【文本】面板

【文本】面板中主要包含对字体、文本和段落进行调整辅助操作的按钮，如图 5-20 所示。

8.【收藏夹】面板

可以将常用的按钮添加到【收藏夹】面板中，以便于以后使用，如图 5-21 所示。

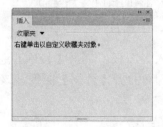

图 5-20　【文本】面板　　　　图 5-21　【收藏夹】面板

5.2 创 建 站 点

在开始制作网页之前，需要先定义一个新站点，以便于更好地利用站点对文件进行管理，还可以尽可能减少链接与路径方面的错误。

5.2.1 案例 4——创建本地站点

Dreamweaver 站点是一种管理网站中所有相关联文档的工具，通过站点可以实现将文件上传到网络服务器、自动跟踪和维护、管理文件以及共享文件等功能。Dreamweaver 中的站点包括本地站点、远程站点和测试站点三类。

- 本地站点：用来存放整个网站框架的本地文件夹，是用户的工作目录，一般制作网页时只需要建立本地站点即可。
- 远程站点：存储于 Internet 服务器上的站点和相关文档。通常情况下，为了不连接 Internet 而对所建的站点进行测试，可以在本地计算机上创建远程站点，来模拟真实的 Web 服务器进行测试。
- 测试站点：Dreamweaver 处理动态页面的文件夹，可以使用此文件夹生成动态内容并在工作时连接到数据库，以对动态页面进行测试。

在 Dreamweaver CS6 中使用向导创建本地站点的具体操作步骤如下。

step 01 打开 Dreamweaver CS6，选择【站点】→【新建站点】菜单命令，弹出【站点设置对象】对话框，输入站点的名称，并设置本地站点文件夹的路径和名称，然后单击【保存】按钮，如图 5-22 所示。

step 02 本地站点创建完成后，在【文件】面板的【本地文件】窗格中会显示该站点的根目录，如图 5-23 所示。

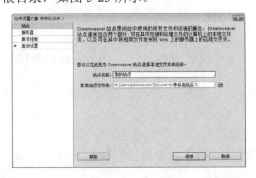

图 5-22 【站点设置对象】对话框

图 5-23 【本地文件】窗格

5.2.2 案例 5——使用【文件】面板创建站点

在【文件】面板中提供了"管理站点"功能，利用该功能可以创建站点，具体操作步骤如下。

step 01 打开【文件】面板，在左边的站点下拉列表框中选择【管理站点】选项，如

图 5-24 所示。

step 02 弹出【管理站点】对话框，在该对话框中单击【新建站点】按钮，如图 5-25 所示。

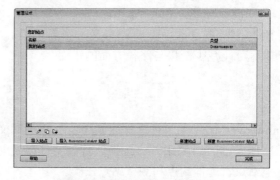

图 5-24　【文件】面板　　　　**图 5-25　【管理站点】对话框**

step 03 弹出【站点设置对象】对话框，在该对话框中即可根据前面介绍的方法创建本地站点，如图 5-26 所示。

图 5-26　【站点设置对象】对话框

5.3　管理站点

设置好 Dreamweaver CS6 的站点后，还可以对本地站点进行多方面的管理，如打开站点、编辑站点、删除站点及复制站点等。

5.3.1　案例 6——打开站点

站点创建完毕后，如果不能一次完成网站的制作，可以再次打开站点，对站点中的内容进行编辑。

打开站点的具体操作步骤如下。

step 01 选择【窗口】→【文件】菜单命令，打开【文件】面板，在左边的站点下拉列表框中选择【管理站点】选项，如图 5-27 所示。

step 02 弹出【管理站点】对话框，单击【您的站点】列表框中的【我的站点】选项，如图 5-28 所示。

step 03 单击【完成】按钮，打开站点，如图 5-29 所示。

图 5-27　【文件】面板

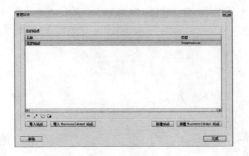

图 5-28　单击【我的站点】选项

图 5-29　打开的站点

5.3.2　案例 7——编辑站点

创建了站点之后，接下来可以对站点的属性进行编辑，具体操作步骤如下。

step 01　选择【站点】→【管理站点】菜单命令，打开【管理站点】对话框，从中选定要编辑的站点名称，然后单击【编辑当前选定的站点】按钮，如图 5-30 所示。

step 02　打开【站点设置对象】对话框，从中按照创建站点的方法对站点进行编辑，如图 5-31 所示。

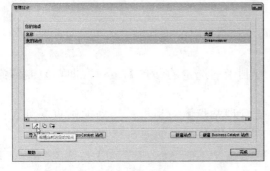

图 5-30　单击【编辑当前选定的站点】按钮

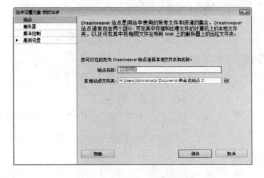

图 5-31　编辑站点

> 提示　在【管理站点】对话框中双击站点名称，可以直接打开【站点设置对象】对话框。

step 03　编辑完成后单击【保存】按钮，返回【管理站点】对话框，然后单击【完成】按钮，即可完成编辑操作。

5.3.3　案例 8——删除站点

如果不再需要利用 Dreamweaver 对本地站点进行操作，可以将其从站点列表中删除，具体操作步骤如下。

step 01　选择要删除的本地站点，然后在【管理站点】对话框中单击【删除当前选定的站点】按钮，如图 5-32 所示。

step 02　弹出 Dreamweaver 对话框，提示用户删除站点操作不能撤销，询问是否要删除本地站点，单击【是】按钮，即可删除选定的本地站点，如图 5-33 所示。

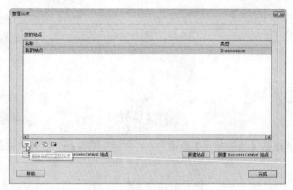

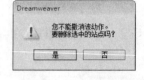

图 5-32　单击【删除当前选定的站点】按钮　　　　　图 5-33　信息提示框

提示　　删除站点操作实际上只是删除了 Dreamweaver 同本地站点之间的关系，而实际的本地站点内容(包括文件夹和文件等)仍然保存在磁盘相应的位置上。因此，用户可以重新创建指向其位置的新站点，重新对其进行管理。

5.3.4　案例 9——复制站点

如果想创建多个结构相同或类似的站点，则可利用站点的可复制性实现。复制站点的具体操作步骤如下。

step 01　在【管理站点】对话框中单击【复制当前选定的站点】按钮，即可复制该站点，如图 5-34 所示。

step 02　复制出来的新站点名称会出现在【管理站点】对话框的【您的站点】列表框中，该名称会在原站点名称的后面添加"复制"字样，如图 5-35 所示。

图 5-34　单击【复制当前选定的站点】按钮　　　　　图 5-35　复制的站点

step 03　如果需要更改站点名称，选中新复制的站点，单击【编辑当前选中的站点】按钮即可。在【管理站点】对话框中单击【完成】按钮，即可完成对站点的复制操作。

5.4 操作站点文件及文件夹

无论是创建空白文档，还是利用已有的文档创建站点，都需要对站点中的文件夹或文件进行操作。利用【文件】面板，可以对本地站点中的文件夹和文件进行创建、删除、移动和复制等操作。

5.4.1 案例 10——创建文件夹

站点创建完毕后，可以在站点的下方创建文件夹，该文件夹的主要作用是存放网页的相关资料，如网页图片、网页中的 CSS 样式表等。

在本地站点中创建文件夹的具体操作步骤如下。

`step 01` 选择【窗口】→【文件】菜单命令，打开【文件】面板，在准备新建文件夹的位置右击，在弹出的快捷菜单中选择【新建文件夹】命令，如图 5-36 所示。

`step 02` 新建文件夹的名称处于可编辑状态，可以对新建文件夹重新命名，如图 5-37 所示。

`step 03` 将新建文件夹命名为 images，通常用此文件夹来存放图片。单击新建文件夹以外的任意位置，即可完成文件夹的新建和重命名操作，如图 5-38 所示。

图 5-36 选择【新建文件夹】命令

图 5-37 新建的文件夹

图 5-38 重命名文件夹

> 提示
>
> 如果想修改文件夹名，选定文件夹后，单击文件夹的名称或按 F2 键，激活文字使其处于可编辑状态，然后输入新的名称即可。

5.4.2 案例 11——创建文件

文件夹创建好后，就可以在文件夹中创建相应的文件了，具体操作步骤如下。

`step 01` 选择【窗口】→【文件】菜单命令，打开【文件】面板，在准备新建文件的位置右击，在弹出的快捷菜单中选择【新建文件】命令，如图 5-39 所示。

step 02 新建文件的名称处于可编辑状态，可以为新建文件重新命名，如图 5-40 所示。

step 03 新建的文件名默认为 untitled.html，可将其改为 index.html。单击新建文件以外的任意位置，即可完成文件的新建和重命名操作，如图 5-41 所示。

图 5-39 选择【新建文件】命令

图 5-40 新建的文件

图 5-41 重命名文件

5.4.3 案例 12——移动和复制文件或文件夹

站点下的文件或文件夹可以进行移动与复制操作，具体操作步骤如下。

step 01 选择【窗口】→【文件】菜单命令，打开【文件】面板，选中要移动的文件或文件夹，然后拖动到相应的文件夹即可，如图 5-42 所示。

step 02 也可以利用剪切和粘贴的方法来移动文件或文件夹。在【文件】面板中，选中要移动或复制的文件或文件夹，右击，在弹出的快捷菜单中选择【编辑】→【剪切】或【拷贝】命令，如图 5-43 所示。

图 5-42 移动文件

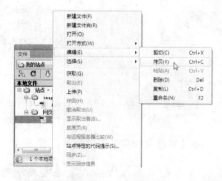

图 5-43 复制文件

提示　进行移动可以选择【剪切】命令，进行复制可以选择【拷贝】命令。

step 03 选中目标文件夹，右击，在弹出的快捷菜单中选择【编辑】→【粘贴】命令，这样，文件或文件夹就会被移动或复制到相应的文件夹中。

5.4.4 案例 13——删除文件或文件夹

对于站点下的文件或文件夹，如果不再需要，就可以将其删除，具体操作步骤如下。

step 01 在【文件】面板中，选中要删除的文件或文件夹，然后在文件或文件夹上右击，在弹出的快捷菜单中选择【编辑】→【删除】命令或者按 Delete 键，如图 5-44 所示。

step 02 弹出提示对话框，询问是否要删除所选文件或文件夹，单击【是】按钮，即可将文件或文件夹从本地站点中删除，如图 5-45 所示。

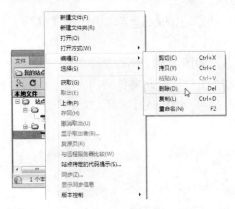

图 5-44 删除文件

图 5-45 提示对话框

和站点的删除操作不同，对文件或文件夹的删除操作会从磁盘上真正地删除相应的文件或文件夹。

5.5 实战演练——建立站点文件和文件夹

为了管理和日后的维护方便，可以建立一个文件夹来存放网站中的所有文件，再在文件夹内建立几个子文件夹，将文件分别放在不同的文件夹中，如图片可以放在 images 文件夹内，HTML 文件放在根目录下等。

建立站点文件和文件夹的具体操作步骤如下。

step 01 选择【窗口】→【文件】菜单命令，打开【文件】面板，在站点名称"我的站点"上右击，在弹出的快捷菜单中选择【新建文件】命令，如图 5-46 所示。

step 02 新建文件的名称处于可编辑状态，如图 5-47 所示。

step 03 将新建文件名 untitled.html 重命名为 index.html，然后单击新建文件以外的任意位置，完成主页文件的创建，如图 5-48 所示。

图 5-46　选择【新建文件】命令　　　　图 5-47　新建文件　　　　图 5-48　重命名文件

> step 04　在站点名称"我的站点"上右击，在弹出的快捷菜单中选择【新建文件夹】命令，如图 5-49 所示。

> step 05　新建文件夹的名称处于可编辑状态，如图 5-50 所示。

> step 06　将新建文件夹名 untitled 重命名为"图片"，此文件夹用于存放图片，然后单击新建文件夹以外的任意位置，完成图片文件夹的创建，如图 5-51 所示。

图 5-49　选择【新建文件夹】命令　　　　图 5-50　新建文件夹　　　　图 5-51　重命名文件夹

5.6　跟我练练手

5.6.1　练习目标

能够熟练掌握本章所讲内容。

5.6.2　上机练习

练习 1：创建网站站点。

练习 2：管理网站站点。

练习 3：操作站点文件与文件夹。

练习 4：建立网站站点文件和文件夹。

5.7 高手甜点

甜点 1：在【资源】面板中，为什么有的资源在预览区中无法正常显示(比如 Flash 动画)

之所以会出现这种情况，主要是由于不同类型的资源有不同的预览显示方式。对于 Flash 动画来说，被选中的 Flash 在预览区中显示占位符，要观看其播放效果，必须单击预览区中的播放按钮。

甜点 2：在 Adobe Dreamweaver CS6 中，【属性】面板为什么只显示了其标题栏

之所以会出现这种情况，主要是由于【属性】面板被折叠起来了。Adobe Dreamweaver CS6 为了节省屏幕空间为各个面板组都设计了折叠功能，单击该面板组的标题名称，即可在"展开/折叠"状态之间切换。同时，对于不用的面板组还可以将其暂时关闭，需要使用时再通过【窗口】菜单打开。

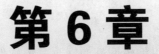

第6章

制作我的第一个网页——网页内容之美

浏览网页时，查看文本和图像是最直接的获取信息的方式。文本是基本的信息载体，不管网页内容如何丰富，文本自始至终都是网页中最基本的元素。图像能使网页的内容更加丰富多彩、形象生动，可以为网页增色不少。

本章要点(已掌握的在方框中打钩)

- ☐ 理解文档的基本操作。
- ☐ 掌握用文字美化网页的方法。
- ☐ 掌握用图像美化网页的方法。
- ☐ 掌握用动画美化网页的方法。
- ☐ 掌握用其他网页元素美化网页的方法。

6.1 文档的基本操作

使用 Dreamweaver CS6 可以编辑网站的网页，该软件为创建 Web 文档提供了灵活的环境。

6.1.1 案例 1——创建空白文档

制作网页的第一步就是创建空白文档，使用 Dreamweaver CS6 创建空白文档的具体操作步骤如下。

step 01 选择【文件】→【新建】菜单命令，打开【新建文档】对话框。并在该对话框的左侧选择【空白页】选项，在【页面类型】列表框中选择 HTML 选项，在【布局】列表框中选择【<无>】选项，如图 6-1 所示。

step 02 单击【创建】按钮，即可创建一个空白文档，如图 6-2 所示。

图 6-1　【新建文档】对话框

图 6-2　创建空白文档

6.1.2 案例 2——设置页面属性

创建空白文档后，接下来需要对文件进行页面属性的设置，也就是设置整个网站页面的外观效果。选择【修改】→【页面属性】菜单命令，如图 6-3 所示，或按 Ctrl+J 组合键，打开【页面属性】对话框，从中可以设置外观、链接、标题、标题/编码和跟踪图像等属性。下面分别介绍如何设置页面的外观、链接、标题等。

1. 设置外观

在【页面属性】对话框的【分类】列表框中选择【外观】选项，可以设置 CSS 外观和 HTML 外观，外观的设置可以从页面字体、文字大小、文本颜色等方面进行设置，如图 6-4 所示。

1) 【页面字体】

在【页面字体】下拉列表框中可以设置文本的字体样式，比如这里选择一种字体样式，然后单击【应用】按钮，页面中的字体即可显示为这种字体样式，如图 6-5 所示。

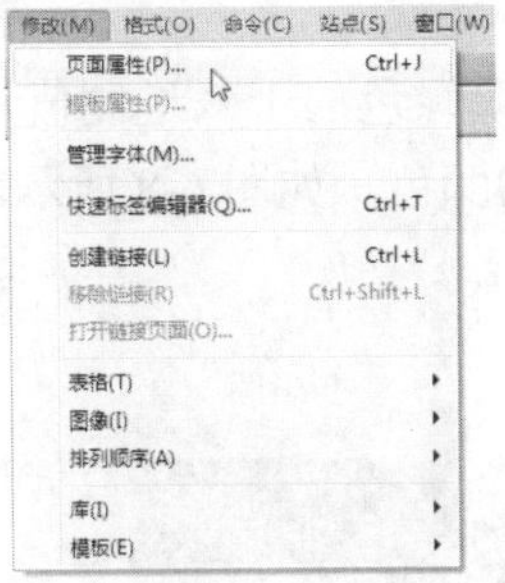

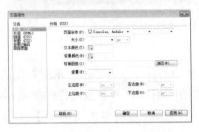

修改(M) 格式(O) 命令(C) 站点(S) 窗口(W)
页面属性(P)... Ctrl+J
模板属性(P)...
管理字体(M)...
快速标签编辑器(Q)... Ctrl+T
创建链接(L) Ctrl+L
移除链接(R) Ctrl+Shift+L
打开链接页面(O)...
表格(T)
图像(I)
排列顺序(A)
库(I)
模板(E)

图 6-3 选择【页面属性】菜单命令

页面属性
分类
外观 (CSS)
外观 (HTML)
链接 (CSS)
标题 (CSS)
标题/编码
跟踪图像
外观 (CSS)
页面字体(F): 默认字体
大小(S):
文本颜色(T):
背景颜色(B):
背景图像(I):
浏览(W)...
重复(E):
左边距(M):
右边距(R):
上边距(P):
下边距(O):
帮助(H)
确定
取消
应用(A)

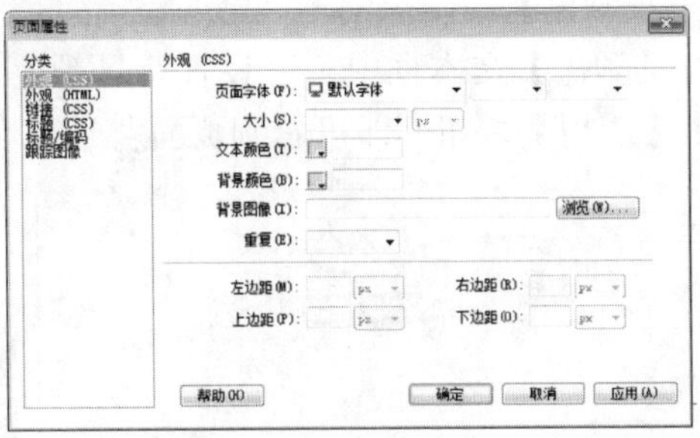

图 6-4 【页面属性】对话框

生活是一首歌，一首五彩缤纷的歌，一首低沉而又高昂的歌，一首令人无法捉摸的歌。生活中的艰难困苦就是那一个个跳动的音符，由于这些音符的加入才使生活变得更加美妙。

图 6-5 设置页面字体

2) 【大小】

在【大小】下拉列表框中可以设置文本的大小，这里选择“36”，在右侧的单位下拉列表框中选择 px 单位，单击【应用】按钮，页面中的文本即可显示为 36px 大小，如图 6-6 所示。

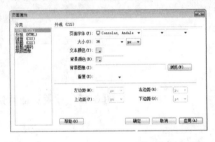

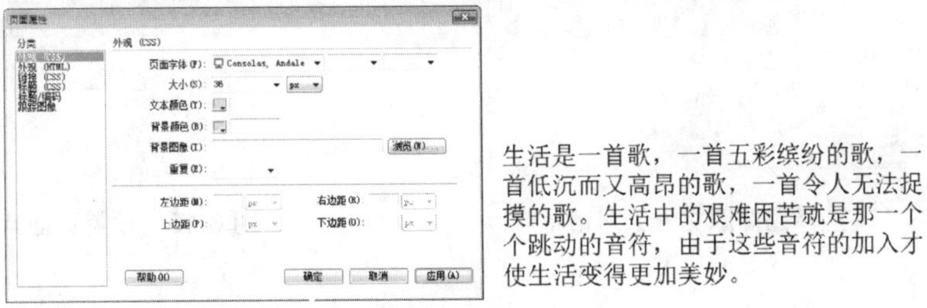

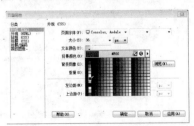

生活是一首歌，一首五彩缤纷的歌，一首低沉而又高昂的歌，一首令人无法捉摸的歌。生活中的艰难困苦就是那一个个跳动的音符，由于这些音符的加入才使生活变得更加美妙。

图 6-6 设置页面字体大小

3) 【文本颜色】

在【文本颜色】文本框中输入文本显示颜色的十六进制值，或者单击文本框左侧的【选择颜色】按钮，即可在弹出的颜色选择器中选择文本的颜色。单击【应用】按钮，即可看到页面字体呈现为选中的颜色，如图 6-7 所示。

生活是一首歌，一首五彩缤纷的歌，一首低沉而又高昂的歌，一首令人无法捉摸的歌。生活中的艰难困苦就是那一个个跳动的音符，由于这些音符的加入才使生活变得更加美妙。

图 6-7 设置页面字体颜色

4) 【背景颜色】

在【背景颜色】文本框中可以设置背景颜色，这里输入墨绿色的十六进制值"#09F"，完成后单击【应用】按钮，即可看到页面背景呈现出所输入的颜色，如图 6-8 所示。

图 6-8 设置页面背景颜色

5) 【背景图像】

在【背景图像】文本框中可直接输入网页背景图像的路径，或者单击文本框右侧的【浏览】按钮，在弹出的【选择图像源文件】对话框中选择一幅图像作为网页背景图像，如图 6-9 所示。

完成之后单击【确定】按钮返回【页面属性】对话框，然后单击【应用】按钮，即可看到页面显示的背景图像，如图 6-10 所示。

图 6-9 【选择图像源文件】对话框　　　　图 6-10 设置页面背景图片

6) 【重复】

在【重复】下拉列表框中可以选择背景图像在网页中的排列方式，有不重复、重复、横向重复和纵向重复 4 个选项。比如选择 repeat-x(横向重复)选项，背景图像就会以横向重复的排列方式显示，如图 6-11 所示。

7) 【左边距】、【上边距】、【右边距】和【下边距】

这 4 个选项用于设置页面四周边距的大小，如图 6-12 所示。

图 6-11 设置背景图像的排列方式　　　　图 6-12 设置页面四周边距

提示　【背景图像】和【背景颜色】不能同时显示。如果在网页中同时设置这两个选项，在浏览网页时则只显示网页的背景图像。

2. 设置链接

在【页面属性】对话框的【分类】列表框中选择【链接】选项，可以设置链接的属性，如图 6-13 所示。

3. 设置标题

在【页面属性】对话框的【分类】列表框中选择【标题】选项，可以设置标题的属性，如图 6-14 所示。

图 6-13　设置页面的链接

图 6-14　设置页面标题

4. 设置标题/编码

在【页面属性】对话框的【分类】列表框中选择【标题/编码】选项，可以设置标题/编码的属性，比如网页的标题、文档类型和网页中文本的编码，如图 6-15 所示。

5. 设置跟踪图像

在【页面属性】对话框的【分类】列表框中选择【跟踪图像】选项，可以设置跟踪图像的属性，如图 6-16 所示。

图 6-15　设置标题/编码

图 6-16　设置跟踪图像

1) 【跟踪图像】

在【跟踪图像】文本框中可以设置作为网页跟踪图像的文件路径，也可以单击文本框右侧的【浏览】按钮，在弹出的对话框中选择一幅图像作为跟踪图像，如图 6-17 所示。

跟踪图像是 Dreamweaver 中非常有用的功能。使用这个功能，可以先用平面设计工具设计出页面的平面版式，再以跟踪图像的方式导入到页面中，这样用户在编辑网页时即可精确地定位页面元素。

2）【透明度】

拖动【透明度】滑块，可以调整图像的透明度，透明度越高，图像越明显，如图 6-18 所示。

图 6-17　添加图像文件

图 6-18　设置图像的透明度

注意

使用了跟踪图像后，原来的背景图像不会显示。但是在 IE 浏览器中预览时，会显示出页面的真实效果，而不会显示跟踪图像。

6.2　用文字美化网页

所谓设置文本属性，主要是对网页中的文本格式进行编辑和设置，包括文本字体、文本颜色、字体样式等。

6.2.1　案例 3——插入文字

文字是基本的信息载体，是网页中最基本的元素之一。在网页中运用丰富的字体、多样的格式及赏心悦目的文字效果，对网站设计师来说是必不可少的技能。

在网页中插入文字的具体操作步骤如下。

step 01　选择【文件】→【打开】菜单命令。弹出【打开】对话框，在【查找范围】下拉列表框中定义打开文件的位置为"ch06\插入文本\插入文本.html"，然后单击【打开】按钮，如图 6-19 所示。

step 02　随即打开随书光盘中的素材文件，然后将光标放置在文档的编辑区，如图 6-20 所示。

step 03　输入文字，如图 6-21 所示。

step 04　选择【文件】→【另存为】菜单命令，将文件保存为"ch06\插入文本\插入文本后.html"，按 F12 键在浏览器中预览效果，如图 6-22 所示。

图 6-19　【打开】对话框

图 6-20　打开的素材文件

图 6-21　输入文字

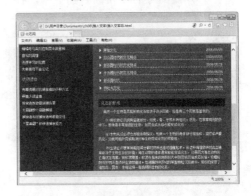

图 6-22　预览网页

 在输入文本的过程中，换行时如果直接按 Enter 键，行间距会比较大。一般情况下，在网页中换行时按 Shift + Enter 组合键，这样才是正常的行距。

也可以在文档中添加换行符来实现文本换行，有如下两种操作方法。

(1) 选择【窗口】→【插入】菜单命令，打开【插入】面板，然后单击【文本】选项卡中的【字符】图示，在弹出的列表中选择【换行符】选项，如图 6-23 所示。

(2) 选择【插入】→ HTML →【特殊字符】→【换行符】菜单命令，如图 6-24 所示。

图 6-23　换行符

图 6-24　选择【换行符】菜单命令

6.2.2　案例4——设置字体

插入网页文字后，用户可以根据自己的需要对插入的文字进行设置，包括字体样式、字体大小、字体颜色等。

1. 设置字体

对网页中的文本进行字体设置的具体步骤如下。

`step 01` 打开随书光盘中的"ch06\插入文本\插入文本后.html"文件。在文档窗口中，选定要设置字体的文本，如图6-25所示。

`step 02` 在下方的【属性】面板中，在【字体】下拉列表框中选择字体，如图6-26所示。

图 6-25　选择文本

图 6-26　选择字体

`step 03` 选中的文本即可改变为所选字体。

2. 无字体提示的解决方法

如果字体列表中没有所要的字体，可以按照如下方法编辑字体列表，具体操作步骤如下。

`step 01` 在【属性】面板的【字体】下拉列表框中选择【编辑字体列表】选项，打开【编辑字体列表】对话框，如图6-27所示。

`step 02` 在【可用字体】列表框中选择要使用的字体，然后单击按钮，所选字体就会出现在左侧的【选择的字体】列表框中，如图6-28所示。

图 6-27　【编辑字体列表】对话框

图 6-28　选择需要添加的字体样式

提示

【选择的字体】列表框中显示当前已选定的字体名称；【可用字体】列表框中显示当前所有可用的字体名称。

step 03 如果要创建新的字体列表，可以从【字体列表】列表框中选择【(在以下列表中添加字体)】选项。如果没有出现该选项，可以单击对话框左上角的➕按钮添加，如图 6-29 所示。

step 04 要从字体组合项中删除字体，可以从【字体列表】列表框中选定该字体组合项，然后单击列表框左上角的➖按钮，设置完成单击【确定】按钮即可，如图 6-30 所示。

提示

一般来说，应尽量在网页中使用宋体或黑体，不使用特殊的字体，因为浏览网页的计算机中如果没有安装这些特殊的字体，在浏览时就只能以普通的默认字体来显示。对中文网页来说，应该尽量使用宋体或黑体，因为大多数的计算机中都默认装有这两种字体。

图 6-29 添加选择的字体

图 6-30 删除选择的字体

6.2.3 案例 5——设置字号

字号是指字体的大小。在 Dreamweaver CS6 中设置文字字号的具体步骤如下。

step 01 打开随书光盘中的"ch06\插入文本\插入文本后.html"文件，选定要设置字号的文本，如图 6-31 所示。

图 6-31 选择需要设置字号的文本

step 02 在【属性】面板的【大小】下拉列表框中选择字号，这里选择"18"，如图 6-32

所示。

图 6-32　【属性】面板

step 03 这样选中的文本字体大小将更改为 18Px，如图 6-33 所示。

提示

如果希望设置字符相对默认字符大小的增减量，可以在【大小】下拉列表框中选择 xx-small、xx-large 或 smaller 等选项。如果希望取消对字号的设置，可以选择【无】选项。

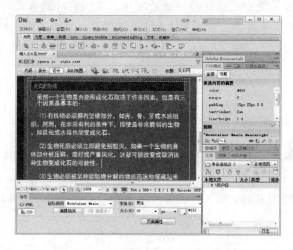

图 6-33　设置字号后的文本显示效果

6.2.4　案例 6——设置字体颜色

多彩的字体颜色会增强网页的表现力。在 Dreamweaver CS6 中，设置字体颜色的具体步骤如下。

step 01 打开随书光盘中的"ch06\设置文本属性\设置文本属性.html"文件，选定要设置字体颜色的文本，如图 6-34 所示。

step 02 在【属性】面板中单击【文本颜色】按钮 ，打开颜色选择器，从中选择需要的颜色，如图 6-35 所示，也可以直接在该按钮右边的文本框中输入颜色的十六进制数值。

提示

设置颜色也可以选择【格式】→【颜色】菜单命令，弹出【颜色】对话框，从中选择需要的颜色，然后单击【确定】按钮即可，如图 6-36 所示。

step 03 选定颜色后，选中的文本将更改为选定的颜色，如图 6-37 所示。

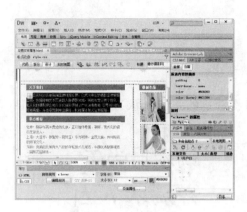

图 6-34　选择文本

图 6-35　设置文本颜色

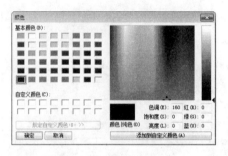

图 6-36　【颜色】文本框

图 6-37　设置的文本颜色

6.2.5　案例 7——设置字体样式

字体样式是指字体的外观显示样式，如字体的加粗、倾斜、加下划线等。利用 Dreamweaver CS6 可以设置多种字体样式，具体操作步骤如下。

step 01　选定要设置字体样式的文本，如图 6-38 所示。

step 02　选择【格式】→【样式】菜单命令，弹出子菜单，如图 6-39 所示。

图 6-38　选择文本

图 6-39　设置文本样式

子菜单中各选项的含义如下。

1）粗体

从子菜单中选择【粗体】菜单命令，可以将选定的文字加粗显示，如图 6-40 所示。

2）斜体

从子菜单中选择【斜体】菜单命令，可以将选定的文字显示为斜体样式，如图 6-41 所示。

锄禾日当午

汗滴禾下土|

图 6-40　设置文字为粗体

锄禾日当午

汗滴禾下土|

图 6-41　设置文字为斜体

3）下划线

从子菜单中选择【下划线】菜单命令，可以在选定文字的下方显示一条下划线，如图 6-42 所示。

 提示　也可以利用【属性】面板设置字体的样式。选定字体后，单击【属性】面板中的 **B** 按钮为加粗样式，单击 *I* 按钮为斜体样式，如图 6-43 所示。

锄禾日当午

汗滴禾下土

图 6-42　添加下划线

图 6-43　【属性】面板

 提示　还可以使用快捷键设置或取消字体样式。按 Ctrl+B 组合键，可以使选定的文本加粗；按 Ctrl+I 组合键，可以使选定的文本倾斜。

4）删除线

从子菜单中选择【删除线】菜单命令，可以在选定文字的中部横贯一条横线，表明文字被删除，如图 6-44 所示。

5）打字型

从子菜单中选择【打字型】菜单命令，可以将选定的文本作为等宽度文本来显示，如图 6-45 所示。

锄禾日当午

汗滴禾下土

图 6-44　添加删除线

锄禾日当午

汗滴禾下土

图 6-45　设置字体的打字效果

 提示　所谓等宽度字体，是指每个字符或字母的宽度相同。

6) 强调

从子菜单中选择【强调】菜单命令，表明选定的文字需要在文件中被强调。大多数浏览器会把它显示为斜体样式，如图 6-46 所示。

7) 加强

从子菜单中选择【加强】菜单命令，表明选定的文字需要在文件中以加强的格式显示。大多数浏览器会把它显示为粗体样式，如图 6-47 所示。

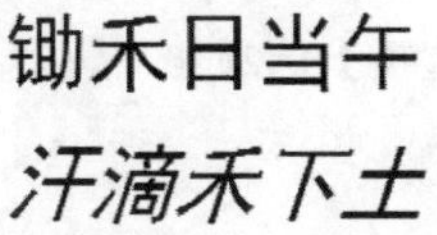

锄禾日当午

汗滴禾下土

图 6-46 添加强调效果

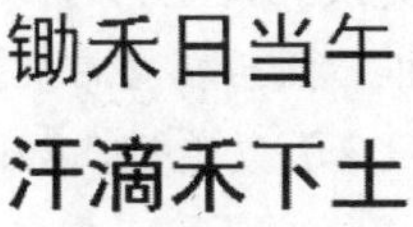

锄禾日当午

汗滴禾下土

图 6-47 添加加强效果

6.2.6 案例 8——编辑段落

段落指的是一段格式上统一的文本。在文件窗口中每输入一段文字，按 Enter 键后，就会自动地形成一个段落。编辑段落主要是对网页中的一段文本进行设置。

1. 设置段落格式

使用【属性】面板中的【格式】下拉列表框，或选择【格式】→【段落格式】菜单命令，都可以设置段落格式。其具体操作步骤如下。

step 01 将光标放置在段落中任意一个位置，或选择段落中的一些文本，如图 6-48 所示。

step 02 选择【格式】→【段落格式】子菜单中的菜单命令，如图 6-49 所示。

图 6-48 选中段落

图 6-49 选择【段落格式】子菜单命令

 也可以在【属性】面板的【格式】下拉列表框中选择一个选项，如图 6-50 所示。

图 6-50 【属性】面板

step 03 选择一个段落格式(如【标题 1】),然后单击【拆分】按钮,在代码视图下可以看到与所选格式关联的 HTML 标签(如表示标题 1 的 h1、表示预先格式化的文本的 pre 等)将应用于整个段落,如图 6-51 所示。

step 04 在段落格式中对段落应用标题标签时,Dreamweaver 会自动地添加下一行文本作为标准段落,如图 6-52 所示。

提示　　　若要更改此设置,可以选择【编辑】→【首选参数】菜单命令,弹出【首选参数】对话框,然后在【常规】分类中的【编辑选项】选项组中,取消勾选【标题后切换到普通段落】复选框,如图 6-53 所示。

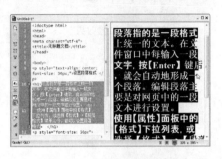

图 6-51　查看段落代码

图 6-52　添加段落标签

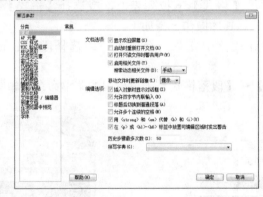

图 6-53　【首选参数】对话框

2. 设置段落的对齐方式

段落的对齐方式是指段落相对文件窗口(或浏览器窗口)在水平位置的对齐方式,有 4 种对齐方式:左对齐、居中对齐、右对齐和两端对齐。

对齐段落的具体步骤如下。

step 01 将光标放置在要设置对齐方式的段落中。如果要设置多个段落的对齐方式,则选择多个段落,如图 6-54 所示。

step 02 进行下列操作之一。

(1) 选择【格式】→【对齐】菜单命令,然后从子菜单中选择相应的对齐方式,如图 6-55 所示。

(2) 单击【属性】面板 CSS 选项卡中的对齐按钮,如图 6-56 所示。

图 6-54　选择多个段落

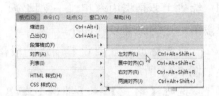

图 6-55　选择对齐方式

图 6-56　单击对齐按钮

可供选择的按钮有 4 个。

- 【左对齐】按钮■：单击该按钮，可以设置段落相对文档窗口左对齐，如图 6-57 所示。

- 【居中对齐】按钮■：单击该按钮，可以设置段落相对文档窗口居中对齐，如图 6-58 所示。

图 6-57　段落左对齐

图 6-58　段落居中对齐

- 【右对齐】按钮■：单击该按钮，可以设置段落相对文档窗口右对齐，如图 6-59 所示。

- 【两端对齐】按钮■：单击该按钮，可以设置段落相对文档窗口两端对齐，如图 6-60 所示。

图 6-59　段落右对齐

图 6-60　段落两端对齐

3. 设置段落缩进

在强调一段文字或引用其他来源的文字时，需要对文字进行段落缩进，以表示和普通段落有区别。缩进主要是指内容相对于文档窗口(或浏览器窗口)左端产生的间距。

实现段落缩进的具体步骤如下。

step 01　将光标放置在要设置缩进的段落中。如果要缩进多个段落，则选择多个段落，如图 6-61 所示。

step 02　选择【格式】→【缩进】菜单命令，即可将当前段落往右缩进一段位置，如图 6-62 所示。

图 6-61　选择段落　　　　　　　　　　　　　图 6-62　段落缩进

单击【属性】面板中的【删除内缩区块】按钮🔲和【内缩区块】按钮🔲，即可实现当前段落的凸出和缩进。凸出是指将当前段落往左恢复一段缩进位置。

 提示　　也可以使用快捷键来实现缩进。按 Ctrl + Alt +]组合键可以进行一次右缩进，按 Ctrl + Alt + [组合键可以向左恢复一段缩进位置。

6.2.7　案例 9——检查拼写

如果要对英文材料进行检查更正，可以使用 Dreamweaver CS6 中的检查拼写功能。其具体操作步骤如下。

step 01　选择【命令】→【检查拼写】菜单命令，可以检查当前文档中的拼写。【检查拼写】命令忽略 HTML 标签和属性值，如图 6-63 所示。

step 02　在默认情况下，拼写检查器使用美国英语拼写字典。要更改字典，可以选择【编辑】→【首选参数】菜单命令。在弹出的【首选参数】对话框中选择【常规】分类，在【拼写字典】下拉列表框中选择要使用的字典，然后单击【确定】按钮即可，如图 6-64 所示。

step 03　选择【检查拼写】菜单命令后，如果文本内容中有错误，就会弹出【检查拼写】对话框，如图 6-65 所示。

step 04　在使用检查拼写功能时，如果单词的拼写没有错误，则会弹出如图 6-66 所示的提示对话框。

step 05　单击【是】按钮，弹出如图 6-67 所示提示对话框，然后单击【确定】按钮，关闭提示对话框即可。

图 6-63　选择【检查拼写】菜单命令

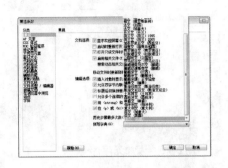

图 6-64　【首选参数】对话框

图 6-65　【检查拼写】对话框

图 6-66　检查提示对话框

图 6-67　完成提示对话框

6.2.8　案例 10——创建项目列表

列表就是那些具有相同属性元素的集合。Dreamweaver CS6 常用的列表有无序列表和有序列表两种：无序列表使用项目符号来标记无序的项目；有序列表使用编号来记录项目的顺序。

1. 无序列表

在无序列表中，各个列表项之间没有顺序级别之分，通常使用一个项目符号作为每个列表项的前缀。

设置无序列表的具体步骤如下。

step 01　将光标放置在需要设置无序列表的文档中，如图 6-68 所示。

step 02　选择【格式】→【列表】→【项目列表】菜单命令，如图 6-69 所示。

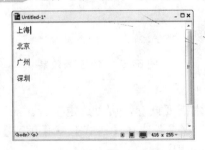

图 6-68　设置无序列表

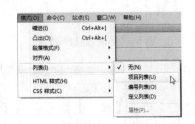

图 6-69　选择【项目列表】菜单命令

step 03　光标所在的位置将出现默认的项目符号，如图 6-70 所示。

step 04　重复以上步骤，设置其他文本的项目符号，如图 6-71 所示。

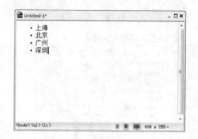

图 6-70　添加无序序号　　　　　　　图 6-71　无序列表

2. 有序列表

对于有序编号，可以指定其编号类型和起始编号。可以采用阿拉伯数字、大写字母或罗马数字等作为有序列表的编号。

设置有序列表的具体步骤如下。

step 01　将光标放置在需要设置有序列表的文档中，如图 6-72 所示。

step 02　选择【格式】→【列表】→【编号列表】菜单命令，如图 6-73 所示。

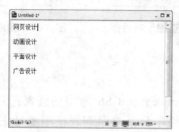

图 6-72　设置有序列表

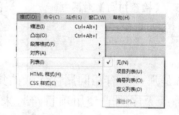

图 6-73　选择【编号列表】菜单命令

step 03　光标所在的位置将出现编号列表，如图 6-74 所示。

step 04　重复以上步骤，设置其他文本的编号列表，如图 6-75 所示。

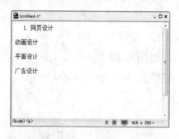

图 6-74　设置有序列表

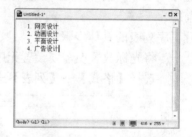

图 6-75　有序列表效果

列表还可以嵌套。嵌套列表是包含其他列表的列表。

step 01　选定要嵌套的列表项。如果有多行文本需要嵌套，可以选定多行。

step 02　单击【属性】面板中的【缩进】按钮▣(或者选择【格式】→【缩进】菜单命令)，如图 6-76 所示。列表嵌套效果如图 6-77 所示。

提示
　　在【属性】面板中直接单击▣或▣按钮，可以将选定的文本设置成项目(无序)列表或编号(有序)列表。

图 6-76　【属性】面板

图 6-77　列表嵌套效果

6.3　用图像美化网页

无论是个人网站还是企业网站，图文并茂的网页都能为网站增色不少。用图像美化网页会使网页变得更加美观、生动，从而吸引更多浏览者。

6.3.1　案例 11——插入图像

网页中通常使用的图像格式有 3 种，即 GIF、JPEG 和 PNG，下面介绍它们各自的特性。

- GIF 格式。网页中最常用的图像格式是 GIF，其特点是图像文件占用磁盘空间小，支持透明背景和动画，多用于图标、按钮、滚动条、背景等。
- JPEG 格式。JPEG 格式是一种图像压缩格式，主要用于摄影图片的存储和显示，文件的扩展名为.jpg 或.jpeg。
- PNG 格式。PNG 格式汲取了 GIF 格式和 JPEG 格式的优点，存储形式丰富，兼有 GIF 格式和 JPEG 格式的色彩模式，采用无损压缩方式来减小文件的大小。

在文件中插入漂亮的图像会使网页更加美观，使页面更具吸引力。在网页中插入图像的具体步骤如下。

step 01　新建一个空白文档，如图 6-78 所示。

step 02　将光标放置在要插入图像的位置，在【插入】面板的【常用】选项卡中单击【图像】按钮，如图 6-79 所示，或选择【插入】→【图像】菜单命令。

图 6-78　空白文档

图 6-79　【常用】选项卡

step 03　弹出【选择图像源文件】对话框，从中选择要插入的图像文件，然后单击【确定】按钮，如图 6-80 所示。

step 04　这样即可完成向文档中插入图像的操作，如图 6-81 所示。

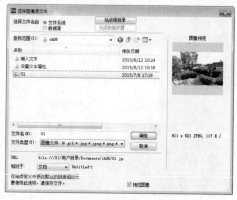

图 6-80　【选择图像源文件】对话框

图 6-81　插入图像

step 05 保存文档，按 F12 键在浏览器中预览效果，如图 6-82 所示。

step 06 在插入图像等对象时，有时会弹出如图 6-83 所示的对话框。

图 6-82　预览网页

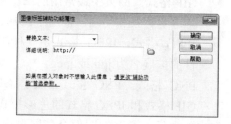

图 6-83　【图像标签辅助功能属性】对话框

如果不希望弹出此对话框，可以选择【编辑】→【首选参数】菜单命令，打开【首选参数】对话框，在【分类】列表框中选择【辅助功能】选项，然后在【在插入时显示辅助功能属性】选项组中取消勾选相应对象的复选框即可，如图 6-84 所示。

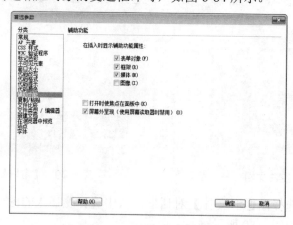

图 6-84　【首选参数】对话框

6.3.2 案例 12——设置图像属性

在页面中插入图像后单击选定图像，此时图像的周围会出现边框，表示图像正处于选中状态，如图 6-85 所示。

图 6-85 选中图像

可以在【属性】面板中设置该图像的属性，如设置源文件、输入替换文本、设置图片的宽与高等，如图 6-86 所示。

1) 【地图】文本框

用于创建客户端图像的热区，可以输入地图的名称，如图 6-87 所示。

图 6-86 【属性】面板　　　　　　　　　　图 6-87 图像地图设置区域

提示

输入的名称中只能包含字母和数字，并且不能以数字开头。

2) 【热点工具】按钮

单击这些按钮，可以创建图像的热区链接。

3) 【宽】和【高】文本框

用于设置在浏览器中显示图像的宽度和高度，以像素为单位。比如在【宽】文本框中输入宽度值，页面中的图片即会显示相应的宽度，如图 6-88 所示。

图 6-88 设置图像的宽与高

【提示】　【宽】和【高】的单位除像素外，还有 pc(十二点活字)、pt(点)、in(英寸)、mm(毫米)、cm(厘米)、2in+5mm 的单位组合等。

调整后，其文本框的右侧将显示【重设图像大小】按钮 ，单击该按钮，可恢复图像到原来的大小。

4) 【源文件】文本框

用于指定图像的路径。单击文本框右侧的【浏览文件】按钮 ，弹出【选择原始文件】对话框，可从中选择图像文件，如图 6-89 所示，或直接在文本框中输入图像路径。

5) 【链接】文本框

用于指定图像的链接文件。可拖动【指向文件】图标 到【文件】面板中的某个文件上，或直接在文本框中输入 URL 地址，如图 6-90 所示。

图 6-89　【选择原始文件】对话框

6) 【目标】下拉列表框

用于指定链接页面在框架或窗口中的打开方式，如图 6-91 所示。

图 6-90　设置图像链接　　　　　　　图 6-91　设置图像目标

【目标】下拉列表框中有以下几个选项。

- _blank：在弹出的新浏览器窗口中打开链接文件。
- _parent：如果是嵌套的框架，会在父框架或窗口中打开链接文件；如果不是嵌套的框架，则与_top 相同，在整个浏览器窗口中打开链接文件。
- _self：在当前网页所在的窗口中打开链接。此目标为浏览器默认的设置。
- _top：在完整的浏览器窗口中打开链接文件，因而会删除所有框架。

7) 【原始】文本框

用于设置图像下载完成前显示的低质量图像，这里一般指 PNG 图像。单击文本框右侧的【浏览文件】按钮 ，即可在弹出的对话框中选择低质量图像，如图 6-92 所示。

8) 【替换】文本框

用于设置图像的说明性文字，以在浏览器不显示图像时进行替代显示，如图 6-93 所示。

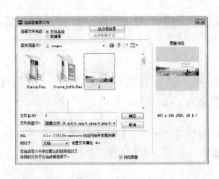

图 6-92　【选择图像源文件】对话框　　　　　图 6-93　设置图像替换文本

6.3.3　案例 13——设置图像的对齐方式

图像的对齐方式主要是指图像与同一行中的文本或另一个图像等元素的对齐方式。对齐图像的具体步骤如下。

step 01 在文档窗口中选定要对齐的图像，如图 6-94 所示。

step 02 选择【格式】→【对齐】→【左对齐】菜单命令后，效果如图 6-95 所示。

图 6-94　选择图像　　　　　　　　　图 6-95　图像左对齐

step 03 选择【格式】→【对齐】→【居中对齐】菜单命令后，效果如图 6-96 所示。

step 04 选择【格式】→【对齐】→【右对齐】菜单命令后，效果如图 6-97 所示。

图 6-96　图像居中对齐　　　　　　　　图 6-97　图像右对齐

6.3.4　案例 14——插入鼠标经过图像

鼠标经过图像是指在浏览器中查看并在鼠标指针移过它时发生变化的图像。鼠标经过图像实际上是由两幅图像组成，即初始图像(页面首次加载时显示的图像)和替换图像(鼠标指针经过时显示的图像)。

插入鼠标经过图像的具体步骤如下。

step 01 新建一个空白文档，将光标置于要插入鼠标经过图像的位置，选择【插入】→【图像对象】→【鼠标经过图像】菜单命令，如图 6-98 所示。

提示 也可以在【插入】面板的【常用】选项卡中单击【图像】下拉按钮，然后从弹出的下拉列表中选择【鼠标经过图像】选项，如图 6-99 所示。

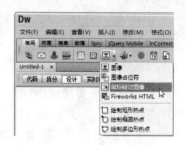

图 6-98 选择【鼠标经过图像】菜单命令　　　图 6-99 选择【鼠标经过图像】选项

step 02 弹出【插入鼠标经过图像】对话框，在【图像名称】文本框中输入一个名称(这里保持默认名称不变)，如图 6-100 所示。

step 03 单击【原始图像】文本框右侧的【浏览】按钮，在弹出的【原始图像:】对话框中选择鼠标经过前的图像文件，设置完成后单击【确定】按钮，如图 6-101 所示。

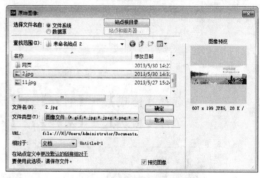

图 6-100 【插入鼠标经过图像】对话框　　　图 6-101 选择原始图像

step 04 返回【插入鼠标经过图像】对话框，在【原始图像】文本框中即可看到添加的原始图像文件路径，如图 6-102 所示。

step 05 单击【鼠标经过图像】文本框右侧的【浏览】按钮，在弹出的【鼠标经过图像:】对话框中选择鼠标经过原始图像时显示的图像文件，然后单击【确定】按钮，返回【插入鼠标经过图像】对话框，如图 6-103 所示。

step 06 在【替换文本】文本框中输入名称(这里不再输入)，并勾选【预载鼠标经过图像】复选框。如果要建立链接，可以在【按下时，前往的 URL】文本框中输入 URL 地址，也可以单击右侧的【浏览】按钮，选择链接文件(这里不填)，如图 6-104 所示。

图 6-102　添加的原始图像文件路径　　　　　　　　图 6-103　选择鼠标经过图像

step 07 单击【确定】按钮，关闭对话框，保存文档，按 F12 键在浏览器中预览效果。鼠标指针经过前的图像如图 6-105 所示。

图 6-104　【插入鼠标经过图像】对话框　　　　　　图 6-105　鼠标经过前的图像

step 08 鼠标指针经过后的图像如图 6-106 所示。

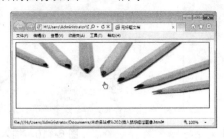

图 6-106　鼠标经过后的图像

6.3.5　案例 15——插入图像占位符

在布局页面时，有的时候可能需要插入的图像还没有制作好。为了整体页面效果的统一，此时可以使用图像占位符来替代图片的位置，待网页布局好后，再用 Fireworks 创建图片。

插入图像占位符的操作步骤如下。

step 01 新建一个空白文档，将光标置于要插入图像占位符的位置。选择【插入】→【图像对象】→【图像占位符】菜单命令，如图 6-107 所示。

step 02 弹出【图像占位符】对话框，如图 6-108 所示。

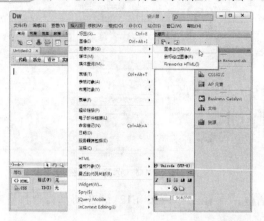 

图 6-107　选择【图像占位符】菜单命令　　图 6-108　【图像占位符】对话框

step 03 在【名称】文本框中输入图片名称"Banner"，在【宽度】和【高度】文本框中输入图片的宽度和高度(这里输入 550 和 80)，在颜色选择器中选择图像占位符的颜色#0099FF，在【替换文本】文本框中输入替换图片的文字"Banner 位置"，如图 6-109 所示。

step 04 单击【确定】按钮，即可插入图像占位符，如图 6-110 所示。

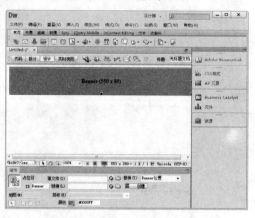

图 6-109　【图像占位符】对话框　　　　　　图 6-110　插入的图像占位符

提示
　　【图像占位符】对话框的【名称】文本框中的名称只能包含小写 ASCII 字母和数字，且不能以数字开头。

6.4　用动画美化网页

　　在网页中插入动画是美化网页的一种方法，常见的网页动画有 Flash 动画、FLV 视频等。

6.4.1　案例 16——插入 Flash 动画

Flash 动画与 Shockwave 电影相比，其优势是文件小且网上传输速度快。在网页中插入 Flash 动画的操作步骤如下。

step 01 新建一个空白文档，将光标置于要插入 Flash 动画的位置，选择【插入】→【媒体】→SWF 菜单命令，如图 6-111 所示。

step 02 弹出【打开】对话框，从中选择相应的 Flash 文件，如图 6-112 所示。

图 6-111　选择 SWF 菜单命令

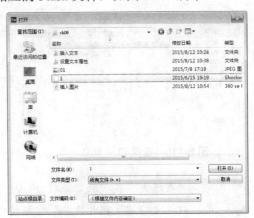

图 6-112　选择 Flash 文件

step 03 单击【确定】按钮插入 Flash 动画，然后调整 Flash 动画的大小，使其适合网页，如图 6-113 所示。

step 04 保存文档，按 F12 键在浏览器中预览效果，如图 6-114 所示。

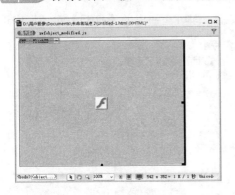

图 6-113　调整 Flash 的大小

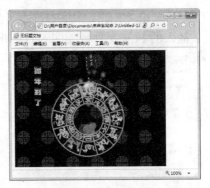

图 6-114　预览网页动画

6.4.2　案例 17——插入 FLV 视频

用户可以向网页中轻松地添加 FLV 视频，而无须使用 Flash 创作工具。在开始操作之前，必须有一个经过编码的 FLV 文件。

step 01 新建一个空白文档，将光标置于要插入 Flash 动画的位置，选择【插入】→【媒体】→ FLV 菜单命令，如图 6-115 所示。

step 02 弹出【插入 FLV】对话框，从【视频类型】下拉列表框中选择视频类型，这里选择【累进式下载视频】选项，如图 6-116 所示。

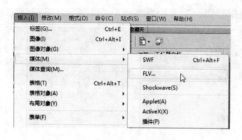

图 6-115　选择 FLV 菜单命令　　　　　　　图 6-116　【插入 FLV】对话框

"累进式下载视频"是将 FLV 文件下载到站点访问者的硬盘上，然后播放。但是，与传统的"下载并播放"视频传送方法不同，累进式下载允许在下载完成之前就开始播放视频文件。也可以选择【流视频】选项，选择此选项后下方的选项区域也会随之发生变化，接着可以进行相应的设置，如图 6-117 所示。

"流视频"对视频内容进行流式处理，并在一段可确保流畅播放的很短的缓冲时间后在网页上播放该内容。

step 03 单击 URL 文本框右侧的【浏览】按钮，即可在弹出的【打开】对话框中选择要插入的 FLV 文件，如图 6-118 所示。

图 6-117　选择【流视频】选项　　　　　　　图 6-118　【打开】对话框

step 04 返回【插入 FLV】对话框，在【外观】下拉列表框中选择显示出来的播放器外观，如图 6-119 所示。

step 05 接着设置【宽度】和【高度】，并勾选【限制高宽比】、【自动播放】和【自动重新播放】3 个复选框，完成后单击【确定】按钮，如图 6-120 所示。

图 6-119　选择外观　　　　　　　　　图 6-120　设置高度、宽度等参数

提示　【包括外观】是 FLV 文件的宽度和高度与所选外观的宽度和高度相加得出的和。

`step 06` 单击【确定】按钮关闭对话框，即可将 FLV 文件添加到网页上，如图 6-121 所示。

`step 07` 保存页面后按 F12 键，即可在浏览器中预览效果，如图 6-122 所示。

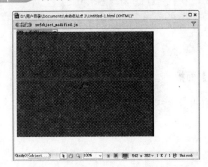

图 6-121　在网页中插入 FLV　　　　　　　图 6-122　预览网页

6.5　用其他网页元素美化网页

除了使用文字、图像、动画来美化网页外，用户还可以在网页中插入其他元素来美化网页，如水平线、日期、特殊字符等。

6.5.1　案例 18——插入水平线

网页文档中的水平线主要用于分隔文档内容，使文档结构清晰明了，便于浏览。在文档中插入水平线的具体步骤如下。

`step 01` 在 Dreamweaver CS6 的编辑窗格中，将光标置于要插入水平线的位置，选择【插入】→HTML→【水平线】菜单命令，如图 6-123 所示。

`step 02` 这样即可在文档窗口中插入一条水平线，如图 6-124 所示。

图 6-123　选择【水平线】菜单命令

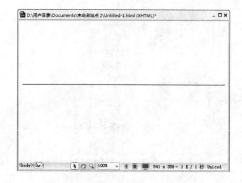

图 6-124　插入的水平线

step 03　在【属性】面板中，将【宽】设置为 710，【高】设置为 5，【对齐】设置为【默认】，并勾选【阴影】复选框，如图 6-125 所示。

图 6-125　【属性】面板

step 04　保存页面后按 F12 键，即可预览插入的水平线效果，如图 6-126 所示。

图 6-126　预览网页

6.5.2　案例 19——插入日期

上网时，经常会看到有的网页上显示有日期。向网页中插入系统当前日期的具体步骤如下。

step 01　在文档窗口中，将插入点放到要插入日期的位置，选择【插入】→【日期】菜单命令，如图 6-127 所示。

step 02　或单击【插入】面板下【常用】选项卡中的【日期】按钮 📅，如图 6-128 所示。

图 6-127　选择【日期】菜单命令

图 6-128　单击【日期】按钮

step 03　弹出【插入日期】对话框，从中分别设置【星期格式】、【日期格式】和【时间格式】，并勾选【储存时自动更新】复选框，如图 6-129 所示。

step 04　单击【确定】按钮，即可将日期插入到当前文档中，如图 6-130 所示。

图 6-129　【插入日期】对话框

图 6-130　插入的日期

6.5.3　案例 20——插入特殊字符

在 Dreamweaver CS6 中，有时需要插入一些特殊字符，如版权符号和注册商标符号等。插入特殊字符的具体步骤如下。

step 01　将光标放到文档中需要插入特殊字符(这里输入版权符号)的位置，如图 6-131 所示。

step 02　选择【插入】→HTML→【特殊字符】→【版权】菜单命令，即可插入版权符号，如图 6-132 所示。

图 6-131　定位插入特殊符号的位置

图 6-132　插入的特殊符号

step 03 如果在【特殊字符】子菜单中没有需要的字符，可以选择【插入】→HTML→【特殊字符】→【其他字符】菜单命令，打开【插入其他字符】对话框，如图 6-133 所示。

step 04 单击需要的字符，该字符就会出现在【插入】文本框中，也可以直接在该文本框中输入字符，如图 6-134 所示。

图 6-133 【插入其他字符】对话框

图 6-134 选择要插入的字符

step 05 单击【确定】按钮，即可将该字符插入到文档中，如图 6-135 所示。

图 6-134 插入特殊字符

6.6 综合演练——制作图文并茂的网页

本实例讲述如何在网页中插入文本和图像，并对网页中的文本和图像进行相应的排版，以形成图文并茂的网页。

具体的操作步骤如下。

step 01 打开随书附带光盘中的"ch06\制作图文并茂的网页\index.htm"文件，如图 6-136 所示。

step 02 将光标放置在要输入文本的位置，然后输入文本，如图 6-137 所示。

step 03 将光标放置在文本的适当位置，选择【插入】→【图像】菜单命令，弹出【选择图像源文件】对话框，从中选择图像文件，如图 6-138 所示。

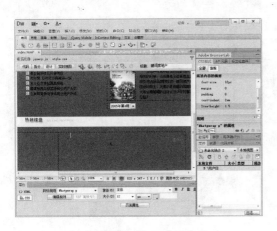

图 6-136　打开素材文件

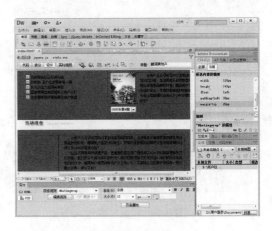

图 6-137　输入文本

step 04 单击【确定】按钮，插入图像，如图 6-139 所示。

step 05 选择【窗口】→【属性】菜单命令，打开【属性】面板，在【属性】面板的【替换】文本框中输入"欢迎您的光临！"，如图 6-140 所示。

图 6-138　【选择图像源文件】对话框

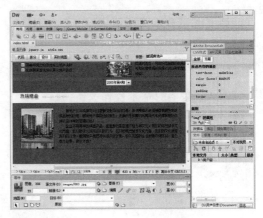

图 6-139　插入图像

图 6-140　输入替换文字

step 06 选定所输入的文字，在【属性】面板中设置【字体】为【宋体】，【大小】为12，并在中文输入法的全角状态下，设置每个段落的段首空两个汉字的空格，如图 6-141 所示。

step 07 保存文档，按 F12 键在浏览器中预览效果，如图 6-142 所示。

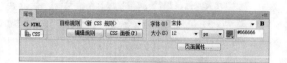

图 6-141　设置字体大小

图 6-142　预览效果

6.7　跟我练练手

6.7.1　练习目标

能够熟练掌握本章所讲内容。

6.7.2　上机练习

练习 1：文档的基本操作。
练习 2：用文字美化网页。
练习 3：用图像美化网页。
练习 4：用动画美化网页。
练习 5：用其他网页元素美化网页。

6.8　高手甜点

甜点 1：如何查看 FLV 文件

若要查看 FLV 文件，用户的计算机上必须安装 Flash Player 8 或更高版本。如果没有安装所需的 Flash Player 版本，但安装了 Flash Player 6.0、6.5 或更高版本，则浏览器将显示 Flash Player 快速安装程序，而非替代内容。如果用户拒绝快速安装，那么页面就会显示替代内容。

甜点 2：如何正常显示插入的 ActiveX 控件

使用 Dreamweaver 在网页中插入 ActiveX 控件后，如果浏览器不能正常地显示 ActiveX 控件，则可能是因为浏览器禁用了 ActiveX 所致，此时可以通过下面的方法启用 ActiveX。

step 01　打开 IE 浏览器窗口，切换到【工具】→【Internet 选项】菜单命令，打开【Internet 选项】对话框，选择【安全】选项卡，单击【自定义级别】按钮，如图 6-143 所示。

step 02 打开【安全设置】对话框，在【设置】列表框中启用有关的 ActiveX 选项，然后单击【确定】按钮即可，如图 6-144 所示。

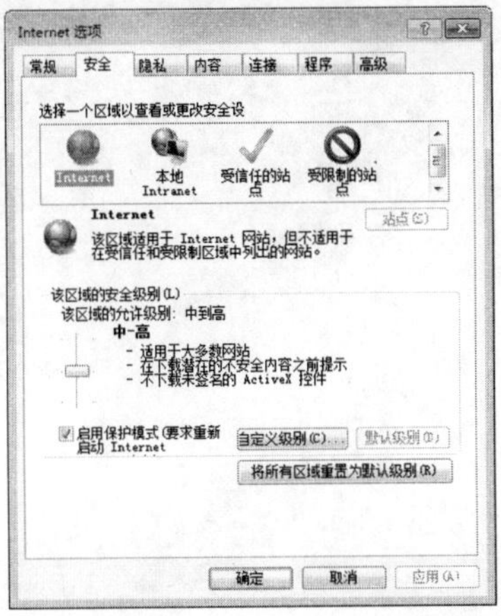

图 6-143 【Internet 选项】对话框

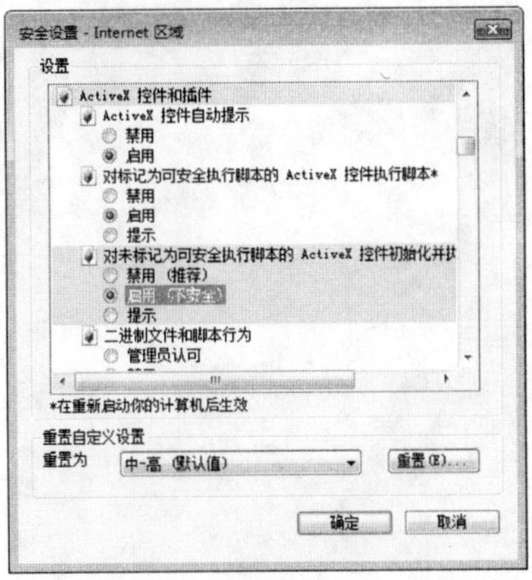

图 6-144 【安全设置】对话框

第 7 章

不在网页中迷路——
设计网页超链接

链接是网页中比较重要的部分，是各个网页相互跳转的依据。网页中常用的链接形式包括文本链接、图像链接、锚记链接、电子邮件链接、空链接、脚本链接等。本章就来介绍如何创建网站链接。

本章要点(已掌握的在方框中打钩)

- ☐ 熟悉什么是链接与路径。
- ☐ 掌握添加网页超链接的方法。
- ☐ 掌握检查网页链接的方法。

7.1 链接与路径

链接是网页中极为重要的部分，单击文档中的链接，即可跳转至相应位置。正是有了链接，人们才可以在网站中相互跳转而方便地查阅各种各样的知识，享受网络带来的无穷乐趣。

7.1.1 链接的概念

链接也叫超级链接。超级链接根据链接源端点的不同，分为超文本和超链接两种。超文本就是利用文本创建的超级链接。在浏览器中，超文本一般显示为下方带蓝色下划线的文字。超链接是利用除了文本之外的其他对象所构建的链接，如图 7-1 所示。

通俗地讲，链接由两个端点(也称锚)和一个方向构成，通常将开始位置的端点称为源端点(或源锚)，而将目标位置的端点称为目标端点(或目标锚)，链接就是由源端点到目标端点的一种跳转。目标端点可以是任意的网络资源。例如，它可以是一个页面、一幅图像、一段声音、一段程序，甚至可以是页面中的某个位置。

利用链接可以实现在文档间或文档中的跳转。可以说，浏览网页就是从一个文档跳转到另一个文档，从一个位置跳转到另一个位置，从一个网站跳转到另一个网站的过程，而这些过程都是通过链接来实现的，如图 7-2 所示。

图 7-1　网页中的链接

图 7-2　通过链接进行跳转

7.1.2 链接路径

一般来说，Dreamweaver 允许使用的链接路径有 3 种：绝对路径、文档相对路径和根相对路径。

1. 绝对路径

如果在链接中使用完整的 URL 地址，这种链接路径就称为绝对路径。绝对路径的特点是：路径同链接的源端点无关。

例如，要创建"我的站点"文件夹中的 index.html 文档的链接，则可使用绝对路径"D:\我的站点\index.html"，如图 7-3 所示。

提示　　采用绝对路径有两个缺点：一是不利于测试；二是不利于移动站点。

2. 文档相对路径

文档相对路径是指以当前文档所在的位置为起点到被链接文档经由的路径。文档相对路径可以表述源端点同目标端点之间的相互位置，它同源端点的位置密切相关。

使用文档相对路径有以下 3 种情况。

(1) 如果链接中源端点和目标端点在同一目录下，那么在链接路径中只需要提供目标端点的文件名即可，如图 7-4 所示。

图 7-3　绝对路径　　　　　　　　　　　图 7-4　相对路径

(2) 如果链接中源端点和目标端点不在同一目录下，则需要提供目录名、前斜杠和文件名，如图 7-5 所示。

(3) 如果链接指向的文档没有位于当前目录的子级目录中，则可利用"../"符号来表示当前位置的上级目录，如图 7-6 所示。

图 7-5　相对路径　　　　　　　　　　　图 7-6　相对路径

采用相对路径的特点是：只要站点的结构和文档的位置不变，那么链接就不会出错；否则，链接就会失效。在把当前文档与处在同一文件夹中的另一文档链接，或把同一网站下不同文件夹中的文档相互链接时，就可以使用相对路径。

3. 根相对路径

可以将根相对路径看作是绝对路径和相对路径之间的一种折中，是指从站点根文件夹到被链接文档经由的路径。在这种路径表达式中，所有的路径都是从站点的根目录开始的，同源端点的位置无关，通常用一个斜线"/"来表示根目录。

> 根相对路径同绝对路径非常相似，只是它省去了绝对路径中带有协议地址的部分。

7.1.3 链接的类型

根据链接的范围，链接可分为内部链接和外部链接两种。内部链接是指同一个文档之间的链接，外部链接是指不同网站文档之间的链接。

根据建立链接的不同对象，链接又可分为文本链接和图像链接两种。浏览网页时，会看到一些带下划线的文字，将鼠标移到文字上时，鼠标指针将变成手形，单击鼠标会打开一个网页，这样的链接就是文本链接，如图 7-7 所示。

在网页中浏览内容时，若将鼠标移到图像上，鼠标指针变成手形，则单击鼠标就会打开一个网页，这样的链接就是图像链接，如图 7-8 所示。

图 7-7 文本链接

图 7-8 图像链接

7.2 添加网页超链接

Internet 之所以越来越受欢迎，很大程度上是因为在网页中使用了链接。

7.2.1 案例 1——添加文本链接

通过 Dreamweaver，可以使用多种方法来创建内部链接。使用【属性】面板创建网站内文本链接的具体步骤如下。

step 01 启动 Dreamweaver CS6，打开随书光盘中的 "ch07\index.htm" 文件，选定 "公司简介" 这几个字，将其作为建立链接的文本，如图 7-9 所示。

step 02 单击【属性】面板中的【浏览文件】按钮，弹出【选择文件】对话框，选择网页文件 "公司简介.html"，单击【确定】按钮，如图 7-10 所示。

> 在【属性】面板中直接输入链接地址也可以创建链接。选定文本后，选择【窗口】→【属性】菜单命令，打开【属性】面板，然后在【链接】文本框中直接输入链接文件名 "公司简介.html" 即可。

step 03 保存文档，按 F12 键在浏览器中预览效果，如图 7-11 所示。

图 7-9　选定文本

图 7-10　【选择文件】对话框

图 7-11　预览网页

7.2.2　案例 2——添加图像链接

使用【属性】面板创建图像链接的具体步骤如下。

step 01 打开随书光盘中的"ch07\index.html"文件，选定要创建链接的图像，然后单击【属性】面板中的【浏览文件】按钮☐，如图 7-12 所示。

step 02 弹出【选择文件】对话框，浏览并选择一个文件，在【相对于】下拉列表框中选择【文档】选项，然后单击【确定】按钮，如图 7-13 所示。

图 7-12　选定图像

图 7-13　【选择文件】对话框

step 03 在【属性】面板的【目标】下拉列表框中，选择链接文档打开的方式，然后在
【替换】文本框中输入图像的替换文本"设备的使用视频"，如图7-14所示。

提示 与文本链接一样，也可以通过直接输入链接地址的方法来创建图像链接。

图7-14 【属性】面板

7.2.3 案例3——创建外部链接

创建外部链接是指将网页中的文字或图像与站点外的文档相连，也可以是 Internet 上的
网站。

提示 创建外部链接(从一个网站的网页链接到另一个网站的网页)时，必须使用绝对路
径，即被链接文档的完整 URL，包括所使用的传输协议(对于网页通常是 http://)。

例如，在主页上添加网易、搜狐等网站的图标，将它们与相应的网站链接起来。

step 01 打开随书光盘中的"ch07\index.html"文件，选定百度网站图标，在【属性】面
板的【链接】文本框中输入百度网址"http://www.baidu.com"，如图7-15所示。

step 02 保存网页后按 F12 键，在浏览器中将网页打开。单击创建的图像链接，即可打
开百度网站首页，如图7-16所示。

图7-15 【属性】面板

图7-16 预览网页

7.2.4 案例4——创建锚记链接

创建命名锚记(简称锚点)就是在文档的指定位置设置标记，给该标记一个名称以便引用。
通过创建锚点，可以使链接指向当前文档或不同文档中的指定位置。

step 01 打开随书光盘中的"ch07\创建锚链接\index.html"文件。将光标放置到要命名锚

记的位置，或选中要为其命名锚记的文本，如图 7-17 所示。

step 02 在【插入】面板的【常用】选项卡中，单击【命名锚记】按钮 ，如图 7-18 所示。

提示 也可以选择【插入】→【命名锚记】菜单命令或按 Ctrl+Alt+A 组合键。

step 03 在弹出的【命名锚记】对话框中输入【锚记名称】为 Top，然后单击【确定】按钮，如图 7-19 所示。

step 04 此时即可在文档窗口中看到锚记 ，如图 7-20 所示。

图 7-17　定位命名锚记的位置

图 7-18　单击【命名锚记】按钮

图 7-19　【命名锚记】对话框

图 7-20　添加命名锚记

提示　　在一篇文档中，锚记名称是唯一的，不允许在同一篇文档中出现相同的锚记名称。锚记名称中不能含有空格，而且不应置于层内。锚记名称区分大小写。

在文档中定义了锚记后，只做好了链接的一半任务，要链接到文档中锚记所在的位置，还必须创建锚记链接。

具体操作步骤如下。

step 01 在文档的底部输入文本"返回顶部"并将其选定，作为链接的文字，如图 7-21 所示。

step 02 在【属性】面板的【链接】文本框中输入一个字符符号#和锚记名称。例如，要链接到当前文档中名为 Top 的锚记，则输入#Top，如图 7-22 所示。

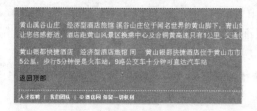

图 7-21 选定链接的文字

图 7-22 【属性】面板

 提示

　　若要链接到同一文件夹内其他文档(如 main.html)中名为 top 的锚记，则应输入 main.html#top。同样，也可以使用【属性】面板中的【指向文件】图标来创建锚记链接。单击【属性】面板中的【指向文件】图标，然后将其拖至要链接到的锚记(可以是同一文档中的锚记，也可以是其他打开文档中的锚记)上即可。

step 03 保存文档，按 F12 键在浏览器中将网页打开，然后单击网页底部的"返回顶部"4 个字，如图 7-23 所示。

step 04 在浏览器的网页中，正文的第 1 行就会出现在页面顶部，如图 7-24 所示。

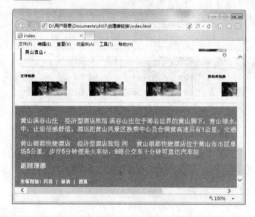

图 7-23 预览网页

图 7-24 返回页面顶部

7.2.5 案例5——创建图像热点链接

　　在网页中，不但可以单击整幅图像跳转到链接文档，也可以单击图像中的不同区域而跳转到不同的链接文档。通常将处于一幅图像上的多个链接区域称为热点。热点工具有 3 种：矩形热点工具、椭圆形热点工具和多边形热点工具。

　　下面用一个实例介绍创建图像热点链接的方法。

step 01 打开随书光盘中的"ch07\index.html"文件，选中其中的图像，如图 7-25 所示。

step 02 单击【属性】面板中相应的热点工具，这里选择矩形热点工具□，然后在图像上需要创建热点的位置拖动鼠标，创建热点，如图 7-26 所示。

图 7-25 选定图像

图 7-26 绘制图像热点

step 03 在【属性】面板的【链接】文本框中输入链接的文件，即可创建一个图像热点链接，如图 7-27 所示。

step 04 再用步骤 step01～step03 的方法创建其他热点链接，单击【属性】面板中的指针热点工具，将鼠标指针恢复为标准箭头状态，在图像上选取热点。

图 7-27 创建图像热点链接

 被选中的热点边框上会出现控点，拖动控点可以改变热点的形状。选中热点后，按 Delete 键可以删除热点。也可以在【属性】面板中设置热点相对应的 URL 链接地址。

7.2.6 案例 6——创建电子邮件链接

电子邮件链接是一种特殊的链接，单击这种链接，会启动计算机中相应的 E-mail 程序，允许书写电子邮件，然后发往链接中指定的邮箱地址。

step 01 打开需要创建电子邮件链接的文档。将光标置于文档窗口中要显示电子邮件链接的地方，选定即将显示为电子邮件链接的文本或图像，然后选择【插入】→【电子邮件链接】菜单命令，如图 7-28 所示。

 也可以在【插入】面板的【常用】选项卡中单击【电子邮件链接】按钮，如图 7-29 所示。

step 02 在弹出的【电子邮件链接】对话框的【文本】文本框中，输入或编辑作为电子邮件链接显示在文档中的文本，在【电子邮件】文本框中输入邮件送达的 E-mail 地址，然后单击【确定】按钮，如图 7-30 所示。

图 7-28　选择【电子邮件链接】菜单命令

图 7-29　单击【电子邮件链接】按钮

提示　　　　同样，也可以利用【属性】面板创建电子邮件链接。选定即将显示为电子邮件链接的文本或图像，在【属性】面板的【链接】文本框中输入 mailto:liule2012@163.com，如图 7-31 所示。

图 7-30　【电子邮件链接】对话框

图 7-31　【属性】面板

提示　　　　电子邮件地址的格式为：用户名@主机名(服务器提供商)。在【属性】面板的【链接】文本框中，mailto:与电子邮件地址之间不能有空格(如 mailto:liule2012@163.com)。

step 03　保存文档，按 F12 键在浏览器中预览，可以看到电子邮件链接的效果，如图 7-32 所示。

图 7-32　预览效果

7.2.7　案例 7——创建文件下载链接

文件下载链接在软件下载网站或源代码下载网站中应用得较多。其创建的方法与一般的链接的创建方法相同，只是所链接的内容不是文字或网页，而是一个文件。

step 01　打开需要创建文件下载链接的文档，选中要设置为文件下载链接的文本，如

图 7-33 所示，然后单击【属性】面板中【链接】文本框右侧的【浏览文件】按钮 。

step 02 打开【选择文件】对话框，选择要链接的下载文件，例如"营销网络.txt"文件，然后单击【确定】按钮，即可创建文件下载，链接，如图 7-34 所示。

图 7-33 选择文本

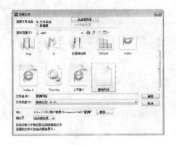

图 7-34 【选择文件】对话框

7.2.8 案例 8——创建空链接

所谓空链接，是指没有目标端点的链接。利用空链接可以激活文档中链接对应的对象和文本。一旦对象或文本被激活，就可以为之添加一个行为，以实现当光标移动到链接上时，进行切换图像或显示分层等动作。创建空链接的具体步骤如下。

step 01 在文档窗口中，选中要设置为空链接的文本或图像，如图 7-35 所示。

step 02 打开【属性】面板，在【链接】文本框中输入一个"#"号，即可创建空链接，如图 7-36 所示。

图 7-35 选择图像

图 7-36 【属性】面板

7.2.9 案例 9——创建脚本链接

脚本链接是另一种特殊类型的链接，通过单击带有脚本链接的文本或对象，可以运行相应的脚本及函数(JavaScript 和 VBScript 等)，从而为浏览者提供许多附加信息。脚本链接还可以被用来确认表单。创建脚本链接的具体步骤如下。

step 01 打开需要创建脚本链接的文档，选择要创建脚本链接的文本、图像或其他对象，这里选中文本"客服中心"，如图 7-37 所示。

step 02 在【属性】面板的【链接】文本框中输入"javaScript:"，接着输入相应的

JavaScript 代码或函数，如输入"window.close ()"，表示关闭当前窗口，如图 7-38
所示。

图 7-37　选择文本　　　　　　　　　　图 7-38　输入脚本代码

　　在代码"javascript:window.close ()"中，括号内不能有空格。

step 03 保存网页，按 F12 键在浏览器中将网页打开，如图 7-39 所示。单击创建的脚本
链接文本，会弹出一个对话框，单击【是】按钮，将关闭当前窗口，如图 7-40 所示。

　　JPG 格式的图片不支持脚本链接，如要为图像添加脚本链接，则应将图像转换为
GIF 格式。

图 7-39　预览网页　　　　　　　　　　图 7-40　提示信息框

7.3　案例 10——链接的检查

当创建好一个站点之后，由于一个网站中的链接数量很多，因此在上传服务器之前，必
须先检查站点中所有的链接。在 Dreamweaver CS6 中，可以快速检查站点中网页的链接，以
免出现链接错误。

检查网页链接的具体步骤如下。

step 01 在 Dreamweaver 中，选择【站点】→【检查站点范围的链接】菜单命令，此时

会激活链接检查器，如图 7-41 所示。

step 02　在【显示】下拉列表框中可以选择【断掉的链接】、【外部链接】或【孤立的文件】等选项。例如选择【孤立的文件】选项，Dreamweaver CS6 将对当前链接情况进行检查，并且将孤立的文件列表显示出来，如图 7-42 所示。

图 7-41　链接检查器

图 7-42　选择【孤立的文件】选项

step 03　对于有问题的文件，直接双击，即可将其打开进行修改。

为网页建立链接时要经常检查，因为一个网站都是由多个页面组成的，一旦出现空链接或链接错误的情况，就会对网站的形象造成不好的影响。

7.4　实战演练——为企业网站添加友情链接

使用链接功能可以为企业网站添加友情链接，其具体操作步骤如下。

step 01　打开光盘中的 "ch07\创建锚链接\index.html" 文件。在页面底部输入需要添加的友情链接名称，如图 7-43 所示。

step 02　选中 "百度" 文件，在【属性】面板的【链接】文本框中输入 "www.baidu.com"，如图 7-44 所示。

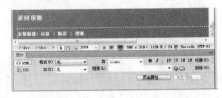

图 7-43　输入友情链接文本

图 7-44　添加链接地址

step 03　重复 step02 的操作，选中其他文字，并为这些文字添加链接，如图 7-45 所示。

step 04　保存文档，按 F12 键在浏览器中预览效果，单击其中的链接，即可打开相应的网页，如图 7-46 所示。

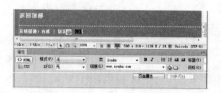

图 7-45　添加其他文本的链接地址

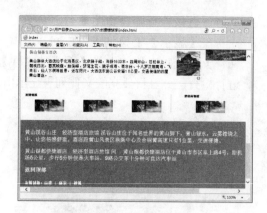

图 7-46　预览网页

7.5　跟我练练手

7.5.1　练习目标

能够熟练掌握本章所讲内容。

7.5.2　上机练习

练习 1：在网页中添加超链接。

练习 2：进行链接的检查。

练习 3：为企业网站添加超链接。

7.6　高手甜点

甜点 1：如何在 Dreamweaver 中去除网页中链接文字下面的下划线

在完成网页中的链接制作之后，链接文字下方往往会自动添加一条下划线，用来标示该内容包含超级链接。当一个网页中链接比较多时，就显得杂乱了，其实可以很方便地将其去除掉。具体操作方法是：在【属性】面板中单击【页面属性】按钮，打开【页面属性】对话框，在【分类】列表框中选择【链接】选项，在【下划线样式】下拉列表框中，选择【始终无下划线】选项，即可去除掉网页中链接文字下面的下划线。

甜点 2：在为图像设置热点链接时，为什么之前为图像设置的普通链接无法使用

一张图像只能创建普通链接或热点链接之一，如果同一张图像在创建了普通链接后又创建热点链接，则普通链接无效，只有热点链接有效。

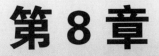

第8章

让网页互动起来——
使用网页表单和
行为

很多网站都有申请注册成为会员或申请邮箱的模块，这些模块都是通过添加网页表单来完成的。另外，设计人员在设计网页时，需要使用编程语言实现一些动作，如打开浏览器窗口、验证表单等，这就是网页行为。本章就来介绍如何使用网页表单和行为。

本章要点(已掌握的在方框中打钩)

- ☐ 掌握在网页中插入表单的方法。
- ☐ 掌握在网页中插入复选框与单选按钮的方法。
- ☐ 掌握在网页中制作列表与菜单的方法。
- ☐ 掌握在网页中插入按钮的方法。
- ☐ 掌握在网页中添加行为的方法。
- ☐ 掌握常用网页行为的应用方法。

8.1　在网页中插入表单元素

表单用于把来自用户的信息提交给服务器，是网站管理者与浏览者之间进行沟通的桥梁。利用表单处理程序，可以收集、分析用户的反馈意见，以做出科学、合理的决策，因此它是一个网站成功的重要因素。

8.1.1　案例 1——插入表单域

每一个表单中都包括表单域和若干个表单元素，而所有的表单元素都要放在表单域中才会生效，因此，制作表单时要先插入表单域。

在文档中插入表单域的具体操作步骤如下。

step 01 将光标放置在要插入表单的位置，选择【插入】→【表单】→【表单】菜单命令，如图 8-1 所示。

 要插入表单域，也可以在【插入】面板的【表单】选项卡中单击【表单】按钮。

step 02 插入表单域后，页面上会出现一条红色的虚线，如图 8-2 所示。

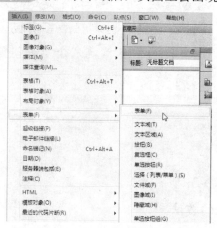

图 8-1　选择【表单】菜单命令

图 8-2　插入表单

step 03 选中表单，或在标签选择器中选择 form#forml 标签，即可在表单的【属性】面板中设置属性，如图 8-3 所示。

图 8-3　【属性】面板

8.1.2 案例2——插入文本域

根据不同的类型,文本域可分为 3 种:单行文本域、多行文本域和密码域。

选择【插入】→【表单】→【文本域】菜单命令,或在【插入】面板的【表单】选项卡中单击【文本字段】按钮和【文本区域】按钮,都可以在表单域中插入文本域,如图 8-4 所示。

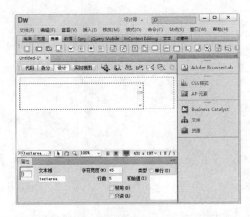

图 8-4　在网页中插入文本域

8.1.3 案例3——插入单行文本域

单行文本域通常提供单字或短语响应,如姓名或地址等。

选择【插入】→【表单】→【文本域】菜单命令,或在【插入】面板的【表单】选项卡中单击【文本字段】按钮,即可插入单行文本域,如图 8-5 所示。

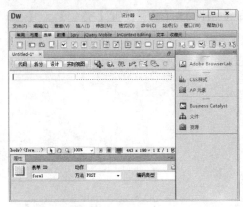

图 8-5　插入单行文本域

　插入文本域后,只要在【属性】面板中将【类型】设置为【单行】,即为单行文本域。

8.1.4 案例4——插入多行文本域

选择【插入】→【表单】→【文本区域】菜单命令,或在【插入】面板的【表单】选项卡中单击【文本区域】按钮,即可插入多行文本域,如图 8-6 所示。

　插入文本域后,只要在【属性】面板中将【类型】设置为【多行】,即为多行文本域。多行文本域可为访问者提供一个较大的区域,供其输入响应,还可以指定访问者最多可输入的行数以及对象的字符宽度。如果输入的文本超过了这些设置,该域将按照换行属性中指定的设置进行滚动。

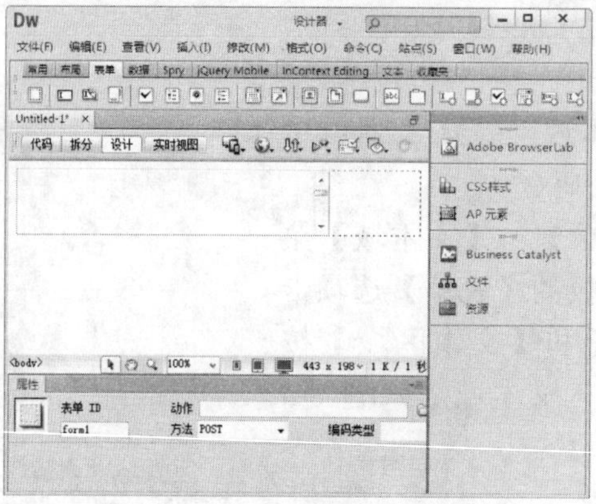

图 8-6　插入多行文本域

8.1.5　案例 5——插入密码域

密码域是特殊类型的文本域。当用户在密码域中输入文本信息时，所输入的文本会被替换为星号或项目符号以隐藏该文本，从而保护这些信息不被别人看到，如图 8-7 所示。

当插入文本域之后，在【属性】面板中设置【类型】为【密码】，即可插入密码域，如图 8-8 所示。

图 8-7　密码显示方式

图 8-8　设置【类型】为【密码】

8.2　在网页中插入复选框和单选按钮

复选框允许在一组选项中选择多个选项，用户可以选择任意多个适用的选项。单选按钮代表互相排斥的选择。在某个单选按钮组(由两个或多个共享同一名称的按钮组成)中选择一个选项，就会取消对该组中其他所有选项的选择。

8.2.1　案例 6——插入复选框

如果要从一组选项中选择多个选项，则可使用复选框。可以使用如下两种方法插入复选框。

(1) 选择【插入】→【表单】→【复选框】菜单命令，如图 8-9 所示。

(2) 单击【插入】面板下【表单】选项卡中的【复选框】按钮，如图 8-10 所示。

图 8-9 选择【复选框】菜单命令　　　　　图 8-10 单击【复选框】按钮

若要为复选框添加标签，可在该复选框的旁边单击，然后输入标签文字即可，如图 8-11 所示。另外，选中复选框 🔲，在【属性】面板中可以设置其属性，如图 8-12 所示。

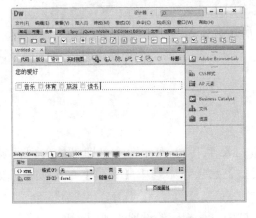

图 8-11 输入复选框标签文字　　　　　图 8-12 复选框【属性】面板

8.2.2 案例 7——插入单选按钮

如果从一组选项中只能选择一个选项，则需要使用单选按钮。选择【插入】→【表单】→【单选按钮】菜单命令，即可插入单选按钮。

 提示　　还可以通过单击【插入】面板下【表单】选项卡中的【单选按钮】按钮来插入单选按钮。

若要为单选按钮添加标签，可在该单选按钮的旁边单击，然后输入标签文字即可，如图 8-13 所示。选中单选按钮 ⚪，在【属性】面板中可以设置其属性，如图 8-14 所示。

图 8-13　输入单选按钮标签文字　　　　图 8-14　单选按钮【属性】面板

8.3　在网页中插入表单

表单有两种类型：一种是单击时下拉的菜单，称为下拉菜单；另一种则显示为一个列有项目的可滚动列表，用户可从该列表中选择项目，被称为滚动列表。如图 8-15 所示分别是下拉菜单和滚动列表。

图 8-15　下拉菜单和滚动列表

8.3.1　案例 8——插入下拉菜单

创建下拉菜单的具体步骤如下。

step 01　选择【插入】→【表单】→【选择(列表/菜单)】菜单命令，即可插入列表/菜单，然后在其【属性】面板中，在【类型】选项组中选中【菜单】单选按钮，如图 8-16 所示。

step 02　单击【列表值】按钮，在打开的对话框中进行相应的设置，如图 8-17 所示。

图 8-16　选中【菜单】单选按钮

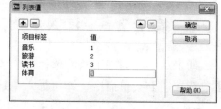

图 8-17　【列表值】对话框

step 03　单击【确定】按钮，在【属性】面板的【初始化时选定】下拉列表框中选择【体育】选项，如图 8-18 所示。

step 04　保存文档，按 F12 键在浏览器中预览效果，如图 8-19 所示。

图 8-18 选择初始化时选定的菜单　　　　　　图 8-19 预览效果

8.3.2 案例9——插入滚动列表

创建滚动列表的具体步骤如下。

step 01 选择【插入】→【表单】→【选择(列表/菜单)】菜单命令，插入列表/菜单，然后在其【属性】面板中，在【类型】选项组中选中【列表】单选按钮，并将【高度】设置为3，如图8-20所示。

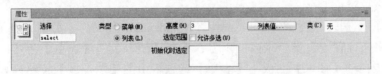

图 8-20 选中【列表】单击按钮

step 02 单击【列表值】按钮，在打开的对话框中进行相应的设置，如图 8-21 所示。

step 03 单击【确定】按钮保存文档，按 F12 键在浏览器中预览效果，如图 8-22 所示。

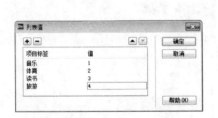

图 8-21 【列表值】对话框　　　　　　图 8-22 预览效果

8.4 在网页中插入按钮

按钮对表单来说是必不可少的，无论用户对表单进行了什么操作，只要不单击【提交】按钮，服务器与客户之间就不会有任何交互操作。

8.4.1 案例10——插入按钮

将光标放在表单内，选择【插入】→【表单】→【按钮】菜单命令，即可插入按钮，如

图 8-23 所示。

选中表单按钮 提交，即可在打开的【属性】面板中设置【按钮名称】、【值】、【动作】、【类】等属性，如图 8-24 所示。

图 8-23　插入按钮　　　　　　　　　　图 8-24　设置按钮的属性

8.4.2　案例 11——插入图像按钮

可以使用图像作为按钮图标。如果要使用图像来执行任务而不是提交数据，则需要将某种行为附加到表单对象上。

step 01 打开随书光盘中的 "ch08\图像按钮\index.html" 文件，如图 8-25 所示。

step 02 将光标置于会员登录区的下方，选择【插入】→【表单】→【图像域】菜单命令，或拖动【插入】面板下【表单】选项卡中的【图像域】按钮，弹出【选择图像源文件】对话框，如图 8-26 所示。

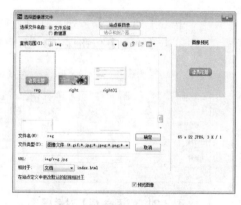

图 8-25　打开素材文件　　　　　　　图 8-26　【选择图像源文件】对话框

step 03 在【选择图像源文件】对话框中选定图像，然后单击【确定】按钮，插入图像域，如图 8-27 所示。

step 04 选中该图像域，打开其【属性】面板，设置图像域的属性，这里采用默认设置，如图 8-28 所示。

step 05 按照添加【会员注册】图像按钮的方法添加【找回密码】和【登录】两个图像按钮，如图 8-29 所示。

step 06 完成设置后保存文档，按 F12 键在浏览器中预览效果，如图 8-30 所示。

图 8-27　插入图像域

图 8-28　图像区域属性面板

图 8-29　添加其他按钮

图 8-30　预览效果

8.5　添加网页行为

行为是由对象、事件和动作构成的。对象是产生行为的主体，事件是触发动态效果的原因，动作是指最终需要完成的动态效果，本节就来介绍如何为网页添加行为。

8.5.1　案例 12——打开【行为】面板

在 Dreamweaver CS6 中，对行为的添加和控制主要是通过【行为】面板来实现的。【行为】面板主要用于设置和编辑行为，选择【窗口】→【行为】菜单命令，即可打开【行为】面板，如图 8-31 所示。

图 8-31　【行为】面板

使用【行为】面板可以将行为附加到页面元素上，并且可以修改以前所附加的行为的参数。

【行为】面板中包含以下一些选项。

(1) 单击 ➕ 按钮，可弹出动作菜单，从中可以添加行为。添加行为时，从动作菜单中选择一个行为项即可。当从该动作菜单中选择一个动作时，将出现一个对话框，可以在此对话框中指定该动作的参数。如果动作菜单中的所有动作都处于灰显状态，则表示选定的元素无法生成任何事件。

(2) 单击━按钮，可从行为列表中删除所选的事件和动作。

(3) 单击▲按钮或▼按钮，可将动作项向前移或向后移，从而改变动作执行的顺序。对于不能在列表中上下移动的动作，箭头按钮则处于禁用状态。

> **提示** 在为选定对象添加了行为后，就可以利用行为的事件列表选择触发该行为的事件。使用 Shift+F4 组合键也可以打开【行为】面板。

8.5.2　案例 13——添加行为

在 Dreamweaver CS6 中，可以为文档、图像、链接、表单等任何网页元素添加行为。在给对象添加行为时，可以一次为每个事件添加多个动作，并按【行为】面板中动作列表的顺序来执行动作。添加行为的具体步骤如下。

step 01　在网页中选定一个对象，也可以单击文档窗口左下角的<body>标签选中整个页面，然后选择【窗口】→【行为】菜单命令，打开【行为】面板，单击＋按钮，弹出动作菜单，如图 8-32 所示。

step 02　从弹出的动作菜单中选择一种动作，会弹出相应的参数设置对话框(此处选择【弹出信息】命令)，在其中进行设置后单击【确定】按钮，随即，在事件列表中会显示动作的默认事件，单击该事件，会出现一个下拉按钮，单击下拉按钮，即可弹出包含全部事件的事件列表，如图 8-33 所示。

图 8-32　动作菜单

图 8-33　事件列表

8.6　常用行为的应用

Dreamweaver CS6 内置有许多行为，每一种行为都可以实现一个动态效果，或用户与网页之间的交互。

8.6.1　案例 14——交换图像

【交换图像】动作通过更改图像标签的 src 属性，将一个图像和另一个图像交换。使用此动作可以创建鼠标经过图像和其他图像效果(包括一次交换多个图像)。

创建【交换图像】动作的具体步骤如下。

step 01 打开随书光盘中的 "ch08\应用行为\index.html" 文件，如图 8-34 所示。

step 02 选择【窗口】→【行为】菜单命令，打开【行为】面板。选中图像，单击 **+** 按钮，在弹出的菜单中选择【交换图像】命令，如图 8-35 所示。

图 8-34　打开素材文件　　　　　　　图 8-35　选择【交换图像】命令

step 03 弹出【交换图像】对话框，如图 8-36 所示。

step 04 单击【浏览】按钮，弹出【选择图像源文件】对话框，从中选择一幅图像，如图 8-37 所示。

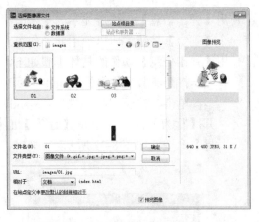

图 8-36　【交换图像】对话框　　　　图 8-37　【选择图像源文件】对话框

step 05 单击【确定】按钮，返回【交换图像】对话框，如图 8-38 所示。

step 06 单击【确定】按钮，添加【交换图像】行为，如图 8-39 所示。

图 8-38　设置原始图像

图 8-39　添加【交换图像】行为

step 07　保存文档，按 F12 键在浏览器中预览效果，如图 8-40 所示。

图 8-40　预览效果

8.6.2　案例 15——弹出信息

使用【弹出信息】动作可显示一个带有指定信息的 JavaScript 警告。因为 JavaScript 警告只有一个【确定】按钮，所以使用此动作可以提供信息，而不能为用户提供选择。

使用【弹出信息】动作的具体步骤如下。

step 01　打开随书光盘中的 "ch08\应用行为\index.html" 文件，如图 8-41 所示。

step 02　单击文档窗口状态栏中的<body>标签，选择【窗口】→【行为】菜单命令，打开【行为】面板。单击【行为】面板中的➕▾按钮，在弹出的菜单中选择【弹出信息】命令，如图 8-42 所示。

图 8-41　打开素材文件

图 8-42　选择【弹出信息】命令

step 03 ▸ 弹出【弹出信息】对话框，在【消息】文本框中输入要显示的信息，如图 8-43 所示。

step 04 ▸ 单击【确定】按钮，添加行为，并设置相应的事件，如图 8-44 所示。

step 05 ▸ 保存文档，按 F12 键在浏览器中预览效果，如图 8-45 所示。

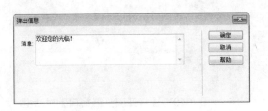
图 8-43 【弹出信息】对话框

图 8-44 添加行为事件

图 8-45 预览效果

8.6.3 案例 16——打开浏览器窗口

使用【打开浏览器窗口】动作可以在一个新的窗口中打开 URL，可以指定新窗口的属性(包括其大小)、特性(是否可以调整大小、是否具有菜单栏等)和名称。

使用【打开浏览器窗口】动作的具体步骤如下。

step 01 ▸ 打开随书光盘中的"ch08\应用行为\index.html"文件，如图 8-46 所示。

step 02 ▸ 选择【窗口】→【行为】菜单命令，打开【行为】面板。单击该面板中的 ＋、按钮，在弹出的菜单中选择【打开浏览器窗口】命令，如图 8-47 所示。

图 8-46 打开素材文件

图 8-47 选择【打开浏览器窗口】命令

step 03 ▸ 弹出【打开浏览器窗口】对话框，在【要显示的 URL】文本框中输入在新窗口中载入的目标 URL 地址(可以是网页，也可以是图像)；或单击【要显示的 URL】文本框右侧的【浏览】按钮，弹出【选择文件】对话框，如图 8-48 所示。

step 04 ▸ 在【选择文件】对话框中选择文件，单击【确定】按钮，将其添加到【要显示的 URL】文本框中，然后将【窗口宽度】和【窗口高度】分别设置为 380 和 350，在【窗口名称】文本框中输入"弹出窗口"，如图 8-49 所示。

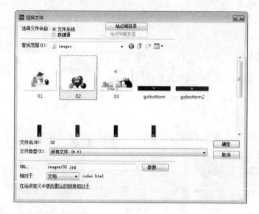

图 8-48 【选择文件】对话框

图 8-49 【打开浏览器窗口】对话框

step 05 单击【确定】按钮，添加行为，并设置相应的事件，如图 8-50 所示。

step 06 保存文档，按 F12 键在浏览器中预览效果，如图 8-51 所示。

图 8-50 设置行为事件

图 8-51 预览效果

8.6.4 案例 17——检查表单

在包含表单的页面中填写相关信息时，当信息填写出错时，会自动显示出错信息，这是通过检查表单动作来实现的，在 Dreamweaver CS6 中，可以使用【检查表单】动作来为文本域设置有效性规则，检查文本域中的内容是否有效，以确保输入数据正确。

使用【检查表单】动作的具体步骤如下。

step 01 打开随书光盘中的"ch08\检查表单行为.htm"文件，如图 8-52 所示。

step 02 按 Shift+F4 组合键，打开【行为】面板，如图 8-53 所示。

step 03 单击【行为】面板中的 + 按钮，在弹出的菜单中选择【检查表单】命令，如图 8-54 所示。

step 04 弹出【检查表单】对话框，【域】列表框中显示了文档中插入的文本域，如图 8-55 所示。

图 8-52　打开素材文件

图 8-53　【行为】面板

图 8-54　选择【检查表单】命令

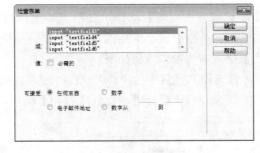

图 8-55　【检查表单】对话框

step 05　选中 textfield3 文本域，勾选【必需的】复选框，选中【任何东西】单选按钮，设置该文本域是必须填写项，可以输入任何文本内容，如图 8-56 所示。

step 06　参照相同的方法，设置 textfield2 和 textfield6 文本域为必须填写项，其中 textfield2 文本域的可接受类型为【数字】，textfield6 文本域的可接受类型为【任何东西】，如图 8-57 所示。

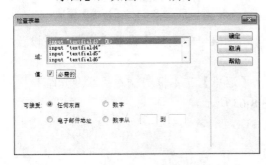

图 8-56　设置检查表单属性

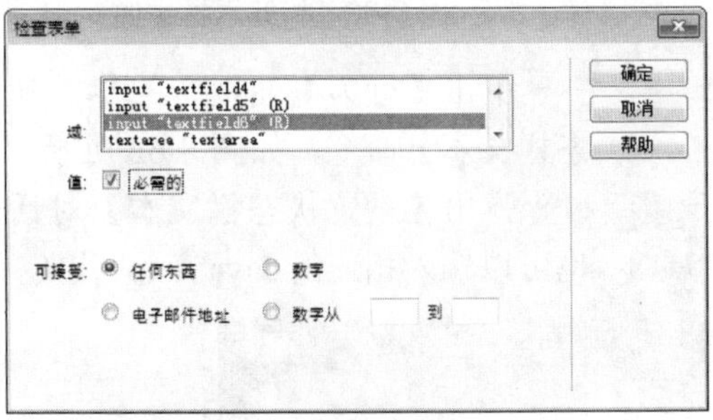

图 8-57　设置其他检查信息

step 07　单击【确定】按钮，即可添加【检查表单】行为，如图 8-58 所示。

step 08　保存文档，按 F12 键在浏览器中预览效果。当在文档的文本域中未填写或填写有误时，会打开一个提示对话框，提示出错信息，如图 8-59 所示。

图 8-58　添加【检查表单】行为　　　　图 8-59　预览网页提示信息

8.6.5　案例 18——设置状态栏文本

使用【设置状态栏文本】动作可在浏览器窗口底部左侧的状态栏中显示消息。例如，可以使用此动作在状态栏中显示链接的目标而不是显示与之关联的 URL。

设置状态栏文本的操作步骤如下。

step 01　打开随书光盘中的"ch07\设置状态栏\index.html"文件，如图 8-60 所示。

step 02　按 Shift+F4 组合键，打开【行为】面板，如图 8-61 所示。

图 8-60　打开素材文件　　　　　　图 8-61　【行为】面板

step 03　单击【行为】面板中的 ✚▾ 按钮，在弹出的菜单中选择【设置文本】→【设置状态栏文本】命令，如图 8-62 所示。

step 04　弹出【设置状态栏文本】对话框，在【消息】文本框中输入"欢迎光临！"，也可以输入相应的 JavaScript 代码，如图 8-63 所示。

 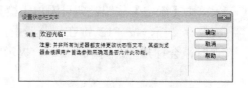

图 8-62　选择【设置状态栏文本】命令　　　图 8-63　【设置状态栏文本】对话框

step 05 单击【确定】按钮，添加行为，如图 8-64 所示。

step 06 保存文档，按 F12 键在浏览器中预览效果，如图 8-65 所示。

图 8-64 添加行为

图 8-65 预览效果

8.7 实战演练——使用表单制作留言本

一个好的网站，总是在不断地完善和改进，在改进的过程中，总是要经常听取别人的意见，为此可以通过留言本来获取浏览者浏览网站的反馈信息。

其具体操作步骤如下。

step 01 打开随书光盘中的"ch08\制作留言本.html"文件，如图 8-66 所示。

step 02 将光标移到下一行，单击【插入】面板下【表单】选项卡中的【表单】按钮，插入一个表单，如图 8-67 所示。

图 8-66 打开素材文件

图 8-67 插入表单

step 03 将光标放在红色的虚线内，选择【插入】→【表格】菜单命令，打开【表格】对话框。将【行数】设置为 9，【列】设置为 2，【表格宽度】设置为 470 像素，【边框粗细】设置为 1，【单元格边距】设置为 2，【单元格间距】设置为 3，如图 8-68 所示。

step 04 单击【确定】按钮，在表单中插入表格，并调整表格的宽度，如图 8-69 所示。

step 05 在第 1 列单元格中输入相应的文字，然后选定文字，在【属性】面板中，设置文字的【大小】为 12 像素，将【水平】设置为【右对齐】，【垂直】设置为【居中】，如图 8-70 所示。

图 8-68 【表格】对话框

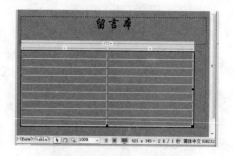

图 8-69 添加表格

step 06 将光标放在第 1 行的第 2 列单元格中，选择【插入】→【表单】→【文本域】菜单命令，插入文本域。在【属性】面板中，设置文本域的【字符宽度】为 12，【最多字符数】为 12，【类型】为【单行】，如图 8-71 所示。

图 8-70 在表格中输入文字

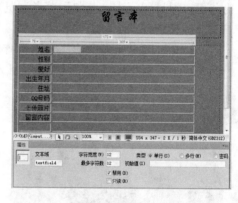

图 8-71 添加文本域

step 07 重复以上步骤，在第 4 行、第 5 行和第 6 行的第 2 列单元格中插入文本域，并设置相应的属性，如图 8-72 所示。

step 08 将光标放在第 2 行的第 2 列单元格中，单击【插入】面板下【表单】选项卡中的【单选按钮】按钮⊙，插入单选按钮，在单选按钮的右侧输入"男"，按照同样的方法再插入一个单选按钮，输入"女"。在【属性】面板中，将【初始状态】分别设置为【已勾选】和【未选中】，如图 8-73 所示。

step 09 将光标放在第 3 行的第 2 列单元格中，单击【插入】面板下【表单】选项卡中的【复选框】按钮☑，插入复选框。在【属性】面板中，将【初始状态】设置为【未选中】，在其后输入文本"音乐"，如图 8-74 所示。

step 10 按照同样的方法，插入其他复选框，设置属性并输入文字，如图 8-75 所示。

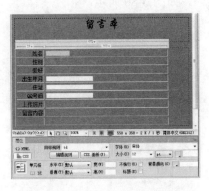

图 8-72　添加其他文本域

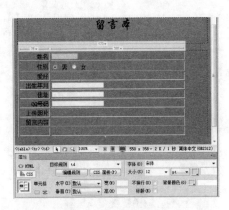

图 8-73　添加单选按钮

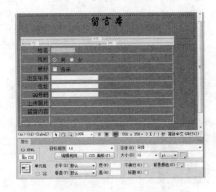

图 8-74　添加复选框

图 8-75　添加其他复选框

step 11　将光标置于第 8 行的第 2 列单元格中，选择【插入】→【表单】→【文本区域】菜单命令，插入多行文本域，【属性】面板中的选项为默认值，如图 8-76 所示。

step 12　将光标放在第 7 行的第 2 列单元格中，选择【插入】→【表单】→【文件域】菜单命令，插入文件域，然后在【属性】面板中设置相应的属性，如图 8-77 所示。

图 8-76　插入多行文本域

图 8-77　插入文件域

step 13　将光标放在第 9 行的单元格中，在【属性】面板中，将【水平】设置为【居中对齐】，如图 8-78 所示。

step 14　选择【插入】→【表单】→【按钮】菜单命令，插入两个按钮：【提交】按钮和【重置】按钮。在【属性】面板中，分别设置相应的属性，如图 8-79 所示。

step 15 保存文档，按 F12 键在浏览器中预览效果，如图 8-80 所示。

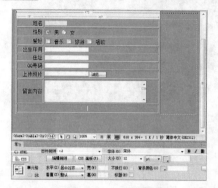

图 8-78　合并单元格

图 8-79　插入【提交】与【重置】按钮

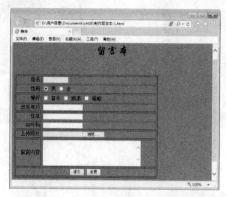

图 8-80　预览网页效果

8.8　跟我练练手

8.8.1　练习目标

能够熟练掌握本章所讲内容。

8.8.2　上机练习

练习 1：在网页中插入表单元素。
练习 2：在网页中插入单选按钮与复选框。
练习 3：制作网页列表和菜单。
练习 4：在网页中插入按钮。
练习 5：常用行为的应用。

8.9 高手甜点

甜点 1：如何保证表单在浏览器中正常显示

在 Dreamweaver 中插入表单并调整到合适的大小后，在浏览器中预览时可能会出现表单大小失真的情况。为了保证表单在浏览器中能正常显示，建议使用 CSS 样式表调整表单的大小。

甜点 2：下载并使用更多的行为

Dreamweaver 中包含了百余个事件、行为，如果认为这些行为还不足以满足需求，Dreamweaver 同时也提供扩展行为的功能，可以下载第三方的行为，下载之后解压到 Dreamweaver 的安装目录 Adobe Dreamweaver CC\configuration\Behaviors\Actions 下。重新启动 Dreamweaver，在【行为】面板中单击 **+▾** 按钮，在弹出的动作菜单中即可看到新添加的动作选项。

第 9 章

批量制作风格统一
的网页——使用
模板

使用模板可以为网站的更新和维护提供极大的方便，仅修改网站的模板即可完成对整个网站中页面的统一修改。

本章要点(已掌握的在方框中打钩)

☐ 掌握创建模板的方法。

☐ 掌握管理模板的方法。

☐ 掌握创建基于模板的方法。

9.1 创 建 模 板

使用模板创建文档可以使网站和网页具有统一的结构和外观。模板实质上就是用于创建其他文档的基础文档。在创建模板时，可以说明哪些网页元素应该长期保留、不可编辑，哪些元素可以编辑修改。

9.1.1 案例1——在空白文档中创建模板

利用 Dreamweaver 的新建功能可以直接创建模板，具体操作步骤如下。

step 01 选择【文件】→【新建】菜单命令，弹出【新建文档】对话框。在【新建文档】对话框中选择【空模板】选项卡，在【模板类型】列表框中选择【HTML 模板】选项，如图 9-1 所示。

step 02 单击【创建】按钮即可创建一个空白的模板文档，如图 9-2 所示。

图 9-1 【新建文档】对话框   图 9-2 创建空白模板

9.1.2 案例2——在【资源】面板中创建模板

在【资源】面板中创建模板的具体步骤如下。

step 01 选择【窗口】→【资源】菜单命令，打开【资源】面板，如图 9-3 所示。

step 02 在【资源】面板中，单击【模板】按钮，【资源】面板将变成模板样式，如图 9-4 所示。

step 03 单击【资源】面板右下角的【新建模板】按钮；或在【资源】面板的列表中右击，在弹出的快捷菜单中选择【新建模板】命令，如图 9-5 所示。

step 04 一个新的模板就被添加到了模板列表中，选择该模板，然后修改模板的名称即可，如图 9-6 所示。

图 9-3 【资源】面板

图 9-4 模板样式

图 9-5 选择【新建模板】命令

图 9-6 选择创建的模板

提示

　　一个空模板创建完成后，如果要编辑该模板，可单击【编辑】按钮，进入模板编辑状态。单击【资源】面板右上角的【菜单】按钮，或在要重命名的模板上单击右键，从弹出的快捷菜单中选择【重命名】命令，可以对模板重命名。

9.1.3 案例 3——从现有文档创建模板

除了上述两种创建模板的方法外，用户还可以从现有文档创建模板，具体操作步骤如下。

step 01 打开随书光盘中的 "ch09\index.html" 文件，如图 9-7 所示。

step 02 选择【文件】→【另存为模板】菜单命令，弹出【另存模板】对话框，在【站点】下拉列表框中选择保存的站点模板，在【另存为】文本框中输入模板名，如图 9-8 所示。

step 03 单击【保存】按钮，弹出提示对话框，单击【是】按钮，即可将网页文件保存为模板，如图 9-9 所示。

图 9-7　打开素材文件

图 9-8　【另存模板】对话框

图 9-9　提示对话框

9.1.4　案例 4——创建可编辑区域

在创建模板之后，用户需要根据自己的具体要求对模板中的内容进行编辑，即指定哪些内容可以编辑，哪些内容不能编辑(锁定)。

在模板文档中，可编辑区是页面中变化的部分，如"每日导读"的内容。不可编辑区(锁定区)是各页面中相对保持不变的部分，如导航栏、栏目标志等。

当新创建一个模板或把已有的文档存为模板时，Dreamweaver CS6 默认把所有的区域标记为锁定。因此，用户必须根据自己的要求对模板进行编辑，把某些部分标记为可编辑的。

在编辑模板时，可以修改可编辑区，也可以修改锁定区。但当该模板被应用于文档时，则只能修改文档的可编辑区，文档的锁定区是不允许修改的。

定义新的可编辑区域的具体步骤如下。

step 01 打开随书光盘中的"ch09\Templates\模板.dwt"文件，如图 9-10 所示。

step 02 将光标放置在要插入可编辑区域的位置，选择【插入】→【模板对象】→【可编辑区域】菜单命令，如图 9-11 所示。

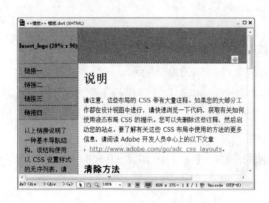

图 9-10　打开素材文件

图 9-11　选择【可编辑区域】菜单命令

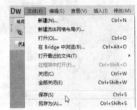

step 03 弹出【新建可编辑区域】对话框，在【名称】文本框中输入名称，如图 9-12 所示。

提示　　命名一个可编辑区域时，不能使用单引号(')、双引号(")、尖括号(<>)、&等。

step 04 单击【确定】按钮即可插入可编辑区域。在模板中，可编辑区域会被突出显示，如图9-13所示。

step 05 选择【文件】→【保存】菜单命令，保存模板，如图9-14所示。

图 9-12　【新建可编辑区域】对话框　　　图 9-13　可编辑区域　　　图 9-14　选择【保存】菜单命令

9.2　管 理 模 板

模板创建好后，根据实际需要可以随时更改模板样式、内容。更新过模板后，Dreamweaver 会同时更新应用该模板的所有网页。

9.2.1　案例5——从模板中分离

利用从模板中分离功能，可以将文档从模板中分离，分离后，模板中的内容依然存在。文档从模板中分离后，文档的不可编辑区域会变得可以编辑，这给修改网页内容带来很大方便。从模板中分离文档的具体步骤如下。

step 01 打开随书光盘中的"ch09\模板.html"文件，由图 9-15 可以看出页面处于不可编辑状态。

step 02 选择【修改】→【模板】→【从模板中分离】菜单命令，如图9-16所示。

step 03 选择命令后，即可将网页从模板中分离出来，此时即可重新设置图像路径，如图9-17所示。

step 04 保存文档，按 F12 键在浏览器中预览效果，如图9-18所示。

图 9-15　打开素材文件

图 9-16　选择【从模板中分离】菜单命令

图 9-17　将网页从模板中分离

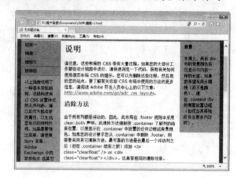

图 9-18　预览网页效果

9.2.2　案例6——更新模板及基于模板的网页

用模板的最新版本更新整个站点及应用特定模板的所有文档的具体步骤如下。

step 01　打开随书光盘中的"ch09\Templates\模板.dwt"文件，如图 9-19 所示。

step 02　将光标置于模板需要修改的地方，并进行修改，如图 9-20 所示。

step 03　选择【文件】→【保存】命令，即可保存更改后的网页。然后打开应用该模板
的网页文件，可以看到更新后的网页，如图 9-21 所示。

图 9-19　打开素材文件

图 9-20　修改模板

图 9-21　预览网页效果

9.3 实战演练——创建基于模板的页面

模板制作完成，接下来可以将其应用到网页中。建立站点 my site，并将光盘中的"源代码\ch09\"设置为站点根目录，通过使用模板，能快速、高效地设计出风格一致的网页。

本实例的具体操作步骤如下。

step 01 选择【文件】→【新建】菜单命令，打开【新建文档】对话框，在【新建文档】对话框中选择【模板中的页】选项卡，在【站点】列表框中选择【我的站点】选项，选择【站点"我的站点"的模板】列表框中的模板文件"模版 1"，如图 9-22 所示。

step 02 单击【创建】按钮，创建一个基于模板的网页文档，如图 9-23 所示。

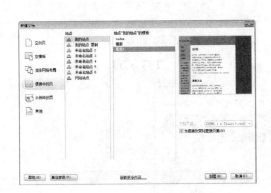

图 9-22 【新建文档】对话框

图 9-23 创建基于模板的网页

step 03 将光标放置在可编辑区域中，选择【插入】→【表格】菜单命令，弹出【表格】对话框，将【行数】和【列】都设置为 1，【表格宽度】设置为 95%，【边框粗细】设置为 0，【单元格边距】和【单元格间距】均设置为 0，如图 9-24 所示。

step 04 单击【确定】按钮插入表格。在【属性】面板中，将【对齐】设置为【居中对齐】，如图 9-25 所示。

图 9-24 【表格】对话框

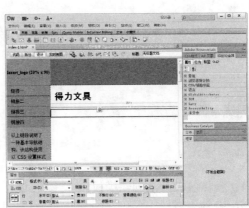

图 9-25 插入表格

step 05 将光标放置在表格中，输入文字和图像，并设置文字和图像的对齐方式，如图 9-26 所示。

step 06 选择【文件】→【保存】菜单命令，打开【另存为】对话框，在【文件名】下拉列表框中输入 index，单击【保存】按钮，如图 9-27 所示。

step 07 按 F12 键在浏览器中预览效果，如图 9-28 所示。

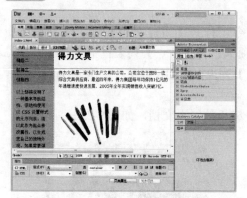

图 9-26　添加文字和图像

图 9-27　【另存为】对话框

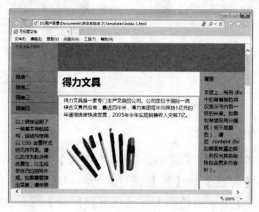

图 9-28　预览网页效果

9.4　跟我练练手

9.4.1　练习目标

能够熟练掌握本章所讲内容。

9.4.2　上机练习

练习 1：使用各种方法创建模板。

练习 2：管理模板。

练习 3：创建基于模板的页面。

9.5　高手甜点

甜点1：处理不可编辑的模板

为了避免编辑时误操作而导致模板中的元素变化，模板中的内容默认为不可编辑状态。只有把某个区域或者某段文本设置为可编辑状态之后，在由该模板创建的文档中才可以改变这个区域。具体操作步骤如下。

step 01　先用鼠标选取需要编辑的某个区域，然后选择【修改】→【模板】→【令属性可编辑】命令，如图9-29所示。

step 02　在弹出的对话框中勾选【令属性可编辑】复选框，单击【确定】按钮，如图 9-30 所示。

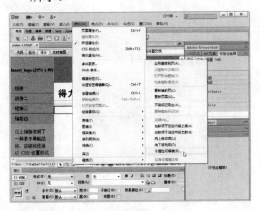

图9-29　选择【令属性可编辑】菜单命令

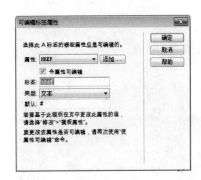

图9-30　勾选【令属性可编辑】复选框

甜点2：模板使用技巧

使用模板可以为网站的更新和维护提供极大的方便，仅修改网站的模板即可完成对整个网站中页面的统一修改。模板的使用难点是如何合理地设置和定义模板的可编辑区域。要想把握好这一点，在定义模板的可编辑区域时，一定要仔细地研究整个网站中各个页面所具有的共同风格和特性，只有这样，才能设计出适合网站使用的合理模板。使用库项目可以完成对网站中某个板块的修改。利用这些功能不仅可以提高工作的效率，而且可以使网站的更新和维护等烦琐的工作变得更加轻松。

第3篇

动态网站制作篇

第 10 章

制作动态网站基础
——构建动态网站
的执行环境

动态网站是目前的主流网站类型，该网站类型实现了人机交互功能。不过，在制作动态网站之前，必须先构建动态网站的执行环境。本章就来介绍如何构建动态网站所需的执行环境。

本章要点(已掌握的在方框中打钩)

☐ 熟悉动态网站的执行环境。

☐ 掌握架设 IIS+PHP 动态网站执行环境的方法。

☐ 掌握架设 Apache+PHP 动态网站执行环境的方法。

☐ 掌握 MySQL 数据库的安装方法。

10.1　准备互动网页的执行环境

在创建动态网站之前，用户需要准备互动网页的执行环境。

10.1.1　什么是 PHP

PHP(Personal Home Page，目前已经更名为 PHP:Hypertext Preprocessor)与 ASP 相同，是一种内嵌于 HTML 文件中的程序代码语言。PHP 程序可以根据不同的状态输出不同的网页内容，是一种快速流行且功能强大的网页编程语言。我们选择使用 PHP 程序来开发网站的原因如下。

- PHP 可以在 Linux 与 Windows 的环境下执行，搭配这两个操作系统中的服务器软件，如 Apache 或 PWS、IIS，能让您所开发出来的程序轻易地跨越两个平台来执行，无须改写。
- PHP 所使用的执行环境，无论在软硬件的投资成本都相当低廉，但是所开发的程序功能却相当强大而完整，可以明显提升企业的竞争力。
- PHP 所使用的语法相当的简单易懂，若用户已经有其他程序语言的基础，如 ASP，可以很轻松地跨入 PHP 程序设计的领域。

10.1.2　执行 PHP 的程序

PHP 程序必须要在支持 PHP 的网站服务器上才能操作，用户不能直接选择网页来执行浏览。所以在执行 PHP 程序之前，必须拥有一个服务器空间。

下面介绍两种不同的网站服务器(IIS 与 Apache)的安装与设置，并搭配 PHP 安装程序，让两种网站服务器都有执行 PHP 程序的能力。

另外，在 Dreamweaver CS6 中，PHP 的程序必须搭配 MySQL 的数据库来制作互动网页。建议用户在安装完网站服务器后再安装 MySQL 数据库，这样无论用户采取何种服务器环境都不会影响 MySQL 数据库的执行。

10.2　架设 IIS+PHP 的执行环境

本节主要讲述 IIS+PHP 的执行环境配置方法。

10.2.1　案例 1——IIS 网站服务器的安装与设置

1. 安装 IIS 网站服务器

在 Windows 7 中，默认已经安装好了 Microsoft Internet 信息服务(IIS)，用户只需要启动该服务即可，具体操作步骤如下。

step 01 单击【开始】按钮，在弹出的列表中选择【控制面板】选项，如图 10-1 所示。

step 02 打开【控制面板】窗口，选择【程序】选项，如图 10-2 所示。

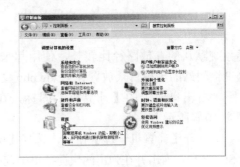

图 10-1 【控制面板】选项　　　　　图 10-2 选择【程序】选项

step 03 打开【控制面板\程序】窗口，选择【打开或关闭 Windows 功能】选项，如图 10-3 所示。

step 04 打开【Windows 功能】窗口，展开【Internet 信息服务】选项，勾选【Web 管理工具】和【万维网服务】复选框，然后单击【确定】按钮即可启动 IIS 网站服务器，如图 10-4 所示。

step 05 测试 IIS 网站服务器是否安装成功。打开 IE 浏览器，在网址栏中输入 http://localhost/，运行后效果如图 10-5 所示，说明 IIS 成功安装了。

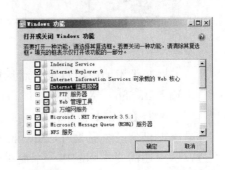

图 10-3 【控制面板\程序】窗口　　　　图 10-4 【Windows 功能】对话框

图 10-5 IIS 安装成功

2. 设置 IIS 网站服务器

如果用户按照前述的方式来启动 IIS 网站服务器，目前整个网站服务器的根目录就位于"系统盘符:\Inetpub\wwwroot"中，也就是说，如果要添加网页到网站中显示，必须把网页放置在这个目录之下。

上述系统默认的存放路径比较长，使用起来相当不方便，下面介绍更改网站虚拟目录的方法。这里将网站的虚拟目录放置在 C:\dwphp 文件夹中，具体操作步骤如下。

step 01 右击桌面上的【计算机】图标，在弹出的快捷菜单中选择【管理】命令，如图 10-6 所示。

step 02 打开【计算机管理】窗口，选择【Internet 信息服务】→【网站】→Default Web Site 选项，右击并在弹出的快捷菜单中选择【添加虚拟目录】命令，如图 10-7 所示。

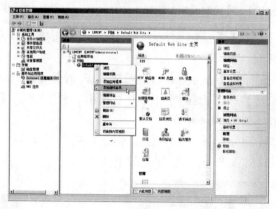

图 10-6 选择【管理】命令　　　　　　图 10-7 添加虚拟目录

step 03 打开【添加虚拟目录】对话框，在【别名】文本框中输入虚拟网站的名称，这里输入 dwphp，然后选择物理路径为 C:\dwphp，如图 10-8 所示。

step 04 单击【确定】按钮，即完成了 IIS 网站服务器设置的更改，IIS 网站服务器的网站虚拟目录已经更改为 C:\dwphp 了。

不过，这里还需要实际制作一个简单网页，测试一下放置在刚才所更改的虚拟目录里的网页是否能够被浏览器预览，具体操作步骤如下。

step 01 选择【开始】→【所有程序】→【附件】→【记事本】选项，打开【记事本】窗口，在其中输入相关代码，如图 10-9 所示。

图 10-8 【添加虚拟目录】对话框　　　　图 10-9 【记事本】窗口

step 02 选择【文件】→【保存】菜单命令，从而保存这个网页。将这个文件命名为 index.html，而保存的位置就是 C:\dwphp，如图 10-10 所示。

step 03 打开浏览器，输入本机网址及添加的网页名称 http://localhost/dwphp/index.html，运行效果如图 10-11 所示。

图 10-10　【另存为】对话框

图 10-11　网页测试效果

10.2.2　案例2——在 IIS 网站服务器上安装 PHP

IIS 网站服务器的安装与设置都完成后，下面就可以安装 PHP 软件了，用户可以通过网址 http://www.php.net/downloads.php 获取 PHP 软件。下面以下载的 php-5.3.17-Win32-VC9-x86.msi 为例来讲解安装的方法。

1. PHP 的安装

运行 php-5.3.17-Win32-VC9-x86.msi，开始在 IIS 网站服务器上安装 PHP，具体操作步骤如下。

step 01 双击安装程序，进入欢迎界面，单击 Next 按钮开始安装，如图 10-12 所示。

step 02 打开版权说明界面，阅读完版权说明后勾选 I accept the terms in the License Agreement 复选框，单击 Next 按钮继续安装，如图 10-13 所示。

图 10-12　欢迎界面

图 10-13　版权说明界面

step 03 打开 PHP 安装路径设置界面，在其中可以根据实际需要设置 PHP 安装路径，然后单击 OK 按钮，如图 10-14 所示。

step 04 打开服务器安装界面，选择 IIS CGI 为本机所使用的网站服务器，单击 Next 按钮，如图 10-15 所示。

图 10-14　安装路径设置界面　　　　　　图 10-15　选择要安装的服务器

step 05　打开准备安装界面，单击 Install 按钮，如图 10-16 所示。

step 06　安装完成后，单击 Finish 按钮，如图 10-17 所示。

step 07　打开 IIS，单击【Web 服务扩展】选项，选择【所有未知 CGI 扩展】选项，然后单击【允许】按钮，如图 10-18 所示。

图 10-16　准备安装界面　　　图 10-17　完成安装界面　　　图 10-18　扩展 Web 服务器

2. 测试 PHP 在 IIS 网站服务器上的执行

PHP 安装完成后，即可进行测试操作，检测是否安装成功，具体操作步骤如下。

step 01　选择【开始】→【所有程序】→【附件】→【记事本】选项，打开【记事本】窗口，在其中输入 PHP 程序，如图 10-19 所示。

step 02　选择【文件】→【保存】菜单命令来保存这个网页，将文件命名为 index.php，而保存的位置就是 C:\dwphp，如图 10-20 所示。

step 03　打开浏览器，输入本机网址及添加的网页名称 http://localhost/index.php。浏览器能够正确显示刚刚完成的网页，并显示该网站目前的 PHP 相关信息，说明安装成功，如图 10-21 所示。

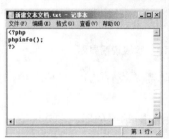

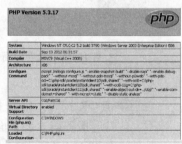

图 10-19　【记事本】窗口　　图 10-20　【另存为】对话框　　图 10-21　测试网页结果

10.3 架设 Apache+PHP 的执行环境

本节主要讲述 Apache+PHP 执行环境的搭建方法。

10.3.1 案例 3——Apache 网站服务器的安装与设置

Apache 网站服务器是一个免费的软件，用户可以通过网址 http://httpd.apache.org/ 获取该软件，下面以安装与配置 httpd-2.2.22-win32-x86-no_ssl.msi 为例来讲解架设 Apache+PHP 执行环境的方法。

1. 关闭原有的网站服务器

在安装 Apache 网站服务器之前，如果所使用的操作系统已经安装了网站服务器，如 IIS 网站服务器等，用户必须要先停止这些服务器，才能正确安装 Apache 网站服务器。

以 Windows 7 操作系统为例，关闭原有网站服务器的操作步骤如下。

step 01 右击桌面上的【计算机】图标，在弹出的快捷菜单中选择【管理】命令，如图 10-22 所示。

step 02 打开【计算机管理】窗口，选择【Internet 信息服务(IIS)】→【网站】→【默认的网站】选项，然后在【操作】窗格中单击【停止】按钮，即可关闭原有的网站服务器，如图 10-23 所示。

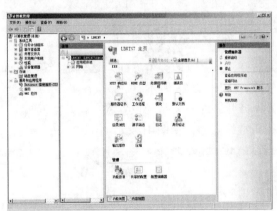

图 10-22 选择【管理】命令 　　　　　　　　图 10-23 【计算机管理】窗口

2. 安装 Apache 网站服务器

这里以 httpd-2.2.22-win32-x86-no_ssl.msi 为例来介绍安装 Apache 网站服务器的方法，具体操作步骤如下。

step 01 双击安装程序，进入欢迎界面，单击 Next 按钮开始安装，如图 10-24 所示。

step 02 打开版权说明界面，在其中选中 I accept the terms in the license agreement 单选按钮，单击 Next 按钮，如图 10-25 所示。

图 10-24　欢迎界面

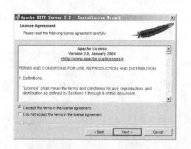

图 10-25　版权说明界面

step 03　打开许可证协议说明界面，单击 Next 按钮继续安装，如图 10-26 所示。

step 04　打开服务器设置界面，设置本机的网域名称及主机名称，若只在本机测试，都输入 localhost；设置用户的电子邮件，以便联系；设置可操作用户，建议选中如图 10-27 所示的单选按钮，让本机用户皆可操作，最后单击 Next 按钮继续安装。

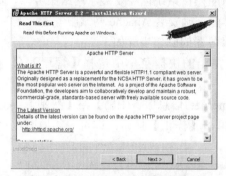

图 10-26　许可证协议说明界面

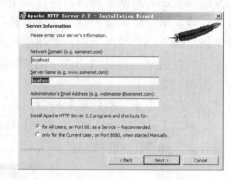

图 10-27　服务器设置界面

step 05　打开选择安装类型界面，这里选择 Typical 一般安装模式，单击 Next 按钮继续安装，如图 10-28 所示。

step 06　打开软件安装路径设置界面，这里将安装路径更改为 C:\Apache2.2\，单击 Next 按钮继续安装，如图 10-29 所示。

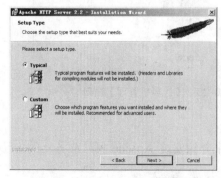

图 10-28　选择安装类型界面

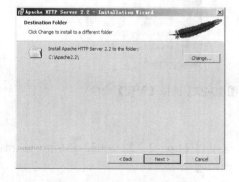

图 10-29　更改软件安装路径

step 07　到此所有安装的选项都已设置完成，单击 Install 按钮开始安装，如图 10-30 所示。

step 08 所有的安装操作完成后，单击 Finish 按钮结束安装，如图 10-31 所示。

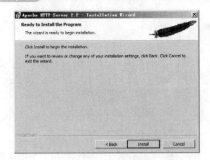

图 10-30　开始安装

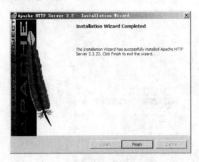

图 10-31　安装完成

step 09 安装完毕之后，Apache 网站服务器也随之被启动，在桌面右下角的工作栏中会出现 Apache 网站服务器图标，即表示目前 Apache 网站服务器已启动，如图 10-32 所示。

step 10 打开浏览器，在网址栏中输入 http://localhost/，如果出现如图 10-33 所示的浏览器页面信息，即表示 Apache 网站服务器已经安装成功且执行正常。

3. 设置 Apache 网站服务器

如果用户按照前述的方式来安装 Apache 网站服务器，目前整个网站服务器的根目录就位于 C:\Apache2.2 中，也就是说，如果要添加网页到网站中显示，则网页都必须放置在这个目录之下。

图 10-32　启动图标

图 10-33　浏览器页面

如果用户不愿意使用默认的路径，可以将其更改。不过更改之前，必须要先打开 httpd.conf 文件，在该文件中进行修改，具体操作步骤如下。

step 01 选择【开始】→【所有程序】→Apache HTTP Server 2.2→Configure Apache Server→Edit the Apache httpd.conf Configuration File 选项，如图 10-34 所示。

step 02 打开 httpd.conf 文件，选择【编辑】→【查找】菜单命令，如图 10-35 所示。

step 03 打开【查找】对话框，输入 DocumentRoot 后单击【查找下一个】按钮来查找要修改的设置字串，如图 10-36 所示。

step 04 在设置文件中是以"DocumentRoot"文件夹路径""的方式来设置网站根目录的，如图 10-37 所示为目前的设置。

Internet Explorer
Windows DVD Maker
Windows Media Center
Windows Media Player
Windows Update
Windows 传真和扫描
XPS Viewer
默认程序
强力卸载电脑上的软件
桌面小工具库
360安全中心
Apache HTTP Server 2.2
Apache Online Documentation
Help, I'm Stuck!
Monitor Apache Servers
Configure Apache Server
Test Configuration
Control Apache Server
Review Server Log Files
Camtasia Studio 6
Microsoft Office
SharePoint
返回
搜索程序和文件
关机
Administrator
文档
图片
音乐
游戏
计算机
控制面板
设备和打印机
默认程序
帮助和支持
运行...
开始

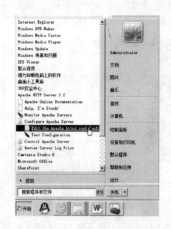

图 10-34　打开 httpd.conf 文件

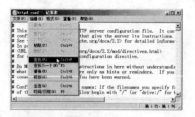

图 10-35　选择【查找】菜单命令

查找
查找内容(N): DocumentRoot
查找下一个(F)
取消
方向
向上(U)
向下(D)
区分大小写(C)

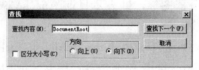

图 10-36　【查找】对话框

DocumentRoot: The directory out of which you will serve your
documents. By default, all requests are taken from this directory, but
symbolic links and aliases may be used to point to other locations.
#
DocumentRoot "D:/Program Files/Apache Group/apache2.0.52/Apache2/htdocs"

图 10-37　系统默认路径

step 05 把软件默认的路径修改为想要更改的路径，如图 10-38 所示。

```
DocumentRoot "C:/Apache2.2/htdocs"
```

DocumentRoot: The directory out of which you will serve your
documents. By default, all requests are taken from this directory, but
symbolic links and aliases may be used to point to other locations.
#
DocumentRoot "C:/Apache2.2/htdocs"
#

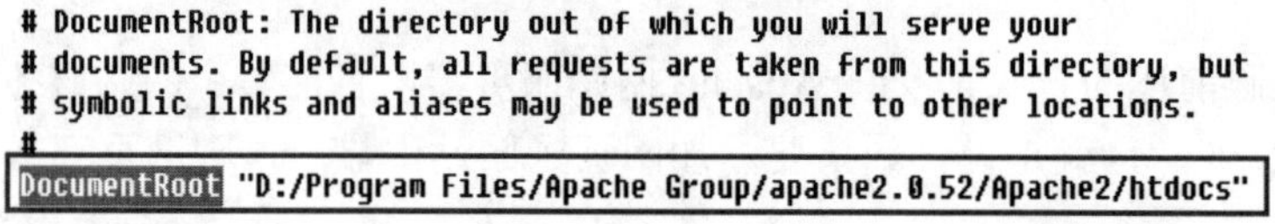

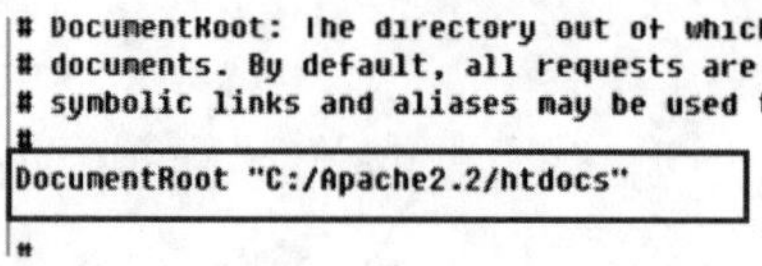

图 10-38　更改文件的路径

step 06 设置完毕之后，保存并关闭 httpd.conf 文件。然后选择【开始】→【所有程序】→Apache HTTP Server 2.2→Control Apache Server→Restart 选项，重新启动 Apache 网站服务器，这样更改的路径才能生效，如图 10-39 所示。

如此一来 Apache 网站服务器的网站根目录已经更改为 C:\Apache2.2\htdocs 了。在这里还需要实际制作一个简单网页，放置在刚才所更改的网页根目录里，测试其能否被浏览器正常打开，具体操作步骤如下。

step 01 选择【开始】→【所有程序】→【附件】→【记事本】选项，打开【记事本】窗口，在其中输入网页代码，如图 10-40 所示。

step 02 选择【文件】→【保存文件】菜单命令，将文本保存为网页格式，如 index.html，

保存的位置为新设置的路径 C:\Apache2.2\htdocs，如图 10-41 所示。

图 10-39　重启 Apache 网站服务器

图 10-40　【记事本】窗口

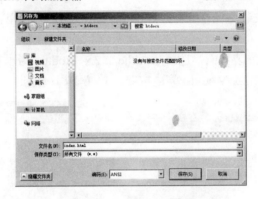

图 10-41　【另存为】对话框

step 03　打开浏览器，输入本机网址及添加的网页名称 http://localhost/index.html。运行结
果如图 10-42 所示，表示浏览器能够正确地显示网页。

图 10-42　网页预览结果

10.3.2　案例 4——在 Apache 网站服务器上安装 PHP

Apache 网站服务器的安装与设置都完成后，下面就可以安装 PHP 软件了。

1. PHP 的安装

运行 php-5.3.17-Win32-VC9-x86.msi，开始在 Apache 网站服务器上安装 PHP，具体操作
步骤如下。

step 01　双击安装文件，进入欢迎界面，单击 Next 按钮开始安装，如图 10-43 所示。

step 02　打开版权说明界面，阅读完版权说明后勾选 I accept the terms in the License

Agreement 复选框，单击 Next 按钮继续安装，如图 10-44 所示。

图 10-43　欢迎界面　　　　　　　　　　　图 10-44　版权说明界面

step 03　打开 PHP 安装路径设置界面，设置 PHP 安装路径，单击 Next 按钮，如图 10-45
所示。

step 04　打开服务器安装界面，选择 Apache 2.2.x Module 为本机所使用的网站服务器，
即选中 Apache 2.2.x Module 单选按钮，单击 Next 按钮，如图 10-46 所示。

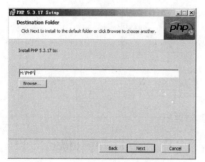

图 10-45　安装路径设置界面　　　　　　　图 10-46　选择服务器类型

step 05　在打开的界面中选择 Apache 配置文件所在目录，然后单击 Next 按钮，如图 10-47
所示。

step 06　在打开的界面中选择需要安装的功能模块，这里采用默认的设置，单击 Next 按
钮，如图 10-48 所示。

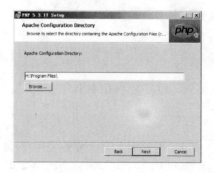

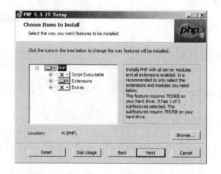

图 10-47　选择 Apache 配置文件所在目录　　　图 10-48　选择需要安装的功能模块

step 07 打开准备安装界面，单击 Install 按钮，如图 10-49 所示。

step 08 安装完成后，单击 Finish 按钮，如图 10-50 所示。

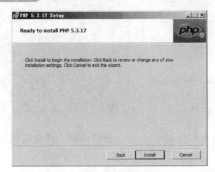

图 10-49　准备安装 PHP

图 10-50　完成安装

2. 重启 Apache 服务器

安装完 PHP 之后，还需要重新启动 Apache 服务器，具体操作步骤如下。

step 01 选择【开始】→ Apache HTTP Server 2.2 → Configure Apache Server → Edit the Apache httpd.conf Configuration File 选项，打开配置文件，在配置文件末尾已经加上相应配置信息，如图 10-51 所示。

```
#BEGIN PHP INSTALLER EDITS - REMOVE ONLY ON UNINSTALL
PHPIniDir "C:\PHP\"
LoadModule php5_module "C:\PHP\php5apache2_2.dll"
#END PHP INSTALLER EDITS - REMOVE ONLY ON UNINSTALL
```

图 10-51　配置文件信息

step 02 关闭该配置文件，然后选择【开始】→Apache HTTP Server 2.0.52→Control Apache Server→Restart 选项，重新启动 Apache 服务器。

3. 测试 PHP 在 Apache 网站服务器上的执行

这里需要实际制作一个简单的 PHP 网页，放置在网页根目录里，测试 Apache 网站服务器是否已经可以正确解读 PHP 程序，具体操作步骤如下。

step 01 选择【开始】→【所有程序】→【附件】→【记事本】选项，打开【记事本】窗口，在其中输入相应的代码，如图 10-52 所示。

step 02 选择【文件】→【保存文件】菜单命令，将该文件保存为网页，并命名为 index.php，保存的位置为 C:\apache\htdocs，如图 10-53 所示。

step 03 打开浏览器，输入本机网址及添加的网页名称 http://localhost/index.php，运行结果如图 10-54 所示。可以看出浏览器能够正确地显示刚刚完成的网页，并显示该网站目前的 PHP 相关信息。

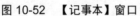

图 10-52 【记事本】窗口

图 10-53 【另存为】对话框

图 10-54 预览效果

10.4 MySQL 数据库的安装

设置好网站服务器之后，下面还需要安装 MySQL 数据库。MySQL 不仅是一套功能强大、使用方便的数据库，更可以跨越不同的平台，供各种不同的操作系统使用。

10.4.1 案例 5——MySQL 数据库的安装

用户可以通过网址 http://www.mysql.com/downloads/获取 MySQL 数据库。下面以安装 mysql-5.5.28-win32.msi 为例来讲解数据库的安装方法，具体操作步骤如下。

step 01 双击下载好的安装文件，进入欢迎界面，单击 Next 按钮开始安装，如图 10-55 所示。

step 02 打开用户协议界面，勾选 I accept the terms in the License Agreement 复选框，单击 Next 按钮继续安装，如图 10-56 所示。

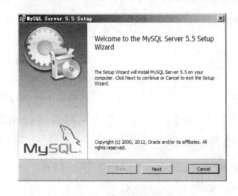

图 10-55 欢迎界面

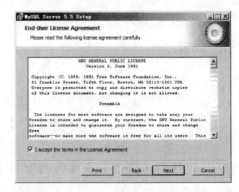

图 10-56 用户协议界面

step 03 打开选择安装类型界面，选择 Typical 选项后单击 Next 按钮继续安装，如图 10-57 所示。

step 04 打开准备安装界面，单击 Install 按钮继续安装，如图 10-58 所示。

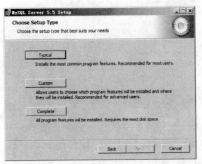

图 10-57　选择安装类型界面

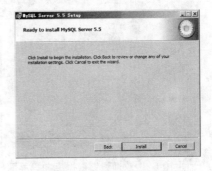

图 10-58　准备安装界面

step 05　MySQL 开始自动安装，并显示安装的进度，如图 10-59 所示。

step 06　打开组件安装界面，单击 Next 按钮，如图 10-60 所示。

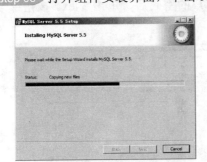

图 10-59　开始安装

图 10-60　组件安装界面

step 07　打开 MySQL 企业服务器界面，单击 Next 按钮继续，如图 10-61 所示。

step 08　安装完成后，单击 Finish 按钮，如图 10-62 所示。

图 10-61　企业服务器界面

图 10-62　完成安装

MySQL 安装完成后，还需要继续配置服务器选项，具体操作步骤如下。

step 01　在上面安装操作的最后一步，勾选 Launch the MySQL Instance Configuration Wizard 复选框，然后单击 Finish 按钮，进入欢迎设置数据库向导界面，单击 Next 按钮开始设置，如图 10-63 所示。

step 02　选中 Standard Configuration 标准组态模式后单击 Next 按钮继续，如图 10-64 所示。

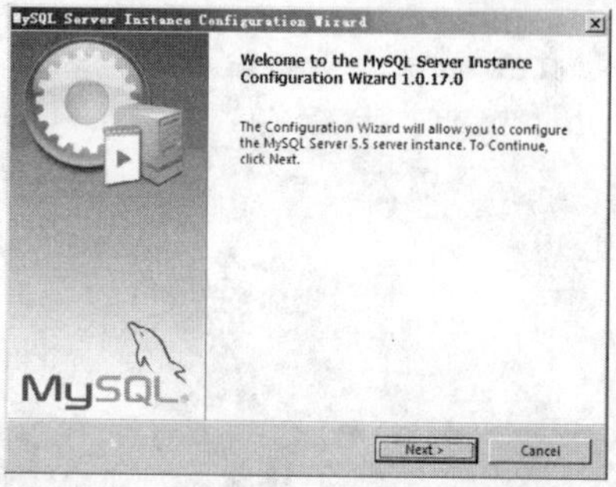

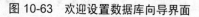

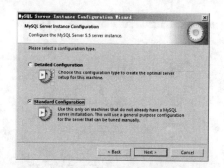

图 10-63　欢迎设置数据库向导界面

图 10-64　选择设置类型界面

step 03 打开设置服务器选项界面，采用默认的设置，单击 Next 按钮继续，如图 10-65 所示。

step 04 打开设置安全选项界面，输入 root 用户的密码后，单击 Next 按钮继续，如图 10-66 所示。

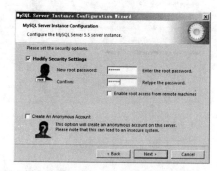

图 10-65　设置服务器选项界面

图 10-66　设置安全选项界面

step 05 打开准备执行界面，并显示执行的具体内容，单击'Execute 按钮继续，如图 10-67 所示。

step 06 出现如图 10-68 所示界面，表示组态文件已成功储存，单击 Finish 按钮完成组态设置。

图 10-67　准备执行界面

图 10-68　配置完成界面

10.4.2　案例6——phpMyAdmin 的安装

MySQL 数据库的标准操作界面是如图 10-69 所示的命令提示符窗口，要通过 MySQL 指令来管理数据库内容。如果想要使用 MySQL 数据库，新增、编辑及删除数据库的内容，就必须学习陌生的 SQL 语法，背诵艰深的命令指令。

难道没有较为简单的软件可以让用户在类似 Access 的操作环境下直接管理 MySQL 数据库吗？当然有，而且这样的软件还不少，其中最常用的就是 phpMyAdmin。

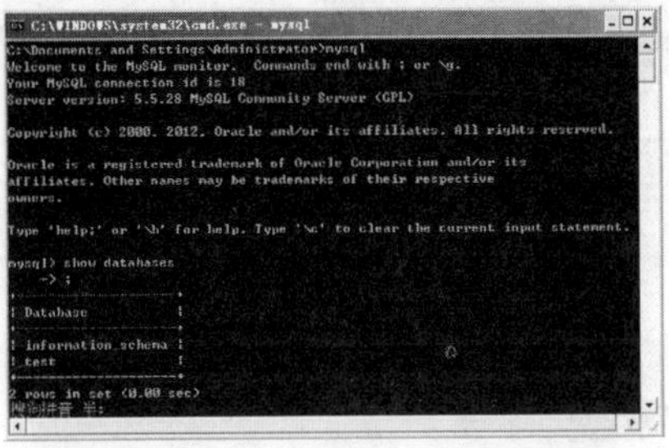

图 10-69 命令提示符窗口

phpMyAdmin 软件是一套 Web 界面的 MySQL 数据库管理程序，不仅功能完整、使用方便，而且只要用户有适当的权限，就可以在线修改数据库的内容，并能更安全、快速地获得数据库中的数据。

用户可以通过网址 http://www.phpmyadmin.net/ 获得 phpMyAdmin 软件。下面以安装 phpMyAdmin6-3.5.3-rc1-all-languages.zip 为例来讲解安装的方法，具体操作步骤如下。

step 01 右击下载的 phpMyAdmin 压缩文件，在弹出的快捷菜单中选择【解压文件】命令，如图 10-70 所示。

step 02 将解压后的文件放置到网站根目录 C:\Apache2.2\htdocs 之下，如图 10-71 所示。

step 03 打开浏览器，在网址栏中输入 http://localhost/phpMyAdmin/index.php，运行结果如图 10-72 所示，该运行结果表示 phpMyAdmin 能够正确运行。

图 10-70 解压文件

图 10-71 解压后的文件

图 10-72 phpMyAdmin 运行界面

10.5 实战演练——快速安装 PHP 集成环境：AppServ 2.5

动态网站的执行环境除了可以通过前面几节中介绍的方法进行创建外，还可以使用 AppServ 2.5 软件快速安装 PHP 集成环境，这个环境也适用于动态网站的运行。用户可以通过网址 http://www.appservnetwork.com/ 获取 AppServ 软件。下面以安装 AppServ 2.5 为例进行讲解。

快速安装 PHP 集成环境的具体操作步骤如下。

step 01　双击 appserv-win32-2.5.10.exe 开始安装 AppServ，进入欢迎界面，单击 Next 按钮开始安装，如图 10-73 所示。

step 02　打开许可协议界面，单击 I Agree 按钮，如图 10-74 所示。

图 10-73　欢迎界面　　　　　　　　　　　图 10-74　许可协议界面

step 03　打开软件安装路径设置界面，建议采用默认值，单击 Next 按钮继续安装，如图 10-75 所示。

step 04　打开选择安装组件界面，建议采用默认值，单击 Next 按钮继续安装，如图 10-76 所示。

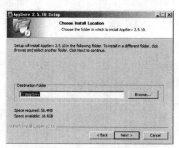 

图 10-75　选择安装路径　　　　　　　　　图 10-76　选择安装组件

step 05　弹出 Apache 设置界面，设置服务器的名称和用户的电子邮件，单击 Next 按钮继续安装，如图 10-77 所示。

step 06　打开 MySQL 设置界面，输入 MySQL 服务器登录密码，单击 Install 按钮开始安装，如图 10-78 所示。

step 07　完成软件安装，单击 Finish 按钮启动 Apache 及 MySQL，如图 10-79 所示。

图 10-77　设置服务器的名称和电子邮件　　图 10-78　输入 MySQL 登录密码　　　图 10-79　安装完成

软件安装完成后，下面还需要进行简单的配置，具体操作步骤如下。

step 01 选择【开始】→【所有程序】→Apache HTTP Server 2.5.10→Configure Apache Server→Edit the Apache httpd.conf Configuration File 选项，打开配置文件。选择【编辑】→【查找】菜单命令，打开【查找】对话框，输入 DocumentRoot 后单击【查找下一个】按钮来查找要修改的字串。在设置文件中将原来的设置前加一个#号转为批注，再增加下面这一栏的设置，如图 10-80 所示。

DocumentRoot "C:/dwphp"

```
# documents. By default, all requests are taken from this directory, but
# symbolic links and aliases may be used to point to other locations.
#
DocumentRoot "C:/Program Files/Apache Group/apache2.5/Apache2/htdocs"
DocumentRoot "C:/dwphp"
```

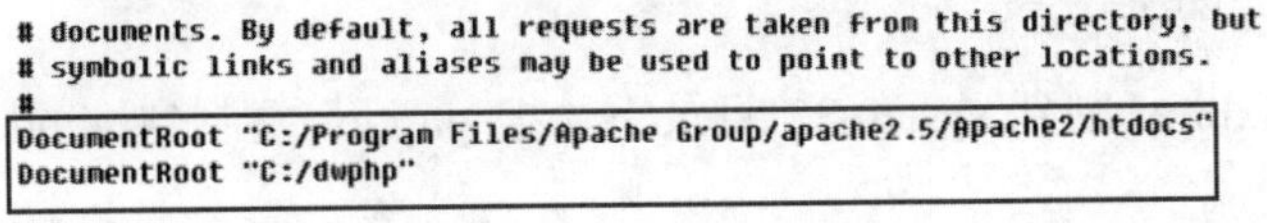

图 10-80　修改字串

step 02 设置完毕之后，保存并关闭这个文件。选择【开始】→【所有程序】→Apache HTTP Server 2.5.10→Control Apache Server→Restart 选项，重新启动 Apache 网络服务器。

step 03 AppServ 插件的默认路径为 C:\AppServ，而 phpMyAdmin 则是安装在 C:\AppServ\www 文件夹中，如图 10-81 所示。

step 04 将 phpMyAdmin 文件夹复制到 C:\dwphp 中完成所有的设置，如图 10-82 所示。

图 10-81　系统默认安装路径

图 10-82　复制文件夹更改路径

10.6　跟我练练手

10.6.1　练习目标

能够熟练掌握本章所讲内容。

10.6.2　上机练习

练习 1：架设 IIS+PHP 的执行环境。

练习 2：架设 Apache+PHP 的执行环境。

练习 3：安装 MySQL 数据库。

10.7 高手甜点

甜点 1: 架设 IIS+PHP 环境后不支持 MySQL 怎么办

在 php.ini 的配置文件中找到 mysql 栏目,配置如下。

```
mysql.default port=3306
mysql.default host=localhost
mysql.default_user=root
```

然后把 libmysql.dll 复制到 system32 目录下,把 php.ini 复制到 windows 目录下,最后重新启动电脑即可。

甜点 2: Apache 网站服务器配置修改完成后不能生效怎么办

在 Apache+PHP 的执行环境下,修改了配置文件的任何一项设置后,必须重新启动 Apache 网站服务器,配置才会生效。

第 11 章

架起动态网站的桥梁
——定义动态网站
与使用 MySQL
数据库

数据库是动态网站的关键性数据，可以说没有数据库就不可能实现动态网站的制作。本章将介绍如何定义动态网站及使用 MySQL 数据库，包括 MySQL 数据库的使用方法、在网页中使用数据库、MySQL 数据库的高级设定等内容。

本章要点(已掌握的在方框中打钩)

- ☐ 熟悉定义互动网站的重要性。
- ☐ 理解在 Dreamweaver 中定义互动网站的意义。
- ☐ 掌握在网站中使用 MySQL 数据库的方法。
- ☐ 掌握在网页中使用数据库的方法。
- ☐ 掌握 MySQL 数据库的安全设定。

11.1 定义一个互动网站

定义一个互动网站是制作动态网站的第一步，许多初学者会忽略这一点，以至于由 Dreamweaver CS6 所产生的代码无法与服务器配合。

11.1.1 定义互动网站的重要性

打开 Dreamweaver CS6 的第一步不是制作网页和写程序，而是先定义所制作的网站，原因有以下 3 点。

(1) 将整个网站视为一个单位来定义，可以清楚地整理出整个网站的架构、文件的配置网页之间的关联等信息。

(2) 可以在同一个环境下一次性定义多个网站，而且各个网站之间不冲突。

(3) 在 Dreamweaver CS6 中添加了一项测试服务器的设置，如果事先定义好了网站，就可以让该网站的网页连接到测试服务器的数据库资源当中，又可以在编辑画面中预览数据库中的数据，甚至打开浏览器来运行。

11.1.2 案例 1——在 Dreamweaver CS6 中定义网站

设置网站服务器是编写所有动态网页前的第一个操作，因为动态数据必须要通过网站服务器的服务才能运行，许多人都会忽略这个操作，以至于程序无法执行或是出错。

1. 整理制作范例的网站信息

在开始操作之前，请先养成一个习惯——整理制作范例的网站信息，具体就是：将所要制作的网站信息以表格的方式列出，再按表来实施，这样不仅可以让网站数据井井有条，也使得在进行维护工作时能够更快地掌握网站情况。

如表 11-1 所示为整理出来的网站信息表。

表 11-1 网站信息表

信息名称	内 容
网站名称	DWMXPHP 测试网站
本机服务器主文件夹	C:\Apache2.2\htdocs
程序使用文件夹	C:\Apache2.2\htdocs
程序测试网址	http://localhost/

2. 定义新网站

整理好网站的信息后，下面就可以正式进入 Dreamweaver CS6 进行网站编辑了，具体操作步骤如下。

step 01 在 Dreamweaver CS6 的编辑界面中，选择【站点】→【管理站点】菜单命令，如图 11-1 所示。

step 02 在【管理站点】对话框中单击【新建站点】按钮，如图 11-2 所示。

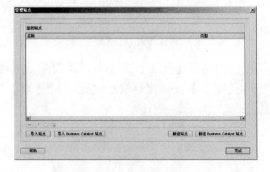

图 11-1 选择【管理站点】菜单命令　　　　　　　图 11-2 【管理站点】对话框

提示　　　　另外，用户也可以直接选择【站点】→【新建站点】菜单命令打开站点设置对话框，如图 11-3 所示。

图 11-3 选择【新建站点】菜单命令

step 03 打开站点设置对话框，输入站点名称为"DWMXPHP 测试网站"，选择本地站点文件夹位置为 C:\Apache2.2\htdocs\，如图 11-4 所示。

step 04 在左侧列表中选择【服务器】选项，单击【+】按钮，如图 11-5 所示。

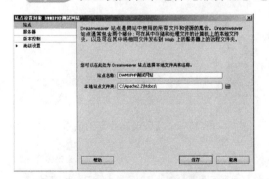

图 11-4 设置站点的名称与存放位置　　　　　图 11-5 【服务器】选项卡

step 05 在【基本】选项卡中输入服务器名称为"DWMXPHP 测试网站"，选择连接方法为【本地/网络】，选择服务器文件夹为 C:\Apache2.2，如图 11-6 所示。

提示　　URL(Uniform Resource Locator，统一资源定位器)是一种网络上的定位系统，可称为网站。Host 是指 Internet 连接的计算机，至少有一个固定的 IP 地址。Localhost 是指本地端的主机，也就是用户自己的计算机。

step 06 切换到【高级】选项卡，设置测试服务器的服务器模型为 PHP MySQL，最后单击【保存】按钮保存站点设置，如图 11-7 所示。

图 11-6　【基本】选项卡

图 11-7　【高级】选项卡

注意　　其他可选的服务器模型有：ASP VBScript、ASP JavaScript、ASP. NET (C#、VB)、ColdFusion、JSP 等。

step 07 返回到 Dreamweaver CS6 的编辑界面中，在【文件】面板中会显示所设置的结果，如图 11-8 所示。

step 08 如果想要修改已经设置好的网站，可以选择【站点】→【站点管理】菜单命令，在打开的对话框中单击铅笔按钮，再次编辑站点的属性，如图 11-9 所示。

图 11-8　Dreamweaver CS6 的编辑界面

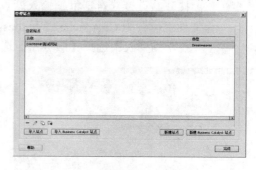

图 11-9　【管理站点】对话框

3. 测试设置结果

完成了以上的设置后，下面可以制作一个简单的网页来测试一下，具体操作步骤如下。

step 01 在【文件】面板中添加一个新文件并打开该文件进行编辑。要添加新文件，可选取该网站文件夹后右击，在弹出的快捷菜单中选择【新建文件】命令，新建一个文件如图 11-10 所示。

step 02 双击 test.php 打开新文件，在页面中添加一些文字，如图 11-11 所示。

图 11-10　新建文件　　　　　　　　图 11-11　添加网页内容

step 03 添加完成后直接按 F12 键打开浏览器来预览，可以看到页面执行的结果如图 11-12 所示。

图 11-12　网页预览结果

 注意 不过这样似乎与预览静态网页时没有什么区别。仔细看看这个网页所执行的网址，它不再是以磁盘路径来显示，而是以刚才设置的 URL 前缀 http://localhost/再加上文件名来显示的，这表示网页是在服务器的环境中运行的。

step 04 仅仅这样还不能完全显示出互动网站服务器的优势，再加入一行代码来测试程序执行的能力。回到 Dreamweaver CS6 中，添加动态时间代码，如图 11-13 所示。

提示 代码中的 date()是一个 PHP 的时间函数，其中的参数用于设置显示格式，可以显示目前服务器的时间，而<?php echo...?>会将函数所取得的结果送到前端浏览器来显示，所以在执行这个页面时，应该会在网页上显示出服务器的当前时间。

step 05 按 Ctrl+S 组合键保存文件后，再按 F12 键打开浏览器进行预览，在刚才的网页下方出现了当前时间，如图 11-14 所示，这就表示我们的设置确实可用，Dreamweaver CS6 的服务器环境也就此开始了。

图 11-13　添加动态代码　　　　　　　图 11-14　动态网页预览结果

11.2　MySQL 数据库的使用

要使一个网站达到互动效果，不是让网页充满了动画和音乐，而是当浏览者对网页提出要求时能出现响应的结果。这样的效果大多需要搭配数据库的使用，让网页读出保存在数据库中的数据，显示在网页上。因为每个浏览者对于某个相同的网页所提出的要求不同，显示出的结果也不同，这才是真正的互动网站。

11.2.1 数据库的原理

Dreamweaver CS6 可连接的数据库类型很多，从 dBase 到目前市场上的主流数据库 Access、SQLServer、MySQL、Oracle 等都能使用。在 Dreamweaver CS6 开发 PHP 互动网站的环境下所搭配的数据库为 MySQL，在使用数据库之前，我们必须对数据库的构造及运行方式有所了解，才能有效地制作互动程序。

数据库(Database)是一些相关数据的集合，我们可以用一定的原则与方法添加、编辑和删除数据的内容，进而对所有数据进行搜索、分析及对比，取得可用的信息，产生所需的结果。

一个数据库中不是只能保存一种简单的数据，可以将不同的数据内容保存在同一个数据库中。例如，在进销存管理系统中，可以同时将货物数据与厂商数据保存在同一个数据库文件中，归类及管理时较为方便。

若不同类的数据之间有关联，还可以彼此使用。例如，可以查询出某种产品的名称、规格及价格，而且可以利用其厂商编号查询到厂商名称及联系电话。我们称保存在数据库中不同类别的记录集合为数据表(Table)，一个数据库中可以保存多个数据表，而每个数据表之间并不是互不相干的，如果有关联的话，是可以协同作业、彼此合作的，如图 11-15 所示。

每一个数据表都由一个个字段组合起来，例如，在产品数据表中，可能会有产品编号、产品名称、产品价格等字段，只要按照一个个字段的设置输入数据，即可完成一个完整的数据表，如图 11-16 所示。

图 11-15　数据库示意图　　　　　　　　图 11-16　数据表示意图

这里有一个很重要的概念，一般人认为数据库是保存数据的地方，这是不对的，其实数据表才是真正保存数据的地方，数据库是放置数据表的场所，如图 11-17 所示。

图 11-17　数据存放位置

11.2.2 案例 2——数据库的建立

MySQL 数据库的指令都是在命令提示符界面中使用的，但这对于初学者是比较困难的。针对这一难题，本书将采用 phpMyAdmin 管理程序来执行，以便能有更简易的操作环境与使用效果。

1. 启动 phpMyAdmin 管理程序

phpMyAdmin 是一套使用 PHP 程序语言开发的管理程序，它采用网页形式的管理界面。如果要正确执行这个管理程序，就必须要在网站服务器上安装 PHP 与 MySQL 数据库。

在上一章中，已将 phpMyAdmin 管理程序下载后的压缩文件解压在本机服务器主文件夹中，路径是 C:\Apache2.2\htdocs\phpMyAdmin，如果要启动 phpMyAdmin 管理程序，只要打开浏览器，输入网址 http://localhost/phpMyAdmin/index.php 即可，启动后界面如图 11-18 所示。

图 11-18　phpMyAdmin 的工作界面

2. 创建数据库

在 MySQL 数据库安装完毕之后，会有 4 个内置数据库：mysql、information_schema、performance_schema 及 test。

- mysql 数据库是系统数据库，在 24 个数据表中保存了整个数据库的系统设置，十分重要。
- information_schema 中包括数据库系统中的库、表、字典、存储过程等所有对象信息和进程访问、状态信息。
- performance_schema 是一个新增的存储引擎，主要用于收集数据库服务器性能参数。它具有以下功能：提供进程等待的详细信息，包括锁、互斥变量、文件信息；保存历史的事件汇总信息，为提供 MySQL 服务器性能做出详细的判断；对于新增和删除监控事件点都非常容易，并可以随意改变 MySQL 服务器的监控周期。
- test 数据库是让用户测试用的数据库，可以在里面添加数据表来进行测试。

可以在菜单中看到 MySQL 内置的 4 个数据库，如图 11-19 所示。

　提示

performance_schema 是 MySQL 5.5 新增的一个功能，可以帮助 DBA 了解性能降低的原因。mysql、information_schema 为关键库，不能被删除，否则数据库系统不再可用。

这里以在 MySQL 中创建一个学校班级数据库 class 为例，并添加一个同学通讯录的数据表 classmates。如图 11-20 所示，在文本框中输入要创建数据库的名称 class，再单击【创建】按钮即可。

| 图 11-19　内置数据库 | 图 11-20　新建学校班级数据库 |

　　在一个数据库中可以保存多个数据表，以本页所举的范例来说明：一个班级的数据库中，可以包含同学通讯录数据表、教师通讯录数据表、期中考试分数数据表等。因此，这里需要创建数据库 class，也需要创建数据表 classmates。

3. 认识数据表的字段

　　在添加数据表之前，首先要规划数据表中要使用的字段。其中设置数据字段的类型非常重要，使用正确的数据类型才能正确保存和应用数据。

　　在 MySQL 数据表中常用的字段数据类型可以分为 3 个类别。

　　(1) 数值类型。可用来保存、计算的数值数据字段，如会员编号、产品价格等。MySQL 中的数值类型按照保存的数据所需空间大小又可分为几类，如表 11-2 所示。

表 11-2　数值数据类型

数据类型名称	存储空间	数据的表示范围
TINYINT	1B	signed：−128 〜 127，unsigned：0〜255
SMALLINT	2B	Signed：−32 768 〜32 767，unsigned：0〜65 535
MEDIUMINT	3B	Signed：−8 388 608 〜8 388 607，unsigned 0：〜16 777 215
INT	4B	signed：−2 147 483 648 〜2 147 483 647，unsigned 0：〜4 294 967 295

注：signed 表示其数值数据可能有负值，unsigned 表示其数值数据均为正值。

　　(2) 日期及时间类型。可用来保存日期或时间类型的数据，如会员生日、留言时间等。MySQL 中的日期及时间数据类型如表 11-3〜表 11-5 所示。

表 11-3　日期数据类型

数据类型名称	DATE
存储空间	3B
数据的表示范围	'1000-01-01'〜'9999-12-31'
数据格式	"YYYY-MM-DD"　　"YY-MM-DD"　　"YYYYMMDD"　　"YYMMDD" YYYYMMDD YYMMDD

注：在数据格式中，若没有加上引号为数值的表示格式，前后加上引号为字符串的表示格式。

表 11-4 时间数据类型

数据类型名称	TIME
存储空间	3B
数据的表示范围	'-838:59:59~'838:59:59'
数据格式	"hhmmss" hhmmss

注：在数据格式中，若没有加上引号为数值的表示格式，前后加上引号为字符串的表示格式。

表 11-5 日期与时间数据类型

数据类型名称	DATETIME
存储空间	8B
数据的表示范围	'1000-01-01 00:00:00'～'9999-12-31 23:59:59'
数据格式	"YYYY-MM-DD hh:mm:ss" "YY-MM-DD hh:mm:ss" "YYYYMMDDhhmmss" "YYMMDDhhmmss" YYYYMMDDhhmmss YYMMDDhhmmss

注：在数据格式中，若没有加上引号为数值的表示格式，前后加上引号为字符串的表示格式。

(3) 文本类型。可用来保存文本类型的数据，如学生姓名、地址等。MySQL 中的文本类型数据如表 11-6 所示。

表 11-6 文本数据类型

数据类型名称	存储空间	数据的特性
CHAR(M)	M B，最大为 255 B	必须指定字段大小，数据不足时以空白字符填满
VARCHAR(M)	M B，最大为 255 B	必须指定字段大小，以实际填入的数据内容来存储
TEXT	最多可保存 25 535 B	无须指定字段大小

在设置数据表时，除了要根据不同性质的数据选择适合的字段类型之外，有些重要的字段特性定义也能在不同的类型字段中发挥其功能，常用的设置如表 11-7 所示。

表 11-7 特殊字段数据类型

特性定义名称	适用类型	定义内容
SIGNED,UNSIGNED	数值类型	定义数值数据中是否允许有负值，SIGNED 表示允许
AUTOJNCREMENT	数值类型	自动编号，由 0 开始以 1 来累加
BINARY	文本类型	保存的字符有大小写区别
NULL,NOTNULL	全部	是否允许在字段中不填入数据
默认值	全部	若是字段中没有数据，即以默认值填充
主键	全部	主索引，每个数据表中只能允许一个主键列，而且该栏数据不能重复，加强数据表的检索功能

> **提示** 如果想要更了解 MySQL 其他类型的数据字段及详细数据，可以参考 MySQL 的使用手册或 MySQL 的官方网站 http://www.mysql.com。

4. 添加数据表

要添加一个同学通讯录数据表，如表 11-8 所示是这个数据表字段的规划。

表 11-8 同学通讯录数据

名　称	字　段	类　型	属　性	Null	其　他
座号	ClassID	TINYINT(2)	UNSIGNED	否	auto_increment
姓名	className	VARCHAR(20)		否	
性别	classSex	CHAR(2)		否	默认值：女
生日	classBirthday	DATE		否	
电子邮件	classEmail	VARCHAR(100)		是	
电话	classPhone	VARCHAR(100)		是	
住址	classAddress	VARCHAR(100)		是	

其中有以下几个要注意的地方。

- 座号(classID)为这个数据表的主索引字段，它是数值类型保存的数据，因为一般座号不会超过两位数，也不可能为负数，所以设置它的字段类型为 TINYINT(2)，属性为 UNSIGNED。我们希望在添加数据时，数据库能自动为学生编号，所以在字段上加入了 auto_increment 自动编号的特性。
- 姓名(className)属于文本字段，一般不会超过 10 个中文字，也就是不会超过 20B，所以这里设置为 VARCHAR(20)。
- 性别(classSex)属于文本字段，因为只保存一个中文字("男"或"女")，所以设置为 CHAR(2)，默认值为"女"。
- 生日(classBirthday)属于日期时间格式，设置为 DATE。
- 电子邮件(classEmail)、电话(classPhone)及住址(classAddress)都是文本字段，设置为 VARCHAR(100)，最多可保存 100 个英文字符，50 个中文字。因为每个人不一定有这些数据，所以这 3 个字段允许为空。

接着就要回到 phpMyAdmin 的管理界面，为 MySQL 中的 class 数据库添加数据表。选择创建的 class 数据库，输入添加的数据表名称和字段数，然后单击【执行】按钮，如图 11-21 所示。

按照表 11-8 中规划的数据表内容添加数据表字段，如图 11-22 所示。

设置的过程中要注意以下 4 点。

- 设置 classID 为整数。
- 设置 classID 为自动编号。
- 设置 classID 为主键列。
- 允许 classEmail、classPhone、classAddress 为空位。

设置完毕之后，单击【保存】按钮，在打开的界面中可以查看完成的 classmates 数据表，如图 11-23 所示。

图 11-21　新建数据表

图 11-22　添加数据表字段

图 11-23　classmates 数据表

5. 添加数据

添加数据表后，还需要添加具体的数据，具体操作步骤如下。

step 01　选择 classmates 数据表，选择菜单中的【插入】链接，如图 11-24 所示。

step 02　依照字段的顺序，将对应的数值依次输入，单击【执行】按钮，即可插入数据。选择【继续插入 1 行】选项即可继续添加数据，如图 11-25 所示。

图 11-24　选择插入　　　　　　　　　　图 11-25　插入数据

step 03　按照如图 11-26 所示的数据，重复执行步骤 step01～step02 的操作，将数据输入到数据表中。

classID	className	classSex	classBirthday	classEmail	classPhone	classAddress
1	礼小凯	女	1966-02-11	puing@seetv.com	049-988876	南投县埔里镇六合路12号
2	金小妍	女	1987-12-12	kingyean@seetv.com	02-27042762	敦化南路938号5楼
3	安小旭	男	1980-03-26	ansu@seetv.com	02-20981230	忠孝东路520号6楼
4	车小弦	男	1976-05-15	carsung@seetv.com	04-4530768	中新路530号7楼
5	装小俊	男	1976-04-02	payjung@seetv.com	07-6820035	左营区1777号6楼
6	宋小允	女	1989-04-04	songyung@seetv.com	049-983366	南投县埔里镇南门路一巷10号
7	宋小宪	男	1979-12-24	songsyan@seetv.com	049-123456	南投县鱼池乡琼文巷123号
8	蔡小琳	女	1976-04-18	tsuiling@seetv.com	02-27408965	长安路256号9楼
9	元小斌	男	1973-09-18	uangbing@seetv.com	049-456723	南投县埔里镇建国北路10号
10	李小爱	女	1954-03-03	leei@seetv.com	049-976588	南投县埔里镇北环路一巷80号

图 11-26　输入的数据

11.3　在网页中使用 MySQL 数据库

一个互动网页的呈现，实际上就是将数据库整理的结果显示在网页上，因此，如何在网页中连接到数据库，并读出数据显示，甚至选择数据来更改，就是一个重点。

11.3.1　网页取得数据库的原理

PHP 是一种网络程序语言，它并不是 MySQL 数据库的一部分，所以 PHP 的研发单位就制作了一套与 MySQL 沟通的函数。SQL(Structured Query Language，结构化查询语言)就是这些函数与 MySQL 数据库连接时所运用的方法与准则。

几乎所有的关系式数据库所采用的都是 SQL 语法，而 MySQL 就是使用它来定义数据库结构、指定数据库表格与字段的类型与长度、添加数据、修改数据、删除数据、查询数据，以及建立各种复杂的表格关联的。

所以，当网页中需要取得 MySQL 的数据时，它可以应用 PHP 中 MySQL 的程序函数，通过 SQL 的语法来与 MySQL 数据库沟通。当 MySQL 数据库接收到 PHP 程序传递过来的 SQL 语法后，再根据指定的内容完成所叙述的工作返回到网页中。PHP 与 MySQL 之间的运行方式如图 11-27 所示。

图 11-27　PHP 与 MySQL 之间的运行方式

根据这个原理，一个 PHP 程序开发人员只要在使用数据库时遵循下列步骤，即可顺利获得数据库中的资源。

(1) 建立连接(Connection)对象来设置数据来源。

(2) 建立记录集(Recordset)对象并进行相关的记录操作。

(3) 关闭数据库连接并清除所有对象。

11.3.2　案例 3——建立 MySQL 数据库连接

在 Dreamweaver CS6 中，连接数据库十分轻松简单，下面我们将使用一个实例来说明如何使用 Dreamweaver CS6 建立数据库连接。

step 01 在 Dreamweaver CS6 中，选择所定义的网站"DWPHP 测试网站"，新建一个文件 showdata.php，并打开此文件，如图 11-28 所示。

step 02 选择【窗口】→【数据库】命令，进入【数据库】面板。单击【+】按钮，选择【MySQL 连接】命令，如图 11-29 所示。

图 11-28　新建文件

图 11-29　连接数据库

step 03 打开【MySQL 连接】对话框，填入自定义的连接名称 connClass，填入 MySQL 服务器的用户名和密码，单击【选取】按钮来选取连接的数据库，如图 11-30 所示。

step 04 打开【选取数据库】对话框，选择 class 数据库，单击【确定】按钮，如图 11-31 所示。

图 11-30　【MySQL 连接】对话框

图 11-31　【选取数据库】对话框

step 05 返回到原界面后，单击【测试】按钮，提示"成功创建连接脚本"，单击【确定】按钮，如图 11-32 所示。

step 06 回到 Dreamweaver CS6 后，可以打开【数据库】面板，class 数据库的 classmates 数据表在连接设置后已经被读入 Dreamweaver CS6 了，如图 11-33 所示。

图 11-32　连接数据库

图 11-33　【数据库】面板

权限概念的实现是 MySQL 数据库的特色之一。在设置连接时，Dreamweaver CS6 不时会提醒为数据库管理员加上密码，目的是要让权限管理加上最后一道锁。MySQL 数据库默认是不为管理员账户加密码的，所以必须在 MySQL 数据库调整后再回到 Dreamweaver CS6 时修改设置，在 11.4 节中我们会说明这个重点。

11.3.3　案例 4——绑定记录集

在 11.3.1 节中，曾讲过网页若要用到数据库中的资源，在建立连接后，必须建立记录集才能进行相关的记录操作。在这一节中，我们先简单说明如何在建立连接之后添加记录集。

所谓记录集，就是将数据库中的数据表按照要求来筛选、排序整理出来的数据。我们可以在【绑定】面板中进行操作。

step 01　切换到【绑定】面板，单击【+】按钮，选择【记录集(查询)】命令，如图 11-34 所示。

step 02　打开【记录集】对话框，输入记录集名称，选择使用的连接，选择使用的数据表，选中【全部】单选按钮，显示全部字段，最后单击【确定】按钮，如图 11-35 所示。

图 11-34　选择【记录集(查询)】命令　　　图 11-35　【记录集】对话框

step 03　单击【测试】按钮来测试连接结果，此时出现【测试 SQL 指令】对话框，其中显示了数据表中的所有数据，如图 11-36 所示，单击【确定】按钮回到【记录集】对话框，如图 11-36 所示，再单击【确定】按钮结束设置，回到【绑定】面板。

step 04　在【绑定】面板中会看到名为【记录集(RecClassMates)】的记录集，单击 ⊞ 按钮可以看到记录集内的所有字段名称，如图 11-37 所示。

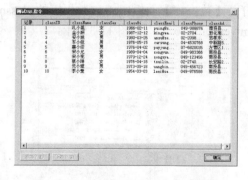

图 11-36　【测试 SQL 指令】对话框　　　图 11-37　【绑定】面板

step 05 拖动这些字段将它放在网页上显示，如图 11-38 所示。

step 06 拖动完毕之后的显示效果如图 11-39 所示。

图 11-38　拖动字段　　　　　　　　　　　　图 11-39　最终效果

step 07 在当前设置中，若是预览，只会读出数据表的第一笔数据，我们需要设置重复区域，将所有数据一一读出。首先要选取设置重复的区域。在【服务器行为】选项卡中单击【+】按钮，在弹出的快捷菜单中选择【重复区域】命令，如图 11-40 所示。

step 08 在打开的【重复区域】对话框中设置【显示】为【所有记录】来显示所有数据，再单击【确定】按钮，如图 11-41 所示。

图 11-40　选择【重复区域】命令　　　　　　图 11-41　【重复区域】对话框

step 09 设置完毕后，在表格上方可以看到"重复"灰色标签，如图 11-42 所示。

图 11-42　添加"重复"标签

step 10 接下来就能预览结果了。单击【活动数据视图】按钮进入即时数据视图的显示模式，会看到在编辑页面里数据被全部读了进来，如图 11-43 所示。

step 11 可以按 F12 键打开浏览器。Dreamweaver CS6 轻轻松松地将数据库的数据化为真实的网页了，如图 11-44 所示。这样便完成了 showdata.php 的制作，选择【文件】→【保存】菜单命令保存此网页。

图 11-43　读出的数据信息

图 11-44　网页预览效果

11.4　加密 MySQL 数据库

本节来介绍 MySQL 数据库的高级应用，主要包括 MySQL 数据库的安全、MySQL 数据库的加密等内容。

11.4.1　MySQL 数据库的安全问题

MySQL 数据库是存在于网络上的数据库系统。只要是网络用户，都可以连接到这个资源。如果没有权限或其他措施，任何人都可以对 MySQL 数据库进行存取。MySQL 数据库在安装完毕后，默认是完全不设防的，也就是任何人都可以不使用密码就连接到 MySQL 数据库，这是一个相当危险的安全漏洞。

1. phpMyAdmin 管理程序的安全考虑

phpMyAdmin 是一套网页界面的 MySQL 管理程序，有许多 PHP 的程序设计师都会将这套工具直接上传到他的 PHP 网站文件夹里，管理员只需从远端通过浏览器登录 phpMyAdmin 即可管理数据库。

这个方便的管理工具是否也是方便的入侵工具呢？没错，只要是对 phpMyAdmin 管理较为熟悉的朋友，看到该网站使用的是 PHP+MySQL 的互动架构，都会去测试该网站 <phpMyAdmin>的文件夹中是否安装了 phpMyAdmin 管理程序，若是网站管理员一时疏忽，很容易让人猜中，进入该网站的数据库。

2. 防堵安全漏洞的建议

无论是 MySQL 数据库本身的权限设置，还是 phpMyAdmin 管理程序的安全漏洞，为了避免他人通过网络入侵数据库，必须先做以下几件事。

(1) 修改 phpMyAdmin 管理程序的文件夹名称。这个做法虽然简单，但至少已经挡掉一大半非法入侵者了。最好修改成不容易被猜到的名称，如与管理或是 MySQL、phpMyAdmin 等关键字无关。

(2) 为 MySQL 数据库的管理账号加上密码。我们一再提到 MySQL 数据库的管理账号 root 默认是不设任何密码的，这就好像装了安全系统，却没打开电源开关一样，所以，替 root 加上密码是相当重要的。

(3) 养成备份 MySQL 数据库的习惯。万一用户的所有安全措施都失效了，若平常就有备份的习惯，即使数据被删除了，还是能够很轻松地进行恢复。

11.4.2　案例 5——为 MySQL 管理账号加上密码

在 MySQL 数据库中，管理员账号为 root，为了保护数据库账号的安全，我们可以为管理员账号加密，具体操作步骤如下。

step 01 打开浏览器，在网址栏中输入 //http:localhost/phpMyAdmin/index.php，进入 phpMyAdmin 的管理主界面。单击【权限】链接，来设置管理员账号的权限，如图 11-45 所示。

step 02 这里有两个 root 账号，分别为由本机(localhost)进入和所有主机进入的管理账号，默认没有密码。首先修改所有主机的密码，单击【编辑权限】链接，进入下一界面，如图 11-46 所示。

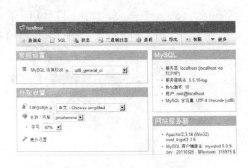

图 11-45　设置管理员密码

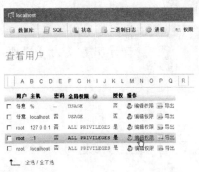

图 11-46　【查看用户】界面

step 03 在打开的界面中的【密码】文本框中输入所要使用的密码，单击【执行】按钮，如图 11-47 所示。

step 04 执行完成后，将显示执行的 SQL 语句。单击【编辑权限】链接，设置另一个账号的密码，操作方法和上一步类似，不再重复讲述，如图 11-48 所示。

图 11-47　修改密码

图 11-48　为其他账户添加密码

提示　　　修改完毕之后可以重新登录管理界面，就可以正常使用 MySQL 数据库的资源了。修改过数据库密码之后，需要同时修改网站的数据库连接设置，操作见 11.3.2 节的 step03，设置 root 密码为相应密码即可。

11.5　实战演练——数据库的备份与还原

在 MySQL 数据库里备份数据，是十分简单又轻松的事情。在本节中，我们将说明如何备份与还原 MySQL 的数据库。

1. 数据库的备份

用户可以使用 phpMyAdmin 的管理程序将数据库中的所有数据表导出成一个单独的文本文件。当数据库受到损坏或是要在新的 MySQL 数据库中加入这些数据时，只要插入这个文本文件即可。

以本章所使用的文件为例，先进入 phpMyAdmin 的管理界面，下面就可以备份数据库了，具体操作步骤如下。

step 01　选择需要导出的数据库，单击【导出】链接，进入下一页，如图 11-49 所示。

step 02　选择导出方式为【快速-显示最少的选项】，单击【执行】按钮，如图 11-50 所示。

图 11-49　选择要导出的数据库　　　　　　图 11-50　选择导出方式

step 03　打开【文件下载】对话框，单击【保存】按钮，如图 11-51 所示。

step 04　打开【另存为】对话框，在其中输入保存文件的名称，设置保存类型及位置，如图 11-52 所示。

图 11-51　【文件下载】对话框　　　　　　图 11-52　【另存为】对话框

> **提示** MySQL 备份下的文件是扩展名为*.sql 的文本文件，这样的备份操作不仅简单，文件内容也较小。

2. 数据库的还原

还原数据库文件的操作步骤如下。

`step 01` 在执行数据库的还原操作前，必须将原来的数据表删除。单击 classmates 的【删除】链接，如图 11-53 所示。

`step 02` 此时会显示一个询问界面，单击【确定】按钮，如图 11-54 所示。

图 11-53　选中要删除的数据表

图 11-54　信息提示框

`step 03` 回到原界面，会发现该数据表已经被删除了，如图 11-55 所示。

`step 04` 接着插入刚才备份的 class.sql 文件，将该数据表还原，单击【导入】链接，如图 11-56 所示。

图 11-55　删除数据表

图 11-56　单击【导入】按钮

`step 05` 打开导入界面，单击界面中的【浏览】按钮，如图 11-57 所示。

`step 06` 打开【选择要加载的文件】对话框，选择刚才备份的 class.sql 文件，单击【打开】按钮，如图 11-58 所示。

图 11-57　导入界面

图 11-58　【选择要加载的文件】对话框

`step 07` 单击【执行】按钮，系统即会读取 class.sql 文件中所记录的指令与数据，将数据表恢复，如图 11-59 所示。

step 08 执行完毕后，class 数据库中又出现了一个数据表，如图 11-60 所示。

图 11-59　开始执行导入操作　　　　　　　　图 11-60　导入数据表

step 09 这样原来删除的数据表 classmates 又还原了，如图 11-61 所示。

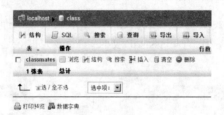

图 11-61　数据表操作界面

11.6　跟我练练手

11.6.1　练习目标

能够熟练掌握本章所讲内容。

11.6.2　上机练习

练习 1：定义动态网站站点。

练习 2：使用 MySQL 数据库。

练习 3：在网页中使用 MySQL 数据库。

练习 4：加密 MySQL 数据库。

练习 5：备份与还原 MySQL 数据库。

11.7　高手甜点

甜点 1：解决 PHP 读出 MySQL 数据时的中文乱码问题

在连接文件中加入如下代码，如图 11-62 所示。

```
mysql query("set character set 'gb2312'");//读库
mysql_query("set names 'gb2312'");//写库
```

```
<?php
# FileName="Connection_php_mysql.htm"
# Type="MYSQL"
# HTTP="true"
$hostname_connclass = "localhost";
$database_connclass = "class";
$username_connclass = "root";
$password_connclass = "root";
$connForum = mysql_pconnect($hostname_connclass, $username_connclass,
$password_connclass) or trigger_error(mysql_error(),E_USER_ERROR);
mysql_query("set character set 'gb2312'");//读库
mysql_query("set names 'gb2312'");//写库
?>
```

图 11-62　添加代码

甜点 2：如何导出指定的数据表

如果用户想导出指定的数据表，在选择导出方式时，可选中【自定义-显示所有可用的选项】单选按钮，然后在【数据表】列表中选择需要导出的数据表即可，如图 11-63 所示。

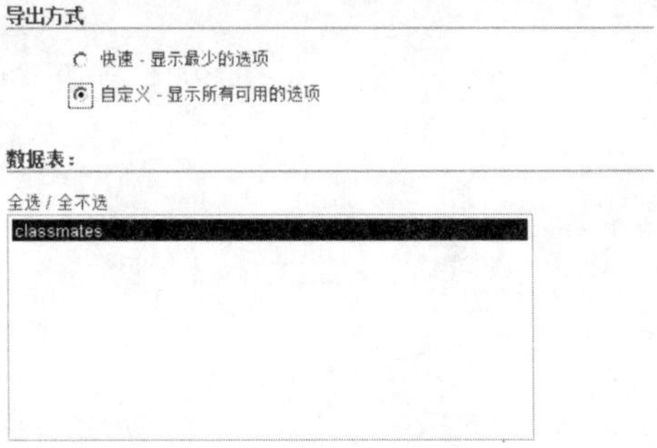

导出方式

○ 快速 - 显示最少的选项

◉ 自定义 - 显示所有可用的选项

数据表：

全选 / 全不选

classmates

图 11-63　导出指定的数据表

第 12 章

开启动态网站制作之路——动态网站应用模块开发

在开发动态网站的过程中，开发人员经常会遇到要添加需要的应用模块的问题，所以本章将介绍常见动态应用模块的开发方法和技巧，包括在线点播模块的开发、网页搜索模块的开发、在线支付模块的开发、在线客服模块的开发和天气预报模块的开发。

本章要点(已掌握的在方框中打钩)

☐ 熟悉网站模块的概念。
☐ 掌握模块的使用方法。
☐ 掌握常用动态模块的开发。

12.1　网站模块的概念

　　模块是指在程序设计中，为完成某一功能所需的一段程序或子程序；或是指能由编译程序、装配程序等处理的独立程序单位；或是指大型软件系统的一部分。网站模块是指在网站制作中能完成某一功能所需的一段程序或子程序。

　　在网站建设中，经常用到的一些功能如在线客服、在线播放、搜索、天气预报等，称为常用功能。这些功能具有很好的通用性，在学习掌握之后可以直接拿来用到自己的网站建设中。

12.2　网站模块的使用

　　网站模块是一段完成某一功能的完整代码，在使用的时候，只需要在合适的位置上插入这段代码就行了。

12.2.1　案例 1——程序源文件的复制

　　本书中将会把每个不同的程序以文件夹的方式完整地整理在 C:\Apache2.2\htdocs 里，请将本章范例文件夹中的"源文件\model"目录整个复制到 C:\Apache2.2\htdocs 里，这样就可以开始进行网站的规划。

12.2.2　案例 2——新建站点

　　首先进入 Dreamweaver CS6，选择【站点】→【管理站点】菜单命令，打开【管理站点】对话框，单击【新建站点】按钮，打开【站点设置对象】对话框进行设置。

　　step 01　在【站点设置对象】对话框中，输入站点名称为"DWPHPCS6 网站模块"，设置本站点文件夹为 C:\Apache2.2\htdocs\model\，如图 12-1 所示。

　　step 02　在左侧列表中选择【服务器】选项，单击【+】按钮，如图 12-2 所示。

图 12-1　【站点设置对象】对话框

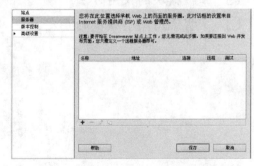

图 12-2　设置服务器

step 03　在【基本】选项组中输入服务器名称为"DWPHPCS6 网站模块",选择连接方法为【本地/网络】,选择服务器文件夹为 C:\Apache2.2\htdocs\model,Web URL 为 http://localhost/model/,如图 12-3 所示。

step 04　切换到【高级】选项卡,设置测试服务器的服务器模型为 PHP MySQL,最后单击【保存】按钮保存站点设置,如图 12-4 所示。

图 12-3　【基本】选项卡

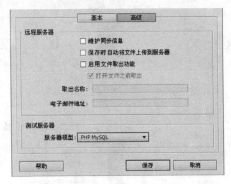

图 12-4　【高级】选项卡

12.3　常用动态网站模块开发

下面介绍常见动态网站模块的开发过程。

12.3.1　案例 3——在线点播模块开发

在线点播不仅能实现视频播放功能,而且可以实现许多有用的辅助功能,如控制播放器窗口状态、开启声音。

在线点播模块的运行效果如图 12-5 所示。

图 12-5　在线点播模块

在【文件】面板中选择要编辑的网页 sp\index.php,双击将其打开,编辑区如图 12-6 所示。从 code.txt 中复制代码,并粘贴到相应位置,如图 12-7 所示。

图 12-6　代码编辑区

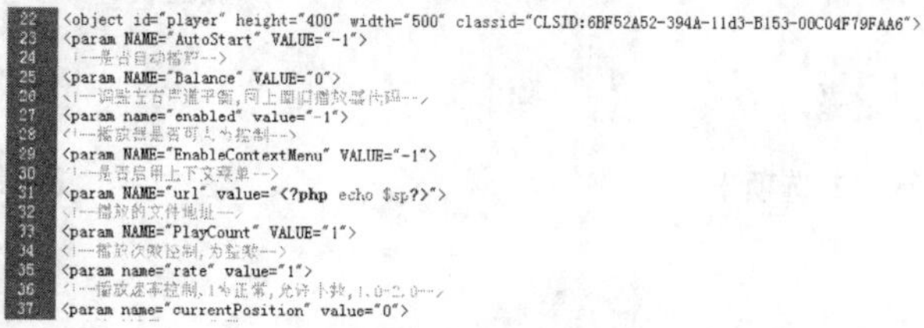

图 12-7　添加在线点播模块代码

12.3.2　案例4——网页搜索模块开发

在浏览网站时，我们经常可以看到好用的百度搜索框或者 Google 搜索框，如果在我们做的网站中加入这样的模块，能为网站的访客带来很大的便利。网页搜索模块的实现效果如图 12-8 所示。

图 12-8　网页搜索模块

在【文件】面板中选择要编辑的网页 ss\index.php，双击将其打开，编辑区如图 12-9 所示。从 code.txt 中复制代码，并粘贴到相应位置，如图 12-10 所示。

图 12-9　代码编辑区

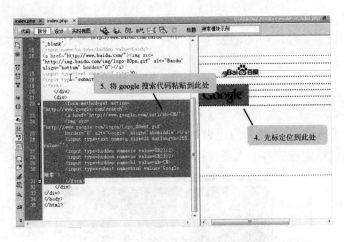

图 12-10　添加网页搜索模块代码

12.3.3　案例 5——在线支付模块开发

在电子商务发展的今天，网上在线支付应用越来越广泛，那么网上支付是怎么实现的呢？多数的银行和在线支付服务商都提供了相应的接口给用户使用，我们要做的就是把接口中需要的参数搜集并提交到接口页面中。

在现在流行的网站支付平台中，支付宝是当仁不让的老大。现在我们来看一下在支付宝支付过程中是怎么搜集数据的。

支付宝接口文件可以从支付宝商家用户中申请获取，我们看一下在接口数据中需要哪些表单信息。

```
"service"           => "create direct pay by user",   //交易类型
"partner"           => $partner,              //合作商户号
"return url"        => $return url,           //同步返回
"notify url"        => $notify url,           //异步返回
" input charset"    => $ input charset,       //字符集，默认为 GBK
"subject"           => "商品名称",              //商品名称，必填
"body"              => "商品描述",              //商品描述，必填
"out trade no"      => date(Ymdhms),          //商品外部交易号，必填(保证唯一性)
"total fee"         => "0.01",                //商品单价，必填(价格不能为 0)
"payment type"      => "1",                   //默认为 1，不需要修改
"show url"          => $show url,             //商品相关网站
"seller_email"      => $seller_email          //卖家邮箱，必填
```

在【文件】面板中选择要编辑的网页 zf\index.php，双击将其打开，如图 12-11 所示。

图 12-11　在线支付模块编辑区

这里我们根据接口需要的信息进行表单布局，并通过 post 方便地把表单数据提交到接口页面，在接口页面只需要使用$_post"表单字段名"接收这些提交过来的信息就行了，是不是很简单呢。

12.3.4　案例6——在线客服模块开发

在线客服模块在电子商务网站的建设中可以说是必不可少的，通过在线客服模块，可以让访客很方便地与网站运营的客服人员进行沟通交流，如图 12-12 所示。

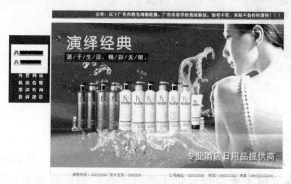

图 12-12　在线客服模块

在【文件】面板中选择要编辑的网页 qq\index.php，双击将其打开。切换到代码窗口，可以看到第一行为 qq 模块调用方式，如图 12-13 所示。

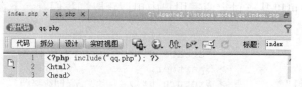

图 12-13　调用 QQ 的代码

接着打开模板文件 qq.php，找到修改 qq 号码的地方，在实际应用中在这里修改相应属性值就可以了，如图 12-14 所示。

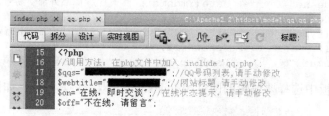

图 12-14　修改代码

12.3.5　案例7——天气预报模块开发

天气预报模块对一些办公性质的网站来说也是很有用的，它可以通过一些天气网站提供的相关代码进行实现。下面一段代码是由中国天气网提供的调用代码。

```
<iframe src="http://m.weather.com.cn/m/pn12/weather.htm " width="245"
height="110" marginwidth="0" marginheight="0" hspace="0" vspace="0"
frameborder="0" scrolling="no"></iframe>
```

在使用的时候我们只需要把这段代码放入需要设置的地方就行了。

在【文件】面板中选择要编辑的网页 tq\index.php，双击将其打开。切换到拆分窗口，如图 12-15 所示。

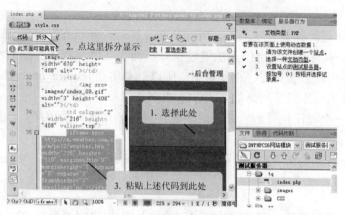

图 12-15 天气预报模块编辑区

添加完天气预报模块的代码后，就可以保存该网页，然后在 IE 浏览器中预览网页，可以看到天气预报模块的显示效果，如图 12-16 所示。

图 12-16 天气预报模块预览效果

12.4 跟我练练手

12.4.1 练习目标

掌握在线点播、网页搜索、在线支付、在线客服、天气预报模块的使用。

12.4.2 上机练习

练习 1：完成在线点播实例。

练习 2：完成网页搜索实例。

练习 3：完成在线支付实例。

练习 4：完成在线客服实例。
练习 5：完成天气预报实例。

12.5　高手甜点

甜点 1：include 与 require 的区别是什么

require 从字面理解就是"要求"，所以是必须执行，并且在其他输出之前执行，如果该文件执行错误，整个页面就会出错无法继续执行；而在实际编程中会遇到一个页面调用多个页面的情况，可能出现嵌套调用、重复调用，所以就要用到 require_once 以避免重复调用引起的错误。例如连接数据库经常用到的 conn.php 页面。

include 是在一个程序执行到一定的时候包含进另一个文件的程序，相当于将它作为当前程序的一部分。

require 和 include 都是调用另外的页面程序，但 require 是强制执行，include 可以选择执行。

甜点 2：RSS 模块是什么

RSS 是站点用来和其他站点之间共享内容的简易方式(也叫聚合内容)。RSS 使用 XML 作为彼此共享内容的标准方式。它能让别人很容易地发现你已经更新了你的站点，并让人们很容易地追踪他们阅读的所有信息。所以在自己的网站上加上这个模块，能提高用户对网站的关注。一个完整的 RSS 模块由两个部分组成：一是信息提交；二是更新 RSS 文件。

第 4 篇

网页美化布局篇

第 13 章

读懂样式表密码——
使用 CSS 样式表
美化网页

CSS 称为层叠样式表，它是用于控制网页内容外观的一系列规则。使用 CSS 技术可以对网页进行精细的页面美化。在进行页面美化时，可以将 CSS 规则与页面内容分开，从而实现一个 CSS 样式表美化多个网页内容的操作。

本章要点(已掌握的在方框中打钩)

- ☐ 熟悉 CSS 的概念、作用与语法。
- ☐ 掌握使用 CSS 样式表美化网页的方法。
- ☐ 掌握使用 CSS 滤镜美化网页的方法。

13.1　认识 CSS

现在，网页的排版格式越来越复杂，样式也越来越多。有了 CSS 样式，很多美观的效果都可以实现，应用 CSS 样式制作出的网页会给人一种条理清晰、格式漂亮、布局统一的感觉，加上多种字体的动态效果，会使网页变得更加生动有趣。

13.1.1　CSS 概述

CSS(Cascading Style Sheet)，称为层叠样式表，也可以称为 CSS 样式表或样式表，其文件扩展名为.css。CSS 是用于增强或控制网页样式，并允许将样式信息与网页内容分离的一种标记性语言。

引用样式表的目的是将"网页结构代码"和"网页样式风格代码"分离开，从而使网页设计者可以对网页布局进行更多的控制。利用样式表，可以使整个站点上的所有网页都指向某个 CSS 文件，设计者只需要修改 CSS 文件中的某一行，整个网页上对应的样式都会随之发生改变。

13.1.2　CSS 的作用

CSS 样式可以一次对若干个文档的样式进行控制，当 CSS 样式更新后，所有应用了该样式的文档都会自动更新。可以说，CSS 在现代网页设计中是必不可少的工具之一。

CSS 的优越性有以下几点。

1. 分离了格式和结构

HTML 并没有严格地控制网页的格式或外观，仅定义了网页的结构和个别要素的功能，其他部分让浏览器自己决定应该让各个要素以何种形式显示。但是，随便地使用 HTML 样式会导致代码混乱，编码会变得臃肿不堪。

CSS 解决了这个问题，它通过将定义结构的部分和定义格式的部分分离，能够对页面的布局施加更多的控制，也就是把 CSS 代码独立出来，从另一个角度来控制页面外观。

2. 控制页面布局

HTML 中的<font size>代码能调整字号，表格标记可以生成边距。但是，总体上的控制却很有限，比如它不能精确地生成 80 像素的高度，不能控制行间距或字间距，不能在屏幕上精确地定位图像的位置，而 CSS 就可以使这一切都成为可能。

3. 制作出更小、下载更快的网页

CSS 只是简单的文本，就像 HTML 那样，它不需要图像，不需要执行程序，不需要插件，不需要流式。有了 CSS 之后，以前必须求助于 GIF 格式的，现在通过 CSS 就可以实现。此外，使用 CSS 还可以减少表格标记及其他加大 HTML 体积的代码，减少图像用量，从而减

小文件的大小。

4. 便于维护及更新大量的网页

如果没有 CSS，要更新整个站点中所有主体文本的字体，就必须一页一页地修改网页。CSS 则是将格式和结构分离，利用样式表可以将站点上所有的网页都指向单一的一个 CSS 文件，只要修改 CSS 文件中的某一行，整个站点就都会随之发生变动。

5. 使浏览器成为更友好的界面

CSS 的代码有很好的兼容性，比如丢失了某个插件时不会发生中断，或者使用低版本的浏览器时代码不会出现杂乱无章的情况。只要是可以识别 CSS 的浏览器，就可以应用 CSS。

13.1.3 基本 CSS 语法

CSS 样式表由若干条样式规则组成，这些样式规则可以应用到不同的元素或文档来定义它们显示的外观。每一条样式规则由三个部分构成：选择符(selector)、属性(property)和属性值(value)，基本格式如下。

```
selector{property:value}
```

(1) selector 选择符可以采用多种形式，可以为文档中的 HTML 标签，如<body>、<table>、<p>等，也可以是 XML 文档中的标签。

(2) property 属性代表选择符指定的标签所包含的属性。

(3) value 指定了属性的值。如果定义选择符的多个属性，则属性和属性值为一组，组与组之间用分号(;)隔开，基本格式如下。

```
selector{property1:value1; property2:value2;…}
```

下面给出一条样式规则。

```
p{color:red}
```

该样式规则的选择符为 p，为段落标签<p>提供样式，color 为指定文字的颜色属性，red 为属性值。此样式表示标签<p>指定的段落文字为红色。

如果要为段落设置多种样式，则可以使用如下语句。

```
p{font-family:"隶书"; color:red; font-size:40px; font-weight:bold}
```

13.2 使用 CSS 样式美化网页

在使用 CSS 样式的属性美化网页元素之前，需要先定义 CSS 样式的属性，CSS 样式常用的属性包括字体、文本、背景、链接、列表等。

13.2.1 案例 1——使用字体样式美化文字

CSS 样式的字体属性用于定义文字的字体、大小、粗细的表现等。

font 统一定义字体的所有属性，具体如下。

- ❑　font-family：定义使用的字体。
- ❑　font-size：定义字体大小。
- ❑　font-style：定义斜体字。
- ❑　font-variant：定义小型的大写字母字体，此属性对中文无意义。
- ❑　font-weight：定义字体的粗细。

1．font-family 属性

下面通过一个示例来认识 font-family。

可以定义多种字体连在一起使用，如中文的宋体、英文的 Arial 体，字体之间用逗号分隔，代码如下。

```html
<html>
<head>
<meta http-equiv="Content-Type" content="text/html; charset=gb2312" />
<title>CSS font-family 属性示例</title>
<style type="text/css" media="all">
p#songti{font-family:"宋体";}
p#Arial{font-family:Arial;}
p#all{font-family:"宋体",Arial;}
</style>
</head>
<body>
<p id="songti">使用宋体.</p>
<p id="Arial">使用 arial 字体.</p>
</body>
</html>
```

2．font-size 属性

中文常用的字体大小是 12px。文章的标题等应该使用大字体，但此时不应使用字体大小属性，应使用<h1>、<h2>等 HTML 标签。

HTML 的 big、small 标记定义了大字体和小字体的文字，此标记已经被 W3C 抛弃，真正符合标准网页设计的显示文字大小的方法是使用 font-size CSS 属性。在浏览器中可以使用 Ctrl++组合键增大字体，Ctrl+-组合键缩小字体。

下面通过一个示例来认识 font-size，代码如下。

```html
<html>
<head>
<meta http-equiv="Content-Type" content="text/html; charset=gb2312" />
<title>CSS font-size 属性绝对字体尺寸示例</title>
<style type="text/css" media="all">
p{font-size:12px;}
p#xxsmall{font-size:xx-small;}
p#xsmall{font-size:x-small;}
p#small{font-size:small;}
p#medium{font-size:medium;}
p#xlarge{font-size:x-large; }
p#xxlarge{font-size:xx-large;}
```

```
</style>
</head>
<body>
<p id="xxsmall">font-size 中的 xxsmall 字体</p>
<p id="xsmall">font-size 中的 xsmall 字体</p>
<p id="small">font-size 中的 small 字体</p>
<p id="medium">font-size 中的 medium 字体</p>
<p id="xlarge">font-size 中的 xlarge 字体</p>
<p id="xxlarge">font-size 中的 xxlarge 字体</p>
</body>
</html>
```

3. font-style 属性

网页中的字体样式都是不固定的，用户可以使用 font-style 来实现字体样式的设置，其属性如下。

❑ normal：正常的字体，即浏览器的默认状态。

❑ italic：斜体。对于没有斜体变量的特殊字体，将应用 oblique。

❑ oblique：倾斜的字体，即没有斜体变量。

下面通过一个示例来认识 font-style，代码如下。

```
<html>
<head>
<meta http-equiv="Content-Type" content="text/html; charset=gb2312" />
<title>CSS font-style 属性示例</title>
<style type="text/css" media="all">
p#normal{font-style:normal;}
p#italic{font-style:italic;}
p#oblique{font-style:oblique;}
</style>
</head>
<body>
<p id="normal">正常字体.</p><p id="italic">斜体.</p><p id="oblique">斜体.</p>
</body>
</html>
```

4. font-variant 属性

在网页中常常可以碰到需要输入内容的地方，如果输入汉字的话是没问题的，可是当需要输入英文时，那么它的大小写是令我们最头疼的问题。在 CSS 中可以通过 font-variant 的几个属性来实现输入时不受大小写限制的功能，其属性如下。

❑ normal：正常的字体，即浏览器的默认状态。

❑ small-caps：定义小型的大写字母。

下面通过一个示例来认识 font-variant，代码如下。

```
<html>
<head>
<meta http-equiv="Content-Type" content="text/html; charset=gb2312" />
<title>CSS font-variant 属性示例</title>
<style type="text/css" media="all">
```

```
p#small-caps{font-variant:small-caps;}
p#uppercase{text-transform:uppercase;}
</style>
</head>
<body>
<p id="small-caps">The quick brown fox jumps over the lazy dog.</p>
<p id="uppercase">The quick brown fox jumps over the lazy dog.</p>
</body>
</html>
```

5. font-weight 属性

font-weight 属性用来定义字体的粗细，其属性如下。

- ❑ normal：正常，等同于 400。
- ❑ bold：粗体，等同于 700。
- ❑ bolder：更粗。
- ❑ lighter：更细。
- ❑ 100 | 200 | 300 | 400 | 500 | 600 | 700 | 800 | 900：字体粗细的绝对值。

下面通过一个示例来认识 font-weight，代码如下。

```
<html>
<head>
<meta http-equiv="Content-Type" content="text/html; charset=gb2312" />
<title>CSS font-weight 属性示例</title>
<style type="text/css" media="all">
p#normal
{font-weight: normal;}
p#bold{font-weight: bold;}
p#bolder{font-weight: bolder;}
p#lighter{font-weight: lighter;}
p#100{font-weight: 100;}
</style>
</head>
<body>
<p id="normal">font-weight: normal</p><p id="bold">font-weight: bold</p>
<p id="bolder">font-weight: bolder</p>
<p id="lighter">font-weight: lighter</p><p id="100">font-weight: 100</p>
</body>
</html>
```

13.2.2　案例 2——使用文本样式美化文本

CSS 样式的文本属性用于定义文字、空格、单词、段落的样式。

文本属性如下。

- ❑ letter-spacing 属性：定义文本中字母的间距(中文为文字的间距)。
- ❑ word-spacing 属性：定义以空格间隔文字的间距(就是空格本身的宽度)。
- ❑ text-decoration 属性：定义文本是否有下划线以及下划线的方式。
- ❑ text-transform 属性：定义文本的大小写状态，此属性对中文无意义。

- [ ] text-align 属性：定义文本的对齐方式。
- [ ] text-indent 属性：定义文本的首行缩进(在首行文字前插入指定的长度)。

1. letter-spacing 属性

该属性在应用时有如下两种情况。

- [ ] normal：默认间距(主要是根据用户所使用的浏览器等设备而定)。
- [ ] <length>：由浮点数字和单位标识符组成的长度值，允许为负值。

下面通过一个示例来认识 letter-spacing，代码如下。

```
<html>
<head>
<meta http-equiv="Content-Type" content="text/html; charset=gb2312" />
<title>CSS letter-spacing 属性示例</title>
<style type="text/css" media="all">
.ls3px{letter-spacing: 3px;}
.lsn3px{letter-spacing: -3px;}
</style>
</head>
<body>
<p class="ls3px">
<strong><ahref="http://www.dreamdu.com/css/property letter-spacing/">letter-
spacing</a>示例:</strong>
<p>All i have to do, is learn CSS.(仔细看是字母之间的距离,不是空格本身的宽度。)</p>
</p>
<p>
<strong><ahref="http://www.dreamdu.com/css/property letter-spacing/">letter-
spacing</a>示例:</strong>
<p class="lsn3px">All i have to do, is learn CSS.</p>
</p>
</body>
</html>
```

2. word-spacing 属性

该属性在应用时有如下两种情况。

- [ ] normal：默认间距，即浏览器的默认间距。
- [ ] <length>：由浮点数字和单位标识符组成的长度值，允许为负值。

下面通过一个示例来认识 word-spacing，代码如下。

```
<html>
<head>
<meta http-equiv="Content-Type" content="text/html; charset=gb2312" />
<title>CSS word-spacing 属性示例</title>
<style type="text/css" media="all">
.ws30{word-spacing: 30px;}
.wsn30{word-spacing: -10px;}
</style>
</head>
<body><p><strong>word-spacing 示例:</strong>
<p class="ws30">All i have to do, is learn CSS.</p></p><p>
<strong>word-spacing 示例:</strong><p class="wsn30">All i have to do, is learn
```

```
CSS.</p>
</p>
</body>
</html>
```

3. text-decoration 属性

该属性在应用时有如下 4 种情况。

- □ underline：定义有下划线的文本。
- □ overline：定义有上划线的文本。
- □ line-through：定义直线穿过文本。
- □ blink：定义闪烁的文本。

下面通过一个示例来认识 text-decoration，代码如下。

```
<html>
<head>
<meta http-equiv="Content-Type" content="text/html; charset=gb2312" />
<title>CSS text-decoration 属性示例</title>
<style type="text/css" media="all">
p#line-through{text-decoration: line-through;}
</style>
</head>
<body>
<p id="line-through">示例<a href="#">CSS 教程</a>,<strong><a
href="#">text-decoration</a></strong>示例,属性值为 line-through 中划线.</p>
</body>
</html>
```

4. text-transform 属性

该属性在应用时有如下 4 种情况。

- □ capitalize：首字母大写。
- □ uppercase：将所有设定此值的字母变为大写。
- □ lowercase：将所有设定此值的字母变为小写。
- □ none：正常无变化，即输入状态。

下面通过一个示例来认识 text-transform，代码如下。

```
<html>
<head>
<meta http-equiv="Content-Type" content="text/html; charset=gb2312" />
<title>CSS text-transform 属性示例</title>
<style type="text/css" media="all">
p#capitalize{text-transform: capitalize; }
p#uppercase{text-transform: uppercase; }
p#lowercase{text-transform: lowercase; }
</style>
</head>
<body>
<p id="capitalize">hello world</p><p id="uppercase">hello world</p>
<p id="lowercase">HELLO WORLD</p>
```

```
</body>
</html>
```

5. text-align 属性

该属性在应用时有如下 4 种情况。

- ❏ left：对于当前块的位置为左对齐。
- ❏ right：对于当前块的位置为右对齐。
- ❏ center：对于当前块的位置为居中。
- ❏ justify：对齐每行的文字。

下面通过一个示例来认识 text-align，代码如下。

```
<html>
<head>
<meta http-equiv="Content-Type" content="text/html; charset=gb2312" />
<title>CSS text-align 属性示例</title>
<style type="text/css" media="all">
p#left{text-align: left; }
</style>
</head>
<body>
<p id="left">left 左对齐</p>
</body>
</html>
```

6. text-indent 属性

该属性在应用时有如下 2 种情况。

- ❏ <length>：由浮点数字和单位标识符组成的长度值，允许为负值。
- ❏ <percentage>：百分比表示法。

下面通过一个示例来认识 text-indent，代码如下。

```
<html>
<head>
<meta http-equiv="Content-Type" content="text/html; charset=gb2312" />
<title>CSS text-indent 属性示例</title>
<style type="text/css" media="all">
p#indent{text-indent:2em;top:10px;}
p#unindent{text-indent:-2em;top:210px;}
p{width:150px;margin:3em;}
</style>
</head>
<body>
<p id="indent">示例<a href="#">CSS 教程</a>,<strong><a
href="#">text-indent</a></strong>示例,正值向后缩,负值向前进.text-indent 属性可以
定义首行的缩进,是我们经常使用到的 CSS 属性.</p>
<p id="unindent">示例<a href="#">CSS 教程</a>,<strong><a
href="#">text-indent</a></strong>示例,正值向后缩,负值向前进.</p>
</body>
</html>
```

13.2.3　案例 3——使用背景样式美化背景

文字颜色可以使用 color 属性，但是包含文字的 p 段落、div 层、page 页面等的颜色与背景图像则使用背景等属性，具体如下。

- ❑　background-color：背景色，定义背景颜色。
- ❑　background-image：定义背景图像。
- ❑　background-repeat：定义背景图像的重复方式。
- ❑　background-position：定义背景图像的位置。
- ❑　background-attachment：定义背景图像随滚动轴的移动方式。

1. background-color 属性

在 CSS 中可以定义背景颜色，内容没有覆盖到的地方就按照设置的背景颜色显示，其值如下。

- ❑　<color>：颜色表示法，可以是数值表示法，也可以是颜色名称。
- ❑　transparent：背景色透明。

下面通过一个示例来认识 background-color。

定义网页的背景使用绿色，内容为白字黑底，示例代码如下。

```
<html>
<head>
<meta http-equiv="Content-Type" content="text/html; charset=gb2312" />
<title>CSS background-color 属性示例</title>
<style type="text/css" media="all">
body{background-color:green;}
h1{color:white;background-color:black;}
</style>
</head>
<body>
<h1>白字黑底</h1>
</body>
</html>
```

2. background-image 属性

在 CSS 中还可以设置背景图像，其值如下。

- ❑　<uri>：使用绝对地址或相对地址指定背景图像。
- ❑　none：将背景设置为无背景状态。

下面通过一个示例来认识 background-image，代码如下。

```
<html>
<head>
<meta http-equiv="Content-Type" content="text/html; charset=gb2312" />
<title>CSS background-image 属性示例</title>
<style type="text/css" media="all">
.para{background-image:none; width:200px; height:70px;}
.div{width:200px; color:#FFF; font-size:40px;
```

```
font-weight:bold;height:200px;background-image:url(flower1.jpg);}
</style>
</head>
<body>
<div class="para">div 中没有背景图像</div>
<div class="div">div 中有背景图像</div>
</body>
</html>
```

3. background-repeat 属性

在默认情况下，图像会自动向水平和竖直两个方向平铺。如果不希望平铺，或者希望沿着一个方向平铺，可以使用 background-repeat 属性实现。该属性可以设置为以下 4 种平铺方式。

- ❑ repeat：平铺整个页面，左右与上下。
- ❑ repeat-x：在 x 轴上平铺，左右。
- ❑ repeat-y：在 y 轴上平铺，上下。
- ❑ no-repeat：当背景大小比所要填充背景的块小时，图像不重复。

下面通过一个示例来认识 background-repeat，代码如下。

```
<html>
<head>
<meta http-equiv="Content-Type" content="text/html; charset=gb2312" />
<title>CSS background-repeat 属性示例</title>
<style type="text/css" media="all">
body{background-image:url('images/small.jpg');background-repeat:no-repeat;}
p{background-image:url('images/small.jpg');background-repeat:repeat-
y;backgroun
d-position:right;top:200px;left:200px;width:300px;height:300px;border:1px
solid
black; margin-left:150px;}
</style>
</head>
<body>
<p>示例 CSS 教程, repeat-y 竖着重复的背景(div 的右侧).</p>
</body>
</html>
```

4. background-position 属性

将标题居中或者右对齐可以使用 background-position 属性，其值如下。

1）水平方向

- ❑ left：对于当前填充背景位置居左。
- ❑ center：对于当前填充背景位置居中。
- ❑ right：对于当前填充背景位置居右。

2）垂直方向

- ❑ top：对于当前填充背景位置居上。
- ❑ center：对于当前填充背景位置居中。

☐ bottom：对于当前填充背景位置居下。

3）垂直与水平的组合，代码如下。

```
.  x-% y-%;
.  x-pos y-pos;
```

下面通过一个示例来认识 background-position，代码如下。

```
<html>
<head>
<meta http-equiv="Content-Type" content="text/html; charset=gb2312" />
<title>CSS background-position 属性示例</title>
<style type="text/css" media="all">
body{background-image:url('images/small.jpg');background-repeat:no-repeat;}
p{background-image:url('images/small.jpg');background-position:right
bottom ;background-repeat:no-repeat;border:1px solid
black;width:400px;height:200px; margin-left:130px;}
div{background-image:url('images/small.jpg');background-position:50%
20% ;background-repeat:no-repeat;border:1px solid
black;width:400px;height:150px;}
</style>
</head>
<body>
<p>p 段落中右下角显示橙色的点.</p>
<div>div 中距左上角 x 轴 50%,y 轴 20%的位置显示橙色的点.</div>
</body>
</html>
```

5. background-attachment 属性

background-attachment 属性用于设置或检索背景图像是随对象内容移动还是固定，其值
如下。

☐ scroll：随着页面的滚动，背景图像将移动。

☐ fixed：随着页面的滚动，背景图像不会移动。

下面通过一个示例来认识 background-attachment，代码如下。

```
<html>
<head>
<meta http-equiv="Content-Type" content="text/html; charset=gb2312" />
<title>CSS background-attachment 属性示例</title>
<style type="text/css" media="all">
body{background:url('images/list-orange.png');background-attachment:fixed;
backg round-repeat:repeat-x;background-position:center
center;position:absolute;height:400px;}
</style>
</head>
<body>
<p>拖动滚动条,并且注意中间有一条橙色线并不会随滚动条的下移而上移.</p>
</body>
</html>
```

13.2.4 案例 4——使用链接样式美化链接

在 HTML 语言中，超链接是通过<a>标签来实现的，链接的具体地址则是利用<a>标签的 href 属性设置的，代码如下。

```
<a href="http://www.baidu.com">链接文本</a>
```

在浏览器默认的浏览方式下，超链接统一为蓝色并且有下划线，被单击过的超链接则为紫色并且也有下划线。这种最基本的超链接样式现在已经无法满足广大设计师的需求。通过 CSS 可以设置超链接的各种属性，而且通过伪类别还可以制作很多动态效果。首先用最简单的方法去掉超链接的下划线，代码如下。

```
/*超链接样式* /
a{text-decoration:none; margin-left:20px;} /* 去掉下划线 */
```

可以制作动态效果的 CSS 伪类别属性如下。
- a:link：超链接的普通样式，即正常浏览状态的样式。
- a:visited：被单击过的超链接的样式。
- a:hover：鼠标指针经过超链接上时的样式。
- a:active：在超链接上单击，即"当前激活"时超链接的样式。

13.2.5 案例 5——使用列表样式美化列表

CSS 列表属性可以改变 HTML 列表的显示方式。列表的样式通常使用 list-style-type 属性来定义，list-style-image 属性定义列表样式的图像，list-style-position 属性定义列表样式的位置，list-style 属性统一定义列表样式的几个属性。

通常的列表主要采用<ul>或者<ol>标签，然后配合<li>标签罗列各个项目。CSS 列表有如表 13-1 所示的几个常见属性。

表 13-1　CSS 列表的常见属性

属　性	简　介
list-style	设置列表项目相关内容
list-style-image	设置或检索作为对象的列表项标记的图像
list-style-position	设置或检索作为对象的列表项标记如何根据文本排列
list-style-type	设置或检索对象的列表项所使用的预设标记

1. list-style-image 属性

list-style-image 用于设置或检索作为对象的列表项标记的图像，其值如下。
- uri：一般是一个图像的网址。
- none：不指定图像。
示例代码如下。

```
<html>
<head>
<meta http-equiv="Content-Type" content="text/html; charset=gb2312" />
<title>CSS list-style-image 属性示例</title>
<style type="text/css" media="all">
ul{list-style-image: url("images/list-orange.png");}
</style>
</head>
<body>
<ul>
<li>使用图片显示列表样式</li>
<li>本例中使用了 list-orange.png 图片</li>
<li>我们还可以使用 list-green.png top.png 或 up.png 图片</li>
<li>大家可以尝试修改下面的代码</li>
</ul>
</body>
</html>
```

2. list-style-position 属性

list-style-position 用于设置或检索作为对象的列表项标记如何根据文本排列，其值如下。

❑　inside：列表项标记放置在文本以内，且环绕文本根据标记对齐。

❑　outside：列表项标记放置在文本以外，且环绕文本不根据标记对齐。

示例代码如下。

```
<html>
<head>
<meta http-equiv="Content-Type" content="text/html; charset=gb2312" />
<title>CSS list-style-position 属性示例</title>
<style type="text/css" media="all">
ul#inside{list-style-position: inside;list-style-image:
url("images/list-orange.png");}
ul#outside{list-style-position: outside;list-style-image:
url("images/list-green.png");}
p{padding: 0;margin: 0;}
li{border:1px solid green;}
</style>
</head>
<body>
<p>内部模式</p>
<ul id="inside">
<li>内部模式 inside</li>
<li>示例 XHTML 教程.</li>
<li>示例 CSS 教程.</li>
<li>示例 JAVASCRIPT 教程.</li>
</ul>
<p>外部模式</p>
<ul id="outside">
<li>外部模式 outside</li>
<li>示例 XHTML 教程.</li>
<li>示例 CSS 教程.</li>
<li>示例 JAVASCRIPT 教程.</li>
</ul>
```

```
</body>
</html>
```

3. list-style-type 属性

list-style-type 用于设置或检索对象的列表项所使用的预设标记，其值如下。

- ❑ disc：点。
- ❑ circle：圆圈。
- ❑ square：正方形。
- ❑ decimal：数字。
- ❑ none：无(取消所有的 list 样式)。

示例代码如下。

```
<html>
<head>
<meta http-equiv="Content-Type" content="text/html; charset=gb2312" />
<title>CSS list-style-type 属性示例</title>
<style type="text/css" media="all">
ul{list-style-type: disc;}
</style>
</head>
<body>
<ul>
<li>正常模式</li>
<li>示例 XHTML 教程.</li>
<li>示例 CSS 教程.</li>
<li>示例 JAVASCRIPT 教程.</li>
</ul>
</body>
</html>
```

13.2.6　案例 6——使用区块样式美化区块

　　块级元素就是一个方块，像段落一样，默认占据一行位置。内联元素又称行内元素。顾名思义，它只能放在行内，就像一个单词一样不会造成前后换行，起辅助作用。一般的块级元素包括段落<p>、标题<h1><h2>、列表<ul><ol><li>、表格<table>、表单<form>、DIV<div>和 BODY<body>等。内联元素包括表单元素<input>、超链接<a>、图像<img>、<span>等。块级元素的显著特点是：它都是从一个新行开始显示，而且其后的元素也需要另起一行显示。

　　下面通过一个示例来看一下块级元素与内联元素的区别，代码如下。

```
<html>
<head>
<meta http-equiv="Content-Type" content="text/html; charset=gb2312" />
<title>CSS list-style-type 属性示例</title>
<style type="text/css" media="all">
ul{list-style-type: disc;}
img{width:100px; height:70px;}
</style>
</head>
```

```
<body>
<p>标签不同行: </p>
<div><imgsrc="flower.jpg" /></div>
<div><imgsrc="flower.jpg" /></div>
<div><imgsrc="flower.jpg" /></div>
<p>标签同一行: </p>
<span><imgsrc="flower.jpg" /></span>
<span><imgsrc="flower.jpg" /></span>
<span><imgsrc="flower.jpg" /></span>
</body>
</html>
```

在前面示例中，3 个<div>元素各占一行，相当于在它之前和之后各插入了一个换行，而内联元素<span>没对显示效果造成任何影响，这就是块级元素和内联元素的区别。正因为有了这些元素，才使网页变得丰富多彩。

如果没有 CSS 的作用，块级元素会以每次换行的方式一直往下排，而有了 CSS 以后，可以改变这种 HTML 的默认布局模式，把块级元素摆放到想要的位置上，而不是每次都另起一行。也就是说，可以用 CSS 的 display:inline 属性将块级元素改变为内联元素，也可以用 display:block 属性将内联元素改变为块级元素。

代码修改如下。

```
<html>
<head>
<meta http-equiv="Content-Type" content="text/html; charset=gb2312" />
<title>CSS list-style-type 属性示例</title>
<style type="text/css" media="all">
ul{list-style-type: disc;}
img{width:100px; height:70px;}
</style>
</head>
<body>
<p>标签同一行: </p>
<div style="display:inline"><imgsrc="flower.jpg" /></div>
<div style="display:inline"><imgsrc="flower.jpg" /></div>
<div style="display:inline"><imgsrc="flower.jpg" /></div>
<p>标签不同行: </p>
<span style="display:block"><imgsrc="flower.jpg" /></span>
<span style="display:block"><imgsrc="flower.jpg" /></span>
<span style="display:block"><imgsrc="flower.jpg" /></span>
</body>
</html>
```

由此可以看出，display 属性改变了块级元素与内联元素默认的排列方式。另外，如果 display 属性值为 none 的话，那么可以使该元素隐藏，并且不会占据空间。代码如下。

```
<html>
<head>
<title>display 属性示例</title>
<style type=" text/ css">
div{width:100px; height:50px; border:1px solid red}
</style>
</head>
```

```
<body>
<div>第一个块元素</div>
<div style="display:none">第二个块元素</div>
<div>第三个块元素</div>
</body>
</html>
```

13.2.7　案例 7——使用宽高样式设定宽高

13.2.6 节介绍了块级元素与内联元素的区别，本节介绍两者宽高属性的区别。块级元素可以设置宽度与高度，但内联元素是不能设置的。例如，span 元素是内联元素，给 span 设置宽高属性的代码如下。

```
<html>
<head>
<title>宽高属性示例</title>
<style type=" text/ css">
span{ background:#CCC }
.special{ width:100px; height:50px; background:#CCC}
</style>
</head>
<body>
<span class="special">这是 span 元素 1</span>
<span>这是 span 元素 2</span>
</body>
</html>
```

在这个示例中，显示的结果是设置了宽高属性的 span 元素 1 与没有设置宽高属性的 span 元素 2 的显示效果是一样的。因此，内联元素不能设置宽高属性。如果把 span 元素改为块级元素，效果会如何呢？

根据 13.2.6 节所学内容，可以通过设置 display 属性值为 block 来使内联元素变为块级元素，代码如下。

```
<html>
<head>
<title>宽高属性示例</title>
<style type=" text/ css">
span{background:#CCC;display:block ;border:1px solid #036}
.special{width:200px; height:50px; background:#CCC}
</style>
</head>
<body>
<span class="special">这是 span 元素 1</span>
<span>这是 span 元素 2</span>
</body>
</html>
```

在浏览器的输出中可以看出，当把 span 元素变为块级元素后，类为 special 的 span 元素 1 按照所设置的宽高属性显示，而 span 元素 2 则按默认状态占据一行显示。

13.2.8 案例8——使用边框样式美化边框

border 一般用于分隔不同的元素。border 的属性主要有 3 个，即 color(颜色)、width(粗细)、style(样式)。在使用 CSS 设置边框时，可以分别使用 border-color、border-width 和 border-style 属性设置它们。

- □ border-color：设定 border 的颜色。在通常情况下，颜色值为十六进制数，如红色为 #ff0000，当然也可以是颜色的英语单词，如 red、yellow 等。
- □ border-width：设定 border 的粗细程度，可以设为 thin、medium、thick 或者具体的数值，单位为 px，如 5px 等。border 默认的宽度值为 medium，一般浏览器将其解析为 2px。
- □ border-style：设定 border 的样式，可以设为 none(无边框线)、dotted(由点组成的虚线)、dashed(由短线组成的虚线)、solid(实线)、double(双线，双线宽度加上它们之间的空白部分的宽度就等于 border-width 定义的宽度)、groove(根据颜色画出 3D 沟槽状的边框)、ridge(根据颜色画出 3D 脊状的边框)、inset(根据颜色画出 3D 内嵌边框，颜色较深)、outset(根据颜色画出 3D 外嵌边框，颜色较浅)。注意：border-style 属性的默认值为 none，因此边框要想显示出来必须设置 border-style 值。

为了更清楚地看到这些样式的效果，通过一个示例来展示，其代码如下。

```
<html>
<head>
<title>border 样式示例</title>
<style type=" text/ css">
div{ width:300px; height:30px; margin-top:10px;
border-width:5px;border-color:green }
</style>
</head>
<body>
<div style="border-style:dashed">边框为虚线</div>
<div style="border-style:dotted">边框为点线</div>
<div style="border-style:double">边框为双线</div>
<div style="border-style:groove">边框为 3D 沟槽状线</div>
<div style="border-style:inset">边框为 3D 内嵌边框线</div>
<div style="border-style:outset">边框为 3D 外嵌边框线</div>
XHTML+CSS+JavaScript 网页设计与布局
114
<div style="border-style:ridge">边框为 3D 脊状线</div>
<div style="border-style:solid">边框为实线</div>
</body>
</html>
```

在上面的示例中，分别设置了 border-color、border-width 和 border-style 属性，其效果是对上下左右 4 条边同时产生作用。在实际应用中，除了采用这种方式外，还可以分别对 4 条边框设置不同的属性值，方法是按照规定的顺序，给出 2 个、3 个、4 个属性值，分别代表不同的含义。给出 2 个属性值：第一个数值表示上下边框的属性，第二个数值表示左右边框的属性。给出 3 个属性值：第一个数值表示上边框的属性，第二个数值表示左右边框的属性，第三个数值表示下边框的属性。给出 4 个属性值：依次表示上、右、下、左边框的属性，即顺时针排序。

代码如下。

```
<html>
<head>
<title>border 样式示例</title>
<style type=" text/ css">
div{border-width:5px 8px;border-color:green yellow red; border-style:dotted
dashed solid double}
</style>
</head>
<body>
<div>设置边框</div>
</body>
</html>
```

给 div 设置的样式为上下边框宽度为 5px，左右边框宽度为 8px；上边框的颜色为绿色、左右边框的颜色为黄色，下边框的颜色为红色；从上边框开始，按照顺时针方向，4 条边框的样式分别为点线、虚线、实线和双线。

如果某元素的 4 条边框的设置都一样，还可以简写为：

```
border:5px solid red;
```

如果想对某一条边框单独设置，例如：

```
border-left::5px solid red;
```

这样就可以只设置左边框为红色、实线、宽为 5px。其他 3 条边设置类似，3 个属性分别为 border-right、border-top、border-bottom，以此就可以分别设置右边框、上边框、下边框的样式。

如果只想设置某一条边框的某一个属性，例如：

```
border-left-color:: red;
```

这样就可以设置左边框的颜色为红色。其他属性设置类似，在此不再一一举例。

13.3 使用 CSS 滤镜美化网页

CSS 滤镜是 IE 浏览器厂商为了增加浏览器功能和竞争力而推出的一种网页特效工具。从 Internet Explorer 4.0 开始，浏览器便开始支持多媒体滤镜特效，允许使用简单的代码对文本和图片进行处理，例如模糊、彩色投影、火焰效果、图片倒置、色彩渐变、风吹效果、光晕效果等。当把滤镜和渐变结合运用到网页脚本语言中，就可以建立一个动态交互的网页。

CSS 滤镜属性的标识符是 filter，语法格式如下。

```
filter:filtername(parameters)
```

其中，filtername 是滤镜名称，如 Alpha、Blur、Chroma、DropShadow 等；parameters 指

定了滤镜中各参数，通过这些参数才能够决定滤镜显示的效果。表 13-2 列出了常用滤镜名称。

表 13-2　CSS 滤镜

滤镜名称	效果
Alpha	设置透明度
BlendTrans	实现图像之间的淡入和淡出的效果
Blur	建立模糊效果
Chroma	设置对象中指定的颜色为透明色
DropShadow	建立阴影效果
FlipH	将元素水平翻转
FlipV	将元素垂直翻转
Glow	建立外发光效果
Gray	灰度显示图像，即显示为黑白图像
Invert	图像反相，包括色彩、饱和度和亮度值，类似底片效果
Light	设置光源效果
Mask	建立透明遮罩
RevealTrans	建立切换效果
Shadow	建立另一种阴影效果
Wave	波纹效果
Xray	显现图片的轮廓，类似于 X 光片效果

滤镜可以分为基本滤镜和高级滤镜，基本滤镜是指直接作用于 HTML 对象上便能立即生效的滤镜。高级滤镜是指需要配合 JavaScript 脚本语言，能产生变换效果的滤镜，包含 BlendTrans、RevealTrans、Light 等。

13.3.1　案例 9——Alpha 滤镜

Alpha(通道)滤镜能实现针对图片文字元素的透明效果，这种透明效果是通过"把一个目标元素和背景混合"来实现的，混合程度可以由用户指定的数值来控制。通过指定坐标，可以指定点、线和面的透明度。如果将 Alpha 滤镜与网页脚本语言结合，并适当地设置其参数，就能使图像显示淡入淡出的效果。

Alpha 滤镜的语法格式如下。

```
{filter : Alpha ( enabled=bEnabled, style=iStyle, opacity=iOpacity,
finishOpacity=iFinishOpacity,startx=iPercent,starty=iPercent,finishx=iPercent, finishy=iPercent )}
```

各参数如表 13-3 所示。

表 13-3　Alpha 滤镜参数

参　数	说　明
enabled	设置滤镜是否激活
style	设置透明渐变的样式，也就是渐变显示的形状，取值为 0～3。0 表示无渐变，1 表示线形渐变，2 表示圆形渐变，3 表示矩形渐变
opacity	设置透明度，值范围是 0～100。0 表示完全透明，100 表示完全不透明
finishOpacity	设置结束时的透明度，值范围也是 0～100
startx	设置透明渐变开始点的水平坐标(即 x 坐标)
starty	设置透明渐变开始点的垂直坐标(即 y 坐标)
finishx	设置透明渐变结束点的水平坐标
finishy	设置透明渐变结束点的垂直坐标

【例 13.1】为图像添加 Alpha 滤镜(实例文件：ch13\13.1.html)。

```
<html>
<head>
    <title>Alpha 滤镜</title>
</head>
<body>
     原始图<img src="baimd.jpg" style="width:200px;height:120px;">
      style=0<img src="baimd.jpg" style="width:200px;height:120px;filter :
Alpha(opacity=60 , style=0)" >
      style=2<img src="baimd.jpg" style="width:200px;height:120px;filter :
Alpha(opacity=60 , style=2)" >
      style=3 <img src="baimd.jpg" style="width:200px;height:120px;filter :
Alpha(opacity=60 , style=3)" >
  </body>
</html>
```

在 IE 中浏览效果如图 13-1 所示，可以看到显示了 4 张图片，其透明度依次减弱。

在使用 Alpha 滤镜时要注意以下两点。

(1) 由于 Alpha 滤镜使当前元素部分透明，该元素下层的内容的颜色对整个效果起着重要作用，因此颜色的合理搭配相当重要。

(2) 透明度的大小要根据具体情况仔细调整，取一个最佳值。

【例 13.2】 Alpha 滤镜应用于文字(实例文件：ch13\13.2.html)。

```
<html>
<head>
    <title>Alpha 滤镜</title>
    <style type="text/css">
    <!--
     p{
        color:yellow;
        font-weight:bolder;
        font-size:25pt;
        width:100%
     }
    -->
```

```
    </style>
</head>
<body style="background-color:Black">
    <div >
        <p>Alpha 滤镜</p>
        <p style="filter:alpha(opacity=60 , style=1)">透明效果</p>
        <p style="filter:alpha(opacity=60 , style=2)">透明效果</p>
        <p style="filter:alpha(opacity=60 , style=3)">透明效果</p>
    </div>
  </body>
</html>
```

在 IE 中浏览效果如图 13-2 所示，可以看到显示出 4 个段落，其透明度依次减弱。

图 13-1　Alpha 滤镜应用于图片

图 13-2　Alpha 滤镜应用于文字

13.3.2　案例 10——Blur 滤镜

Blur(模糊)滤镜可实现页面模糊效果，即在一个方向上的运动模糊。如果应用得当，就可以产生高速移动的动感效果。

Blur 滤镜的语法格式如下。

```
{filter : Blur ( enabled=bEnabled , add=iadd , direction=idirection ,
        strength=fstrength )}
```

各参数如表 13-4 所示。

表 13-4　Blur 滤镜参数

参　　数	说　　明
enabled	设置滤镜是否激活
add	指定图片是否改变成模糊效果。这是个布尔参数，有效值为 True 或 False。True 是默认值，表示应用模糊效果；False 则表示不应用
direction	设定模糊方向。模糊效果是按顺时针方向起作用的，取值范围为 0～360 度，45 度为一个间隔。有 8 个方向值：0 表示零度，代表向上方向；45 表示右上；90 表示向右；135 表示右下；180 表示向下；225 表示左下；270 表示向左；315 表示左上
strength	指定模糊半径大小，单位是像素，默认值为 5，取值范围为自然数，该取值决定了模糊效果的延伸范围

【例 13.3】 为图片与文字应用 Blur 滤镜(实例文件：ch13\13.3.html)。

```
<html>
<head>
<title>模糊 Blur</title>
<style>
img{
    height:180px;
}
 div.div2 { width:400px;filter:blur(add=true,direction=90,strength=50) }
</style>

</head>
<body>
    原始图<img src="baihua.jpg">
    add=true<img src="baihua.jpg"
style="filter:Blur(add=true,direction=225,strength=20)">
    add=false<img src="baihua.jpg"
style="filter:Blur(add=false,direction=225,strength=20)">
 <div class="div2">
    <p style="font-size: 30pt; font-weight: bold; color:DarkBlue">
      Blur 滤镜</p>
  </div>
</body>
</html>
```

在 IE 中浏览效果如图 13-3 所示，可以看到两张模糊图片均在一定方向上发生模糊。下方的文字也发生了模糊，具有文字吹风的效果。

13.3.3 案例 11——Chroma 滤镜

Chroma(透明色)滤镜可以设置 HTML 对象中指定的颜色为透明色。其语法格式如下。

```
{filter : Chroma(enabled=bEnabled ,
color=sColor)}
```

其中，color 参数设置要变为透明色的颜色。

【例 13.4】 应用 Chroma 滤镜(实例文件：ch13\13.4.html)。

图 13-3　Blur 滤镜的应用

```
<html>
<head>
    <title>Chroma 滤镜</title>
    <style>
    <!--
     div{position:absolute;top:70;letf:40; filter:Chroma(color=blue)}
     p{font-size:30pt; font-weight:bold; color:blue}
    -->
    </style>
</head>
```

```
<body>
    <p>Chroma 滤镜效果</p>
    <div>
        <p>Chroma 滤镜效果</p>
    </div>
</body>
</html>
```

在 IE 中浏览效果如图 13-4 所示，可以看到第二个段落中某些笔画丢失。拖动鼠标选择过滤颜色后的文字，便可以查看到丢失的笔画。

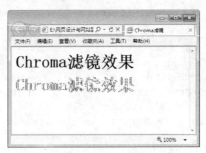

图 13-4　Chroma 滤镜的应用

Chroma 滤镜一般应用于文字特效，而且对于有些格式的图片也不适用。例如，JPEG 格式的图片是一种已经减色和压缩处理的图片，所以要设置其中某种颜色透明十分困难。

13.3.4　案例 12——DropShadow 滤镜

阴影效果在实际的文字和图片中非常实用，DropShadow(下落的阴影)滤镜用于建立阴影效果，使元素内容在页面上产生投影，从而实现立体的效果。其工作原理就是创建一个偏移量，并定义一个阴影颜色，使之产生效果。

DropShadow 滤镜的语法格式如下。

```
{filter : DropShadow ( enabled=bEnabled , color=sColor , offx=iOffsetx,
offy=iOffsety, positive=bPositive ) }
```

各参数如表 13-5 所示。

表 13-5　DropShadow 滤镜参数

参　数	说　明
enabled	设置滤镜是否激活
color	指定滤镜产生的阴影颜色
offx	指定阴影水平方向偏移量，默认值为 5px
offy	指定阴影垂直方向偏移量，默认值为 5px
positive	指定阴影透明程度，为布尔值。True(1)表示为任何的非透明像素建立可见的阴影，False(0)表示为透明的像素部分建立透明效果

【例 13.5】　应用 DropShadow 滤镜(实例文件：ch13\13.5.html)。

```
<html>
<head>
    <title>DropShadow 滤镜</title>
</head>
<body>
    <table width="90%" height="90%">
        <tr>
            <td style="filter: DropShadow(color=gray,offx=10,offy=10,positive=1)">
                <img src="9.jpg" >
            </td>
        </tr>
        <tr>
            <td style="filter:DropShadow(color=gray,offx=5,offy=5.positive=1);
                    font-size:20pt; color:DarkBlue">
                这是一个阴影效果
            </td>
        </tr>
    </table>
</body>
</html>
```

在 IE 中浏览效果如图 13-5 所示，可以看到图片产生了阴影，但不明显；下方文字产生的阴影效果明显。

图 13-5 Dropshadow 滤镜的应用

13.3.5 案例 13——FlipH 滤镜和 FlipV 滤镜

在 CSS 中，可以通过 Filp 滤镜实现 HTML 对象的翻转效果。其中 FlipH 滤镜用于水平翻转对象，即将元素对象按水平方向进行 180 度翻转。FlipH 滤镜可以在 CSS 中直接使用，使用格式如下。

```
{Fliter: FlipH(enabled=bEnabled)}
```

该滤镜中只有一个 enabled 参数，表示是否激活该滤镜。

【例 13.6】 应用 FlipH 滤镜(实例文件：ch13\13.6.html)。

```
<html >
```

241

```
<head>
    <title>FlipH 滤镜</title>
<style>
img{
height:120px;
width:200px;
}
</style>
</head>
<body>
        原图片<img src="9.jpg">
        图片水平翻转<img src="9.jpg" style="Filter:FlipH()">

</body>
</html>
```

在 IE 中浏览效果如图 13-6 所示，可以看到图片以中心为支点，进行了左右方向上的翻转。
FlipV 滤镜用来实现对象的垂直翻转，包括文字和图像。其语法格式如下。

```
{Fliter: FlipV(enabled=bEnabled)}
```

其中，enabled 参数表示是否激活滤镜。

【例 13.7】 应用 FlipV 滤镜(实例文件：ch13\13.7.html)。

```
<html>
<head>
<title>FlipV 滤镜</title>
</head>
<body>
        <img src="9.jpg">原图片
        <img src="9.jpg" style="Filter:FlipV()">图片垂直翻转
</body>
</html>
```

在 IE 中浏览效果如图 13-7 所示，可以看到图片发生了上下翻转。

图 13-6　FlipH 滤镜的应用　　　　　　　图 13-7　FlipV 滤镜的应用

13.3.6 案例 14——Glow 滤镜

文字或物体发光的特性往往能吸引浏览者注意，Glow(光晕)滤镜可以使对象的边缘产生一种柔和的边框或光晕，并可产生如火焰一样的效果。

其语法格式如下。

```
{filter : Glow ( enabled=bEnabled , color=sColor , strength=iDistance ) }
```

其中，color 用于设置边缘光晕颜色；strength 用于设置晕圈范围，值范围是 1～255，值越大效果越强。

【例 13.8】 应用 Glow 滤镜(实例文件：ch13\13.8.html)。

```
<html>
<head>
    <title>filter glow</title>
这段文字不带有光晕
    <style>
    <!--
      .weny{
          width:100%;
          filter:Glow(color=#9966CC,strength=10)}
    -->
    </style>
</head>
<body>
    <div class="weny">
        <p style="font-family: 1 幼圆; font-size: 40pt; font-weight: bolder;
color: #003366">
            这段文字带有光晕
    </div>
</body>
</html>
```

在 IE 中浏览效果如图 13-8 所示，可以看到文字带有光晕出现，非常漂亮。当 Glow 滤镜作用于文字时，每个文字边缘都会出现光晕，效果非常强烈。而对于图片，Glow 滤镜只在其边缘加上光晕。

图 13-8 Glow 滤镜的应用

13.3.7 案例 15——Gray 滤镜

黑白色是一种经典颜色，使用 Gray(灰色)滤镜能够轻松地将彩色图片变为黑白图片。

其语法格式如下。

```
{filter:Gray(enabled=bEnabled)}
```

其中，enabled 表示是否激活滤镜，可以在页面代码中直接使用。

【例 13.9】 应用 Gray 滤镜(实例文件：ch13\13.9.html)。

```
<html>
```

```
<head>
<title>Gray 滤镜</title>
</head>
<body>
        <img src="9.jpg"   style="width: 50%;height:50%"  />原图
         <img src="9.jpg"   style="width: 50%;height:50%; filter: Gray()"
/>  灰度图
</body>
</html>
```

在 IE 中浏览效果如图 13-9 所示，可以看到下面一张图片以黑白色显示。

13.3.8　案例 16——Invert 滤镜

Invert(反色)滤镜可以把对象的可视化属性全部翻转，包括色彩、饱和度和亮度值，使图片产生一种底片或负片的效果。

其语法格式如下。

```
{filter:Invert(enabled=bEnabled)}
```

其中，enabled 参数用来设置是否激活滤镜。

【例 13.10】　应用 Invert 滤镜(实例文件：ch13\13.10.html)。

```
<html>
<head>
<title>Invert 滤镜</title>
</head>
<body>
<img src="9.jpg" />原图
<img src="9.jpg"  style="width:30%; filter: Invert()" />反相图
</body>
</html>
```

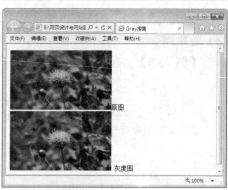

图 13-9　Gray 滤镜的应用

在 IE 中浏览效果如图 13-10 所示，可以看到下面一张图片以相片底片的颜色出现。

13.3.9　案例 17——Mask 滤镜

通过 Mask(遮罩)滤镜，可以为网页中的元素对象制作出一个矩形遮罩。遮罩，就是指使用一个颜色图层将包含有文字或图像等对象的区域遮盖，但是文字或图像部分却以背景色显示出来。

Mask 滤镜的语法格式如下。

```
{filter:Mask(enabled=bEnabled , color=sColor)}
```

其中，参数 color 用来设置 Mask 滤镜作用的颜色。

图 13-10　Invert 滤镜的应用

【例 13.11】 应用 Mask 滤镜(实例文件：ch13\13.11.html)。

```
<html>
<head>
<title>Mask 遮罩滤镜</title>
<style>
p {
    width:400;
filter:mask(color:#FF9900);
    font-size:40pt;
    font-weight:bold;
    color:#00CC99;
}
</style>
</head>
<body>
<p>这里有个遮罩</p>
</body>
</html>
```

在 IE 中浏览效果如图 13-11 所示，可以看到文字上面有一个遮罩，文字颜色是背景颜色。

图 13-11 Mask 滤镜的应用

13.3.10 案例 18——Shadow 滤镜

可以通过 Shadow(阴影)滤镜来给对象添加阴影效果，其实际效果看起来好像是对象离开了页面，并在页面上显示出该对象的阴影。阴影部分的工作原理是建立一个偏移量，并为其加上颜色。

其语法格式如下。

```
{filter:Shadow(enabled=bEnabled, color=sColor, direction=iOffset, strength=iDistance)}
```

各参数如表 13-6 所示。

表 13-6 Shadow 滤镜参数

参　数	说　明
enabled	设置滤镜是否激活
color	设置投影的颜色
direction	设置投影的方向，分别有 8 种取值，代表 8 种方向：取值为 0 表示向上，45 为右上，90 为右，135 为右下，180 为下，225 为左下，270 为左，315 为左上
strength	设置投影向外扩散的距离

【例 13.12】 应用 Shadow 滤镜(实例文件：ch13\13.12.html)。

```
<html>
<head>
<title>阴影效果</title>
```

```
<style>
h1 {
    color:#FF6600;
    width:400;
    filter:shadow(color=blue, offx=15, offy=22, positive=flase);
}
</style>
</head>
<body>
<h1>我好看么</h1>
</body>
</html>
```

在 IE 中浏览效果如图 13-12 所示，可以看到文字带有阴影效果。

图 13-12 Shadow 滤镜的应用

13.3.11 案例 19──Wave 滤镜

Wave(波浪)滤镜可以为对象添加竖直方向上的波浪效果，也可以用来把对象按照竖直的波纹样式打乱。

其语法格式如下。

```
{filter:Wave(enabled=bEnabled, add=bAddImage, freq=iWaveCount,
lightStrength=iPercentage, phase=iPercentage, strength=iDistance)}
```

各参数如表 13-7 所示。

表 13-7 Wave 滤镜参数

参 数	说 明
enabled	设置滤镜是否激活
add	布尔值，表示是否在原始对象上显示效果。True 表示显示，False 表示不显示
freq	设置生成波纹的频率，也就是设定在对象上产生的完整的波纹的条数
lightStrength	设置波纹效果的光照强度，取值为 0~100
phase	设置正弦波开始的偏移量，取百分比值 0~100，默认值为 0。25 就是 360 度×25%为 90 度，50 则为 180 度
strength	设置波纹的曲折的强度

【例 13.13】 应用 Wave 滤镜(实例文件：ch13\13.13.html)。

```
<html>
<head>
<title>波浪效果</title>
<style>
h1 {
    color:violet;
    text-align:left;
    width:400;
    filter:wave(add=true, freq=5, lightStrength=45, phase=20, strength=3);
}
</style>
```

```
</head>
<body>
<h1>一起去看大海</h1>
</body>
</html>
```

在 IE 中浏览效果如图 13-13 所示，可以看到文字带有波浪效果。

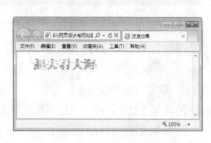

图 13-13 Ware 滤镜的应用

13.3.12 案例 20——X-ray 滤镜

X-ray 的中文含义为 X 射线。X-ray 滤镜可以使对象反映出它的轮廓，并把这些轮廓的颜色加亮，使整体看起来会有一种 X 光片的效果。

其语法格式如下。

```
{filter:Xray(enabled=bEnabled)}
```

其中，enabled 参数用于确定是否激活该滤镜。

【例 13.14】 应用 X-ray 滤镜(实例文件：ch13\13.14.html)。

```
<html>
<head>
<title>X 射线</title>
<style>
.noe {
filter:xray;
}
</style>
</head>
<body>
<img src="9.jpg" class="noe" />
<img src="9.jpg" />
</body>
</html>
```

在 IE 中浏览效果如图 13-14 所示，可以看到图片有 X 光效果。

图 13-14 X-ray 滤镜的应用

13.4 实战演练——设定网页中的链接样式

"搜搜"作为一个搜索引擎网站，知名度越来越高。打开其首页，可以看到存在一个水平导航菜单，通过该菜单可以搜索不同类别的内容。本实例将结合本章学习的知识，轻松实现搜搜导航栏，具体操作步骤如下。

step 01 分析需求。

实现该实例，需要包含三个部分，第一部分是搜搜图标；第二部分是水平菜单导航栏，也是本实例的重点；第三部分是表单部分，包含一个文本框和一个按钮。该实例实现后，其实际效果如图 13-15 所示。

图 13-15　预览网页效果

step 02 创建 HTML 网页，实现基本 HTML 元素。

对于本实例，需要利用 HTML 标签实现搜搜图标、导航的项目列表、下方的搜索文本框和按钮等。其代码如下。

```
<html>
<head>
<title>搜搜</title>
   </head>
<body>
<center><br><img src="logo index.png"><br><br><br><br>
<div>
<ul>
            <li id=h></li>
    <li><a href="#">网页</a></li>
    <li><a href="#">图片</a></li>
    <li><a href="#">视频</a></li>
    <li><a href="#">音乐</a></li>
    <li><a href="#">搜吧</a></li>
    <li><a href="#">问问</a></li>
    <li><a href="#">团购</a></li>
    <li><a href="#">新闻</a></li>
    <li><a href="#">地图</a></li>
    <li id="more"><a href="#">更 多 &gt;&gt;</a></li>
</ul>
</div>
<p style="height:44px;"> </p>
```

```
<div id=s>
<form action="/q?" id="flpage" name="flpage">
    <input type="text" value="" size=50px;/>
    <input type="submit" value="搜搜">
</form>
</div>
</center>
</body>
</html>
```

在 IE 中浏览效果如图 13-16 所示，可以看到上方显示了一个图片，即搜搜图标；中间显示了一列项目列表，每个选项都是超级链接；下方是一个表单，包含文本框和按钮。

step 03　添加 CSS 代码，修饰项目列表。

框架出来之后，就可以修改项目列表的相关样式，使列表水平显示，同时定义整个 DIV 层的属性，如设置背景色、宽度、底部边框、字体大小等。其代码如下。

图 13-16　创建基本 HTML 网页

```
p{margin:0px; padding:0px;}
#div{
    margin:0px auto;
    font-size:12px;
    padding:0px;
    border-bottom:1px solid #00c;
    background:#eee;
    width:800px;height:18px;
}
div li{
    float:left;
    list-style-type:none;
    margin:0px;padding:0px;
    width:40px;
}
```

上面代码中，float 属性用于设置菜单栏水平显示，list-style-type 属性用于设置列表不显示项目符号。在 IE 中浏览效果如图 13-17 所示，可以看到页面整体效果和搜搜首页比较相似，下面就可以在细节上进行进一步的修改了。

step 04 添加 CSS 代码，修饰超级链接。

```
div li a{
    display:block;
    text-decoration:underline;
    padding:4px 0px 0px 0px;
    margin:0px;
            font-size:13px;
}
div li a:link, div li a:visited{
    color:#004276;

}
```

上面代码设置了超级链接，即菜单导航栏中选项的相关属性，如超级链接以块显示、文本带有下划线，字体大小为 13 像素，并设定了鼠标访问超级链接后的颜色。

在 IE 中浏览效果如图 13-18 所示，可以看到字体颜色发生改变。

图 13-17　修饰项目列表

图 13-18　修饰超级链接

step 05 添加 CSS 代码，定义对齐方式和表单样式。

```
div li#h{width:180px;height:18px;}
div li#more{width:85px;height:18px;}
#s{
    background-color:#006EB8;
    width:430px;
}
```

上述代码中，h 定义了水平菜单最前方空间的大小，more 定义了更多的宽度和高度，s 定义了表单背景色和宽度。在 IE 中浏览效果如图 13-19 所示。

step 06 添加 CSS 代码，修饰访问默认样式。

```
<a href="#"  style="text-decoration:none;color:#020202;font-size:14px;">网页
</a>
```

此代码段设置了被访问时的默认样式。在 IE 中浏览效果如图 13-20 所示，可以看到"网页"菜单二字的颜色为黑色，且不带有下划线。

图 13-19　定义对齐方式和表单样式

图 13-20　网页最终效果

13.5　跟我练练手

13.5.1　练习目标

能够熟练掌握本章所讲内容。

13.5.2　上机练习

练习 1：使用 CSS 样式表美化网页。

练习 2：使用 CSS 滤镜美化网页。

练习 3：设定网页中的链接样式。

13.6　高手甜点

甜点 1：滤镜效果是 IE 浏览器特有的 CSS 特效，那么在 Firefox 中能否实现呢

滤镜效果虽然是 IE 浏览器的特有效果，但使用 Firefox 浏览器的一些属性也可以实现相同的效果。例如 IE 的阴影效果，在 Firefox 网页设计中，可以先在文字下面再叠一层浅色的同样的字，然后做两个像素的错位，制造阴影的假象。

甜点 2：文字和图片导航哪个速度快

文字导航不仅速度快，而且更稳定，因为有些用户上网时会关闭图片。在处理文本时要注意，除非特别需要，否则不要为普通文本添加下划线，令用户误认为其能够点击。

第 14 章

网页盒子模型——
网页布局的
盒子技术

在传统网页设计中，为了保证页面元素位置，经常使用表格来完成。表格起到了定位和布局的作用。由于表格布局的局限性，CSS 中提出了盒子模型和新增盒子模型来完成对元素的直接定位，即能够为页面元素定义边框，并修饰内容距离，从而优化文本内容的显示效果。

本章要点(已掌握的在方框中打钩)

- ☐ 认识网页布局的盒子技术。
- ☑ 掌握弹性盒模型的应用。
- ☐ 掌握盒子的定位与浮动。

14.1 盒子模型

将网页上的每个 HTML 元素都认为是长方形的盒子，是网页设计上的一大创新。在控制页面方面，盒子模型有着至关重要的作用。熟练掌握盒子模型及其各个属性，是控制页面中每个 HTML 元素的前提。

14.1.1 盒子模型的概念

CSS 中，所有的页面元素都包含在一个矩形框内，称为盒子。盒子描述了元素在页面布局中所占的空间大小，因此盒子可以影响其他元素的位置及大小。例如，页面中第一个盒子为 10px，那么下一个盒子就处于离顶部 10px 距离的位置。如果第一个盒子增加为 20px，则下一个盒子就要再下移 10px。而整个页面就是由这些个大大小小但不会重叠的盒子形成的。

盒子模型由 content(内容)、padding(空白)、border(边框)、margin(边界)几个属性组成。此外在盒子模型中，还具备高度和宽度两个辅助属性。盒子模型如图 14-1 所示。

从图中可以看出，盒子模型包含如下 4 个部分。

(1) content(内容)：内容是盒子模型中必需的一部分，内容可以是文字、图片等元素。

(2) padding(填充)：也称内边距或补白，用来设置内容和边框之间的距离。

(3) border(边框)：可以设置内容边框线的粗细、颜色、样式等，前面已经介绍过。

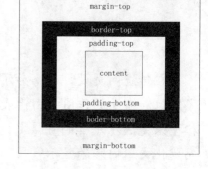

图 14-1 盒子模型

(4) margin(边界)：外边距，用来设置内容与内容之间的距离。

对于这些属性可以把它转移到日常生活中的盒子(箱子)上来理解，日常生活中所见的盒子也就是能装东西的一种箱子，也具有这些属性。内容(content)就是盒子里装的东西；而填充(padding)就是怕盒子里装的东西(贵重的)损坏而添加的泡沫或者其他抗震的辅料；边框(border)就是盒子本身了；至于边界(margin)则说明盒子摆放的时候不能全部堆在一起，要留一定空隙保持通风，同时也为了方便取出。

提示

在网页设计上，内容常指文字、图片等元素，但是也可以是小盒子(DIV 嵌套)。CSS 盒子与现实生活中的盒子不同的是，现实生活中的东西一般不能大于盒子，否则盒子会被撑坏；而 CSS 盒子具有弹性，里面的东西大过盒子本身最多把它撑大，但它不会损坏。

一个盒子的实际高度(宽度)是由 content+padding+border+margin 组成的。在 CSS 中，可以通过设定 width 和 height 来控制 content 的大小，并且对于任何一个盒子，都可以分别设定 4 条边的 border、padding 和 margin。

14.1.2 案例 1——网页 border 区域定义

border 边框是内边距和外边距的分界线，可以分离不同的 HTML 元素，border 的外围是元素的最外围。在网页设计中，如果计算元素的宽和高，需要把 border 计算在内。

border 有 3 个属性，分别是边框样式(style)、颜色(color)和宽度(width)。

【例 14.1】 定义网页 border 区域(实例文件：ch14\14.1.html)。

```
<html>
<head>
<title>border 边框</title>
  <style type="text/css">
    .div1{
    Border-width:10px;
    border-color:#ddccee;
    border-style:solid;
    width:410px;
    }
    .div2{
     border-width:1px;
    border-color:#adccdd;
    border-style:dotted;
    width:410px;
    }
    .div3{
     border-width:1px;
    border-color:#457873;
    border-style:dashed;
    width:410px;
    }
  </style>
</head>
<body>
  <div class="div1">
     这是一个宽度为 10px 的实线边框。
     </div>
     <br /><br />
     <div class="div2">
     这是一个宽度为 1px 的虚线边框。
     </div>
     <br /><br />
     <div class="div3">
     这是一个宽度为 1px 的点状边框。
     </div>
</body>
</html>
```

在 IE 9.0 中浏览效果如图 14-2 所示，可以看到显示了三个不同风格的盒子，第一个盒子的边框线宽度 10 像素，边框样式为实线边框，颜色为紫色；第二个盒子的边框线宽度为 1 像素，边框样式为虚线边框，颜色为浅绿色；第三个盒子的边框线宽度为 1 像素，边框样式为点状边框，颜色为绿色。

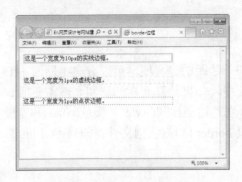

图 14-2　定义网页 border 区域

在给元素设置 background-color 背景色时，IE 作用的区域为 content+padding，而 Firefox 则是 content+padding+border。这点在 border 为粗虚线时特别明显。

14.1.3　案例 2——网页 padding 区域定义

在 CSS 中，可以设置 padding 属性定义内容与边框之间的距离，即内边距。语法格式如下。

```
padding : length
```

padding 属性值可以是一个具体的长度，也可以是一个相对于上级元素的百分比，但不可以使用负值。当设置值为百分数时，百分数值是相对于其父元素的 width 计算的，这一点与外边距一样。所以，如果父元素的 width 改变，其值也会改变。

padding 属性能为盒子定义上、下、左、右间隙的宽度，也可以单独定义各方位的宽度。常用形式如下。

```
padding :padding-top | padding-right | padding-bottom | padding-left
```

如果提供 4 个参数值，将按顺时针的顺序作用于四边。如果只提供 1 个参数值，将用于全部的 4 条边；如果提供 2 个，第 1 个作用于上下两边，第 2 个作用于左右两边；如果提供 3 个，第 1 个用于上边，第 2 个用于左右两边，第 3 个用于下边。

其具体含义如表 14-1 所示。

表 14-1　padding 属性的子属性

属　　性	描　　述
padding-top	设定上间隙
padding-bottom	设定下间隙
padding-left	设定左间隙
padding-right	设定右间隙

【例 14.2】　定义网页 padding 区域(实例文件：ch14\14.2.html)。

```
<html>
<head>
<title>padding</title>
 <style type="text/css">
   .wai{
     width:400px;
     height:250px;
     border:1px #993399 solid;
   }
   img{
     max-height:120px;
     padding-left:50px;
     padding-top:20px;
    }
 </style>
</head>
<body>
 <div class="wai">
   <img src="13.jpg" />
       <p>这张图片的左内边距是 50px，顶内边距是 20px</p>
   </div>
</body>
</html>
```

在 IE 中浏览效果如图 14-3 所示，可以看到在一个 DIV 层中显示了一个图片，并定义了图片的左内边距和上内边距的效果。可以看出，内边距其实是对象 img 和外层 DIV 之间的距离。

图 14-3　定义网页 padding 区域

14.1.4　案例 3——网页 margin 区域定义

margin 边界用来设置页面中元素和元素之间的距离，即定义元素周围的空间范围，是页面排版中一个比较重要的概念。

其语法格式如下。

```
margin : auto | length
```

其中，auto 表示根据内容自动调整，length 表示由浮点数字和单位标识符组成的长度值或百分数。百分数是基于其父对象的高度计算的。对内联对象来说，左右外延边距可以是负数值。

margin 属性包含的 4 个子属性可控制一个页面元素的四周的边距样式，如表 14-2 所示。

表 14-2　margin 属性的子属性

属　性	描　述
margin-top	设定上边距
margin-bottom	设定下边距
margin-left	设定左边距
margin-right	设定右边距

各子属性的属性值同样可以是一个确定的长度，也可以是一个百分比，该百分比是相对于其父元素的宽度(width)计算的。

在给 margin 设置值时，如果提供 4 个参数值，将按顺时针的顺序作用于四边。如果只提供 1 个参数值，将用于全部的 4 条边；如果提供 2 个，第 1 个作用于上下两边，第 2 个作用于左右两边；如果提供 3 个，第 1 个作用于上边，第 2 个作用于左右两边，第 3 个作用于下边。

如果希望很精确地控制块的位置，需要对 margin 有更深入的了解。margin 设置可以分为行内元素块之间设置、非行内元素块之间设置和父子块之间设置。

1. 行内元素块之间的 margin 设置

【例 14.3】　设置行内元素 margin(实例文件：ch14\14.3.html)。

```
<html>
<head>
<title>行内元素设置margin</title>
<style type="text/css">
<!--
span{
  background-color:#a2d2ff;
  text-align:center;
  font-family:"幼圆";
  font-size:12px;
  padding:10px;
          border:1px #ddeecc solid;
}
span.left{
  margin-right:20px;
  background-color:#a9d6ff;
}
span.right{
  margin-left:20px;
  background-color:#eeb0b0;
}
-->
</style>
    </head>
<body>
  <span class="left">行内元素 1</span><span class="right">行内元素 2</span>
</body>
</html>
```

在 IE 9.0 中浏览效果如图 14-4 所示，可以看到一个蓝色盒子和红色盒子，二者之间的距离使用 margin 设置，其距离是左边盒子的右边距 margin-right 加上右边盒子的左边距 margin-left。

2. 非行内元素块之间的 margin 设置

如果不是行内元素，而是产生换行效果的块级元素，情况就可以发生变化。两个换行块级元素之间的距离不再是 margin-bottom 和 margin-top 的和，而是两者中的较大者。

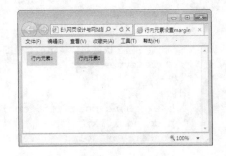

图 14-4　定义 margin 区域

【例 14.4】　非行内元素块之间的 margin 设置(实例文件：ch14\14.4.html)。

```
<html>
<head>
<title>块级元素的margin</title>
<style type="text/css">
<!--
h1{
  background-color:#ddeecc;
  text-align:center;
  font-family:"幼圆";
  font-size:12px;
  padding:10px;
            border:1px #445566 solid;
            display:block;
}
-->
</style>
    </head>
<body>
  <h1 style="margin-bottom:50px;">距离下面块的距离</h1>
  <h1 style="margin-top:30px;">距离上面块的距离</h1>
</body>
</html>
```

在 IE 9.0 中浏览效果如图 14-5 所示，可以看到两个 h1 盒子，二者上下之间存在距离，其距离为 margin-bottom 和 margin-top 中较大的值，即 50 像素。如果修改下面 h1 盒子元素的 margin-top 为 40 像素，会发现执行结果没有任何变化。如果修改其值为 60 像素，会发现下面的盒子会向下移动 10 个像素。

3. 父子块之间的 margin 设置

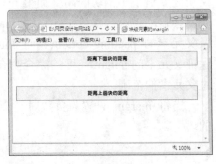

图 14-5　内元素块之间的 margin 设置

当一个 DIV 块包含在另一个 DIV 块中间时，二者便会形成一个典型的父子关系。其中子块的 margin 设置将会以父块的 content 为参考。

【例 14.5】　父子块之间的 margin 设置(实例文件：ch14\14.5.html)。

网站开发案例课堂

```
<html>
<head>
<title>包含块的margin</title>
<style type="text/css">
<!--
div{
  background-color:#fffebb;
  padding:10px;
  border:1px solid #000000;
}
h1{
  background-color:#a2d2ff;
  margin-top:0px;
  margin-bottom:30px;
  padding:15px;
  border:1px dashed #004993;
              text-align:center;
  font-family:"幼圆";
  font-size:12px;
}
-->
</style>
  </head>
<body>
  <div >
    <h1>子块 div</h1>
  </div>
</body>
</html>
```

在 IE 9.0 中浏览效果如图 14-6 所示，可以看到子块
h1 盒子距离父 DIV 下边界为 40 像素(子块 30 像素的外边
距加上父块 10 像素的内边距)，其他 3 边距离都是父块的
padding 距离，即 10 像素。

在上例中，如果设定了父元素的高度 height 值，并且
父块高度值小于子块的高度加上 margin 的值，此时 IE 浏
览器会自动扩大，保持子元素的 margin-bottom 的空间以
及父元素的 padding-bottom。而 Firefox 就不会这样，会
保证父元素的 height 高度的完全吻合，而这时子元素将超
过父元素的范围。

图 14-6　父子块之间的 Margin 设置

当将 margin 设置为负数时，会使得被设为负数的块向相反的方向移动，甚至覆盖在另外
的块上。

14.2　弹性盒模型

CSS 引入了新的盒子模型处理机制，即弹性盒模型。该模型决定元素在盒子中的分布方
式以及如何处理盒子的可用空间。通过弹性盒模型，可以轻松地设计出自适应浏览器窗口的

流动布局或自适应字体大小的弹性布局。

CSS 为弹性盒模型新增了 8 个属性，如表 14-3 所示。

表 14-3 CSS 新增弹性盒模型属性

属　性	说　明
box-orient	定义盒子分布的坐标轴
box-align	定义子元素在盒子内垂直方向上的空间分配方式
box-direction	定义盒子的显示顺序
box-flex	定义子元素在盒子内的自适应尺寸
box-flex-group	定义自适应子元素群组
box-lines	定义子元素分布显示
box-ordinal-group	定义子元素在盒子内的显示位置
box-pack	定义子元素在盒子内的水平方向上的空间分配方式

14.2.1 案例 4——盒子布局取向 box-orient

box-orient 属性用于定义盒子元素内部的流动布局方向，即是横着排还是竖着走。
语法格式如下。

```
box-orient:horizontal | vertical | inline-axis | block-axis | inherit
```

其属性值含义如表 14-4 所示。

表 14-4 box-orient 属性值

属性值	说　明
horizontal	盒子元素从左到右在一条水平线上显示它的子元素
vertical	盒子元素从上到下在一条垂直线上显示它的子元素
inline-axis	盒子元素沿着内联轴显示它的子元素
block-axis	盒子元素沿着块轴显示它的子元素

注意　　下面代码中会存在一些 Firefox 浏览器的私有属性定义，这是因为 IE 9.0 浏览器不支持新盒子布局属性。

【例 14.6】　盒子布局取向 box-orient 属性的实例(实例文件：ch14\14.6.html)。

```
<html>
<head>
<title>
box-orient
</title>
<style>
div{height:50px;text-align:center;}
.d1{background-color:#F6F;width:180px;height:500px}
```

```
.d2{background-color:#3F9;width:600px;height:500px}
.d3{background-color:#FCd;width:180px;height:500px}
body{
        display:box;/*标准声明，盒子显示*/
         display:-moz-box;/*兼容 Mozilla Gecko 引擎浏览器*/
         orient:horizontal;/*定义元素为盒子显示*/
         -mozbox-box-orient:horizontal;/*兼容 Mozilla Gecko 引擎浏览器*/
         box-orient:horizontal;/*CSS 标准化设置*/
}
</style>
</head>
<body>
<div class=d1>左侧布局</div>
<div class=d2>中间布局</div>
<div class=d3>右侧布局</div>
</body>
</html>
```

上面代码中，CSS 样式首先定义了每个 DIV 层的背景色和大小，在 body 标签选择器中，定义了 body 容器中元素以盒子模型显示，并使用 box-orient 定义元素水平并列显示。

在 Firefox 中浏览效果如图 14-7 所示，可以看到显示了 3 个层，3 个 DIV 层并列显示，分别为"左侧布局""中间布局"和"右侧布局"。

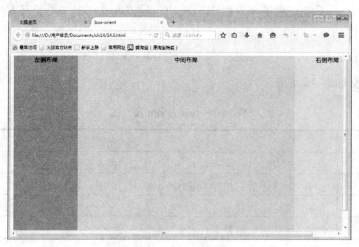

图 14-7 盒子布局取向

14.2.2 案例 5——盒子布局顺序 box-direction

box-direction 属性用于确定子元素的排列顺序，也可以说是内部元素的流动顺序。语法格式如下。

box-direction:normal | reverse | inherit

其属性值如表 14-5 所示。

表 14-5   box-direction 属性值

属性值	说 明
normal	正常显示顺序，即如果盒子元素的 box-orient 属性值为 horizontal，则其包含的子元素按照从左到右的顺序显示，即每个子元素的左边总是靠近前一个子元素的右边；如果盒子元素的 box-orient 属性值为 vertical，则其包含的子元素按照从上到下的顺序显示
reverse	反向显示，盒子所包含的子元素的显示顺序将与 normal 相反
inherit	继承上级元素的显示顺序

【例 14.7】   盒子布局顺序 box-direction 属性的实例(实例文件：ch14\14.7.html)。

```
<html>
<head>
<title>
box-direction
</title>
<style>
div{height:50px;text-align:center;}
.d1{background-color:#F6F;width:180px;height:500px}
.d2{background-color:#3F9;width:600px;height:500px}
.d3{background-color:#FCd;width:180px;height:500px}
body{
        display:box;/*标准声明，盒子显示*/
        display:-moz-box;/*兼容 Mozilla Gecko 引擎浏览器*/
        orient:horizontal;/*定义元素为盒子显示*/
        -mozbox-box-orient:horizontal;/*兼容 Mozilla Gecko 引擎浏览器*/
        box-orient:horizontal;/*CSS 标准声明*/
        -moz-box-direction:reverse;
        box-direction:reverse;

}
</style>
</head>
<body>
<div class=d1>左侧布局</div>
<div class=d2>中间布局</div>
<div class=d3>右侧布局</div>
</body>
</html>
```

可以发现此实例代码和上一个实例代码基本相同，只不过多了一个 box-direction 属性设置，此处设置布局进行反向显示。

在 Firefox 中浏览效果如图 14-8 所示，可以发现与上一个图形相比较，左侧布局和右侧布局进行了互换。

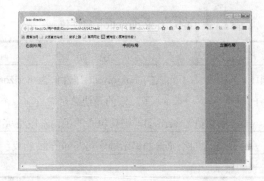

图 14-8　盒子布局顺序

14.2.3　案例 6——盒子布局位置 box-ordinal-group

box-ordinal-group 属性设置每个子元素在盒子中的具体位置。

语法格式如下。

```
box-ordinal-group:<integer>
```

参数值 integer 是一个自然数，从 1 开始，用来设置子元素的位置序号。子元素将根据这个属性从小到大进行排列。在默认情况下，子元素将根据元素的位置进行排列。

【**例 14.8**】　盒子布局位置 box-ordinal-group 属性的实例(实例文件：ch14\14.8.html)。

```
<html>
<head>
<title>
box-ordinal-group
</title>
<style>
body{
    margin:0;
    padding:0;
    text-align:center
    background-color:#d9bfe8;
}
.box{
    margin:auto;
    text-align:center;
    width:988px;
    display:-moz-box;
    display:box;
    box-orient:vertical;
    -moz-box-orient:vertical;
}
.box1{
    -moz-box-ordinal-group:2;
    box-ordinal-group:2;
}
.box2{
    -moz-box-ordinal-group:3;
    box-ordinal-group:3;
```

```
}
.box3{
        -moz-box-ordinal-group:1;
        box-ordinal-group:1;
}
.box4{
        -moz-box-ordinal-group:4;
        box-ordinal-group:4;
}
</style>
</head>
<body>
<div class=box>
<div class=box1><img src=1.jpg/></div>
<div class=box2><img src=2.jpg/></div>
<div class=box3><img src=3.jpg/></div>
<div class=box4><img src=4.jpg/></div>
</div>
</body>
</html>
```

在上面的样式代码中，类选择器 box 中的代码 display:box 设置了容器以盒子方向显示，box-orient:vertical 代码设置排列方向从上到下。在下面的 box1、box2、box3 和 box4 类选择器中通过 box-ordinal-group 属性都设置了显示顺序。

在 Firefox 中浏览效果如图 14-9 所示，可以看到第三个层次显示在第一个和第二个层次之上。

图 14-9　盒子布局位置

14.2.4　案例 7——盒子弹性空间 box-flex

box-flex 属性能够灵活地控制子元素在盒子中的显示空间。显示空间包括子元素的宽度和高度，而不只是子元素所在栏目的宽度，也可以说是子元素在盒子中所占的面积。

语法格式如下。

```
box-flex:<number>
```

<number>属性值是一个整数或者小数。当盒子中包含多个定义了 box-flex 属性的子元素时，浏览器将会把这些子元素的 box-flex 属性值相加，然后根据它们各自的值占总值的比例

来分配盒子剩余的空间。

提示　　box-flex 属性只有在盒子拥有确定的空间大小时才能够正确解析，即为盒子定义
具体的 width 和 height 属性值。

【例 14.9】　盒子弹性空间 box-flex 属性的实例(实例文件：ch14\14.9.html)。

```
<html>
<head>
<title>
box-flex
</title>
<style>
body{
margin:0;
padding:0;
text-align:center;
}
.box{
height:50px;
text-align:center;
width:960px;
overflow:hidden;
    display:box;/*标准声明，盒子显示*/
    display:-moz-box;/*兼容 Mozilla Gecko 引擎浏览器*/
    orient:horizontal;/*定义元素为盒子显示*/
    -mozbox-box-orient:horizontal;/*兼容 Mozilla Gecko 引擎浏览器*/
    box-orient:horizontal;/*CSS 标准声明*/
}
.d1{
background-color:#F6F;
width:180px;
height:500px;
}
.d2,.d3{
  border:solid 1px #CCC;
  margin:2px;
}
.d2{
-moz-box-flex:2;
box-flex:2;
background-color:#3F9;
height:500px;
}
.d3{
-moz-box-flex:4;
box-flex:4;
background-color:#FCd;
height:500px;
}
.d2 div,.d3 div{display:inline;}
</style>
</head>
<body>
```

```
<div class=box>
<div class=d1>左侧布局</div>
<div class=d2>中间布局</div>
<div class=d3>右侧布局</div>
</div>
</body>
</html>
```

上面的 CSS 样式代码中，使用 display:box 语句设定容器内元素以盒子方式布局，box-orient:horizontal 语句设定盒子之间在水平方向上并列显示，在类选择器 d1 中使用 width 和 height 设定显示层的大小，而在 d2 和 d3 中，使用 box-flex 分别设定两个盒子的显示面积。

在 Firefox 中浏览效果如图 14-10 所示，可以看到左侧布局所占空间比中间布局所占空间小。

图 14-10 盒子弹性空间

14.2.5 案例 8——管理盒子空间 box-pack 和 box-align

当弹性元素和非弹性元素混合排版时，可能会出现所有子元素的尺寸大于或小于盒子的尺寸，从而出现盒子空间不足或者富余的情况，这时就需要一种方法来管理盒子的空间。如果子元素的总尺寸小于盒子的尺寸，则可以使用 box-pack 和 box-aling 属性进行管理。

box-pack 属性可以用于设置子容器在水平轴上的空间分配方式，语法格式如下。

```
box-pack:start|end|center|justify
```

其属性值含义如表 14-6 所示。

表 14-6 box-pack 属性值

属性值	说 明
start	所有子容器都分布在父容器的左侧，右侧留空
end	所有子容器都分布在父容器的右侧，左侧留空
justify	所有子容器平均分布(默认值)
center	平均分配父容器剩余的空间(能压缩子容器的大小，并且有全局居中的效果)

box-align 属性用于管理子容器在竖轴上的空间分配方式，语法格式如下。

```
box-align: start|end|center|baseline|stretch
```

其属性值含义如表 14-7 所示。

表 14-7　box-align 属性值

属性值	说　明
start	子容器从父容器顶部开始排列，富余空间显示在盒子底部
end	子容器从父容器底部开始排列，富余空间显示在盒子顶部
center	子容器横向居中，富余空间在子容器两侧分配，上面一半下面一半
baseline	所有盒子沿着它们的基线排列，富余的空间可前可后显示
stretch	每个子元素的高度被调整到适合盒子的高度显示，即所有子容器和父容器保持同一高度

【例 14.10】　管理盒子空间 box-pack 和 box-align 的实例(实例文件：ch14\14.10.html)。

```
<html>
<head>
<title>
box-pack
</title>
<style>
body,html{
height:100%;
width:100%;
}
body{
    margin:0;
    padding:0;
    display:box;/*标准声明，盒子显示*/
    display:-moz-box;/*兼容 Mozilla Gecko 引擎浏览器*/
    -mozbox-box-orient:horizontal;/*兼容 Mozilla Gecko 引擎浏览器*/
    box-orient:horizontal;/*CSS 标准声明*/
    -moz-box-pack:center;
    box-pack:center;
    -moz-box-align:center;
    box-align:center;
    background:#04082b url(a.jpg) no-repeat top center;
}
.box{
border:solid 1px red;
padding:4px;
}
</style>
</head>
<body>
<div class=box>
<img src=yueji.jpg>
</div>
</body>
</html>
```

上面代码中，display:box 语句定义了容器内元素以盒子形式显示，box-orient:horizontal 语句定义了盒子水平显示，box-pack:center 语句定义了盒子两侧空间平均分配，box-align:center 语句定义了盒子上下两侧平均分配，即图片盒子居中显示。

在 Firefox 中浏览效果如图 14-11 所示，可以看到图片盒子在容器中部显示。

图 14-11　管理盒子空间

14.2.6　案例 9——空间溢出管理 box-lines

弹性布局中盒子内的元素很容易出现空间溢出的现象，与传统的盒子模型一样，CSS 允许使用 overflow 属性来处理溢出内容的显示，当然还可以使用 box-lines 属性来避免空间溢出的问题。

语法格式如下。

```
box-lines:single|multiple
```

其中参数值 single 表示子元素都单行或单列显示，multiple 表示子元素可以多行或多列显示。

【例 14.11】　空间溢出管理 box-lines 的实例(实例文件：ch14\14.11.html)。

```
<html>
<head>
<title>
box-lines
</title>
<style>
.box{
border:solid 1px red;
width:600px;
height:400px;
display:box;/*标准声明，盒子显示*/
display:-moz-box;/*兼容 Mozilla Gecko 引擎浏览器*/
-mozbox-box-orient:horizontal;/*兼容 Mozilla Gecko 引擎浏览器*/
-moz-box-lines:multiple;
box-lines:multiple;
}
.box div{
    margin:4px;
    border:solid 1px #aaa;
    -moz-box-flex:1;
    box-flex:1;
}
.box div img{width120px;}
```

```
</style>
</head>
<body>
<div class=box>
<div><img src="b.jpg"></div>
<div><img src="c.jpg"></div>
<div><img src="d.jpg"></div>
<div><img src="e.jpg"></div>
<div><img src="f.jpg"></div>
</div>
</body>
```

在 Firefox 中浏览效果如图 14-12 所示，可以看到右边盒子还是发生溢出现象。这是因为目前各大主流浏览器还没有明确支持这种用法，所以导致 box-lines 属性被实际应用时显示无效。相信在未来的一段时间内，各个浏览器将会支持该属性。

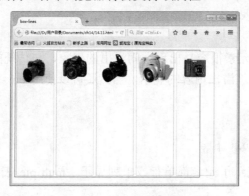

图 14-12　空间溢出管理

14.3　盒子的定位与浮动

在 CSS 中，定位可以将一个元素精确地放在页面上用户所指定的位置，而布局可以将整个页面的元素内容进行整洁且完美的摆放。定位的实现是布局成功的前提。如果清晰地掌握了定位原理，那么就能够创建多种高级而精确的布局，并会让网页更加完美地实现。

网页中的各种元素需要有自己合理的位置与空间布局，从而搭建整个页面的结构。在 CSS 中，可以通过 position 这个属性，对页面中的元素进行定位。

语法格式如下。

```
position : static | absolute | fixed | relative
```

其属性值如表 14-8 所示。

表 14-8　position 属性值

属性值	说　　明
static	元素定位的默认值，无特殊定位，对象遵循 HTML 定位规则，不能通过 z-index 进行层次分级

续表

属性值	说　明
relative	相对定位，对象不可重叠，可以通过 left、right、bottom 和 top 等属性在正常文档中偏移位置，可以通过 z-index 进行层次分级
absolute	生成绝对定位的元素，相对于 static 定位以外的第一个父元素进行定位。元素的位置通过 left、top、right 及 bottom 属性进行规定
fixed	fixed 生成绝对定位的元素，相对于浏览器窗口进行定位。元素的位置通过 left、top、right 及 bottom 属性进行规定

14.3.1　案例 10——相对定位

如果对一个元素进行相对定位，首先它将出现在它所在的位置上。然后通过设置垂直或水平位置，让这个元素"相对于"它的原始起点进行移动。再一点，相对定位时，无论是否进行移动，元素仍然占据原来的空间。因此，移动元素会导致其覆盖其他框。

绝对定位与相对定位的区别在于：绝对定位的坐标原点为上级元素的原点，与上级元素有关；相对定位的坐标原点为本身偏移前的原点，与上级元素无关。

相对定位的语法格式如下。

```
position:relative
```

【例 14.12】　盒子的相对定位实例(实例文件：ch14\14.12.html)。

```
<html>
<head>
<style type="text/css">
h2.pos_left
{
position:relative;
left:-20px
}
h2.pos_right
{
position:relative;
left:20px
}
</style>
</head>
<body>
<h2>这是位于正常位置的标题</h2>
<h2 class="pos_left">这个标题相对于其正常位置向左移动</h2>
<h2 class="pos_right">这个标题相对于其正常位置向右移动</h2>
<p>相对定位会按照元素的原始位置对该元素进行移动。</p>
<p>样式 "left:-20px" 从元素的原始左侧位置减去 20 像素。</p>
<p>样式 "left:20px" 向元素的原始左侧位置增加 20 像素。</p>
</body>
</html>
```

在 IE 9.0 中浏览效果如图 14-13 所示，可以看到页面显示了 3 个标题，最上面的标题正常显示，下面两个标题分别以正常标题为原点，向左或向右分别移动了 20 像素。

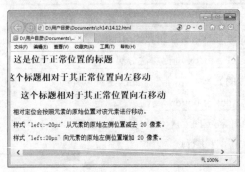

图 14-13　盒子的相对定位

14.3.2　案例 11——绝对定位

绝对定位是参照浏览器的左上角，配合 top、left、bottom 和 right 进行定位的，如果没有设置上述的 4 个值，则默认依据父级的坐标原点为原始点。绝对定位可以通过上、下、左、右来设置元素，使之处在任何一个位置。

在父层 position 属性为默认值时：上、下、左、右的坐标原点以 body 的坐标原点为起始位置。绝对定位的语法格式如下。

```
position:absolute
```

只要将上面的代码加入到样式中，使用样式的元素就可以以绝对定位的方式显示了。

【例 14.13】　盒子的绝对定位实例(实例文件：ch14\14.13.html)。

```
<html>
<head>
<title>定位属性</title>
</head>
<body>
  <div style="background-color: Black; width:200px; height:200px">
    <h2 style=" position:absolute; left:80px; top:80px; width:110px;
height:50px;
        background-color:Red;">这是绝对定位</h2>
  </div>
</body>
</html>
```

在 IE 9.0 中浏览效果如图 14-14 所示，可以看到红色元素框依据浏览器左上角为原点，坐标位置为(80px,80px)，宽度为 110 像素，高度为 50 像素。

> **?**
> **注意**
> 优秀的页面设计要能够适应各种屏幕分辨率，并且要能够保证正常显示。要解决这个问题，在定位时最好使用相对定位。

图 14-14　盒子的绝对定位

提示　　使用绝对定位会产生一个问题。目前，大多数的网页都是居中显示的，而且元素与元素之间的布局是紧密的。而绝对定位的开始位置是浏览器左上角的原点，当设定各元素块边偏移属性时，由于客户端屏幕分辨率的不同，各元素块的显示可能会有偏差。

14.3.3　案例12——固定定位

固定定位和绝对定位比较相似，它是绝对定位的一种特殊形式。固定定位的容器不会随着滚动条的拖动而变化位置。在视线中，固定定位的容器位置是不会改变的。固定定位可以把一些特殊效果固定在浏览器的视线位置。

固定定位的参照位置不是上级元素块而是浏览器窗口。所以可以使用固定定位来设定类似传统框架的样式布局，以及广告框架、导航框架等。使用固定定位的元素可以脱离页面，无论页面如何滚动，始终处在页面的同一位置上。

固定定位的语法格式如下。

```
position:fixed
```

【例 14.14】　盒子的固定定位实例(实例文件：ch14\14.14.html)。

```
<html>
<head>
<title>CSS 固定定位</title>
<style type="text/css">...
* {
padding:0;
margin:0;
}
#fixedLayer {
width:100px;
line-height:50px;
background: #FC6;
border:1px solid #F90;
position:fixed;
left:10px;
top:10px;
}
```

```
</style>
</head>
<body>
<div id="fixedLayer">固定不动</div>
<p>我动了</p>
<p>我动了</p>
<p>我动了</p>
<p>我动了</p>
<p>我动了</p>
<p>我动了</p>
<p>我动了</p>
<p>我动了</p>
<p>我动了</p>
<p>我动了</p>
<p>我动了</p>
</body>
</html>
```

在 IE 9.0 中浏览效果如图 14-15 所示，可以看到拉动滚动条时，无论页面内容怎么变化，其黄色框"固定不动"始终处在页面左上角顶部。

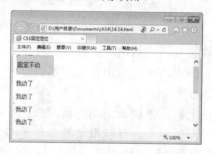

图 14-15　盒子的固定定位

14.3.4　案例 13——盒子的浮动

除了使用 position 进行定位外，还可以使用 float 定位。float 定位只能在水平方向上定位，而不能在垂直方向上定位。float 属性表示浮动属性，它用来改变元素块的显示方式。语法格式如下。

```
float : none | left |right
```

其属性值如表 14-9 所示。

表 14-9　float 属性值

属性值	说　　明
none	元素不浮动
left	浮动在左面
right	浮动在右面

实际上，使用 float 可以实现两列布局，也就是让一个元素在左浮动，一个元素在右浮动，并控制好这两个元素的宽度。

【例 14.15】 盒子浮动的实例(实例文件：ch14\14.15.html)。

```
<html>
<head>
<title>float 定位</title>
<style>
* {
    padding:0px;
    margin:0px;
}
.big {
    width:600px;
            height:100px;
    margin:0 auto 0 auto;
            border:#332533 1px solid;

}
.one {
    width:300px;
            height:20px;
    float:left;
    border:#996600 1px solid;
}
.two {
    width:290px;
            height:20px;
    float:right;
    margin-left:5px;
    display:inline;
    border:#FF3300 1px solid;
}
</style>
</head>
<body>
<div class="big">
  <DIV class="one">
  <p>非诚勿扰</p>
  </DIV>
  <DIV class="two">
  <p>达人秀</p>
  </DIV>
</div>
</body>
</html>
```

在 IE 9.0 中浏览效果如图 14-16 所示，可以看到显示了一个大矩形框，大矩形框中存在两个小矩形框，并且并列显示。

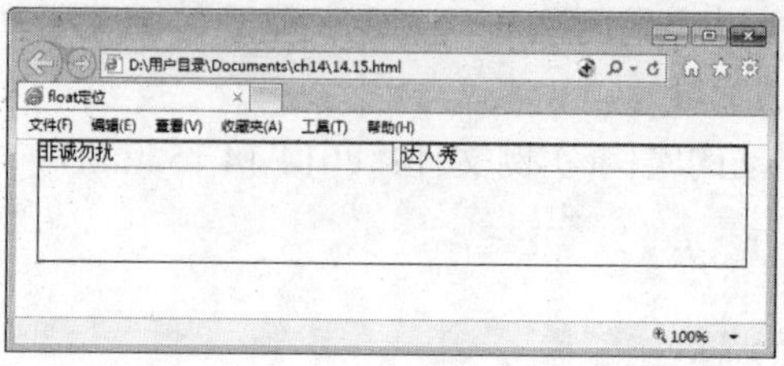

图 14-16　盒子浮动定位

使用 float 属性不但改变元素的显示位置，同时会对相邻内容造成影响。定义了 float 属性的元素会覆盖在其他元素上，而被覆盖的区域将处于不可见状态。使用该属性能够实现内容环绕图片的效果。

如果不想让 float 下面的其他元素浮动环绕在该元素周围，可以使用 CSS 属性 clear，清除这些浮动元素。

clear 的语法格式如下。

```
clear : none | left |right | both
```

其中，none 表示允许两边都可以有浮动对象；both 表示不允许有浮动对象；left 表示不允许左边有浮动对象；right 表示不允许右边有浮动对象。使用 float 以后，在必要的时候就需要通过 clear 语句清除 float 带来的影响，以免出现"其他 DIV 跟着浮动"的效果。

14.4　实战演练——图文排版效果

一个宣传页，需要包括文字和图片信息。本实例将结合前面学习的盒子模型及其相关属性，创建一个旅游宣传页。具体步骤如下。

step 01　分析需求。

整个宣传页面，需要一个 DIV 层包含并带有边框，DIV 层包括两个部分，上部空间包含一张图片，下面显示文本信息并带有底边框；下部空间显示两张图片。实例完成后，效果如图 14-17 所示。

step 02　构建 HTML 页面，使用 DIV 搭建框架。

```
<html>
<head>
<title>图文排版</title>
</head>
<body>
  <div class="big">
     <div class="up">
        <img src="top.jpg" border="0" />
         <p>·反季游正流行 众信旅游暑期邀你到南半球过冬 </p>
         <p> ·西安世园会暨旅游推介会今日在沈阳举行! </p>
         <p> ·澳大利亚旅游局中国区首代邓李宝茵八月底卸任</p>
         <p> ·"彩虹部落"土族:旅游经济支撑下的文化记忆恢复(组图)</p>
     </div>
```

```
          <div class="down">
            <img src="bottom1.jpg" border="0" />    <img
src="bottom2.jpg" border="0" />
          </div>
      </div>
</body>
</html>
```

在 IE 9.0 中浏览效果如图 14-18 所示，可以看到页面自上向下，显示图片、段落信息和图片。

图 14-17　旅游宣传页

图 14-18　构建 HTML 页面

step 03　添加 CSS 代码，修饰整体 DIV。

```
<style>
  *{
    padding:0px;
    margin:0px;
    }
  body{
    font-family:"宋体";
    font-size:12px;
    }
  .big{
    width:220px;
    border:#0033FF 1px solid;
    margin:10px 0 0 20px;
    }
</style>
```

CSS 样式代码在 body 标志选择器中设置了字形和字体大小，并在 big 类选择器中设置了整个层的宽度、边框样式和外边距。

在 IE 9.0 中浏览效果如图 14-19 所示，可以看到页面图片信息和文本都在一个矩形盒子内显示，其边框颜色为蓝色，大小为 1 像素。

step 04　添加 CSS 代码，修饰字体和图片。

```
  .up p{
    margin:5px;
```

```
    }
.up img{
  margin:5px;
  text-align:center;}
.down{
  text-align:center;
  border-top:#FF0000 1px dashed;
  }
.down img{
  margin-top:5px;
  }
```

上面的代码定义了段落、图片的外边距，如 margin-top:5px 语句设置了下面图片的外边距为 5 像素，两个图片之间的距离是 10 像素。

在 IE 9.0 中浏览效果如图 14-20 所示，可以看到字体居中显示，下面带有一个红色虚线，宽度为 1 像素。

图 14-19　设置整体 DIV 样式

图 14-20　设置各个元素外边距

14.5　跟我练练手

14.5.1　练习目标

能够熟练掌握本章所讲内容。

14.5.2　上机练习

练习 1：使用盒子模型设定网页布局。
练习 2：使用弹性盒模型设定网页布局。
练习 3：进行盒子的定位与浮动设置。

14.6 高手甜点

甜点 1: margin:0 auto 表示什么含义

margin:0 auto 定义元素向上补白 0 像素，左右自动调整。这样按照浏览器的解析习惯是可以让页面居中显示的，一般这个语句会用在 body 标签中。在使用 margin:0 auto 语句使页面居中的时候，一定要给元素一个高度并且不要让元素浮动，即不要加 float，否则效果失效。

甜点 2: 如何理解 margin 的加倍问题

当 DIV 层被设置为 float 时，在 IE 下设置的 margin 会加倍。这是一个 IE 中存在的 bug。其解决办法是，在这个 DIV 里面加上 "display:inline;"。

例如：

```
<#div id="imfloat"></#DIV>
```

相应的 CSS 为：

```
#imFloat{
float:left;
margin:5px;
display:inline;
}
```

第 15 章

页面布局的黄金
搭档——CSS+DIV
布局典型范例

使用 CSS 布局网页是一种很新的概念，完全区别于传统的网页布局习惯。它将页面首先在整体上进行<div>标签的分块，然后对各个块进行 CSS 定位，最后再在各个块中添加相应的内容。本章就来介绍网页布局当中的一些典型范例。

本章要点(已掌握的在方框中打钩)

☐ 理解使用 CSS 排版的方法。
☑ 掌握固定宽度网页布局的方法。
☐ 掌握自动缩放网页 1-2-1 型布局模式的方法。
☐ 掌握自动缩放网页 1-3-1 型布局模式的方法。

15.1　使用 CSS 排版

DIV 在 CSS+DIV 页面排版中是一个块的概念，DIV 的起始标签和结束标签之间的所有内容都是用来构成这个块的，其中所包含的元素特性由 DIV 标签的属性来控制，或者是通过使用样式表格式化这个块来进行控制。CSS+DIV 页面排版思想是首先在整体上进行<div>标签的分块，然后对各个块进行 CSS 定位，最后再在各个块中添加相应的内容。

15.1.1　案例 1——将页面用 DIV 分块

使用 DIV+CSS 页面排版布局，需要对网页有一个整体构思，即网页可以划分为几个部分。例如上中下结构，或是左右两列结构，还是三列结构。这时就可以根据网页构思，将页面划分为几个 DIV 块，用来存放不同的内容。当然了，大块中还可以存放不同的小块。最后，通过 CSS 属性，对这些 DIV 进行定位。

在现在的网页设计中，一般情况下的网站都是上中下结构，即上面是页头，中间是页面主体，最下面是页脚，整个上中下结构最后放到一个 DIV 容器中，方便控制。页头一般用来存放 Logo 和导航菜单，页面主体包含页面要展示的信息、链接、广告等，页脚存放的是版权信息、联系方式等。

将上中下结构放置到一个 DIV 容器中，方便后面排版并且方便对页面进行整体调整，如图 15-1 所示。

图 15-1　上中下网页布局结构

15.1.2　案例 2——设置各块位置

复杂的网页布局，不是单纯的一种结构，而是包含多种网页结构。例如，总体上是上中下，中间内分为两列布局等，如图 15-2 所示。

图 15-2　复杂的网页布局结构

页面总体结构确认后，一般情况下，页头和页脚变化就不大了。会发生变化的就是页面主体，此时需要根据页面展示的内容，决定中间布局采用什么样式，三列水平分布还是两列分布等。

15.1.3　案例3——用 CSS 定位

页面版式确定后，就可以利用 CSS 对 DIV 进行定位，使其在指定位置出现，从而实现对页面的整体规划，然后再向各个页面添加内容。

下面创建一个总体为上中下布局、页面主体布局为左右布局的页面，使用 CSS 进行定位。

1. 创建 HTML 页面，使用 DIV 构建层

首先构建 HTML 网页，使用 DIV 划分最基本的布局块，其代码如下。

```
<html>
<head>
<title>CSS 排版</title><body>
<div id="container">
  <div id="banner">页面头部</div>
  <div id=content >
  <div id="right">
页面主体右侧
  </div>
  <div id="left">
页面主体左侧
  </div>
</div>
  <div id="footer">页脚</div>
</div>
</body>
</html>
```

上面代码中，创建了 5 个层，其中 ID 名称为 container 的 DIV 层，是一个布局容器，即所有的页面结构和内容都是在这个容器内实现；名称为 banner 的 DIV 层，是页头部分；名称为 footer 的 DIV 层，是页脚部分；名称为 content 的 DIV 层，是中间主体，该层包含了两个层，一个是 right 层，另一个是 left 层，分别放置不同的内容。

在 IE 中浏览效果如图 15-3 所示，可以看到网页中显示了这几个层，从上到下依次排列。

2. 使用 CSS 设置网页整体样式

然后需要对 body 标签和 container 层(布局容器)进行 CSS 修饰，从而对整体样式进行定义。其代码如下。

图 15-3　添加网页层次

```
<style type="text/css">
<!--
body {
  margin:0px;
  font-size:16px;
  font-family:"幼圆";
}
#container{
  position:relative;
```

```
    width:100%;
  }
  -->
</style>
```

上面代码只是设置了文字大小、字形、布局容器 container 的宽度、层定位方式，布局容器撑满整个浏览器。

在 IE 中浏览效果如图 15-4 所示，可以看到此时相比较上一个显示页面发生的变化不大，只不过字形和字体大小发生变化，因为 container 没有边框和背景色，故无法显示该层。

3. 使用 CSS 定义页头部分

接下来就可以使用 CSS 对页头(即 banner 层)进行定位，使其在网页中显示。其代码如下。

```
#banner{
  height:80px;
  border:1px solid #000000;
  text-align:center;
  background-color:#a2d9ff;
  padding:10px;
  margin-bottom:2px;
}
```

上面首先设置了 banner 层的高度为 80 像素，宽度充满整个 container 布局容器，下面分别设置了边框样式、字体对齐方式、背景色、内边距、外边距的底部等。

在 IE 中浏览效果如图 15-5 所示，可以看到在页面顶部显示了一个浅绿色的边框，边框充满整个浏览器，边框中间显示了一个"页面头部"的文本信息。

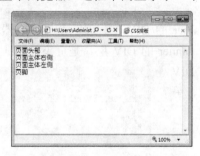

图 15-4　使用 CSS 设置网页整体样式

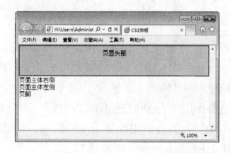

图 15-5　使用 CSS 定义页头

4. 使用 CSS 定义页面主体

在页面主体中如果两个层并列显示，需要使用 float 属性，将一个层设置到左边，一个层设置到右边。其代码如下。

```
#right{
  float:right;
  text-align:center;
  width:80%;
 border:1px solid #ddeecc;
margin-left:1px;
height:200px;
 }
```

```
#left{
  float:left;
  width:19%;
  border:1px solid #000000;
  text-align:center;
height:200px;
background-color:#bcbcbc;
}
```

上面代码设置了这两个层的宽度，right 层占有空间的 80%，left 层占有空间的 19%，并分别设置了两个层的边框样式、对齐方式、背景色等。

在 IE 中浏览效果如图 15-6 所示，可以看到页面主体部分分为两个层并列显示，左侧背景色为灰色，占有空间较小，右侧背景色为白色，占有空间较大。

5. 使用 CSS 定义页脚部分

最后需要设置页脚部分，页脚通常在主体下面。因为页面主体中使用了 float 属性设置层浮动，所以需要在页脚层设置 clear 属性，使其不受浮动的影响。其代码如下。

```
#footer{
  clear:both;          /* 不受 float 影响 */
  text-align:center;
  height:30px;
  border:1px solid #000000;
             background-color:#ddeecc;
}
```

上面代码设置了页脚的对齐方式、高度、边框、背景色等。在 IE 中浏览效果如图 15-7 所示，可以看到页面底部显示了一个边框，背景色为浅绿色，边框充满整个 DIV 布局容器。

图 15-6　使用 CSS 定义页面主体

图 15-7　使用 CSS 定义页脚

15.2　固定宽度网页剖析与布局

网页开发过程中，有几种比较经典的网页布局方式，包括宽度固定的上中下版式、宽度固定的左右版式、自适应宽度布局、浮动布局等。这些版式会经常在网页设计时出现，并且经常被用到各种类型的网站开发中。

15.2.1 案例4——网页单列布局模式

网页单列布局模式是最简单的布局形式，也被称之为 1-1-1 型布局模式，其中"1"表示一共 1 列，连字符表示竖直方向上下排列。如图 15-8 所示为网页单列布局模式示意图。

本节将介绍一个网页单列布局模式，其效果如图 15-9 所示。

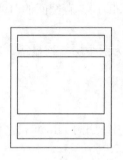

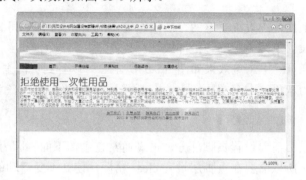

图 15-8　网页单列布局模式　　　　　　　　图 15-9　网页预览效果

从图 15-9 可以看到，这个页面一共分为 3 个部分，第一个部分包含图片和菜单栏，这一部分放到页头，是网页单列布局模式的第一个"1"。第二个部分是中间的内容部分，即页面主体，用于存放要显示的文本信息，是网页单列布局模式的第二个"1"。第三个部分是页面底部，包含地址和版权信息的页脚，是网页单列布局模式的第三个"1"。

1. 创建 HTML 网页，使用 DIV 层构建块

首先需要使用 DIV 块对页面区域进行划分，使其符合 1-1-1 型页面布局模式。基本代码如下。

```
<html>
<head>
<title>上中下排版</title>
</head>
<body>
  <div class="big">
    <div class="up">
        <p><a href="#">首页</a><a href="#">环保扫描</a><a href="#">环保科技
</a><a href="#">低碳经济</a><a href="#">土壤绿化</a></p></div>          <div
class="middle">
        <br />
        <h1>拒绝使用一次性用品</h1>
      <p>        在现代社会生活中，商品的 废弃和任意处理是普遍的，特别是 一次性物品使用激
增。据统计，英国人每年抛弃 25 亿块尿布；……
</p>
      </div>
      <div class="down">
      <br />
        <p><a href="#">关于我们</a> | <a href="#">免责声明</a> | <a href="#">
联系我们</a> | <a href="#">生态中国</a> | <a href="#">联系我们</a></p>
        <p>2011 &copy; 世界环保联合会郑州办事处 技术支持</p>
```

```
        </div>
    </div>
</body>
</html>
```

上面代码创建了 4 个层， big 层是 DIV 布局容器，用来存放其他 DIV 块。up 层表示页头部分， middle 层表示页面主体， down 层表示页脚部分。

在 IE 中浏览效果如图 15-10 所示，可以看到页面显示了三个区域信息，顶部显示的是超级链接部分，中间显示的是段落信息，底部显示的是地址和版权信息。其布局从上到下自动排列，不是期望的那种。

2. 使用 CSS 定义整体

上面页面显示时，字体样式非常丑陋，布局不合理。此时需要使用 CSS 代码，对页面整体样式进行修饰。其代码如下。

```
<style>
  *{
    padding:0px;
    margin:0px;
    }
  body{
    font-family:"幼圆";
    font-size:12px;
     color:green;
    }
  .big{
    width:900px;
    margin:0 auto 0 auto;
    }
</style>
```

上面代码定义了页面整体样式，例如字形为"幼圆"，字体大小为 12 像素，字体颜色为绿色，布局容器 big 的宽度为 900 像素。margin:0 auto 0 auto 语句表示该块与页面的上下边界为 0，左右自动调整。

在 IE 中浏览效果如图 15-11 所示，可以看到页面字体变小，字体颜色为绿色，并充满整个页面，页面宽度为 900 像素。

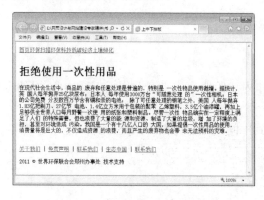

图 15-10　创建基本 HTML 网页

图 15-11　修饰网页文字

3. 使用 CSS 定义页头部分

下面就可以使用 CSS 定义页头部分，即导航菜单。其代码如下。

```
.up p{
    margin-top:80px;
    text-align:left;
    position:absolute;
    left:60px;
    top:0px;
    }
.up a{
    display:inline-block;
    width:100px;
    height:20px;
    line-height:20px;
    background-color:#CCCCCC;
    color:#000000;
    text-decoration:none;
    text-align:center;
    }
.up a:hover{
    background-color:#FFFFFF;
    color:#FF0000;
    }
.up{
    width:900px;
    height:100px;
    background-image:url(15.jpg);
    background-repeat:no-repeat;
    }
```

在类选择器 up 中，CSS 定义层的宽度和高度，其宽度为 900 像素，并定义了背景图片。

在 IE 中浏览效果如图 15-12 所示，可以看到页面顶部显示了一个背景图，并且超级链接以绝对定位方式在页头显示。

4. 使用 CSS 定义页面主体

下面需要使用 CSS 定义页面主体，即定义层和段落信息。其代码如下。

```
.middle{
  border:1px #ddeecc solid;
  margin-top:10px;
  }
```

在类选择器 middle 中，定义了边框样式和内边距距离，此处层的宽度和 big 层的宽度一致。

在 IE 中浏览效果如图 15-13 所示，可以看到中间部分以边框形式显示。

5. 使用 CSS 定义页脚部分

使用 CSS 定义页脚部分的代码如下。

```
.down{
  background-color:#CCCCCC;
  height:80px;
  text-align:center;
  }
```

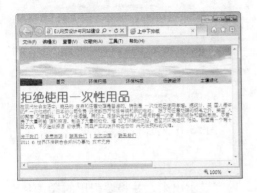

图 15-12 使用 CSS 定义页头

图 15-13 使用 CSS 定义页面主体

上面代码中，类选择器 down 定义了背景颜色、高度和对齐方式。其他选择器定义超级链接的样式。

在 IE 中浏览效果如图 15-14 所示，可以看到页面底部显示了一个灰色矩形框，其版权信息和地址信息居中显示。

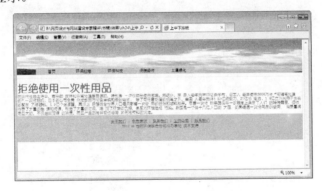

图 15-14 页面的最终效果

15.2.2 案例 5——网页 1-2-1 型布局模式

在页面排版中，有时会根据内容需要将页面主体分为左右两个部分显示，用来存放不同的信息内容，实际上这也是一种宽度固定的版式。这种布局模式可以说是 1-1-1 型布局模式的演变。

如图 15-15 所示为网页 1-2-1 型布局模式示意图。

本节将介绍一个网页 1-2-1 型布局模式，其效果如图 15-16 所示。

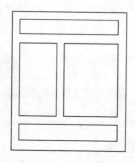

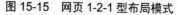

图 15-15　网页 1-2-1 型布局模式　　　　图 15-16　页面的最终效果

1. 创建 HTML 网页，使用 DIV 构建块

在 HTML 页面，将 DIV 框架和所要显示的内容显示出来，并将要引用的样式名称定义好，代码如下。

```html
<html>
<head>
<title>茶网</title>
  </head>
<body>
<div id="container">
 <div id="banner">
   <img src="b.jpg" border="0">
 </div>
 <div id="links">
  <ul>
   <li>首页</li>
   <li>茶业动态</li>
   <li>名茶荟萃</li>
   <li>茶与文化</li>
   <li>茶艺茶道</li>
   <li>鉴茶品茶</li>
   <li>茶与健康</li>
   <li>茶语清心</li>
  </ul>
  <br>
 </div>
 <div id="leftbar">
   <p class="lefttitle">名人与茶</p>
   <p>.三文鱼茶泡饭</p>
   <p>.董小宛的茶泡饭</p>
   <p>.人生百味一盏茶</p>
   <p>.我家的茶事</p>
  <p class="lefttitle">茶事掌故</p>
   <p>."峨眉雪芽"的由来</p>
```

```
    <p>.茶文化的养生术</p>
     <p>.老北京的花茶</p>
    <p>.古代洗茶的原因和来历</p>
  </div>
  <div id="content">
    <h4>人生茶境</h4>
    <p>
"喝茶当于瓦纸窗下，清泉绿茶，用素雅的陶瓷茶具，同二三人共饮，得半日之闲，可抵十年的尘梦。"
</p>
<p>
对中国人来说，"茶"是一个温暖的字。……
</p>
  </div>
  <div id="footer">版权所有 2015.08.12</div>
</div>
</body>
</html>
```

上面代码定义了几个层，用来构建页面布局。其中 container 层作为布局容器，banner 层作为页面图形 Logo，links 层作为页面导航，leftbar 层作为左侧内容部分，content 层作为右侧内容部分，footer 层作为页脚部分。

在 IE 中浏览效果如图 15-17 所示，页面上部显示了一张图片，下面是超级链接、段落信息，最后是地址信息等。

2. 使用 CSS 定义页面整体样式

首先需要定义整体样式，如网页中的字形或对齐方式等。其代码如下。

```
<style>
<!--
body, html{
  margin:0px; padding:0px;
  text-align:center;
}
#container{
  position: relative;
  margin: 0 auto;
  padding:0px;
  width:700px;
  text-align: left;
}
-->
</style>
```

上面代码中，类选择器 container 定义了布局容器的定位方式为相对定位，宽度为 700 像素，文本左对齐，内外边距都为 0 像素。

在 IE 中浏览效果如图 15-18 所示，可以看到与上一个页面比较，发生的变化不大。

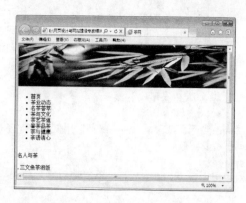

图 15-17　添加网页基本信息　　　　　图 15-18　使用 CSS 定义页面整体样式

3. 使用 CSS 定义页头部分

此网页的页头包含两个部分：一是页面 Logo；二是页面的导航菜单。定义这两个层的 CSS 代码如下。

```
#banner{
  margin:0px; padding:0px;
}
#links{
  font-size:12px;
  margin:-18px 0px 0px 0px;
  padding:0px;
  position:relative;
}
```

上面代码中，ID 选择器 banner 定义了内外边距都是 0 像素，ID 选择器 links 定义了导航菜单的样式，如字体大小为 12 像素、定位方式为相对定位等。

在 IE 中浏览效果如图 15-19 所示，可以看到每个菜单相隔一定的距离显示。

4. 使用 CSS 定义页面主体左侧部分

使用 CSS 代码定义页面主体左侧部分，其代码如下。

```
#leftbar{
  background-color:#d2e7ff;
  text-align:center;
  font-size:12px;
  width:150px;
  float:left;
  padding-top:0px;
  padding-bottom:30px;
  margin:0px;
}
```

上面代码中，ID 选择器 leftbar 定义了层背景色、对齐方式、字体大小和左侧 DIV 层的宽度，这里使用 float 定义层在水平方向上浮动定位。

在 IE 中浏览效果如图 15-20 所示，可以看到页面左侧部分以矩形框显示，包含了一些简单的页面导航。

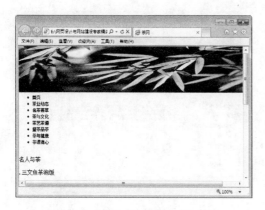
图 15-19　使用 CSS 定义页头部分

图 15-20　使用 CSS 定义页面主体左侧部分

5. 使用 CSS 定义页面主体右侧部分

使用 CSS 代码定义页面主体右侧部分，其代码如下。

```css
#content{
  font-size:12px;
  float:left;
  width:550px;
  padding:5px 0px 30px 0px;
  margin:0px;
}
```

代码中 ID 选择器 content 用来定义字体大小、右侧 DIV 层宽度、内外边距等。在 IE 9.0
中浏览效果如图 15-21 所示。

6. 使用 CSS 定义页脚部分

如果上面的层使用了浮动定位，页脚一般需要使用 clear 去掉浮动所带来的影响，其代码
如下。

```css
#footer{
  clear:both;
font-size:12px;
  width:100%;
  padding:3px 0px 3px 0px;
  text-align:center;
  margin:0px;
  background-color:#b0cfff;
}
```

footer 选择器中定义了层的宽度，即充满整个布局容器，其中文字的大小为 12 像素，居
中对齐显示，并为文字添加了背景色。在 IE 9.0 中浏览效果如图 15-22 所示，可以看到页脚
显示了一个矩形框，背景色为浅蓝色，矩形框内显示了版权信息。

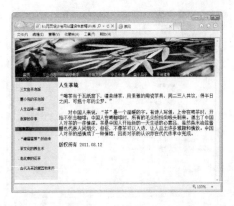

图 15-21 使用 CSS 定义页面主体右侧部分 **图 15-22 使用 CSS 定义页脚部分**

15.2.3 案例 6——网页 1-3-1 型布局模式

掌握 1-2-1 型布局之后，1-3-1 型布局就很容易实现了。这里使用浮动方式来排列横向并排的 3 栏，在 1-2-1 型布局中增加一列就可以了，框架布局如图 15-23 所示。

下面制作一个网页 1-3-1 型布局模式，最终的效果如图 15-24 所示。

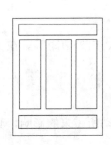

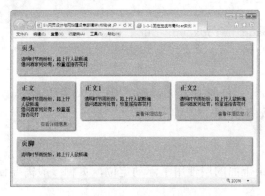

图 15-23 网页 1-3-1 型布局模式 **图 15-24 1-3-1 型布局页面最终效果**

1. 创建 HTML 网页，使用 DIV 构建块

在 HTML 页面中将 DIV 框架和所要显示的内容显示出来，并将要引用的样式名称定义好，其代码如下。

```
<!DOCTYPE html PUBLIC "-//W3C//DTD XHTML 1.0 Transitional//EN" "http://www.
w3.org/TR/xhtml1/DTD/xhtml1-transitional.dtd">
<html xmlns="http://www.w3.org/1999/xhtml">
<head>
<meta http-equiv="Content-Type" content="text/html; charset=utf-8" />
<title>1-3-1 固定宽度布局 float 实例</title>
</head>
<body>
 <div id="header">
    <div class="rounded">
        <h2>页头</h2>
        <div class="main">
```

```
        <p>
            清明时节雨纷纷，路上行人欲断魂<br/>
借问酒家何处有，牧童遥指杏村 </p>
        </div>
        <div class="footer">
        <p></p>
        </div>
    </div>
</div>
<div id="container">
<div id="left">
    <div class="rounded">
        <h2>正文</h2>
        <div class="main">
        <p>
            清明时节雨纷纷，路上行人欲断魂<br/>
借问酒家何处有，牧童遥指杏村
        </p>

        </div>
        <div class="footer">
        <p>
        查看详细信息&gt;&gt;
        </p>
        </div>
    </div>
</div>
<div id="content">
    <div class="rounded">
        <h2>正文 1</h2>
        <div class="main">
        <p>
            清明时节雨纷纷，路上行人欲断魂<br/>
借问酒家何处有，牧童遥指杏村
        </p>

        </div>
        <div class="footer">
        <p>
        查看详细信息&gt;&gt;
        </p>
        </div>
    </div>
</div>
<div id="side">
    <div class="rounded">
        <h2>正文 2</h2>
        <div class="main">
        <p>
            清明时节雨纷纷，路上行人欲断魂<br/>
借问酒家何处有，牧童遥指杏村
        </p>
        </div>
        <div class="footer">
        <p>
        查看详细信息&gt;&gt;
        </p>
```

```
        </div>
    </div>
</div>
</div>
<div id="pagefooter">
    <div class="rounded">
        <h2>页脚</h2>
        <div class="main">
        <p>
        清明时节雨纷纷，路上行人欲断魂
        </p>
        </div>
        <div class="footer">
        <p>

        </p>
        </div>
    </div>
</div>
</body>
</html>
```

在 IE 9.0 浏览器中预览效果如图 15-25 所示。

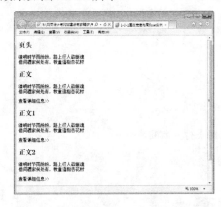

图 15-25　创建网页 HTML 基本页面

2. 使用 CSS 定义页面整体样式

网页整体信息定义完毕后，下面还需要使用 CSS 来定义网页的整体样式，其具体代码如下。

```
<style type="text/css">
body {
background: #FFF;
font: 14px 宋体;
margin:0;
padding:0;
}
.rounded {
  background: url(images/left-top.gif)    top left no-repeat;
  width:100%;
  }
.rounded h2 {
```

```
  background:
    url(images/right-top.gif)
  top right no-repeat;
  padding:20px 20px 10px;
  margin:0;


  }
.rounded .main {
  background:
    url(images/right.gif)
  top right repeat-y;
  padding:10px 20px;
    margin:-20px 0 0 0;
      }
.rounded .footer {
  background:
    url(images/left-bottom.gif)
  bottom left no-repeat;
  }
.rounded .footer p {
  color:red;
  text-align:right;
  background:url(images/right-bottom.gif) bottom right no-repeat;
  display:block;
  padding:10px 20px 20px;
  margin:-20px 0 0 0;
  font:0/0;
  }
#header,#pagefooter,#container{
 margin:0 auto;
 width:760px;}
 #left{
    float:left;
    width:200px;
    }

#content{
    float:left;
    width:300px;
    }
#side{
    float:left;
    width:260px;
    }

#pagefooter{
    clear:both;
}
</style>
```

在 IE 中浏览效果如图 15-26 所示。

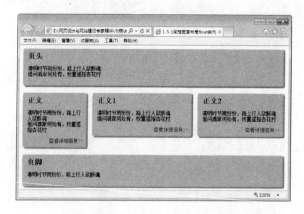

图 15-26   使用 CSS 定义网页布局

15.3   自动缩放网页 1-2-1 型布局模式

自动缩放的网页布局要比固定宽度的网页布局复杂一些，其根本原因在于宽度不确定，导致很多参数无法确定，必须使用一些技巧来完成。

对于一个 1-2-1 型变宽度的布局，首先要使内容的整体宽度随浏览器窗口宽度的变化而变化。因此，中间 container 容器中左右两列的总宽度也会变化。这样就会产生两种不同的情况：第一是这两列按照一定的比例同时变化；第二是一列固定，另一列变化。这两种情况都是很常用的布局方式，下面先从等比例方式讲起。

15.3.1   案例 7——1-2-1 型等比例变宽布局

首先实现按比例的适应方式，可以在前面制作的 1-2-1 型浮动布局的基础上完成本案例。原来的 1-2-1 型浮动布局中的宽度都是用像素数值确定的固定宽度，下面就来对它进行改造，使它能够自动调整各个模块的宽度。

实际上只需要修改 3 处宽度就可以了，修改的样式代码如下。

```
#header,#pagefooter,#container{ margin:0 auto;
Width: 768px; /*删除原来的固定宽度
width: 85%; /*改为比例宽度*/
#content{ float:right;
Width:500px; /*删除原来的固定宽度*/
width: 66%; /*改为比例宽度*/
#side{ float:left;
width:  260px; /*删除原来的固定宽度*/
width:33%; /*改为比例宽度*/
```

在 IE 中运行结果如图 15-27 所示。

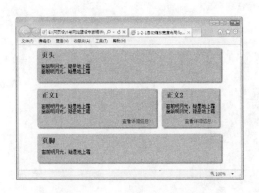

图 15-27　1-2-1 型等比例变宽布局

在这个页面中，网页内容的宽度为浏览器窗口宽度的 85%　页面中左侧的内容栏的宽度和右侧的内容栏的宽度保持 1∶2 的比例，可以看到无论浏览器窗口宽度如何变化，它们都等比例变化。这样就实现了各个 DIV 的宽度都会等比例适应浏览器窗口。

在实际应用中还需要注意以下两点。

● 确保不要使一列或多个列的宽度太大，以至于其内部的文字行宽太大，造成阅读困难。

● 圆角框有最宽宽度的限制，这种方法制作的圆角框如果超过一定宽度就会出现裂缝。

15.3.2　案例 8——1-2-1 型单列变宽布局

在实际应用中，单列宽度变化而其他列宽保持固定的布局用法更为实用。一般在存在多个列的页面中，通常比较宽的一个列是用来放置内容的，而窄列放置链接、导航等内容，这些内容一般宽度是固定的，不需要扩大。因此，可以把内容列设置为可以变化，而其他列固定。

比如在图 12-27 中，右侧的 Side 的宽度固定，当总宽度变化时，Content 部分就会自动变化。如果仍然使用简单的浮动布局是无法实现这个效果的，如果把某一列的宽度设置为固定值，那么另一列(即活动列)的宽度就无法设置了，因为总宽度未知，活动列的宽度也无法确定，那么怎么解决呢？主要问题就是浮动列的宽度应该等于"100%-300px"，而 CSS 显然不支持这种带有加减法运算的宽度表达方法，但是通过 margin 可以变通地实现这样的宽度。

具体的解决方法为：在 content 的外面再套一个 DIV，使它的宽度为 100%，也就是等于container 的宽度，然后通过将左侧的 margin 设置为负的 300 像素，就使它向左平移了 300 像素，再将 content 的左侧 margin 设置为正的 300 像素，就实现了"100%-300px"这个本来无法表达的宽度。具体的 CSS 代码如下。

```
#header,#pagefooter,#container{
margin:0 auto;
width:85%;
min-width:500px;
max-width:800px;
}
#contentWrap{
margin-left:-260px;
float:left;
```

```
width:100%;
}
#content{
margin-left:260px;
}
#side{
float:right;
width:260px;
}
#pagefooter{
clear:both;
}
```

在 IE 浏览中运行程序，即可得到如图 15-28 所示的结果。

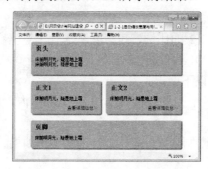

图 15-28　1-2-1 型单列变宽布局

15.4　自动缩放网页 1-3-1 型布局模式

1-3-1 型布局可以产生很多不同的变化方式，如：

● 三列都按比例来适应宽度；

● 一列固定，其他两列按比例适应宽度；

● 两列固定，其他一列适应宽度。

对于后两种情况，又可以根据特殊的一列与另外两列的不同位置，产生出多种变化。下面分别进行介绍。

15.4.1　案例 9——1-3-1 型三列宽度等比例布局

对于 1-3-1 型布局的第一种情况，即三列按固定比例伸缩适应总宽度，和前面介绍的 1-2-1 型布局完全一样，只要分配好每一列的百分比就可以了，这里不再赘述。

15.4.2　案例 10——1-3-1 型单侧列宽度固定的变宽布局

对于一列固定、其他两列按比例适应宽度的情况，如果这个固定的列在左边或右边，那么只需要在两个变宽列的外面套一个 DIV，并且这个 DIV 的宽度是变宽的，它与旁边的固定宽度列构成了一个单列固定的 1-2-1 型布局，就可以使用"绝对定位"法或者"改进浮动"法进行布局，然后再将变宽列中的两个变宽列按比例并排，就很容易实现了。

　　下面使用浮动方法进行制作。解决的方法同 1-2-1 型单列固定一样，这里把活动的两个列看成一个，在容器里面再套一个 DIV，即由原来的一个 wrap 变为两层，分别叫作 outerWrap 和 innerWrap。这样，outerWrap 就相当于上面 1-2-1 型布局中的 wrap 容器。新增加的 innerWrap 是以标准流方式存在的，宽度会自然伸展，由于设置 200 像素的左侧 margin，因此它的宽度就是总宽度减去 200 像素了。innerWrap 里面的 navi 和 content 就会都以这个新宽度为宽度基准。

　　具体的代码如下。

```
<!DOCTYPE html PUBLIC "-//W3C//DTD XHTML 1.0 Transitional//EN" "http://www.
w3.org/TR/xhtml1/DTD/xhtml1-transitional.dtd">
<html xmlns="http://www.w3.org/1999/xhtml">
<head>
<meta http-equiv="Content-Type" content="text/html; charset=utf-8" />
<title>1-3-1 1固定宽度布局float实例</title>
<style type="text/css">
body {
background: #FFF;
font: 14px 宋体;
margin:0;
padding:0;
}

.rounded {
  background: url(images/left-top.gif)   top left no-repeat;
  width:100%;
  }
.rounded h2 {
  background:
    url(images/right-top.gif)
  top right no-repeat;
  padding:20px 20px 10px;
  margin:0;

  }
.rounded .main {
  background:
    url(images/right.gif)
  top right repeat-y;
  padding:10px 20px;
    margin:-20px 0 0 0;
      }
.rounded .footer {
  background:
    url(images/left-bottom.gif)
  bottom left no-repeat;
  }
.rounded .footer p {
  color:red;
  text-align:right;
  background:url(images/right-bottom.gif) bottom right no-repeat;
  display:block;
```

```
            padding:10px 20px 20px;
            margin:-20px 0 0 0;
            font:0/0;
            }
        #header,#pagefooter,#container{
         margin:0 auto;
         width:85%;
         }

        #outerWrap{
            float:left;
            width:100%;
            margin-left:-200px;
            }

        #innerWrap{
            margin-left:200px;
            }


        #left{
            float:left;
            width:40%;
            }


        #content{
            float:right;
            width:59.5%;
            }

        #content img{
            float:right;
            }


        #side{
            float:right;
            width:200px;
            }

        #pagefooter{
            clear:both;
        </style>
        </head>
        <body>
         <div id="header">
            <div class="rounded">
                <h2>页头</h2>
                <div class="main">
                <p>
                床前明月光，疑是地上霜</p>
                </div>
                <div class="footer">
```

```
            <p></p>
        </div>
    </div>
</div>
<div id="container">
<div id="outerWrap">
<div id="innerWrap">
<div id="left">
    <div class="rounded">
        <h2>正文</h2>
        <div class="main">
        <p>
            床前明月光，疑是地上霜<br/>
床前明月光，疑是地上霜</p>

        </div>
        <div class="footer">
        <p>
        查看详细信息&gt;&gt;
        </p>
        </div>
    </div>
</div>
<div id="content">
    <div class="rounded">
        <h2>正文 1</h2>
        <div class="main">
          <p>
            床前明月光，疑是地上霜</p>

        </div>
        <div class="footer">
        <p>
        查看详细信息&gt;&gt;
        </p>
        </div>
    </div>
</div>
</div>
</div>
<div id="side">
    <div class="rounded">
        <h2>正文 2</h2>
        <div class="main">
        <p>
            床前明月光，疑是地上霜<br/>
床前明月光，疑是地上霜</p>
        </div>
        <div class="footer">
        <p>
        查看详细信息&gt;&gt;
        </p>
        </div>
    </div>
```

```
    </div>
    </div>

    <div id="pagefooter">
        <div class="rounded">
            <h2>页脚</h2>
            <div class="main">
            <p>
            床前明月光，疑是地上霜
            </p>
            </div>
            <div class="footer">
            <p>
            </p>
            </div>
        </div>
    </div>
    </body>
</html>
```

在 IE 浏览器中运行结果如图 15-29 所示。

图 15-29　1-3-1 型单侧列宽度固定的变宽布局

15.4.3　案例 11——1-3-1 型中间列宽度固定的变宽布局

这种布局的形式是固定列被放在中间，它的左右各有一列，并按比例适应总宽度。这是一种很少见的布局形式(最常见的是两侧的列固定宽度，中间列变化宽度)，如果已经充分理解了前面介绍的改进浮动法制作单列宽度固定的 1-2-1 型布局，就可以把"负 margin"的思路继续深化，实现这种不多见的布局，代码如下。

```
<!DOCTYPE html PUBLIC "-//W3C//DTD XHTML 1.0 Transitional//EN" "http://www.
w3.org/TR/xhtml1/DTD/xhtml1-transitional.dtd">
<html xmlns="http://www.w3.org/1999/xhtml">
<head>
<meta http-equiv="Content-Type" content="text/html; charset=utf-8" />
<title>1-3-1 1中间固定宽度布局 float 实例</title>
<style type="text/css">
body {
background: #FFF;
```

```css
font: 14px 宋体;
margin:0;
padding:0;
}

.rounded {
  background: url(images/left-top.gif)   top left no-repeat;
  width:100%;
  }
.rounded h2 {
  background:
    url(images/right-top.gif)
  top right no-repeat;
  padding:20px 20px 10px;
  margin:0;

  }
.rounded .main {
  background:
    url(images/right.gif)
  top right repeat-y;
  padding:10px 20px;
    margin:-20px 0 0 0;
      }
.rounded .footer {
  background:
    url(images/left-bottom.gif)
  bottom left no-repeat;
  }
.rounded .footer p {
  color:red;
  text-align:right;
  background:url(images/right-bottom.gif) bottom right no-repeat;
  display:block;
  padding:10px 20px 20px;
  margin:-20px 0 0 0;
  font:0/0;
  }
#header,#pagefooter,#container{
 margin:0 auto;
 width:85%;
 }

#naviWrap{
width:50%;
float:left;
margin-left:-150px;
}

#left{
margin-left:150px;
    }
```

```
#content{
    float:left;
    width:300px;
    }

#content img{
    float:right;
    }

#sideWrap{
    width:49.9%;
float:right;
margin-right:-150px;

}

#side{
margin-right:150px;
    }

#pagefooter{
    clear:both;
}

</style>
</head>
<body>
 <div id="header">
    <div class="rounded">
        <h2>页头</h2>
        <div class="main">
        <p>
        床前明月光，疑是地上霜</p>
        </div>
        <div class="footer">
        <p></p>
        </div>
    </div>
</div>
<div id="container">
<div id="naviWrap">
<div id="left">
    <div class="rounded">
        <h2>正文</h2>
        <div class="main">
        <p>
        床前明月光，疑是地上霜</p>

        </div>
        <div class="footer">
        <p>
        查看详细信息&gt;&gt;
        </p>
        </div>
```

```
        </div>
    </div>
</div>
<div id="content">
    <div class="rounded">
        <h2>正文 1</h2>
        <div class="main">
            <p>
        床前明月光，疑是地上霜</p>

        </div>
        <div class="footer">
        <p>
        查看详细信息&gt;&gt;
        </p>
        </div>
    </div>
</div>
<div id="sideWrap">
<div id="side">
    <div class="rounded">
        <h2>正文 2</h2>
        <div class="main">
        <p>
        床前明月光，疑是地上霜
        </p>
        </div>
        <div class="footer">
        <p>
        查看详细信息&gt;&gt;
        </p>
        </div>
    </div>
</div>
</div>
</div>
<div id="pagefooter">
    <div class="rounded">
        <h2>页脚</h2>
        <div class="main">
        <p>
        床前明月光，疑是地上霜
        </p>
        </div>
        <div class="footer">
        <p>
        </p>
        </div>
    </div>
</div>
</body>
</html>
```

在代码中，页面中间列的宽度是 300 像素，两边列等宽(不等宽的道理是一样的)，即总宽度减去 300 像素后剩余宽度的 50%，制作的关键是如何实现"(100%-300px)/2"的宽度。现在需要在 left 和 side 两个 DIV 外面分别套一层 DIV，把它们"包裹"起来，依靠嵌套的两个 DIV，实现相对宽度和绝对宽度的结合。在 IE 浏览器中运行结果如图 15-30 所示。

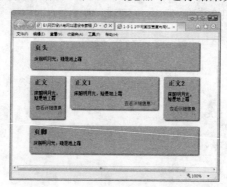

图 15-30　1-3-1 型中间列宽度固定的变宽布局

15.4.4　案例 12——1-3-1 型双侧列宽度固定的变宽布局

三列中的左右两列宽度固定，中间列宽度自适应变宽布局的实际应用很广泛，下面还是通过浮动定位进行了解。关键思想就是把三列的布局看作是嵌套的两列布局，利用 margin 的负值来实现三列浮动。

具体的代码如下。

```
<!DOCTYPE html PUBLIC "-//W3C//DTD XHTML 1.0 Transitional//EN" "http://www.
w3.org/TR/xhtml1/DTD/xhtml1-transitional.dtd">
<html xmlns="http://www.w3.org/1999/xhtml">
<head>
<meta http-equiv="Content-Type" content="text/html; charset=utf-8" />
<title>1-3-1 1两侧固定宽度中间变宽布局 float 实例</title>
<style type="text/css">
body {
background: #FFF;
font: 14px 宋体;
margin:0;
padding:0;
}

.rounded {
  background: url(images/left-top.gif)    top left no-repeat;
  width:100%;
  }
.rounded h2 {
  background:
    url(images/right-top.gif)
  top right no-repeat;
  padding:20px 20px 10px;
  margin:0;

  }
```

```
.rounded .main {
  background:
    url(images/right.gif)
  top right repeat-y;
  padding:10px 20px;
    margin:-20px 0 0 0;
      }
.rounded .footer {
  background:
    url(images/left-bottom.gif)
  bottom left no-repeat;
  }
.rounded .footer p {
  color:red;
  text-align:right;
  background:url(images/right-bottom.gif) bottom right no-repeat;
  display:block;
  padding:10px 20px 20px;
  margin:-20px 0 0 0;
  font:0/0;
  }
#header,#pagefooter,#container{
 margin:0 auto;
 width:85%;
 }
#side{
    width:200px;
    float:right;
    }
#outerWrap{
    width:100%;
    float:left;
    margin-left:-200px;
}
#innerWrap{
margin-left:200px;
    }

#left{
    width:150px;
    float:left;
}

#contentWrap{
    width:100%;
    float:right;
    margin-right:-150px;
}
#content{
margin-right:150px;
    }

#content img{
    float:right;
```

```
        }
#pagefooter{
    clear:both;
}
</style>
</head>
<body>
 <div id="header">
    <div class="rounded">
        <h2>页头</h2>
        <div class="main">
        <p>
        床前明月光，疑是地上霜</p>
        </div>
        <div class="footer">
        <p></p>
        </div>
    </div>
</div>
<div id="container">
<div id="outerWrap">
<div id="innerWrap">
<div id="left">
    <div class="rounded">
        <h2>正文</h2>
        <div class="main">
        <p>床前明月光，疑是地上霜</p>

        </div>
        <div class="footer">
        <p>
        查看详细信息&gt;&gt;
        </p>
        </div>
    </div>
</div>
<div id="contentWrap">
<div id="content">
    <div class="rounded">
        <h2>正文 1</h2>
        <div class="main">
        <p>
        床前明月光，疑是地上霜</p>

        </div>
        <div class="footer">
        <p>
        查看详细信息&gt;&gt;
        </p>
        </div>
    </div>
</div>
</div><!-- end of contetnwrap-->
</div><!-- end of inwrap-->
```

```
</div><!-- end of outwrap-->
<div id="side">
    <div class="rounded">
        <h2>正文 2</h2>
        <div class="main">
        <p>床前明月光，疑是地上霜</p>
        </div>
        <div class="footer">
        <p>
        查看详细信息&gt;&gt;
        </p>
        </div>
    </div>
</div>
</div>
<div id="pagefooter">
    <div class="rounded">
        <h2>页脚</h2>
        <div class="main">
        <p>
        床前明月光，疑是地上霜
        </p>
        </div>
        <div class="footer">
        <p>
        </p>
        </div>
    </div>
</div>
</body>
</html>
```

在代码中，先把左边和中间两列看作一组活动列，而右边的一列作为固定列，使用前面的改进浮动法就可以实现。然后，再把两列各自当作独立的列，左侧列为固定列，再次使用改进浮动法，就可以最终完成整个布局。在 IE 浏览器中运行结果如图 15-31 所示。

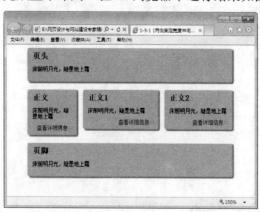

图 15-31 1-3-1 型双侧列宽度固定的变宽布局

15.4.5 案例 13——1-3-1 型中列和侧列宽度固定的变宽布局

这种布局的中间列和它一侧的列是固定宽度，另一侧列宽度自适应。很显然这种布局就很简单了，同样使用改进浮动法来实现。由于两个固定宽度列是相邻的，因此就不用使用两次改进浮动法了，只需要一次就可以做到。具体代码如下。

```
<!DOCTYPE html PUBLIC "-//W3C//DTD XHTML 1.0 Transitional//EN" "http://www.
w3.org/TR/xhtml1/DTD/xhtml1-transitional.dtd">
<html xmlns="http://www.w3.org/1999/xhtml">
<head>
<meta http-equiv="Content-Type" content="text/html; charset=utf-8" />
<title>1-3-1 中列和左侧列宽度固定的变宽布局 float 实例</title>
<style type="text/css">
body {
background: #FFF;
font: 14px 宋体;
margin:0;
padding:0;
}

.rounded {
  background: url(images/left-top.gif)   top left no-repeat;
  width:100%;
  }
.rounded h2 {
  background:
    url(images/right-top.gif)
  top right no-repeat;
  padding:20px 20px 10px;
  margin:0;


  }
.rounded .main {
  background:
    url(images/right.gif)
  top right repeat-y;
  padding:10px 20px;
    margin:-20px 0 0 0;
      }
.rounded .footer {
  background:
    url(images/left-bottom.gif)
  bottom left no-repeat;
  }
.rounded .footer p {
  color:red;
  text-align:right;
  background:url(images/right-bottom.gif) bottom right no-repeat;
  display:block;
  padding:10px 20px 20px;
  margin:-20px 0 0 0;
  font:0/0;
```

```
    }
#header,#pagefooter,#container{
 margin:0 auto;
 width:85%;
 }

#left{
    float:left;
    width:150px;
    }


#content{
    float:left;
    width:250px;
    }

#content img{
    float:right;
    }

#sideWrap{
    float:right;
    width:100%;
    margin-right:-400px;
    }

#side{
margin-right:400px;
    }

#pagefooter{
    clear:both;
}
</style>
</head>
<body>
 <div id="header">
    <div class="rounded">
        <h2>页头</h2>
        <div class="main">
        <p>
        床前明月光，疑是地上霜</p>
        </div>
        <div class="footer">
        <p></p>
        </div>
    </div>
</div>
<div id="container">
<div id="left">
    <div class="rounded">
        <h2>正文</h2>
        <div class="main">
```

```
                <p>
            床前明月光，疑是地上霜</p>


            </div>
            <div class="footer">
            <p>
            查看详细信息&gt;&gt;
            </p>
            </div>
        </div>
    </div>
<div id="content">
    <div class="rounded">
        <h2>正文 1</h2>
        <div class="main">
                    <p>
            床前明月光，疑是地上霜</p>


            </div>
            <div class="footer">
            <p>
            查看详细信息&gt;&gt;
            </p>
            </div>
    </div>
</div>
<div id="sideWrap">
<div id="side">
    <div class="rounded">
        <h2>正文 2</h2>
        <div class="main">
        <p>
        远床前明月光，疑是地上霜</p>
        </div>
        <div class="footer">
        <p>
        查看详细信息&gt;&gt;
        </p>
        </div>
    </div>
</div>
</div>
</div>
<div id="pagefooter">
    <div class="rounded">
        <h2>页脚</h2>
        <div class="main">
        <p>
        床前明月光，疑是地上霜
        </p>
        </div>
        <div class="footer">
        <p>
        </p>
```

```
        </div>
    </div>
</div>
</body>
</html>
```

在代码中把左侧的 left 和 content 列的宽度分别固定为 150 像素和 250 像素，右侧的 side 列宽度变化。那么 side 列的宽度就等于"100%-150px-250px"。因此根据改进浮动法，在 side 列的外面再套一个 sideWrap 列，使 sideWrap 的宽度为 100%，并通过设置负的 margin，使它向右平移 400 像素。然后再对 side 列设置正的 margin，限制右边界，这样就可以实现希望的效果了。

在 IE 浏览器中运行结果如图 15-32 所示。

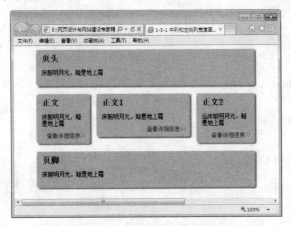

图 15-32　1-3-1 型中列与侧列宽度固定的变宽布局

15.5　实战演练——使用 CSS 设定网页布局列的背景色

在实际工作的过程中，很多页面布局当中，对各列的背景色都是有要求的，如希望每一列都有自己的颜色，下面以一个实例为例，介绍如何使用 CSS 设定网页布局列的背景色。

这里以固定宽度 1-3-1 型布局为框架，直接修改其 CSS 样式表，具体代码如下。

```
body{
font:14px 宋体;
margin:0;
}
#header,#pagefooter {
background:#CF0;
width:760px;
margin:0 auto;
}
h2{
margin:0;
padding:20px;
}
p{
```

```
padding:20px;
text-indent:2em;
margin:0;
}
#container {
position: relative;
width:760px;
margin:0 auto;
background:url(images/16-7.gif);
}
#left {
width: 200px;
position: absolute;
left: 0px;
top: 0px;
}
#content {
right: 0px;
top: 0px;
margin-right: 200px;
margin-left: 200px;
}
#side {
width: 200px;
position: absolute;
right: 0px;
top: 0px;
}
```

在代码中，left、content、side 没有使用背景色，是因为各列的背景色只能覆盖到其内容的下端，而不能使每一列的背景色都一直扩展到最下端。每个 DIV 只负责自己的高度，根本不管它旁边的列有多高，要使并列的各列的高度相同是很困难的。通过给 container 设定一个宽度为 760px 的背景，这个背景图按样式中的 left、content、side 宽度进行颜色制作，变相实现给三列加背景的功能。运行结果如图 15-33 所示。

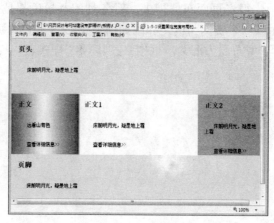

图 15-33 设定网页布局列的背景色

15.6 跟我练练手

15.6.1 练习目标

能够熟练掌握本章所讲内容。

15.6.2 上机练习

练习 1：使用 CSS 排版。
练习 2：进行固定宽度网页剖析与布局。
练习 3：自动缩放网页 1-2-1 型布局模式。
练习 4：自动缩放网页 1-3-1 型布局模式。

15.7 高 手 甜 点

甜点 1：IE 浏览器和 Firefox 浏览器显示 float 浮动布局时为什么会出现不同的效果

两个相连的 DIV 块，如果一个设置为左浮动，一个设置为右浮动，这时在 Firefox 浏览器中就会出现设置失效的问题。其原因是 IE 浏览器会根据设置来判断 float 浮动，而在 Firefox 中，如果上一个 float 没有被清除的话，下一个 float 会自动沿用上一个 float 的设置，而不使用自己的 float 设置。

这个问题的解决办法就是，在每一个 DIV 块设置 float 后，在最后加入一句清除浮动的代码 clear:both，这样就会清除前一个浮动的设置了，下一个 float 也就不会再使用上一个浮动设置，从而使用自己所设置的浮动了。

甜点 2：要不要设置 DIV 层的高度

在 IE 浏览器中，如果设置了高度值，但是内容很多，会超出所设置的高度，这时浏览器就会自己撑开高度，以达到显示全部内容的效果，不受所设置的高度值限制。而在 Firefox 浏览器中，如果固定了高度的值，那么容器的高度就会被固定住，就算内容过多，它也不会撑开，也会显示全部内容。但是如果容器下面还有内容的话，那么这一块就会与下一块内容重合。

这个问题的解决办法就是，不要设置高度的值，这样浏览器就会根据内容自动判断高度，也不会出现内容重合的问题。

第 5 篇

网页脚本篇

第 16 章

读懂 JavaScript 代码的前提—— JavaScript 脚本基础

无论是传统编程语言，还是脚本语言，都具有数据类型、常量和变量、运算符、表达式、注释语句、流程控制语句等基本元素，这些基本元素构成了编程基础。本章将主要讲述 JavaScript 编程的基本知识。

本章要点(已掌握的在方框中打钩)

☐ 掌握 JavaScript 的基本语法。
☑ 掌握 JavaScript 的数据结构。
☐ 掌握代码中的数据类型。
☑ 熟悉运算符的使用方法。
☐ 掌握 JavaScript 的表达式。

16.1　认识 JavaScript

JavaScript 作为一种可以给网页增加交互性的脚本语言，拥有近 20 年的发展历史。它的简单、易学易用特性，使其立于不败之地。

16.1.1　什么是 JavaScript

JavaScript 最初由网景公司的 Brendan Eich 设计，是一种动态、弱类型、基于原型的语言，内置支持类。经过近 20 年的发展，它已经成为健壮的基于对象和事件驱动并具有相对安全性的客户端脚本语言。同时也是一种广泛用于客户端 Web 开发的脚本语言，常用来给 HTML 网页添加动态功能，比如响应用户的各种操作。

JavaScript 可以弥补 HTML 语言的缺陷，实现 Web 页面客户端动态效果，其主要作用如下。

(1) 动态改变网页内容。

HTML 语言是静态的，一旦编写，内容是无法改变的。JavaScript 可以弥补这种不足，可以将内容动态地显示在网页中。

(2) 动态改变网页的外观。

JavaScript 通过修改网页元素的 CSS 样式，可以动态地改变网页的外观。例如，修改文本的颜色、大小等属性，动态改变图片的位置等。

(3) 验证表单数据。

为了提高网页的效率，用户在填写表单时，可以在客户端对数据进行合法性验证，验证成功之后才能提交到服务器上，进而减少服务器的负担和网络带宽的压力。

(4) 响应事件。

JavaScript 是基于事件的语言，因此可以影响用户或浏览器产生的事件。只有事件产生时才会执行某段 JavaScript 代码，如用户在单击计算按钮时，程序才显示运行结果。

 提示　　几乎所有浏览器都支持 JavaScript，如 Internet Explorer(IE)、Firefox、Netscape、Mozilla、Opera 等。

16.1.2　JavaScript 的特点

JavaScript 的主要特点有以下几个方面。

(1) 语法简单，易学易用。

JavaScript 语法简单、结构松散，可以使用任何一种文本编辑器来进行编写。JavaScript 程序运行时不需要编辑译成二进制代码，只需要支持 JavaScript 的浏览器进行解释。

(2) 解释性语言。

非脚本语言编写的程序通常需要经过编写、编译、链接、运行 4 个步骤，而脚本语言 JavaScript 只需要经过编写、运行 2 个步骤。

(3) 跨平台。

由于 JavaScript 程序的运行依赖于浏览器，只要操作系统中安装有支持 JavaScript 的浏览器即可，因此 JavaScript 与平台(操作系统)无关，在 Windows 操作系统、UNIX 操作系统、Linux 操作系统，以及用于手机的 Android 操作系统、iPhone 操作系统等上都能运行。

(4) 基于对象和事件驱动。

JavaScript 把 HTML 页面中的每个元素都当作一个对象来处理，并且这些对象都具有层次关系，像一棵倒立的树，这种关系被称为"文档对象模型(DOM)"。在编写 JavaScript 代码时会接触到大量对象及对象的方法和属性。可以说学习 JavaScript 的过程，就是了解 JavaScript 对象及其方法和属性的过程。因为基于事件驱动，所以 JavaScript 可以捕捉到用户在浏览器中的操作，可以将原来静态的 HTML 页面变成可以和用户交互的动态页面。

(5) 用于客户端。

尽管 JavaScript 分为服务器端和客户端两种，但目前应用最多的还是客户端。

16.1.3　JavaScript 与 Java 的区别

JavaScript 是一种嵌入式脚本文件，直接插入网页，由浏览器一边解释一边执行。Java 语言不一样，它必须在 Java 虚拟机上运行，而且事先需要进行编译。另外，Java 的语法规则比 JavaScript 要严格得多，功能要强大得多。本节就来分析 JavaScript 与 Java 的主要区别。

1. 基于对象和面向对象

JavaScript 是基于对象的，它是一种脚本语言，是一种基于对象和事件驱动的编程语言，因而它本身提供了非常丰富的内部对象供设计人员使用。

Java 是面向对象的，即 Java 是一种真正的面向对象的语言，即使是开发简单的程序也必须设计对象。

2. 强变量和弱变量

JavaScript 与 Java 所采取的变量是不一样的。

Java 采用强类型变量检查，即所有变量在编译之前必须作声明，如下面一段代码。

```
Integer x
String y
x=123456;
y=654321;
```

其中"x=123456"是一个整数；"y=654321"是一个字符串。

而在 JavaScript 中，变量声明采用弱类型，即变量在使用前不需要做声明，而是解释器在运行时检查其数据类型，如下面一段代码。

```
x=123456;
y="654321";
```

在上述代码中，第一行说明 x 为数据型变量，而第二行说明 y 为字符型变量。

3. 代码格式不同

JavaScript 与 Java 的代码格式不一样。JavaScript 的代码是一种文本字符格式，可以直接嵌入 HTML 文档中，并且可动态装载，编写 HTML 文档就像编辑文本文件一样方便，其独立文件的格式为*.js。

Java 是一种与 HTML 无关的格式，必须通过向 HTML 中引用外媒体来进行装载，其代码以字节代码的形式保存在独立的文档中，其独立文件的格式为*.class。

4. 嵌入方式不同

JavaScript 与 Java 的嵌入方式不一样。在 HTML 文档中，两种编程语言的标识不同，JavaScript 使用<Script>… </Script>来标识，而 Java 使用<applet>…</applet>来标识。

5. 静态联编和动态联编

JavaScript 采用动态联编，即 JavaScript 的对象引用在运行时进行检查。

Java 采用静态联编，即 Java 的对象引用必须在编译时进行，以使编译器能够实现强类型检查。

6. 浏览器执行方式不同

JavaScript 与 Java 在浏览器中所执行的方式不一样。JavaScript 是一种解释性编程语言，其源代码在发往客户端执行之前不需要经过编译，而是将文本格式的字符代码发送给客户，即 JavaScript 语句本身随 Web 页面一起下载下来，由浏览器解释执行。

而 Java 的源代码在传递到客户端执行之前，必须经过编译，因而客户端上必须具有相应平台上的仿真器或解释器，它可以通过编译器或解释器实现独立于某个特定的平台编译代码。

16.1.4 JavaScript 版本

1995 年 Netscape 公司开发出 LiveScript 语言，与 Sun 公司合作之后，并于 1996 年更名为 JavaScript，版本为 1.0。随着网络和网络技术的不断发展，JavaScript 的功能越来越强大与完善，至今经历了数个版本，各个版本的发布日期及功能如表 16-1 所示。

表 16-1 JavaScript 的版本

版　本	发布日期	新增功能
1.0	1996 年 3 月	目前已经不用
1.1	1996 年 8 月	修正了 1.0 中的部分错误，并加入了对数组的支持
1.2	1997 年 6 月	加入了对 switch 选择语句和正则表达的支持
1.3	1998 年 10 月	修正了 JavaScript 1.2 与 ECMA 1.0 中不兼容的部分
1.4	1999 年 9 月	加入了服务器端功能
1.5	2000 年 11 月	在 JavaScript1.3 的基础上增加了异常处理程序，并与 ECMA3.0 完全兼容
1.6	2005 年 11 月	加入对 E4X、字符串泛型的支持以及新的数组、数据方法等新特性

续表

版　本	发布日期	新增功能
1.7	2006 年 10 月	在 JavaScript1.6 的基础上加入了生成器、声明器、分配符变化、let 表达式等新特性
1.8	2008 年 6 月	更新很少，包含了一些向 ECMAScript 4/JavaScript 2 进化的痕迹
1.8.1	2009 年 6 月	只有很少的更新，主要集中在添加实时编译跟踪
1.8.5	2010 年 7 月	新增了多个对象属性

JavaScript 尽管版本很多，但是受限于浏览器，并不是所有版本的 JavaScript 都支持，常用浏览器对 JavaScript 版本的支持如表 16-2 所示。

表 16-2　浏览器支持的 JavaScript 版本

浏览器	对 JavaScript 的支持情况
Internet Explorer 9	JavaScript1.1～JavaScript1.3
Firefox 4	JavaScript1.1～JavaScript1.8
Opera 11.9	JavaScript1.1～JavaScript1.5

16.2　JavaScript 的基本语法

JavaScript 可以直接用记事本编写，其中包括语句、与语句相关的语句块及注释。在一条语句内可以使用变量、表达式等。

16.2.1　语句执行顺序

JavaScript 程序按照在 HTML 文件中出现的顺序逐行执行。如果需要在整个 HTML 文件中执行，最好将其放在 HTML 文件的<head>…</head>标签当中。某些代码，如函数体内的代码，不会被立即执行，只有当所在的函数被其他程序调用时，该代码才被执行。

16.2.2　区分大小写

JavaScript 对字母大小写敏感，也就是说在输入语言的关键字、函数、变量以及其他标识符时，一定要严格区分字母的大小写。例如，变量 username 与变量 userName 是两个不同的变量。

提示

HTML 不区分大小写。由于 JavaScript 与 HTML 紧密相关，这一点很容易混淆，许多 JavaScript 对象和属性都与其代表的 HTML 标签或属性同名。在 HTML 中，这些名称可以以任意的大小写方式输入而不会引起混乱。但在 JavaScript 中，这些名称通常都是小写的。例如，在 HTML 中的事件处理器属性 ONCLICK 通常被声明为 onClick 或 Onclick，而在 JavaScript 中只能使用 onclick。

16.2.3　分号与空格

在 JavaScript 语句当中，分号是可有可无的，这一点与 Java 语言不同，JavaScript 并不要求每行必须以分号作为语句的结束标志。如果语句的结束处没有分号，JavaScript 会自动将该代码的结尾作为语句的结尾。

例如，下面的两行代码书写方式都是正确的。

```
Alert("hello,JavaScript")
Alert("hello,JavaScript");
```

 提示　为了养成良好的编写习惯，最好在每行的最后加上一个分号，这样能保证每行代码的准确性。

另外，JavaScript 会忽略多余的空格，用户可以向脚本添加空格，来提高其可读性。下面的两行代码是等效的：

```
var name="Hello";
var name = "Hello";
```

16.2.4　对代码行进行折行

当一段代码比较长时，用户可以在文本字符串中使用反斜杠对代码行进行换行。下面的例子会正确地显示：

```
document.write("Hello \
World!");
```

不过，用户不能像下面这样折行：

```
document.write \
("Hello World!");
```

16.2.5　注释

注释通常用来解释程序代码的功能(增加代码的可读性)或阻止代码的执行(调试程序)，不参与程序的执行。在 JavaScript 中注释分为单行注释和多行注释两种。

1. 单行注释语句

在 JavaScript 中，单行注释以双斜杠"//"开始，直到这一行结束。单行注释"//"可以放在行的开始或一行的末尾，无论放在哪里，只要从"//"符号开始到本行结束为止的所有内容都不会执行。在一般情况下，如果"//"位于一行的开始，则用来解释下一行或一段代码的功能；如果"//"位于一行的末尾，则用来解释当前行代码的功能。如果用来阻止一行代码的执行，也常将"//"放在一行的开始。

【例 16.1】　单行注释语句(实例文件：ch16\16.1.html)。

```
<!DOCTYPE html>
<html>
<head>
<title>date 对象</title>
<script type="text/javascript">
function disptime( )
{
  //创建日期对象 now，并实现当前日期的输出
  var now= new Date( );
  //document.write("<h1>河南旅游网</h1>");
  document.write("<H2>今天日期:"+now.getFullYear()+"年"+(now.getMonth( )+1)+"
月"+now.getDate()+"日</H2>");    //在页面上显示当前年月日
}
</script>
<body onload="disptime( )">
</body>
</html>
```

以上代码中共使用了三个注释语句。第一个注释语句将 "//" 符号放在了行首，通常用来解释下面代码的功能与作用。第二个注释语句放在了代码的行首，阻止了该行代码的执行。第三个注释语句放在了行的末尾，主要是对该行的代码进行解释说明。

在 IE 9.0 中浏览效果如图 16-1 所示。可以看到代码中的注释不被执行。

2. 多行注释

单行注释语句只能注释一行的代码，假设在调试程序时，希望有一段代码都不被浏览器执行或者对代码的功能说明一行书写不完，那么就需要使用多行注释语句。多行注释语句以 /*开始，以/*结束，可以注释一段代码。

【例 16.2】　多行注释语句(实例文件：ch16\16.2.html)。

```
<!DOCTYPE html>
<html>
<body>
<h1 id="myH1"></h1>
<p id="myP"></p>
<script type="text/javascript">
/*
下面的这些代码会输出
一个标题和一个段落
并将代表主页的开始
*/
document.getElementById("myH1").innerHTML="Welcome to my Homepage";
document.getElementById("myP").innerHTML="This is my first paragraph.";
</script>
<p><b>注释：</b>注释块不会被执行。</p>
</body>
</html>
```

在 IE 9.0 中浏览效果如图 16-2 所示。可以看到代码中的注释不被执行。

图 16-1　程序运行结果　　　　　　　　　　　图 16-2　程序运行结果

16.2.6　语句

　　JavaScript 程序是语句的集合，一条 JavaScript 语句相当于英语中的一个完整句子。JavaScript 语句将表达式组合起来，完成一定的任务。一条语句由一个或多个表达式、关键字或运算符组成，语句之间用分号(;)隔开，也就是，分号是一个 JavaScript 语句的结束符号。

　　下面给出 JavaScript 语句的分割示例，其中一行就是一条 JavaScript 语句。

```
Name="张三";                    //将"张三"赋值给 name
Var today=new Date();           //将今天的日期赋值给 today
```

【例 16.3】　操作两个 HTML 元素(实例文件：ch16\16.3.html)。

```
<!DOCTYPE html>
<html>
<body>
<h1>我的网站</h1>
<p id="demo">一个段落.</p>
<div id="myDIV">一个 div 块.</div>
<script type="text/javascript">
  document.getElementById("demo").innerHTML="Hello JavaScript";
  document.getElementById("myDIV").innerHTML="How are you?";
</script>
</body>
</html>
```

　　在 IE 9.0 中浏览效果如图 16-3 所示。

图 16-3　程序运行结果

16.2.7　语句块

　　语句块是一些语句的组合，通常语句块都会被一对大括号括起来。在调用语句块时，

JavaScript 会按书写次序执行语句块中的语句。JavaScript 会把语句块中的语句看成是一个整体全部执行，语句块通常用在函数中或流程控制语句中，如下所示代码就是一个语句块。

```
if (Fee < 2)
    {
        Fee = 2;      //小于 2 元时，手续费为 2 元
    }
```

语句块的作用是使语句序列一起执行。JavaScript 函数是将语句组合在块中的典型例子。

【例 16.4】 运行可操作两个 HTML 元素的函数(实例文件：ch16\16.4.html)。

```html
<html>
<body>
<h1>我的网站</h1>
<p id="myPar">我是一个段落.</p>
<div id="myDiv">我是一个 div 块.</div>
<p>
<button type="button" onclick="myFunction()">点击这里</button>
</p>
<script type="text/javascript">
function myFunction()
{
    document.getElementById("myPar").innerHTML="Hello JavaScript";
    document.getElementById("myDiv").innerHTML="How are you?";
}
</script>
<p>当您点击上面的按钮时，两个元素会改变。</p>
</body>
</html>
```

在 IE 9.0 中浏览效果如图 16-4 所示。单击其中的【点击这里】按钮，可以看到两个元素发生了变化，如图 16-5 所示。

图 16-4　程序运行结果

图 16-5　元素发生变化

16.3　JavaScript 的数据结构

每一种计算机编程语言都有自己的数据结构，JavaScript 脚本语言的数据结构包括标识符、常量、变量、关键字等。

16.3.1　标识符

JavaScript 编写程序时，很多地方都要求用户给定名称。例如，JavaScript 中的变量、函数等要素定义时都要求给定名称。可以将定义要素时使用的字符序列称为标识符。这些标识符必须遵循如下命名规则。

- 标识符只能由字母、数字下划线和中文组成，而不能包含空格、标点符号、运算符等其他符号。
- 标识符的第一个字符必须是字母、下划线或者中文。
- 标识符不能与 JavaScript 中的关键字名称相同，如 if、else 等。

例如，下面为合法的标识符：

```
UserName
Int2
 File_Open
Sex
```

例如，下面为不合法的标识符：

```
99BottlesofBeer
Namespace
It's-All-Over
```

16.3.2　关键字

关键字标识了 JavaScript 语句的开头或结尾。根据规定，关键字是保留的，不能用作变量名或函数名。JavaScript 中的关键字如表 16-3 所示。

表 16-3　JavaScript 中的关键字

break	case	catch	continue
default	delete	do	else
finally	for	function	if
in	instanceof	new	return
switch	this	throw	try
typeof	var	void	while
with			

提示　　　JavaScript 关键字是不能作为变量名和函数名使用的。

16.3.3　保留字

保留字在某种意思上是为将来的关键字而保留的单词。因此，保留字不能被用作变量名或函数名。JavaScript 中的保留字如表 16-4 所示。

表 16-4　JavaScript 中的保留字

abstract	boolean	byte	char
class	const	debugger	double
enum	export	extends	final
float	goto	implements	import
int	interface	long	native
package	private	protected	public
short	static	super	synchronized
throws	transient	volatile	

提示　　如果将保留字用作变量名或函数名，那么除非将来的浏览器实现了该保留字，否则很可能收不到任何错误消息。当浏览器将其实现后，该单词将被看作关键字，如此将出现关键字错误。

16.3.4　常量

简单地说，常量是字面变量，是固化在程序代码中的信息，常量的值从定义开始就是固定的。常量主要用于为程序提供固定和精确的值，包括数值和字符串，如数字、逻辑值真(true)、逻辑值假(false)等都是常量。

常量通常使用 const 来声明。语法格式如下。

```
const
 常量名：数据类型=值；
```

16.3.5　变量

变量，顾名思义，是指在程序运行过程中，其值可以改变。变量是存储信息的单元，它对应于某个内存空间，变量用于存储特定数据类型的数据，用变量名代表其存储空间。程序能在变量中存储值和取出值，可以把变量比作超市的货架(内存)，货架上摆放着商品(变量)，可以把商品从货架上取出来(读取)，也可以把商品放入货架(赋值)。

1. 变量的命名

实际上，变量的名称是一个标识符。在 JavaScript 当中，用标识符来命令变量和函数，变量的名称可以是任意长度。创建变量名称时，应该遵循以下命名规则。

- 第一个字符必须是一个 ASCII 字符(大小写均可)或一个下划线(_)，但是不能是文字。
- 后续的字符必须是字母、数字或下划线。
- 变量名称不能是 JavaScript 的保留字。
- JavaScript 的变量名是严格区分大小写的。例如，变量名称 myCounter 与变量名称

MyCounter 是不同的。

下面给出一些合法的变量命名示例。

```
pagecount
Part9
Numer
```

下面给出一些错误的变量命名示例。

```
12balloon            //不能以数字开头
Summary&Went         //"与"符号不能用在变量名称中
```

2. 变量的声明与赋值

JavaScript 是一种弱类型的程序设计语言，变量可以不声明直接使用。所谓声明变量，即为变量指定一个名称。声明变量后，就可以把它们用作存储单元。

JavaScript 中使用关键字 var 声明变量，在这个关键字之后的字符串将代表一个变量名。其格式为：

```
var 标识符;
```

例如，声明变量 username，用来表示用户名，代码如下。

```
var username;
```

另外，一个关键字 var 也可以同时声明多个变量名，多个变量名之间必须用逗号","分隔。例如，同时声明变量 username、pwd、age，分别表示用户名、密码和年龄，代码如下。

```
var username,pwd,age;
```

要给变量赋值，可以使用 JavaScript 中的赋值运算符，即等于号(=)。

可以在声明变量名时同时赋值，例如，声明变量 username，并赋值为"张三"，代码如下。

```
var username="张三";
```

也可以声明变量之后，对变量赋值，或者对未声明的变量直接赋值。例如，声明变量 age，然后再为它赋值，以及直接对变量 count 赋值，代码如下。

```
var age;             //声明变量
age=18;              //对已声明的变量赋值
count=4;             //对未声明的变量直接赋值
```

 JavaScript 中的变量如果未初始化(赋值)，默认值为 undefind。

3. 变量的作用范围

所谓变量的作用范围，是指可以访问该变量的代码区域。JavaScript 中按变量的作用范围分为全局变量和局部变量。

- 全局变量：可以在整个 HTML 文档范围中使用的变量，这种变量通常都是在函数体外定义的变量。

- 局部变量：只能在局部范围内使用的变量，这种变量通常都是在函数体内定义的变量，所以只在函数体中有效。

 提示　　省略关键字 var 声明的变量，无论是在函数体内，还是在函数体外，都是全局变量。

【例 16.5】　创建名为 carname 的变量，并向其赋值 Volvo，然后把它放入 id="demo"的 HTML 段落中(实例文件：ch16\16.5.html)。

```html
<!DOCTYPE html>
<html>
<body>
    <p>点击这里来创建变量，并显示结果。</p>
    <button onclick="myFunction()">点击这里</button>
    <p id="demo"></p>
    <script type="text/javascript">
    function myFunction()
    {
      var carname="Volvo";
      document.getElementById("demo").innerHTML=carname;
    }
    </script>
</body>
</html>
```

在 IE 9.0 中浏览效果如图 16-6 所示。单击其中的【点击这里】按钮，可以看到页面发生了变化，如图 16-7 所示。

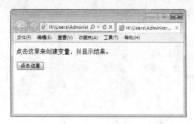

图 16-6　程序运行结果

图 16-7　页面发生变化

 提示　　一个好的编程习惯是，在代码开始处，统一对需要的变量进行声明。

16.4　JavaScript 的数据类型

每一种计算机语言除了有自己的数据结构外，还具有自己所支持的数据类型。在 JavaScript 脚本语言当中，采用的是弱数据方式，即一个数据不必首先作声明，可以在使用或赋值时再确定其数据的类型，当然也可以先声明该数据类型。

16.4.1 案例 1——typeof 运算符

typeof 运算符有一个参数，即要检查的变量或值。例如：

```
var sTemp = "test string";
alert (typeof sTemp);        //输出 "string"
alert (typeof 86);           //输出 "number"
```

对变量或值调用 typeof 运算符将返回下列值之一。

- undefined：如果变量是 Undefined 类型的。
- boolean：如果变量是 Boolean 类型的。
- number：如果变量是 Number 类型的。
- string：如果变量是 String 类型的。
- object：如果变量是一种引用类型或 Null 类型的。

【例 16.6】 typeof 运算符的使用(实例文件：ch16\16.6.html)。

```
<!DOCTYPE html>
<html>
<body>
<script type="text/javascript">
    typeof(1);
    typeof(NaN);
    typeof(Number.MIN VALUE);
    typeof(Infinity);
    typeof("123");
    typeof(true);
    typeof(window);
    typeof(document);
    typeof(null);
    typeof(eval);
    typeof(Date);
    typeof(sss);
    typeof(undefined);
    document.write ("typeof(1): "+typeof(1)+"<br>");
    document.write ("typeof(NaN): "+typeof(NaN)+"<br>");
    document.write ("typeof(Number.MIN VALUE):
"+typeof(Number.MIN VALUE)+"<br>")
    document.write ("typeof(Infinity): "+typeof(Infinity)+"<br>")
    document.write ("typeof(\"123\"): "+typeof("123")+"<br>")
    document.write ("typeof(true): "+typeof(true)+"<br>")
    document.write ("typeof(window): "+typeof(window)+"<br>")
    document.write ("typeof(document): "+typeof(document)+"<br>")
    document.write ("typeof(null): "+typeof(null)+"<br>")
    document.write ("typeof(eval): "+typeof(eval)+"<br>")
    document.write ("typeof(Date): "+typeof(Date)+"<br>")
    document.write ("typeof(sss): "+typeof(sss)+"<br>")
    document.write ("typeof(undefined): "+typeof(undefined)+"<br>")
</script>
</body>
</html>
```

在 IE 9.0 中浏览效果如图 16-8 所示。

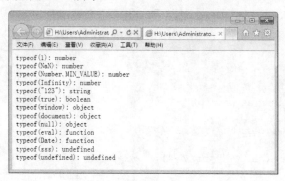

图 16-8　程序运行结果

16.4.2　案例 2——Undefined 类型

Undefined 是未定义类型的变量，表示变量还没有赋值，如 "var a;"，或者赋予一个不存在的属性值，例如 var a=String.notProperty。

此外，JavaScript 中有一种特殊类型的数字常量 NaN，表示 "非数字"，当在程序中由于某种原因发生计算错误后，将产生一个没有意义的数字，此时 JavaScript 返回的数字值就是NaN。

【**例 16.7**】　使用 Undefined (实例文件：ch16\16.7.html)。

```
<!DOCTYPE html>
<html>
<body>
<script type="text/javascript">
    var person;
    document.write(person + "<br />");
</script>
</body>
</html>
```

在 IE 9.0 中浏览效果如图 16-9 所示。

图 16-9　程序运行结果

16.4.3　案例 3——Null 类型

JavaScript 中的关键字 Null 是一个特殊的值，表示空值，用于定义空的或不存在的引用。

不过，Null 不等同于空的字符串或 0。由此可见，Null 与 Undefined 的区别是：Null 表示一个变量被赋予了一个空值，而 Undefined 则表示该变量还未被赋值。

【例 16.8】 使用 Null (实例文件：ch16\16.8.html)。

```html
<!DOCTYPE html>
<html>
<body>
<script type="text/javascript">
    var person;
    document.write(person + "<br />");
    var car=null
    document.write(car + "<br />");
</script>
</body>
</html>
```

在 IE 9.0 中浏览效果如图 16-10 所示。

图 16-10　程序运行结果

16.4.4　案例 4——Boolean 类型

布尔类型 Boolean 表示一个逻辑数值，用于表示两种可能的情况。逻辑真，用 true 表示；逻辑假，用 false 表示。通常，我们使用 1 表示真，0 表示假。

【例 16.9】 使用 Boolean 类型(实例文件：ch16\16.9.html)。

```html
<!DOCTYPE html>
<html>
<body>
<script type="text/javascript">
    var b1 = Boolean("");//返回 false,空字符串
    var b2 = Boolean("s");//返回 true,非空字符串
    var b3 = Boolean(0);//返回 false,数字 0
    var b4 = Boolean(1);//返回 true,非 0 数字
    var b5 = Boolean(-1);//返回 true,非 0 数字
    var b6 = Boolean(null);//返回 false
    var b7 = Boolean(undefined);//返回 false
    var b8 = Boolean(new Object());//返回 true,对象
    document.write(b1 + "<br>")
    document.write(b2 + "<br>")
    document.write(b3 + "<br>")
    document.write(b4 + "<br>")
    document.write(b5 + "<br>")
    document.write(b6 + "<br>")
    document.write(b7 + "<br>")
```

```
    document.write(b8 + "<br>")
</script>
</body>
</html>
```

在 IE 9.0 中浏览效果如图 16-11 所示。

图 16-11　程序运行结果

16.4.5　案例 5——Number 类型

JavaScript 的数值类型可以分为 4 类，即整数、浮点数、内部常量和特殊值。整数可以为正数、0 或者负数；浮点数可以包含小数点，也可以包含一个 e(大小写均可，在科学记数法中表示"10 的幂")，或者同时包含这两项。整数可以以 10(十进制)、8(八进制)和 16(十六进制)作为基数来表示。

【例 16.10】　输出数值(实例文件：ch16\16.10.html)。

```
<!DOCTYPE html>
<html>
<body>
<script type="text/javascript">
    var x1=36.00;
    var x2=36;
    var y=123e5;
    var z=123e-5;
    document.write(x1 + "<br />")
    document.write(x2 + "<br />")
    document.write(y + "<br />")
    document.write(z + "<br />")
</script>
</body>
</html>
```

在 IE 9.0 中浏览效果如图 16-12 所示。

图 16-12　程序运行结果

16.4.6 案例6——String 类型

字符串是用一对单引号(' ')或双引号(" ")和引号中的部分构成的。一个字符串也是 JavaScript 中的一个对象，有专门的属性。引号中间的部分可以是任意多的字符，如果没有则是一个空字符串。如果要在字符串中使用双引号，则应该将其包含在使用单引号的字符串中，使用单引号时则反之。

【**例 16.11**】 输出字符串(实例文件：ch16\16.11.html)。

```html
<!DOCTYPE html>
<html>
<body>
<script type="text/javascript">
    var string1="Bill Gates";
    var string2='Bill Gates';
    var string3="Nice to meet you!";
    var string4="He is called 'Bill'";
    var string5='He is called "Bill"';
    document.write(string1 + "<br>")
    document.write(string2 + "<br>")
    document.write(string3 + "<br>")
    document.write(string4 + "<br>")
    document.write(string5 + "<br>")
</script>
</body>
</html>
```

在 IE 9.0 中浏览效果如图 16-13 所示。

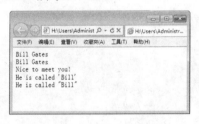

图 16-13 程序运行结果

16.4.7 案例7——Object 类型

前面介绍的 5 种数据类型是 JavaScript 的原始数据类型，而 Object 是对象类型。该数据类型中包括 Object、Function、String、Number、Boolean、Array、RegExp、Date、Global、Math、Error，以及宿主环境提供的 Object 类型。

【**例 16.12**】 Object 数据类型的使用(实例文件：ch16\16.12.html)。

```html
<!DOCTYPE html>
<html>
<body>
<script type="text/javascript">
    person=new Object();
```

```
    person.firstname="Bill";
    person.lastname="Gates";
    person.age=56;
    person.eyecolor="blue";
    document.write(person.firstname + " is " + person.age + " years old.");
</script>
</body>
</html>
```

在 IE 9.0 中浏览效果如图 16-14 所示。

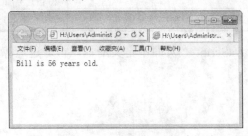

图 16-14　程序运行结果

16.5　JavaScript 的运算符

在 JavaScript 的程序中要完成各种各样的运算，是离不开运算符的。它用于将一个或几个值进行运算而得出所需要的结果值。在 JavaScript 中，运算符按类型可以分为算术运算符、比较运算符、赋值运算符、逻辑运算符和条件运算符等。

16.5.1　案例 8——算术运算符

算术运算符是最简单、最常用的运算符，所以有时也称它们为简单运算符，可以使用它们进行通用的数学计算。

JavaScript 语言中提供的算术运算符有+、-、*、/、%、++、--7 种，分别表示加、减、乘、除、求余数、自加和自减，如表 16-5 所示。其中+、-、*、/、%5 种为二元运算符，表示对运算符左右两边的操作数作算术，其运算规则与数学中的运算规则相同，即先乘除后加减。++、--两种运算符都是一元运算符，其结合性为自右向左，在默认情况下表示对运算符右边的变量的值增 1 或减 1，而且它们的优先级比其他算术运算符高。

表 16-5　算术运算符

运算符	说　明	示　例
+	加法运算符，用于对两个数字进行求和	x+100、100+1000、+100
-	减法运算符或负值运算符	100-60、-100
*	乘法运算符	100*6
/	除法运算符	100/50

续表

运算符	说　明	示　例
%	求模运算符，也就是算术中的求余	100%30
++	将变量值加 1 后再将结果赋值给该变量	x++用于在参与其他运算之前先将自己加 1 后，再用新的值参与其他运算 ++x 用于先用原值参与其他运算后，再将自己加 1
--	将变量值减 1 后再将结果赋值给该变量	x--、--x 与++的用法相同

【例 16.13】　　通过 JavaScript 在页面中定义变量，再通过运算符计算变量的运行结果(实例文件：ch16\16.13.html)。

```html
<!DOCTYPE html>
<html>
<head>
<title>运用 JavaScript 运算符</title>
</head>
<body>
<script type="text/javascript">
    var num1=120,num2 = 25;                              //定义两个变量
    document.write("120+25=" + (num1+num2)+"<br>");      //计算两个变量的和
    document.write("120-25="+(num1-num2)+"<br>");        //计算两个变量的差
    document.write("120*25="+(num1*num2)+"<br>");        //计算两个变量的积
    document.write("120/25="+(num1/num2)+"<br>");        //计算两个变量的余数
    document.write("(120++)="+(num1++)+"<br>");          //自加运算
    document.write("++120="+(++num1)+"<br>");
</script>
</body>
</html>
```

在 IE 9.0 中浏览效果如图 16-15 所示。

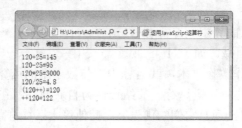

图 16-15　程序运行结果

16.5.2　案例 9——比较运算符

比较运算符用于对运算符的两个表达式进行比较，然后根据比较结果返回布尔类型的值 true 或 false。例如，比较两个值是否相同或比较两个数字值的大小等。在表 16-6 中列出了 JavaScript 支持的比较运算符。

表 16-6　比较运算符

运算符	说　明	示　例
==	判断左右两边表达式是否相等，当左边表达式等于右边表达式时返回 true，否则返回 false	Number == 100 Number1 == Number2
!=	判断左边表达式是否不等于右边表达式，当左边表达式不等于右边表达式时返回 true，否则返回 false	Number != 100 Number1 != Number2
>	判断左边表达式是否大于右边表达式，当左边表达式大于右边表达式时返回 true，否则返回 false	Number > 100 Number1 > Number2
>=	判断左边表达式是否大于等于右边表达式，当左边表达式大于等于右边表达式时返回 true，否则返回 false	Number >= 100 Number1 >= Number2
<	判断左边表达式是否小于右边表达式，当左边表达式小于右边表达式时返回 true，否则返回 false	Number < 100 Number1 < Number2
<=	判断左边表达式是否小于等于右边表达式，当左边表达式小于等于右边表达式时返回 true，否则返回 false	Number <= 100 Number1 <= Number2

【例 16.14】　使用比较运算符比较两个数值的大小(实例文件：ch16\16.14.html)。

```html
<!DOCTYPE html>
<html>
<head>
<title>比较运算符的使用</title>
</head>
<body>
<script type="text/javascript">
    var age = 25;                                    //定义变量
    document.write("age 变量的值为："+age+"<br>");    //输出变量值
    document.write("age>=20："+(age>=20)+"<br>");    //实现变量值比较
    document.write("age<20："+(age<20)+"<br>");
    document.write("age!=20："+(age!=20)+"<br>");
    document.write("age>20："+(age>20)+"<br>");
</script>
</body>
</html>
```

在 IE 9.0 中浏览效果如图 16-16 所示。

图 16-16　程序运行结果

16.5.3 案例 10——位运算符

任何信息在计算机中都是以二进制的形式保存的。位运算符就是对数据按二进制位进行运算的运算符。JavaScript 语言中的位运算符有：&与、|或、^异或、~取补、<<左移、>>右移，如表 16-7 所示。其中，取补运算符为一元运算符，而其他位运算符都是二元运算符。这些运算都不会产生溢出。位运算符的操作数为整型或者是可以转换为整型的任何其他类型。

表 16-7　位运算符

运算符	描　　述
&	与运算。操作数中的两个位都为 1，结果为 1，两个位中有一个为 0，结果为 0
|	或运算。操作数中的两个位都为 0，结果为 0，否则，结果为 1
^	异或运算。两个操作位相同时，结果为 0，不相同时，结果为 1
~	取补运算，操作数的各位取反，即 1 变为 0，0 变为 1
<<	左移位。操作数按位左移，高位被丢弃，低位顺序补 0
>>	右移位。操作数按位右移，低位被丢弃，其他各位顺序依次右移

【例 16.15】　输出十进制数 18 的二进制数(实例文件：ch16\16.15.html)。

```html
<!DOCTYPE html>
<html>
<body>
<h1>输出十进制 18 的二进制数</h1>
<script type="text/javascript">
    var iNum = 18;
    alert(iNum.toString(2));
</script>
</body>
</html>
```

在 IE 9.0 中浏览效果如图 16-17 所示。18 的二进制数只用了前 5 位，它们是这个数字的有效位。把数字转换成二进制字符串，只能看到有效位。这段代码只输出 10010，而不是 18 的 32 位表示。这是因为其他数位并不重要，仅使用前 5 位即可确定这个十进制数值。

图 16-17　程序运行结果

16.5.4 案例 11——逻辑运算符

逻辑运算符通常用于执行布尔运算，它们常和比较运算符一起使用来表示复杂比较运算，这些运算涉及的变量通常不止一个，而且常用于 if、while 和 for 语句中。表 16-8 列出了 JavaScript 支持的逻辑运算符。

表 16-8 逻辑运算符

运算符	说　　明	示　　例
&&	逻辑与，若两边表达式的值都为 true，则返回 true；任意一个值为 false，则返回 false	100>60 &&100<200 返回 true 100>50&&10>100 返回 false
||	逻辑或，只有表达式的值都为 false 时，才返回 false	100>60||10>100 返回 true 100>600||50>60 返回 false
!	逻辑非，若表达式的值为 true，则返回 false，否则返回 true	!(100>60)返回 false !(100>600)返回 true

【例 16.16】　逻辑运算符的使用(实例文件：ch16\16.16.html)。

```
<!DOCTYPE html>
<html>
<body>
<h1>逻辑运算符的使用</h1>
<script type="text/javascript">
    var a=true,b=false;
    document.write(!a);
    document.write("<br />");
    document.write(!b);
    document.write("<br />");
    a=true,b=true;
    document.write(a&&b);
    document.write("<br />");
    document.write(a||b);
    document.write("<br />");
    a=true,b=false;
    document.write(a&&b);
    document.write("<br />");
    document.write(a||b);
    document.write("<br />");
    a=false,b=false;
    document.write(a&&b);
    document.write("<br />");
    document.write(a||b);
    document.write("<br />");
    a=false,b=true;
    document.write(a&&b);
    document.write("<br />");
    document.write(a||b);
</script>
</body>
</html>
```

在 IE 9.0 中浏览效果如图 16-18 所示。

图 16-18　程序运行结果

从运行结果可以看出逻辑运算符的规律，具体如下。

- true 的!为 false，false 的!为 true。
- a&&b：a、b 全 true 表达式为 true，否则表达式为 false。
- a||b：a、b 全 false 表达式为 false，否则表达式为 true。

16.5.5　案例 12——条件运算符

除了上面介绍的常用运算符外，JavaScript 还支持条件表达式运算符"?"，这个运算符是个三元运算符，它有三个部分：一个计算值的条件和两个根据条件返回的真假值。其格式如下。

条件 ? 表示式 1 : 表达式 2

在使用条件运算符时，如果条件为真，则表达值使用表达式 1 的值，否则使用表达式 2 的值。示例如下：

(x > y) ? 100*3 : 11

如果 x 的值大于 y 的值，则表达式的值为 300；否则，如果 x 的值小于或等于 y 的值，则表达式的值为 11。

【例 16.17】　条件运算符的使用(实例文件：ch16\16.17.html)。

```
<!DOCTYPE html>
<html>
<body>
<h1>条件运算符的使用</h1>
<script type="text/javascript">
     var a=3;
     var b=5;
     var c=b-a;
      document.write(c+"<br>");
     if(a>b)
            { document.write("a 大于 b<br>");}
     else
            { document.write("a 小于 b<br>");}
     document.write(a>b?"2":"3");
  </script>
</body>
</html>
```

上面代码创建了两个变量 a 和 b，变量 c 的值是 b 和 a 的差。下面使用 if 语句判断 a 和 b 的大小，并输出结果。最后使用了一个三元运算符，如果 a>b，则输出 2，否则输出 3。
 表示在网页中换行，"+"是一个连接字符串。

在 IE 9.0 中浏览效果如图 16-19 所示，可以看到网页输出了 JavaScript 语句的执行结果。

图 16-19　条件运算符的使用

16.5.6　案例 13——赋值运算符

赋值就是把一个数据赋值给一个变量。例如，myName="张三"的作用是执行一次同步操作，把常量"张三"赋值给变量 myName。赋值运算符为二元运算符，要求运算符两侧的操作数类型必须一致。JavaScript 中提供有简单赋值运算符和复合赋值运算符两种，如表 16-9 所示。

表 16-9　赋值运算符

运算符	说　　明	示　　例
=	将右边表达式的值赋值给左边的变量	Username="Bill"
+=	将运算符左边的变量加上右边表达式的值赋值给左边的变量	a+=b //相当于 a=a+b
-=	将运算符左边的变量减去右边表达式的值赋值给左边的变量	a-=b //相当于 a=a-b
*=	将运算符左边的变量乘以右边表达式的值赋值给左边的变量	a*=b //相当于 a=a*b
/=	将运算符左边的变量除以右边表达式的值赋值给左边的变量	a/=b //相当于 a=a/b
%=	将运算符左边的变量用右边表达式的值求模，并将结果赋给左边的变量	a%=b //相当于 a=a%b
&=	将运算符左边的变量与右边表达式的变量进行逻辑与运算，将结果赋给左边的变量	a&=b //相当于 a=a&b
|=	将运算符左边的变量与右边表达式的变量进行逻辑或运算，将结果赋给左边的变量	a|=b //相当于 a=a||b
^=	将运算符左边的变量与右边表达式的变量进行逻辑异或运算，将结果赋给左边的变量	a^=b //相当于 a=a^b

提示　　在书写复合赋值运算符时，两个符号之间一定不能有空格，否则将会出错。

【例 16.18】　赋值运算符的使用(实例文件：ch16\16.18.html)。

```
<!DOCTYPE html>
<html>
<body>
    <h3>赋值运算符的使用规则</h3>
    <p><strong>如果把数字与字符串相加，结果将成为字符串。</strong></p>
     <script type="text/javascript">
        x=5+5;
        document.write(x);
        document.write("<br />");
        x="5"+"5";
        document.write(x);
        document.write("<br />");
        x=5+"5";
        document.write(x);
        document.write("<br />");
        x="5"+5;
        document.write(x);
        document.write("<br />");
    </script>
</body>
</html>
```

在 IE 9.0 中浏览效果如图 16-20 所示。

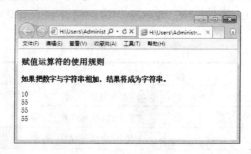

图 16-20　程序运行结果

16.5.7　案例 14——运算符优先级

运算符的种类非常多，通常不同的运算符又构成了不同的表达式，甚至一个表达式中又包含有多种运算符。因此，它们的运算方法应该有一定的规律性。JavaScript 语言规定了各类运算符的运算级别及结合性等，如表 16-10 所示。

表 16-10　运算符优先级别

优先级(1 最高)	说　　明	运算符	结合性
1	括号	( )	从左到右
2	自加/自减运算符	++/--	从右到左
3	乘法运算符、除法运算符、取模运算符	*　/　%	从左到右
4	加法运算符、减法运算符	+　-	从左到右
5	小于、小于等于、大于、大于等于	<　<=　>　>=	从左到右

续表

优先级(1 最高)	说　明	运算符	结合性
6	等于、不等于	==　!=	从左到右
7	逻辑与	&&	从左到右
8	逻辑或	||	从左到右
9	赋值运算符	=　+=　*=　/= %=　-=	从右到左

建议在写表达式的时候，如果无法确定运算符的有效顺序，则尽量采用括号来保证运算的顺序，这样也使得程序一目了然，而且自己在编程时能够思路清晰。

【例 16.19】　运算符的优先级(实例文件：ch16\16.19.html)。

```
<!DOCTYPE html>
<html>
<head>
<title>运算符的优先级</title>
</head>
<body>
<script language="javascript">
    var a=1+2*3;                 //按自动优先级计算
    var b=(1+2)*3;               //使用()改变运算优先级
    alert("a="+a+"\nb="+b);      //分行输出结果
</script>
</body>
</html>
```

在 IE 9.0 中浏览效果如图 16-21 所示。

图 16-21　程序运行结果

16.6　JavaScript 的表达式

表达式是一个语句的集合，像一个组一样，计算结果是个单一值，然后该结果被 JavaScript 归入下列数据类型之一：布尔、数字、字符串、对象等。

一个表达式本身可以是一个数字或者变量，或者它可以包含许多连接在一起的变量关键字以及运算符。例如，表达式 x/y，分别使自由变量 x 和 y 定值为 10 和 5，其输出为数字 2；但在 y 值为 0 时则没有定义。一个表达式的赋值和运算符的定义以及数值的定义域是有关联的。

16.6.1 案例 15——赋值表达式

在 JavaScript 中，赋值表达式的一般语法形式为"变量 赋值运算符 表达式"，在计算过程中是按照自右而左结合的。其中有简单的赋值表达式，如 i=1；也有定义变量时，给变量赋初始值的赋值表达式，如 var str="Happy World！"；还有使用比较复杂的赋值运算符连接的赋值表达式，如 k+=18。

【例 16.20】 赋值表达式的用法(实例文件：ch16\16.20.html)。

```html
<!DOCTYPE html>
<html>
<head>
<title>赋值表达式</title>
<body>
<script language="javascript">
<!--
var x = 15;
document.write("<p>目前变量 x 的值为：x="+ x);
x+=x-=x*x;
document.write("<p>执行语句"x+=x-=x*x"后，变量 x 的值为：x="+ x);
var y = 15;
document.write("<p>目前变量 y 的值为：y="+ y);
y+=(y-=y*y);
document.write("<p>执行语句"y+=(y-=y*y)"后，变量 y 的值为：y=" +y);
//-->
</script>
</body>
</head>
</html>
```

在上述代码中，表达式 x+=x-=x*x 的运算流程如下：先计算 x=x-(x*x)，得到 x=-210，再计算 x=x+(x-=x*x)，得到 x=-195。同理，表达式"y+=(y-=y*y)"的结果为 x=-195，如图 16-22 所示。

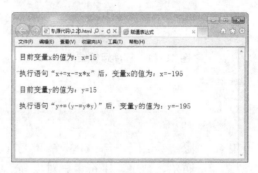

图 16-22　程序运行结果

由于运算符的优先级规定较多并且容易混淆，为提高程序的可读性，在使用多操作符的运算时，尽量使用括号"()"来保证程序的正常运行。

16.6.2　案例 16——算术表达式

算术表达式就是用算术运算符连接的 JavaScript 语句。如 i+j+k、20-x、a*b、j/k、sum%2 等即为合法的算术表达式。算术运算符的两边必须都是数值，若在"+"运算中存在字符或字符串，则该表达式将是字符串表达式，因为 JavaScript 会自动将数值型数据转换成字符串型数据。例如，""好好学习"+i+"天天向上"+j"表达式将被看作是字符串表达式。

16.6.3　案例 17——布尔表达式

布尔表达式一般用来判断某个条件或者表达式是否成立，其结果只能为 true 或 false。

【例 16.21】　布尔表达式的用法(实例文件：ch16\16.21.html)。

```
<!DOCTYPE html>
<html>
<head>
<title>布尔表达式</title>
<body>
<script language="javascript" type="text/javaScript">
<!--
function checkYear()
{
    var txtYearObj = document.all.txtYear; //文本框对象
    var txtYear = txtYearObj.value;
    if((txtYear == null) || (txtYear.length < 1)||(txtYear < 0))
    { //文本框值为空
        window.alert("请在文本框中输入正确的年份！");
        txtYearObj.focus();
        return;
    }
    if(isNaN(txtYear))
    { //用户输入不是数字
        window.alert("年份必须为整型数字！");
        txtYearObj.focus();
        return;
    }
    if(isLeapYear(txtYear))
    window.alert(txtYear + "年是闰年！");
    else
        window.alert(txtYear + "年不是闰年！");
}
function isLeapYear(yearVal) //*判断是否闰年
{
    if((yearVal % 100 == 0) && (yearVal % 400 == 0))
        return true;
    if(yearVal % 4 == 0) return true;
    return false;
}
//-->
</script>
<form action="#" name="frmYear">
```

请输入当前年份：

```
    <input type="text" name="txtYear">
    <p>请单击按钮以判断是否为闰年：
    <input type="button" value="按钮" onclick="checkYear()">
</form>
</body>
</head>
</html>
```

在以上代码中多次使用布尔表达式进行数值的判断。运行该段代码，在显示的文本框中输入 2010，单击【确定】按钮后，系统先判断文本框是否为空，再判断文本框输入的数值是否合法，最后判断其是否为闰年并弹出相应的提示对话框，如图 16-23 所示。

同理，如果输入值为 2012，具体的显示效果如图 16-24 所示。

图 16-23　输入 2010 的程序运行结果　　　　图 16-24　输入 2012 的程序运行结果

16.6.4　案例 18——字符串表达式

字符串表达式是操作字符串的 JavaScript 语句。JavaScript 的字符串表达式只能使用 "+" 与 "+=" 两个字符串运算符。如果在同一个表达式中既有数字又有字符串，同时还没有将字符串转换成数字的方法，则返回值一定是字符串型。

【例 16.22】　字符串表达式的用法(实例文件：ch16\16.22.html)。

```
<!DOCTYPE html>
<html>
<head>
<title>字符串表达式</title>
<body>
<script language="javascript">
<!--
  var x = 10;
  document.write("<p>目前变量 x 的值为：x="+ x);
  x=1+4+8;
  document.write("<p>执行语句"x=1+4+8"后，变量 x 的值为：x="+ x);
  document.write("<p>此时，变量 x 的数据类型为："+ (typeof x));
  x=1+4+'8';
  document.write("<p>执行语句"x=1+4+'8'"后，变量 x 的值为：x="+ x);
  document.write("<p>此时，变量 x 的数据类型为："+ (typeof x));
//-->
```

```
</script>
</body>
</head>
</html>
```

运行上述代码，对于一般表达式"1+4+8"，将三者相加和为 13；而在表达式"1+4+'8'"中，表达式按照从左至右的运算顺序，先计算数值 1、4 的和，结果为 5，再将计算之后的和转换成字符串型，与最后的字符串连接，最后得到的结果是字符串"58"，如图 16-25 所示。

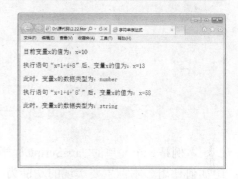

图 16-25　程序运行结果

16.6.5　案例 19——类型转换

相对于强类型语言，JavaScript 的变量没有预定类型，其类型相应于包含值的类型。当对不同类型的值进行运算时，JavaScript 解释器将自动把数据类型之一改变(强制转换)为另一种数据类型，再执行相应运算。除自动类型转换外，为避免自动转换或不转换产生的不良后果，有时需要手动进行显式的类型转换，此时可利用 JavaScript 中提供的类型转换工具，如 parseInt()方法和 parseFloat()方法等。

【例 16.23】　字符串型数据转换为逻辑型数据(实例文件：ch16\16.23.html)。

```
<!DOCTYPE html>
<html>
<head>
<title>类型转换</title>
<body>
<script language="javascript">
<!--
var x = "happy";  // x值为非空字符串
if (x)
  {
    alert("字符串型变量 x 转换为逻辑型后，结果为 true");
  }
  else
  {
    alert("字符串型变量 x 转换为逻辑型后，结果为 false");
  }
//-->
</script>
</body>
</head>
</html>
```

代码运行结果如图 16-26 所示。对于非空字符串变量 x，按照数据类型转换规则，自动转换为逻辑型后结果为 true。

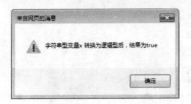

图 16-26　程序运行结果

16.7　实战演练——一个简单的 JavaScript 实例

本例是一个简单的 JavaScript 程序，主要用来说明如何编写 JavaScript 程序以及在 HTML 中如何使用。本例主要实现的功能为：当页面打开时，显示"尊敬的客户，欢迎您光临本网站"窗口，关闭页面时弹出窗口"欢迎下次光临！"。程序效果分别如图 16-27 和图 16-28 所示。

图 16-27　页面加载时效果

图 16-28　页面关闭时效果

具体操作步骤如下。

step 01　新建 HTML 文档，输入以下代码。

```
<!DOCTYPE html>
<html>
<head>
<title>第一个 Javascript 程序</title>
</head>
<body>
</body>
</html>
```

step 02　保存 HTML 文件，选择相应的保存位置，文件名为 welcome.html。

step 03　在 HTML 文档的 head 部分，输入如下代码。

```
<script>
<script>
    //页面加载时执行的函数
    function showEnter(){
        alert("尊敬的客户，欢迎您光临本网站");
    }
```

```
//页面关闭时执行的函数
function showLeave(){
    alert("欢迎下次光临！");
}
//页面加载事件触发时调用函数
window.onload=showEnter;
//页面关闭事件触发时调用函数
window.onbeforeunload=showLeave;
</script>
```

step 04 保存网页，浏览最终效果。

16.8　跟我练练手

16.8.1　练习目标

能够熟练掌握本章所讲内容。

16.8.2　上机练习

练习 1：编写 JavaScript 程序，熟悉 JavaScript 的基本语法及数据结构。

练习 2：在 JavaScript 程序中使用 JavaScript 的数据类型。

练习 3：在 JavaScript 程序中使用 JavaScript 运算符。

练习 4：在 JavaScript 程序中使用 JavaScript 表达式。

16.9　高手甜点

甜点 1：变量名有哪些命名规则

变量名以字母、下划线或美元符号($)开头。例如，txtName 与_txtName 都是合法的变量名，而 1txtName 和&txtName 都是非法的变量名。变量名只能由字母、数字、下划线和美元符号($)组成，其中不能包含标点与运算符，也不能用汉字做变量名。例如，txt%Name、名称文本、txt-Name 都是非法变量名。不能用 JavaScript 保留字做变量名。例如，var、enum、const 都是非法变量名。JavaScript 对大小写敏感。例如，变量 txtName 与 txtname 是两个不同的变量，两个变量不能混用。

甜点 2：声明变量有哪些规则

可以使用一个关键字 var 同时声明多个变量，如语句"var x,y;"就同时声明了 x 和 y 两个变量。可以在声明变量的同时对其赋值(称为初始化)，如"var president = "henan";var x=5,y=12;"声明了 3 个变量 president、x 和 y，并分别对其进行了初始化。如果出现重复声明的变量，且该变量已有一个初始值，则此时的声明相当于对变量的重新赋值。如果只是声明了变量，并未对其赋值，其值默认为 undefined。var 语句可以用作 for 循环和 for/in 循环的一部分，这样可使得循环变量的声明成为循环语法自身的一部分，使用起来较为方便。

甜点 3：比较运算符 "=="与赋值运算符 "="有什么不同

在各种运算符中，比较运算符 "=="与赋值运算符 "="完全不同，赋值运算符 "="是用于给操作数赋值；而比较运算符 "=="则是用于比较两个操作数的值是否相等。如果在需要比较两个表达式的值是否相等的情况下，错误的使用赋值运算符 "="，则会将右操作数的值赋给左操作数。

第 17 章

改变程序执行方向
——程序控制结构与语句

　　JavaScript 编程中对程序流程的控制主要是通过条件判断、循环控制语句及 continue、break 来完成的，其中条件判断按预先设定的条件执行程序，包括 if 语句和 switch 语句；而循环控制语句则可以重复完成任务，包括 while 语句、do...while 语句及 for 语句。本章将主要讲述 JavaScript 的程序控制结构与相关的语句。

本章要点(已掌握的在方框中打钩)

- ☐ 熟悉赋值语句的使用方法。
- ☐ 掌握条件判断语句的使用方法。
- ☐ 掌握循环控制语句的使用方法。
- ☐ 掌握跳转语句的使用方法。

17.1 赋 值 语 句

赋值语句是 JavaScript 程序中最常用的语句。在程序中，往往需要大量的变量来存储程序中用到的数据，所以用来对变量进行赋值的赋值语句也会在程序中大量出现。赋值语句的语法格式如下。

> 变量名=表达式

当使用关键字 var 声明变量时，可以同时使用赋值语句对声明的变量进行赋值。

例如，声明一些变量，并分别给这些变量赋值，代码如下。

```
var username="Rose"
var bue=true
var variable="开怀大笑，益寿延年"
```

17.2 条件判断语句

条件判断语句用于对语句中不同条件的值进行判断，进而根据不同的条件执行不同的语句。条件判断语句主要包括两大类，分别是：if 判断语句和 switch 多分支语句。

17.2.1 案例 1——if 语句

if 语句是使用最为普遍的条件选择语句，每一种编程语言都有一种或多种形式的 if 语句，在编程中它是经常被用到的。

If 语句的格式如下。

```
if(条件语句)
{
    执行语句;
}
```

其中的"条件语句"可以是任何一种逻辑表达式，如果"条件语句"的返回结果为 true，则程序先执行后面大括号对中的"执行语句"，然后执行它后面的其他语句。如果"条件语句"的返回结果为 false，则程序跳过"条件语句"后面的"执行语句"，直接去执行程序后面的其他语句。大括号的作用就是将多条语句组合成一个复合语句，作为一个整体来处理，如果大括号中只有一条语句，这对大括号对可以省略。

【例 17.1】 if 语句的使用(实例文件：ch17\17.1.html)。

```
<!DOCTYPE html>
<html>
<body>
<p>如果时间早于 20:00，会获得问候"Good day"。</p>
<button onclick="myFunction()">点击这里</button>
<p id="demo"></p>
<script type="text/javascript">
```

```
function myFunction()
{
var x="";
    var time=new Date().getHours();
    if (time<20)
    {
     x="Good day";
    }
document.getElementById("demo").innerHTML=x;
}
</script>
</body>
</html>
```

在 IE 9.0 中浏览效果如图 17-1 所示。单击页面中的【点击这里】按钮，可以看到按钮下方显示出 Good day 问候语，如图 17-2 所示。

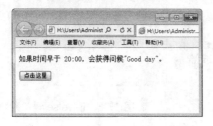

图 17-1　程序运行结果(1)

图 17-2　程序运行结果(2)

注意　　　请使用小写的 if，如果使用大写字母(IF)会生成 JavaScript 错误，另外，在这个语法中没有 else，因此用户已经告诉浏览器只有在指定条件为 true 时才执行代码。

17.2.2　案例 2——if...else 语句

if...else 语句通常用于一个条件需要两个程序分支来执行的情况。if...else 语句的语法格式如下。

```
if (条件)
  {
  当条件为 true 时执行的代码
  }
else
  {
  当条件不为 true 时执行的代码
  }
```

这种格式在 if 从句的后面添加一个 else 从句，这样当条件语句返回结果为 false 时，执行else 后面的从句。

【例 17.2】　if...else 语句的使用(实例文件：ch17\17.2.html)。

```
<html>
<head>
  <script type="text/javascript">
```

```
            var a="john";
            if(a!="john")
                {
                    document.write("<h1 style='text-align:center;color:red;'>欢
迎 JOHN 光临</h1>");
                }
            else{
                    document.write("<p style='font-size:15px;font-
weight:bolder;color:blue'>请重新输入名称</p>");
                }
    </script>
</head>
<body>
</body>
</html>
```

上面代码中使用 if...else 语句对变量 a 的值进行判
断，如果 a 的值不等于 john 则输出红色标题，否则输出
蓝色信息。

在 IE 9.0 中浏览效果如图 17-3 所示，可以看到网页输
出了蓝色信息"请重新输入名称"。

图 17-3   if...else 语句判断

17.2.3   案例 3——if...else if 语句

使用 if...else if 语句可以选择多个代码块之一来执行。if...else if 语句的语法格式如下。

```
if (条件 1)
    {
    当条件 1 为 true 时执行的代码
    }
else if (条件 2)
    {
    当条件 2 为 true 时执行的代码
    }
else
    {
    当条件 1 和 条件 2 都不为 true 时执行的代码
    }
```

【例 17.3】   使用 if...else if 语句输出问候语(实例文件：ch17\17.3.html)。

```
<!DOCTYPE html>
<html>
<body>
<p> if...else if 语句的使用</p>
<script type="text/javascript">
var d = new Date()
var time = d.getHours()
if (time<10){
        document.write("<b>Good morning</b>")}
else if (time>=10 && time<16)
        {document.write("<b>Good day</b>") }
else{document.write("<b>Hello World!</b>")}
```

```
</script>
</body>
</html>
```

在 IE 9.0 中浏览效果如图 17-4 所示。

17.2.4 案例 4——if 语句的嵌套

if 语句可以嵌套使用。当 if 语句的从句部分(大
括号中的部分)是另外一个完整的 if 语句时,外层 if
语句的从句部分的 "{}" 可以省略。但是,在使用
if 语句的嵌套应用时,最好使用 "{}" 来确定相互
的层次关系。否则,由于大括号 "{}" 使用位置的不同,可能导致程序代码的含义完全不
同,从而输出不同的结果。例如下面的两个实例,由于大括号 "{}" 的不同,其输出结果也
是不同的。

图 17-4 if...else if 语句判断

【例 17.4】 if 语句的嵌套(实例文件:ch17\17.4.html)。

```
<!DOCTYPE html>
<html>
<body>
<script type="text/javascript">
     var x=20;y=x;                  //x、y 值都为 20
     if(x<1)                        //x 为 20,不满足此条件,故其下面的代码不会执行
   {
     if(y==5)
     alert("x<1&&y==5");
     else
     alert("x<1&&y!==5");
   }
     else if(x>15)                  //x 满足条件,继续执行下面的语句
   {
     if(y==5)                       //y 为 20,不满足此条件,故其下面的代码不会执行
     alert("x>15&&y==5");
     else                           //y 满足条件,继续执行下面的语句
     alert("x>15&&y!==5");          //这里是程序输出的结果
   }
</script>
</body>
</html>
```

在 IE 9.0 中浏览效果如图 17-5 所示。

图 17-5 程序运行结果

【例 17.5】 调整嵌套语句中的大括号位置(实例文件：ch17\17.5.html)。

```
<!DOCTYPE html>
<html>
<body>
<script type="text/javascript">
        var x=20;y=x;              //x、y 值都为 20
        if(x<1)                    //x 为 20,不满足此条件,故其下面的代码不会执行
    {
        if(y==5)
        alert("x<1&&y==5");
        else
        alert("x<1&&y!==5");
    }
        else if(x>15)              //x 满足条件,继续执行下面的语句
    {
        if(y==5)                   //y 为 20,不满足此条件,故其下面的代码不会执行
        alert("x>15&&y==5");
    }
        else                       //x 已满足前面的条件,这里的语句不会被执行
        alert("x>50&&y!==1");      //由于没有满足的条件,故没有可执行的语句,也就没有输出
                                     结果
</script>
</body>
</html>
```

运行该程序，则不会出现任何结果，如图 17-6 所示。可以看出，只是由于"{}"使用位置的不同，造成了程序代码含义的完全不同。因此，在嵌套使用时，最好使用"{}"来明确程序代码的层次关系。

图 17-6 程序运行结果

17.2.5 案例 5——switch 语句

switch 选择语句用于将一个表达式的结果同多个值进行比较，并根据比较结果选择执行语句。Switch 语句的语法格式如下。

```
switch (表达式)
{
    case 取值1 :
        语句块 1;break;
    case 取值2 :
        语句块 2;break;
    ...
    case 取值n;
        语句块 n;break;
    default :
        语句块 n+1;
}
```

case 语句只是相当于定义一个标记位置，程序根据 switch 条件表达式的结果，直接跳转到第一个匹配的标记位置处，开始顺序执行后面的所有程序代码，包括后面的其他 case 语句

下的代码，直到碰到 break 语句或函数返回语句为止。default 语句是可选的，它匹配上面所有的 case 语句定义的值以外的其他值，也就是前面所有取值都不满足时，就执行 default 后面的语句块。

【例 17.6】　应用 switch 语句判断当前是星期几(实例文件：ch17\17.6.html)。

```html
<!DOCTYPE html>
<html>
<head>
<title>应用 switch 判断当前是星期几</title>
<script language="javascript">
var now=new Date();                //获取系统日期
var day=now.getDay();              //获取星期
var week;
switch (day){
    case 1:
        week="星期一";
        break;
    case 2:
        week="星期二";
        break;
    case 3:
        week="星期三";
        break;
    case 4:
        week="星期四";
        break;
    case 5:
        week="星期五";
        break;
    case 6:
        week="星期六";
        break;
    default:
        week="星期日";
    break;
}
document.write("今天是"+week);        //输出中文的星期
</script>
</head>
<body>
</body>
</html>
```

在 IE 9.0 中浏览效果如图 17-7 所示。可以看到在页面中显示了当前是星期几。

图 17-7　程序运行结果

提示　　在程序开发的过程中，要根据实际情况选择是使用 if 语句还是 switch 语句，不要因为 switch 语句的效率高而一味地使用，也不要因为 if 语句常用而不使用 switch 语句。一般情况下，对于判断条件较少的可以使用 if 语句，但是要实现多条件判断时，就应该使用 switch 语句。

17.3　循环控制语句

顾名思义，循环控制语句主要用于在满足条件的情况下反复执行某一个操作，循环控制语句主要包括 while 语句、do...while 语句和 for 语句。

17.3.1　案例 6——while 语句

while 语句是循环语句，也是条件判断语句。while 语句的语法格式如下。

```
while(条件表达式语句)
{
    执行语句块
}
```

当"条件表达式语句"的返回值为 true 时，则执行大括号中的语句块，当执行完大括号中的语句块后，再次检测条件表达式的返回值，如果返回值还为 true，则重复执行大括号中的语句块，直到返回值为 false 时结束整个循环过程，接着往下执行 while 代码段后面的程序代码。

【例 17.7】　计算 1~100 的所有整数之和(实例文件：ch17\17.7.html)。

```html
<!DOCTYPE html>
<html>
    <head>
 <title>while 语句的使用</title>
    </head>
    <body>
<script type="text/javascript">
var i=0;
var iSum=0;
while(i<=100)
{
    iSum+=i;
    i++;
}
document.write("1-100 的所有数之和为"+iSum);
</script>
</body>
</html>
```

在 IE 9.0 中浏览效果如图 17-8 所示。

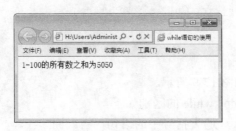

图 17-8　程序运行结果

使用 while 语句过程中的注意事项如下。

● 应该使用大括号包含多条语句(一条语句也最好使用大括号)。

● 在循环体中应该包含使循环退出的语句，比如上例中的 i++(否则循环将无休止地运行)。

● 注意循环体中语句的顺序，比如上例中，如果改变"iSum+=i;"与"i++;"语句的顺序，结果将完全不一样。

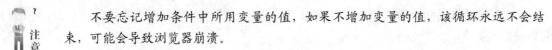

不要忘记增加条件中所用变量的值，如果不增加变量的值，该循环永远不会结束，可能会导致浏览器崩溃。

17.3.2　案例 7——do…while 语句

do…while 语句的功能和 while 语句差不多，只不过它是在执行完第一次循环之后才检测条件表达式的值，这意味着包含在大括号中的代码块至少要被执行一次，另外，do while 语句结尾处的 while 条件语句的括号后有一个分号";"，该分号一定不能省略。

do…while 语句的语法格式如下。

```
do
{
  执行语句块
}while(条件表达式语句);
```

【例 17.8】　计算 1～100 的所有整数之和(实例文件：ch17\17.8.html)。

```
<!DOCTYPE html>
<html>
<head>
<title>JavaScript do...while 语句示例</title>
</head>
<body>
   <script type="text/javascript">
   var i=0;
   var iSum=0;
     do
       {
          iSum+=i;
          i++;
       }while(i<=100)
```

```
        document.write("1-100 的所有数之和为"+iSum);
    </script>
</body>
</html>
```

在 IE 9.0 中浏览效果如图 17-9 所示。

由实例可知、while 与 do...while 的区别如下。

(1) do...while 将先执行一遍大括号中的语句，再判断表达式的真假。这是它与 while 的本质区别。

(2) do...while 与 while 是可以相互转化的。

上面的例子中如果 i 的初始值大于 100，iSum 的值将不同于示例，这就是由于 do...while 语句先执行了循环体语句的缘故。

图 17-9　程序运行结果

17.3.3　案例 8——for 语句

for 语句通常由两个部分组成，一部分是条件控制部分；另一部分是循环部分。for 语句的语法格式如下。

```
for(初始化表达式;循环条件表达式;循环后的操作表达式)
{
    执行语句块
}
```

在使用 for 循环前要先设定一个计数器变量，可以在 for 循环之前预先定义，也可以在使用时直接进行定义。在上述语法格式中，"初始化表达式"表示计数器变量的初始值；"循环条件表达式"是一个计数器变量的表达式，决定了计数器的最大值；"循环后的操作表达式"表示循环的步长，也就是每循环一次，计数器变量值的变化，该变化可以是增大的，也可以是减小的，或进行其他运算。for 循环是可以嵌套的，也就是在一个循环里还可以有另一个循环。

【例 17.9】　for 循环语句的使用(实例文件：ch17\17.9.html)。

```
<!DOCTYPE html>
<html>
<head>
    <script type="text/javascript">
            for(var i=0;i<5;i++){
                    document.write("<p style='font-size:"+i+"0px'>欢迎学习
javascript</p>");
            }
    </script>
</head>
<body>
</body>
</html>
```

上面的代码中，使用 for 循环输出了不同字体大小的语句。在 IE 9.0 中浏览效果如图 17-10 所示。

图 17-10　for 循环的应用

17.4　跳 转 语 句

JavaScript 支持的跳转语句主要有 continue 语句和 break 语句。continue 语句与 break 语句的主要区别是：break 是彻底结束循环，而 continue 是结束本次循环。

17.4.1　案例 9——break 语句

break 语句用于退出包含在最内层的循环或者退出一个 switch 语句。break 语句通常用在 for、while、do…while 或 switch 语句当中。break 语句的语法格式如下。

```
break;
```

【例 17.10】　break 语句的使用：在 I have a dream 字符串中找到第一个 d 的位置(实例文件：ch17\17.10.html)。

```html
<!DOCTYPE html>
<html>
<head>
  <script type="text/javascript">
      var sUrl = "I have a dream";
      var iLength = sUrl.length;
      var iPos = 0;
      for(var i=0;i<iLength;i++)
      {
      if(sUrl.charAt(i)=="d")                    //判断表达式2
      {
            iPos=i+1;
            break;
      }
      }
      document.write("字符串"+sUrl+"中的第一个d字母的位置为"+iPos);
  </script>
</head>
<body>
</body>
</html>
```

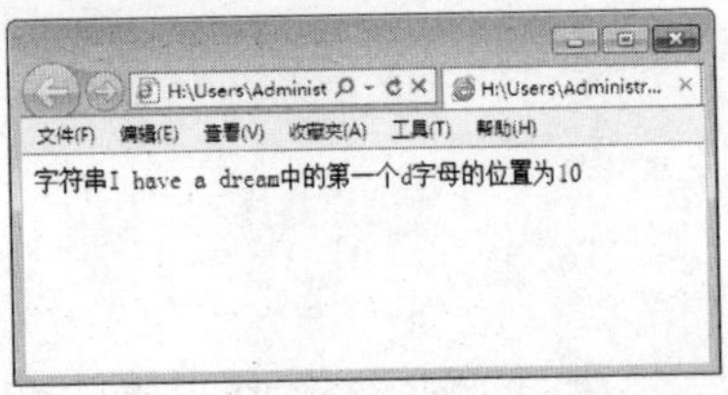

在 IE 9.0 中浏览效果如图 17-11 所示，运行结果为：字符串 I have a dream 中的第一个 d 字母的位置为 10。

图 17-11　break 语句的应用

17.4.2 案例 10——continue 语句

continue 语句和 break 语句类似，不同之处在于，continue 语句用于中止本次循环，并开始下一次循环，其语法格式如下。

```
continue;
```

注意

continue 语句只能用在 while、for、do…while 和 switch 语句当中。

【例 17.11】 continue 语句的使用：打印出 i have a dream 字符串中小于字母 d 的字符（实例文件：ch17\17.11.html）。

```
<!DOCTYPE html>
<html>
<head>
    <script type="text/javascript">
        var sUrl = "i have a dream";
        var iLength = sUrl.length;
        var iCount = 0;
        for(var i=0;i<iLength;i++)
        {
        if(sUrl.charAt(i)>="d")        //判断表达式2
        {
            continue;
        }
        document.write(sUrl.charAt(i));
        }
    </script>
</head>
<body>
</body>
</html>
```

在 IE 9.0 中浏览效果如图 17-12 所示。

图 17-12　continue 语句的使用

17.5　实战演练——在页面中显示距离 2016 年元旦节的天数

学习了 JavaScript 中的基本语句之后，即可实现多态效果。本实例就通过 JavaScript 实现在页面中显示距离 2016 年元旦的天数。

具体的操作步骤如下。

step 01 定义 JavaScript 的函数，实现判断系统当前时间与 2016 年元旦相距的天数，代码如下。

```javascript
function countdown(title,Intime,divId){
var online= new Date(Intime);                    //根据参数定义时间对象
var now = new Date();                            //定义当前系统时间对象
var leave = online.getTime() - now.getTime();    //计算时间差
var day = Math.floor(leave / (1000 * 60 * 60 * 24))+1;
if (day > 1){
        if(document.all){
          divId.innerHTML="<b>——距"+ title+"还有"+day +"天! </b>";
                                                 //页面显示信息

        }
    }else{
        if (day == 1) {
        if(document.all){
          divId.innerHTML="<b>——明天就是"+title+"啦!</b>";
          }
            }else{
        if (day == 0) {divId.innerHTML="<b>今天就是"+title+"呀! </b>";
        }else{
if(document.all){
divId.innerHTML="<b>——唉呀! "+title+"已经过了! </b>";
            }
        }
    }
  }
}
```

step 02 在页面中定义相关表格，用于显示当前时间距离 2016 年元旦的天数。

```html
<table width="350" height="450" border="0" align="center" cellpadding="0"
cellspacing="0">
  <tr>
    <td valign="bottom" ><table width="346" height="418" border="0"
cellpadding="0" cellspacing="0">
      <tr>
      <td width="76">  </td>
      <td width="270">
              <div id="countDown">
                <b>—</b></div>
                <script language="javascript">
                    countdown("2016 年元旦","1/1/2015",countDown);  <!--调
用 JavaScript 函数-->
                </script>
            </td>
      </tr>
    </table></td>
  </tr>
</table>
```

step 03 运行相关程序，即可得出最终的效果，如图 17-13 所示。

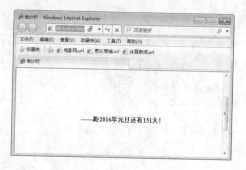

图 17-13　程序运行结果

17.6　跟我练练手

17.6.1　练习目标

能够熟练掌握本章所讲内容。

17.6.2　上机练习

练习 1：在 JavaScript 程序中使用赋值语句。
练习 2：在 JavaScript 程序中使用条件判断语句。
练习 3：在 JavaScript 程序中使用循环控制语句。
练习 4：在 JavaScript 程序中使用跳转语句。

17.7　高 手 甜 点

甜点 1：为什么会出现死循环

在使用 for 语句时，需要保证循环可以正常结束，也就是保证循环条件的结果存在为false 的情况，否则循环体会无限地执行下去，从而出现死循环的现象。例如下面的代码：

```
for(i=2;i>=2;i++)
{
    alert(i);
}
```

甜点 2：如何计算 200 以内所有奇数的和

使用 for 语句可以解决计算奇数和的问题，代码如下。

```
<script type="text/javascript">
var sum=0;
for(i=1;i<200;i=i+2)
{
    sum=sum+i;
}
alert("200 以内所有奇数的和为："+sum);
```

第 18 章

JavaScript 代码中的密码——函数

函数实质上就是可以作为一个逻辑单元对待的一组 JavaScript 代码。使用函数可以使代码更为简洁，从而提高代码的重用性。在 JavaScript 中，大约有 95%的代码都包含在函数当中。可见，函数在 JavaScript 中是非常重要的。本章将主要讲述 JavaScript 中函数的使用方法。

本章要点(已掌握的在方框中打钩)

- ☐ 熟悉函数的基本概念。
- ☐ 掌握定义函数的方法。
- ☐ 掌握函数的调用方法。
- ☐ 掌握 JavaScript 中常用函数的使用方法。
- ☐ 掌握购物简易计算器的制作方法。

18.1 函 数 简 介

在程序设计中，可以将一段经常使用的代码"封装"起来，在需要时直接调用，这种"封装"称为函数。JavaScript 中可以使用函数来响应网页中的事件。函数有很多种分类方法，常用的分类方法如下。

- 按参数个数划分，包括有参数函数和无参数函数。
- 按返回值划分，包括有返回值函数和无返回值函数。
- 按编写函数的对象划分，包括预定义函数(系统函数)和自定义函数。

函数具有以下几个优点。

- 代码灵活性较强。通过传递不同的参数，可以让函数的应用更广泛。例如，在对两个数据进行运算时，运算结果取决于运算符，如果把运算符当作参数，那么不同的用户在使用函数时，只需要给定不同的运算符，都能得到自己想要的结果。
- 代码利用性强。函数一旦定义，任何地方都可以调用，而无须再次编写。
- 响应网页事件。JavaScript 中的事件模型主要通过函数和事件的配合使用来实现。

18.2 函数的调用

定义函数的目的是在后续的代码中使用函数。调用自己不会执行，必须调用函数，函数体内的代码才会执行。在 JavaScript 中调用函数的方法有简单调用、在表达式中调用、在事件响应中调用等。

18.2.1 案例1——函数的简单调用

函数的简单调用也被称为直接调用，该方法一般比较适合没有返回值的函数。此时相当于执行函数中的语句集合。直接调用函数的语法格式如下。

函数名([实参1,…])

调用函数时的参数取决于定义该函数时的参数，如果定义时有参数，此时，需要增加实参。

【例 18.1】 函数的简单调用(实例文件：ch18\18.1.html)。

```
<!DOCTYPE html>
<html>
<head>
<title>计算一元二次方程函数</title>
<script type="text/javascript">
function calcF(x){
    var result;                       //声明变量，存储计算结果
    result=4*x*x+3*x+2;               //计算一元二次方程值
    alert("计算结果: "+result);        //输出运算结果
}
```

```
var inValue = prompt('请输入一个数值：')
calcF(inValue);
</script>
</head>
<body>
</body>
</html>
```

在 IE 9.0 中浏览效果如图 18-1 所示，可以看到在加载页面的同时，提示对话框就出现了，在其中输入相关数值，然后单击【确定】按钮，即可得出计算结果，如图 18-2 所示。

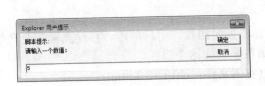

图 18-1　函数的简单调用

图 18-2　显示计算结果

18.2.2　案例 2——在表达式中调用函数

在表达式中调用函数的方式，一般比较适合有返回值的函数，函数的返回值参与表达式的计算。通常该方式还会和输出(alert、document 等)语句配合使用。

【例 18.2】　判断给定的年份是否为闰年(实例文件：ch18\18.2.html)。

```
<!DOCTYPE html>
<html>
<head>
<title>在表达式中调用函数</title>
<script type="text/javascript">
//函数 isLeapYear 判断给定的年份是否为闰年，如果是，返回指定年份为闰年的字符串,否则返回
平年字符串
function isLeapYear(year){
    //判断闰年的条件
    if(year%4==0&&year%100!=0||year%400==0)
    {
        return year+"年是闰年";
    }
    else
    {
        return year+"年是平年";
    }
}
document.write(isLeapYear(2014));
</script>
</head>
<body>
</body>
</html>
```

在 IE 9.0 中浏览效果如图 18-3 所示。

图 18-3　判断是否为闰年

18.2.3　案例 3——在事件响应中调用函数

JavaScript 是基于事件模型的程序语言，页面加载、用户单击、移动光标都会产生事件。当事件产生时，JavaScript 可以调用某个函数来响应这个事件。

【例 18.3】　在事件响应中调用函数(实例文件：ch18\18.3.html)。

```html
<!DOCTYPE html>
<html>
<head>
<title>在事件响应中调用函数</title>
<script type="text/javascript">
function showHello()
{
    var count=document.myForm.txtCount.value ;          //文本框中输入的显示次数
    for(i=0; i<count; i++){
            document.write("<H2>HelloWorld</H2>");      //按指定次数输出 HelloWorld
        }
}
</script>
</head>
<body>
<form name="myForm">
  <input type="text" name="txtCount" />
  <input type="submit" name="Submit" value="显示 HelloWorld"
onClick="showHello()">
</form>
</body>
</html>
```

在 IE 9.0 中浏览效果如图 18-4 所示，在文本框中输入显示 HelloWorld 的次数，这里输入 3。单击【显示 HelloWorld】按钮，即可在页面中看到显示了 3 个 HelloWorld，如图 18-5 所示。

图 18-4　输入显示次数

图 18-5　程序运行结果

18.2.4 案例 4——通过链接调用函数

函数除了可以在事件响应中调用外，还可以通过链接调用。在<a>标签的 href 标记中使用 "javascript:关键字"链接来调用函数，当用户单击该链接时，相关函数就会被执行。

【例 18.4】 通过链接调用函数(实例文件：ch18\18.4.html)。

```
<!DOCTYPE html>
<html>
<head>
<title>通过链接调用函数</title>
<script language="javascript">
function test(){
  alert("从零开始学 JavaScript");
}
</script>
</head>
<body>
<a href="javascript:test();">学习 JavaScript 的好书籍</a>
</body>
</html>
```

在 IE 9.0 中浏览效果如图 18-6 所示，单击页面中的超级链接，即可调用自定义的函数，如图 18-7 所示。

图 18-6 通过链接调用函数

图 18-7 调用函数结果

18.3 JavaScript 中常用的函数

在了解了什么是函数及函数的调用方法外，下面再来介绍 JavaScript 中常用的函数，如嵌套函数、递归函数、内置函数等。

18.3.1 案例 5——嵌套函数

顾名思义，嵌套函数就是在函数内部再定义一个函数。这样定义的优点在于可以使用内部函数轻松获得外部函数的参数及函数的全局变量。

嵌套函数的语法格式如下。

```
function 外部函数名(参数1,参数2){
  function 内部函数名() {
        函数体
      }
}
```

【例 18.5】 嵌套函数的应用(实例文件：ch18\18.5.html)。

```html
<!DOCTYPE  html >
<html>
<head>
<title>嵌套函数的应用</title>
<script type="text/javascript">
var outter=20;                              //定义全局变量
function add(number1,number2){              //定义外部函数
        function innerAdd(){                //定义内部函数
            alert("参数的和为："+(number1+number2+outter));   //取参数的和
    }
     return innerAdd();                     //调用内部函数
}
</script>
</head>
<body>
<script type="text/javascript">
add(20,20);
</script>                                   //调用外部函数
</body>
</html>
```

在 IE 9.0 中浏览效果如图 18-8 所示。

图 18-8　嵌套函数的应用

> ?
> 注意
>
> 嵌套函数在 JavaScript 语言中的功能非常强大，但是使用嵌套函数会使程序的可读性降低。

18.3.2　案例 6——递归函数

递归是一种重要的编程技术，它用于让一个函数从其内部调用其自身。但是，如果递归函数处理不当，会使程序进入"死循环"。为了防止"死循环"的出现，可以设计一个做自加运算的变量，用于记录函数自身调用的次数，如果次数太多就使它自动退出。

递归函数的语法格式如下。

```
function 递归函数名(参数1){
        递归函数名(参数2);
}
```

【例 18.6】　递归函数的应用(实例文件：ch18\18.6.html)。

在下述代码中，为了求取 20 以内的偶数和定义了递归函数 sum(m)，而函数 Test()对其进行调用，并利用 alert 方法弹出相应的提示信息。

```html
<!DOCTYPE html>
<html>
<head>
<title>函数的递归调用</title>
<script type="text/javascript">
<!--
var msg="\n 函数的递归调用 : \n\n";
//响应按钮的 onclick 事件处理程序
function Test()
{
  var result;
  msg+="调用语句 : \n";
  msg+="           result = sum(20);\n";
  msg+="调用步骤 : \n";
  result=sum(20);
  msg+="计算结果 : \n";
  msg+="        result = "+result+"\n";
  alert(msg);
}
//计算当前步骤加和值
function sum(m)
{
  if(m==0)
    return 0;
  else
  {
    msg+="         语句 : result = " +m+ "+sum(" +(m-2)+"); \n";
    result=m+sum(m-2);
  }
  return result;
}
-->
</script>
</head>
<body>
<center>
<form>
<input type=button value="测试" onclick="Test()">
</form>
</center>
</body>
</html>
```

在 IE 9.0 中浏览效果如图 18-9 所示，单击【测试】按钮，即可在弹出的提示对话框中查看递归函数的应用，如图 18-10 所示。

　　　　　　在定义递归函数时，需要两个必要条件：①包括一个结束递归的条件；②包括一个递归调用的语句。

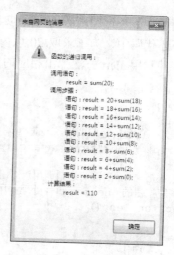

图 18-9　递归函数的应用　　　　　　图 18-10　程序运行结果

18.3.3　案例 7——内置函数

JavaScript 中有两种函数：一种是语言内部事先定义好的函数，叫内置函数；另一种是自己定义的函数。使用 JavaScript 的内置函数，可以提高编程效率，下面简要介绍常用的内置函数。

1. eval 函数

eval(expr)函数可以把一个字符串当作一个 JavaScript 表达式一样去执行。具体来说，就是 eval 接受一个字符串类型的参数，将这个字符串作为代码在上下文环境中执行，并返回执行的结果。其中，expr 参数是包含有效 JavaScript 代码的字符串值，这个字符串将由 JavaScript 分析器进行分析和执行。

在使用 eval 函数时需要注意以下两点。

● 它是有返回值的，如果参数字符串是一个表达式，就会返回表达式的值。如果参数字符串不是表达式，没有值，那么返回 undefined。

● 参数字符串作为代码执行时，是和调用 eval 函数的上下文相关的，即其中出现的变量或函数调用，必须在调用 eval 的上下文环境中可用。

【例 18.7】　应用 eval 函数(实例文件：ch18\18.7.html)。

```
<!DOCTYPE html>
<html>
<head>
<title>eval 函数应用示例</title>
</head>
<script type="text/javascript">
<!--
function computer(num)
{
    return eval(num)+eval(num);
}
document.write("执行语句 return eval(123)+eval(123)后结果为：");
document.write(computer('123'));
```

```
-->
</script>
</html>
```

在 IE 9.0 中浏览效果如图 18-11 所示。

2. isFinite 函数

isFinite(number)函数用来确定参数是否是一个有限数值，其中 number 参数为必选项，可以是任意数值。如果该参数为非数字、正无穷数或负无穷数，则返回 false，否则返回 true；如果是字符串类型的数字，则将会自动转化为数字型。

【例 18.8】　应用 isFinite 函数(实例文件：ch18\18.8.html)。

```
<!DOCTYPE html>
<html>
<head>
<title>isFinite 函数应用示例</title>
</head>
 <script type="text/javascript">
<!--
document.write("执行语句 isFinite(123)后，结果为")
document.write(isFinite(123)+ "<br/>")
document.write("执行语句 isFinite(-3.1415)后，结果为")
document.write(isFinite(-3.1415)+ "<br/>")
document.write("执行语句 isFinite(10-4)后，结果为")
document.write(isFinite(10-4)+ "<br/>")
document.write("执行语句 isFinite(0)后，结果为")
document.write(isFinite(0)+ "<br/>")
document.write("执行语句 isFinite(Hello world! )后，结果为")
document.write(isFinite("Hello world! ")+ "<br/>")
document.write("执行语句 isFinite(2009/1/1)后，结果为")
document.write(isFinite("2009/1/1")+ "<br/>")
-->
</script>
</html>
```

在 IE 9.0 中浏览效果如图 18-12 所示。

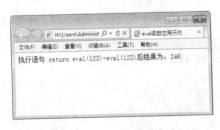

图 18-11　eval 函数的应用

图 18-12　isFinite 函数的应用

3. isNaN 函数

isNaN(num)函数用于指明提供的值是否是保留值 NaN：如果值是 NaN，那么 isNaN 函数返回 true；否则返回 false。参数 num 为被检查是否为 NAN 的值，当参数是字符串类型的数字时，将会自动转化为数字型。使用这个函数的典型情况是检查 parseInt 函数和 parseFloat 函数的返回值。另一种判断变量是否为 NaN 的办法是令变量与其自身进行比较。如果比较的结果不等，那么它就是 NaN。这是因为 NaN 是唯一与自身不等的值。

【例18.9】 应用 isNaN 函数(实例文件：ch18\18.9.html)。

```
<!DOCTYPE html>
<html>
<head>
<title>isNaN 函数应用示例</title>
 </head>
 <script type="text/javascript">
<!--
document.write("执行语句 isNaN(123)后，结果为")
document.write(isNaN(123)+ "<br/>")
document.write("执行语句 isNaN(-3.1415)后，结果为")
document.write(isNaN(-3.1415)+ "<br/>")
document.write("执行语句 isNaN(10-4)后，结果为")
document.write(isNaN(10-4)+ "<br/>")
document.write("执行语句 isNaN(0)后，结果为")
document.write(isNaN(0)+ "<br/>")
document.write("执行语句 isNaN(Hello world! )后，结果为")
document.write(isNaN("Hello world! ")+ "<br/>")
document.write("执行语句 isNaN(2009/1/1)后，结果为")
document.write(isNaN("2009/1/1")+ "<br/>")
-->
</script>
</html>
```

在 IE 9.0 中浏览效果如图 18-13 所示。

4. parseInt 函数和 parseFloat 函数

parseInt 函数和 parseFloat 函数都可以将数字字符串转化为一个数值，但它们也存在着如下区别：在 parseInt(str[radix])函数中，str 参数是必选项，为要转换成数字的字符串，如"11"；radix 参数为可选项，用于确定 str 的进制数。如果 radix 参数缺省，则前缀为 '0x' 的字符串被当作十六进制；前缀为 '0' 的字符串被当作八进制；所有其他字符串都被当作是十进制。当第一个字符不能转换为基于基数的数字时，则返回 NaN。

图 18-13　isNaN 函数的应用

【例18.10】 应用 parseInt 函数(实例文件：ch18\18.10.html)。

```
<!DOCTYPE html>
<html>
<head>
<title>parseInt 函数应用示例</title>
</head>
<body>
<center>
<h3>parseInt 函数应用示例</h3>
<script type="text/javascript">
<!--
document.write("<br/>"+"执行语句 parseInt('10')后，结果为：") ;
```

```
document.write(parseInt("10")+"<br/>") ;
document.write("<br/>"+"执行语句 parseInt('21',10)后，结果为: ") ;
document.write(parseInt("21",10)+"<br/>") ;
document.write("<br/>"+"执行语句 parseInt('11',2)后，结果为: ") ;
document.write(parseInt("11",2)+"<br/>") ;
document.write("<br/>"+"执行语句 parseInt('15',8)后，结果为: ") ;
document.write(parseInt("15",8)+"<br/>") ;
document.write("<br/>"+"执行语句 parseInt('1f',16)后，结果为: ") ;
document.write(parseInt("1f",16)+"<br/>") ;
document.write("<br/>"+"执行语句 parseInt('010')后，结果为: ") ;
document.write(parseInt("010")+"<br/>") ;
document.write("<br/>"+"执行语句 parseInt('abc')后，结果为: ") ;
document.write(parseInt("abc")+"<br/>") ;
document.write("<br/>"+"执行语句 parseInt('12abc')后，结果为: ") ;
document.write(parseInt("12abc")+"<br/>") ;
-->
</script>
</center>
</body>
</html>
```

在 IE 9.0 中浏览效果如图 18-14 所示，从结果中可以看出表达式 parseInt('15',8)会把八进制的 15 转换为十进制的数值，其计算结果为 13，即按照 radix 这个基数，使字符串转化为十进制数。

parseFloat(str)函数返回由字符串转换得到的浮点数，其中字符串参数是包含浮点数的字符串；即如果 str 的值为'11'，那么计算结果就是 11，而不是 3 或 B。如果处理的字符不是以数字开头，则返回 NaN。当字符后面出现非字符部分时，则只取前面数字部分。

【例 18.11】 应用 parseFloat 函数(实例文件：ch18\18.11.html)。

```
<!DOCTYPE html>
<html>
<head>
<title>parseFloat 函数应用示例</title>
</head>
<body>
<center>
<h3>parseFloat 函数应用示例</h3>
<script type="text/javascript">
<!--
document.write("<br/>"+"执行语句 parseFloat('10')后，结果为: ") ;
document.write(parseFloat("10")+"<br/>") ;
document.write("<br/>"+"执行语句 parseFloat('21.001')后，结果为: ") ;
document.write(parseFloat("21.001")+"<br/>") ;
document.write("<br/>"+"执行语句 parseFloat('21.999')后，结果为: ") ;
document.write(parseFloat("21.999")+"<br/>") ;
document.write("<br/>"+"执行语句 parseFloat('314e-2')后，结果为: ") ;
document.write(parseFloat("314e-2")+"<br/>") ;
document.write("<br/>"+"执行语句 parseFloat('0.0314E+2')后，结果为: ") ;
document.write(parseFloat("0.0314E+2")+"<br/>") ;
document.write("<br/>"+"执行语句 parseFloat('010')后，结果为: ") ;
document.write(parseFloat("010")+"<br/>") ;
document.write("<br/>"+"执行语句 parseFloat('abc')后，结果为: ") ;
```

```
document.write(parseFloat("abc")+"<br/>") ;
document.write("<br/>"+"执行语句parseFloat('1.2abc')后，结果为：") ;
document.write(parseFloat("1.2abc")+"<br/>") ;
-->
</script>
</center>
</body>
</html>
```

在 IE 9.0 中浏览效果如图 18-15 所示。

图 18-14　parseInt 函数的应用

图 18-15　parseFloat 函数的应用

5．Number 函数和 String 函数

在 JavaScript 中，Number 函数和 String 函数主要用来将对象转换为数字或字符串。其中，Number 函数的转换结果为数值型，如 Number("1234")的结果为 1234；String 函数的转换结果为字符型，如 String(1234)的结果为"1234"。

【例 18.12】　应用 Number 函数和 String 函数(实例文件：ch18\18.12.html)。

```
<!DOCTYPE html>
<html>
<head>
<title>Number 和 String 应用示例</title>
</head>
<body>
<center>
<h3>Number 和 String 应用示例</h3>
<script type="text/javascript">
<!--
document.write("<br/>"+"执行语句 Number('1234')+Number('1234')后，结果为：") ;
document.write(Number('1234')+Number('1234')+"<br/>") ;
document.write("<br/>"+"执行语句 String('1234')+String('1234')后，结果为：") ;
document.write(String('1234')+String('1234')+"<br/>") ;
document.write("<br/>"+"执行语句 Number('abc')+Number('abc')后，结果为：") ;
document.write(Number('abc')+Number('abc')+"<br/>") ;
document.write("<br/>"+"执行语句 String('abc')+String('abc')后，结果为：") ;
document.write(String('abc')+String('abc')+"<br/>") ;
-->
</script>
</center>
</body>
</html>
```

运行上述代码，结果如图 18-16 所示，从中可以看出，语句 Number('1234')+Number('1234') 会将 "1234" 转换为数值型并进行数值相加，结果为 2468；而语句 String('1234')+String('1234') 则是按照字符串相加的规则将 "1234" 合并，结果为 12341234。

6. escape 函数和 unescape 函数

escape(charString) 函数主要用于对 String 对象编码，以便它们能在所有计算机上可读。其中 charString 参数为必选项，表示要编码的任意 String 对象或文字。它返回一个包含了 charString 内容的字符串值(Unicode 格式)。除了个别如*、@之类的符号外，其余所有空格、标点、重音符号以及其他非 ASCII 字符均可用 %xx 编码代替，其中 xx 等于表示该字符的十六进制数。

【例 18.13】 应用 escape 函数(实例文件：ch18\18.13.html)。

```html
<!DOCTYPE html>
<html>
<head>
<title>escape 应用示例</title>
</head>
<body>
<center>
<h3>escape 应用示例</h3>
</center>
<script type="text/javascript">
<!--
document.write("由于空格符对应的编码是%20，感叹号对应的编码是%21，"+"<br/>") ;
document.write("<br/>"+"故，执行语句 escape('hello world!')后，"+"<br/>") ;
document.write("<br/>"+"结果为："+escape('hello world!')) ;
-->
</script>
</body>
</html>
```

运行上述代码，结果如图 18-17 所示，由于空格符对应的编码是%20，感叹号对应的编码是%21，因此执行语句 escape('hello world!')后，显示结果为 hello%20world%21。

图 18-16　Number 函数和 String 函数的应用

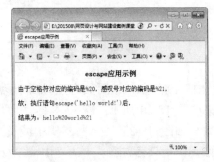

图 18-17　escape 函数的应用

unescape(charString) 函数用于返回指定值的 ASCII 字符串，其中 charString 参数为必选项，表示需要解码的 String 对象。与 escape(charString) 函数相反，unescape(charString) 函数返回一个包含 charString 内容的字符串值，所有以%xx 十六进制形式编码的字符都会用 ASCII 字符集中等价的字符代替。

【例 18.14】 应用 unescape 函数(实例文件：ch18\18.14.html)。

```
<!DOCTYPE html>
<html>
<head>
<title>unescape 函数应用示例</title>
</head>
<body>
<center>
<h3>unescape 函数应用示例</h3>
</center>
<script type="text/javascript">
<!--
document.write("由于空格符对应的编码是%20，感叹号对应的编码是%21，"+"<br/>") ;
document.write("<br/>"+"故，执行语句 unescape('hello%20world%21')后，
"+"<br/>") ;
document.write("<br/>"+"结果为："+unescape('hello%20world%21')) ;
-->
</script>
</body>
</html>
```

在 IE 9.0 中浏览效果如图 18-18 所示。

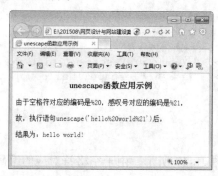

图 18-18　unescape 函数的应用

18.4　实战演练——购物简易计算器

如图 18-19 所示，编写具有能对两个操作数进行加、减、乘、除运算的简易计算器。加法运算效果如图 18-20 所示，减法运算效果如图 18-21 所示，乘法运算效果如图 18-22 所示，除法运算效果如图 18-23 所示。本例中涉及了本书中介绍的数据类型、变量、流程控制语句、函数等知识。请读者注意，该示例中还涉及少量后续章节的知识，如事件模型。不过，前面的案例中也有使用，请读者先掌握其用法，详见第 19 章。

图 18-19　程序效果图

图 18-20　加法运算

图 18-21　减法运算

图 18-22　乘法运算

图 18-23　除法运算

具体操作步骤如下。

step 01　新建 HTML 文档，输入如下代码。

```
<!DOCTYPE html>
<html>
<head>
<meta charset="utf-8" />
<title>购物简易计算器</title>
<style>
/*定义计算器块信息*/
section{
    background-color:#C9E495;
    width:260px;
    height:320px;
    text-align:center;
    padding-top:1px;
}
/*细边框的文本输入框*/
.textBaroder
{
    border-width:1px;
    border-style:solid;
}

</STYLE>
</head>
<body>
<section>
<h1><img src="images/logo.gif" width="240" height="31" >欢迎您来淘宝！</h1>
 <form action="" method="post" name="myform" id="myform">
```

```
<h3><img src="images/shop.gif" width="54" height="54">购物简易计算器</h3>
  <p>第一个数<input name="txtNum1" type="text" class="textBaroder"
id="txtNum1" size="25"></p>
  <p>第二个数<input name="txtNum2" type="text" class="textBaroder"
id="txtNum2" size="25"></p>
  <p><input name="addButton2" type="button" id="addButton2" value=" ＋ "
onClick="compute('+')">
<input name="subButton2" type="button" id="subButton2" value=" － ">
<input name="mulButton2" type="button" id="mulButton2" value=" × ">
<input name="divButton2" type="button" id="divButton2" value=" ÷ ">
<p>计算结果<INPUT name="txtResult" type="text" class="textBaroder"
id="txtResult" size="25"></p>
</form>
</section>
</body>
</html>
```

step 02 保存 HTML 文件，选择相应的保存位置，文件名为"综合示例——购物简易计算器.html"。

step 03 在 HTML 文档的 head 部分，输入如下代码。

```
<script>
  function compute(op)
  {
    var num1,num2;
    num1=parseFloat(document.myform.txtNum1.value);
    num2=parseFloat(document.myform.txtNum2.value);
    if (op=="+")
      document.myform.txtResult.value=num1+num2;
    if (op=="-")
      document.myform.txtResult.value=num1-num2;
    if (op=="*")
      document.myform.txtResult.value=num1*num2;
    if (op=="/"  && num2!=0)
      document.myform.txtResult.value=num1/num2;
  }
</script>
```

step 04 修改"+"按钮、"-"按钮、"×"按钮、"÷"按钮，代码如下。

```
<input name="addButton2" type="button" id="addButton2" value=" ＋ "
onClick="compute('+')">
<input name="subButton2" type="button" id="subButton2" value=" － "
onClick="compute('-')">
<input name="mulButton2" type="button" id="mulButton2" value=" × "
onClick="compute('*')">
<input name="divButton2" type="button" id="divButton2" value=" ÷ "
onClick="compute('/')">
```

step 05 保存网页，然后即可预览效果。

18.5　跟我练练手

18.5.1　练习目标

能够熟练掌握本章所讲内容。

18.5.2　上机练习

练习 1：在 JavaScript 程序中调用函数。

练习 2：在 JavaScript 程序中应用常用函数。

18.6　高手甜点

甜点 1：如果浏览器不支持 JavaScript，如何不影响网页的美观

现在浏览器种类、版本繁多，不同浏览器对 JavaScript 代码的支持度均不一样。为了保证浏览器不支持部分的代码不影响网页的美观，可以使用 HTML 注释语句将其注释，这样便不会在网页中输出这些代码。HTML 中使用 "<!--" 和 "-->" 符号注释 JavaScript 代码。

甜点 2：Number 函数和 parseInt 函数都可以将字符串转换成整数，它们有何区别

Number 函数和 parseInt 函数都可以将字符串转换成整数，它们之间的区别如下。

Number 函数不但可以将数字字符串转换成整数，还可以转换成浮点数。它的作用是将数字字符串直接转换成数值。而 parseInt 函数只能将数字字符串转换成整数。

Number 函数在转换时，如果字符串中包括非数字字符，转换将会失败。而 parseInt 函数在转换时，只要开头第一个字符是数字字符，即可转换成功。

第 19 章

JavaScript 的核心内容——内置对象

所有编程语言都具有通过内置对象来创建语言的基本功能，内部对象是用户编写自定义代码所用语言的基础。JavaScript 有许多将其定义为语言的内置对象。比较常用的内置对象主要有日期对象、字符串对象、数学对象、数组对象等。

本章要点(已掌握的在方框中打钩)

- ☐ 掌握日期对象的创建方法。
- ☐ 掌握日期对象的常用方法。
- ☐ 掌握字符串对象的创建方法。
- ☐ 掌握字符串对象的使用方法。

19.1 字符串对象

字符串类型是 JavaScript 中的基本数据类型之一。在 JavaScript 中，可以将字符串直接看成字符串对象，不需要任何转换。

19.1.1 案例 1——创建字符串对象的方法

字符串对象有两种创建方法。

1. 直接声明字符串变量

通过前面学习的声明字符串变量的方法，把声明的变量看作字符串对象，语法格式如下。

```
[var] 字符串变量=字符串
```

 var 是可选项。

例如，创建字符串对象 myString，并对其赋值，代码如下。

```
var myString="This is a sample";
```

2. 使用 new 关键字来创建字符串对象

使用 new 关键字创建字符串对象的方法如下。

```
[var] 字符串对象=new String(字符串)
```

 var 是可选项，字符串构造函数 String()的第一个字母必须为大写字母。

例如，通过 new 关键字创建字符串对象 myString，并对其赋值，代码如下。

```
var myString=new String("This is a sample");
```

 上述两种语句的效果是一样的，因此声明字符串时可以采用 new 关键字，也可以不采用 new 关键字。

【例 19.1】 使用 new 关键字和构造函数(constructor)String()创建字符串对象(实例文件：ch19\19.1.html)。

```html
<html>
    <body>
     <script type="text/javascript">
        var myStringObject = new String( "abc" );
        document.write( typeof( myStringObject ) );
        document.write( "<br />" );
        document.write( myStringObject.length );
        document.write( "<br />" );
        document.write( typeof( myStringObject ) );
```

```
      </script>
    </body>
</html>
```

在 IE 9.0 中浏览效果如图 19-1 所示。

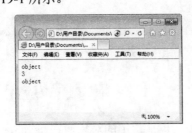

图 19-1 创建字符串对象

19.1.2 案例 2——字符串对象常用属性的应用

字符串对象的属性比较少,常用的属性为 length。字符串对象的属性及说明如表 19-1 所示。

表 19-1 字符串对象的属性及说明

属 性	说 明
constructor	字符串对象的函数模型
length	字符串长度
prototype	添加字符串对象的属性

对象属性的使用格式如下。

```
对象名.属性名          //获取对象属性值
对象名.属性名=值       //为属性赋值
```

例如,输出字符串对象 myArcticle 包含的字符个数,代码如下。

```
var myArcticle=" 千里始足下,高山起微尘,吾道亦如此,行之贵日新。——白居易"
document.write(myArcticle.length);   //输出字符串对象字符的个数
```

注意 测试字符串长度时,空格也占一个字符位。一个汉字占一个字符位,即一个汉字的长度为 1。

【例 19.2】 计算字符串的长度(实例文件:ch19\19.2.html)。

```
<html>
<body>
<script type="text/javascript">
var txt="Hello World!"
document.write("字符串"Hello World!"的长度为:"+txt.length)
</script>
</body>
</html>
```

在 IE 9.0 中浏览效果如图 19-2 所示。

图 19-2　计算字符串的长度

19.1.3　案例 3——字符串对象常用方法的应用

字符串对象是内置对象之一，也是常用的对象。在 JavaScript 中，经常会在对字符串对象中查找、替换字符。为了方便操作，JavaScript 中内置了大量方法，用户只需要直接使用这些方法，即可完成相应操作。字符串对象的常用方法如表 19-2 所示。

表 19-2　字符串对象的常用方法

方　法	说　明
anchor()	创建 HTML 锚
big()	用大号字体显示字符串
blink()	显示闪动字符串
bold()	使用粗体显示字符串
charAt()	返回在指定位置的字符
charCodeAt()	返回在指定的位置的字符的 Unicode 编码
concat()	连接字符串
fixed()	以打字机文本显示字符串
fontcolor()	使用指定的颜色来显示字符串
fontsize()	使用指定的尺寸来显示字符串
fromCharCode()	从字符编码创建一个字符串
indexOf()	检索字符串
italics()	使用斜体显示字符串
lastIndexOf()	从后向前搜索字符串
link()	将字符串显示为链接
localeCompare()	用本地特定的顺序来比较两个字符串
match()	找到一个或多个正则表达式的匹配
replace()	替换与正则表达式匹配的子串
search()	检索与正则表达式相匹配的值
slice()	提取字符串的片段，并在新的字符串中返回被提取的部分
small()	使用小字号来显示字符串
split()	把字符串分割为字符串数组
strike()	使用删除线来显示字符串
sub()	把字符串显示为下标

方 法	说 明
substr()	从起始索引号提取字符串中指定数目的字符
substring()	提取字符串中两个指定的索引号之间的字符
sup()	把字符串显示为上标
toLowerCase()/toLocaleLowetCase()	把字符串转换为小写
toUpperCase()/toLocaleUpperCase()	把字符串转换为大写
toSource()	代表对象的源代码
toString()	返回字符串
valueOf()	返回某个字符串对象的原始值

下面将详细讲解字符串对象的常用方法和技巧。

1. 设置字符串的字体属性

使用字符串的方法可以设置字符串字体的相关属性，如设置字符串字体的大小、颜色等。如以大号字体显示字符串，就可以使用 big()方法；以粗体方式显示字符串，就可以使用 bold()方法。具体的语法格式如下。

```
stringObject.big()
stringObject.bold()
```

【例 19.3】 设置字符串的字体属性(实例文件：ch19\19.3.html)。

```
<html>
<body>
<script type="text/javascript">
var txt="清明时节雨纷纷"
document.write("正常显示为： " + txt + "</p>")
document.write("以大号字体显示为： " + txt.big() + "</p>")
document.write("以小号字体显示为： " + txt.small() + "</p>")
document.write("以粗体方式显示为： " + txt.bold() + "</p>")
document.write("以倾斜方式显示为： " + txt.italics() + "</p>")
document.write("以打印体方式显示为： " + txt.fixed() + "</p>")
document.write("添加删除线显示为： " + txt.strike() + "</p>")
document.write("以指定的颜色显示为： " + txt.fontcolor("Red") + "</p>")
document.write("以指定字体大小显示为： " + txt.fontsize(16) + "</p>")
document.write("以下标方式显示为： " + txt.sub() + "</p>")
document.write("以上标方式显示为： " + txt.sup() + "</p>")
document.write("为字符串添加超级链接："+txt.link("http://www.baidu.com") +
"</p>")
</script>
</body>
</html>
```

在 IE 9.0 中浏览效果如图 19-3 所示。

2. 以闪烁方式显示字符串

使用 blink()方法可以显示闪动的字符串。语法格式如下。

```
stringObject.blink()
```

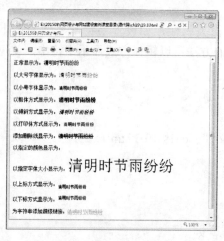 **注意** 该方法不被 IE 浏览器支持。

【例 19.4】 (实例文件：ch19\19.4.html)。

```
<html>
<body>
<script type="text/javascript">
var str="清明时节雨纷纷"
document.write(str.blink())
</script>
</body>
</html>
```

在 IE 9.0 中浏览效果如图 19-4 所示。

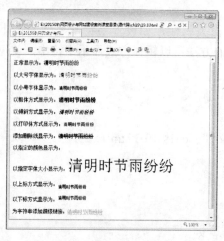
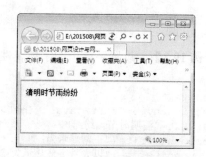

图 19-3 设置字符串字体属性　　　　　　　　**图 19-4 显示闪动的字符串**

3. 转换字符串的大小写

使用字符串对象中的 toLocaleLowerCase()、toLocaleUpperCase()、toLowerCase()、toUpperCase()方法可以转换字符串的大小写。这 4 种方法的语法格式如下。

```
stringObject.toLocaleLowerCase()
stringObject.toLowerCase()
stringObject.toLocaleUpperCase()
stringObject.toUpperCase()
```

注意 与 toUpperCase()(toLowerCase())不同的是，toLocaleUpperCase()(toLocaleLowerCase())方法按照本地方式把字符串转换为大写(小写)。只有几种语言(如土耳其语)具有地方特有的大小写映射，所以该方法的返回值通常与 toUpperCase()(toLowerCase())一样。

【例 19.5】 转换字符串的大小写(实例文件：ch19\19.5.html)。

```
<html>
```

```
<body>
<script type="text/javascript">
var txt="Hello World!"
document.write("正常显示为: " + txt + "</p>")
document.write("以小写方式显示为: " + txt.toLowerCase() + "</p>")
document.write("以大写方式显示为: " + txt.toUpperCase() + "</p>")
document.write("按照本地方式把字符串转化为小写: " + txt.toLocaleLowerCase() +
"</p>")
document.write("按照本地方式把字符串转化为大写: " + txt.toLocaleUpperCase() +
"</p>")
</script>
</body>
</html>
```

在 **IE 9.0** 中浏览效果如图 **19-5** 所示。可以看出按照本地方式转换大小写与不按照本地方式转换大小写得到的结果是一样的。

图 19-5　转换字符串的大小写

4. 连接字符串

使用 **concat()** 方法可以连接两个或多个字符串。语法格式如下。

```
stringObject.concat(stringX,stringX,...,stringX)
```

其中，**stringX** 为必选项，指将被连接为一个字符串的一个或多个字符串对象。

concat() 方法将把它的所有参数转换成字符串，然后按顺序连接到字符串 **stringObject** 的尾部，并返回连接后的字符串。

> **注意**　**stringObject** 本身并没有被更改。另外，**stringObject.concat()** 与 **Array.concat()** 很相似。不过，使用 " + " 运算符来进行字符串的连接运算通常会更简便一些。

【例 19.6】　连接字符串(实例文件: ch19\19.6.html)。

```
<html>
<body>
<script type="text/javascript">
var str1="清明时节雨纷纷, "
var str2="路上行人欲断魂。"
document.write(str1.concat(str2))
</script>
</body>
</html>
```

在 **IE 9.0** 中浏览效果如图 **19-6** 所示。

5. 比较两个字符串的大小

使用 localeCompare()方法可以用本地特定的顺序来比较两个字符串。语法格式如下。

```
stringObject.localeCompare(target)
```

其中，target 参数是要以本地特定的顺序与 stringObject 进行比较的字符串。

比较完成后，其返回值是代表比较结果的数字。如果 stringObject 小于 target，则 localeCompare() 返回小于 0 的数。如果 stringObject 大于 target，则该方法返回大于 0 的数。如果两个字符串相等，或根据本地排序规则没有区别，该方法返回 0。

【例 19.7】 比较两个字符串的大小(实例文件：ch19\19.7.html)。

```html
<html>
<body>
<script type="text/javascript">
var str1="Hello world"
var str2="hello World"
var str3= str1.localeCompare(str2)
document.write("比较结果为: "+ str3)
</script>
</body>
</html>
```

在 IE 9.0 中浏览效果如图 19-7 所示。

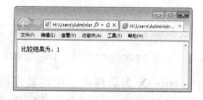

图 19-6　连接字符串　　　　　　　图 19-7　比较两个字符串的大小

19.2　数 学 对 象

Math 对象提供了大量的数学常量和数学函数。在使用 Math 对象时，不能使用关键字 new 来创建对象实例，而应直接使用"对象名.成员"的格式来访问其属性和方法。

19.2.1　案例 4——创建 Math 对象

创建 Math 对象的语法结构如下。

```
Math.[{property|method}]
```

各个参数的含义如下。

- property：必选项，为 Math 对象的一个属性名。
- method：必选项，为 Math 对象的一个方法名。

Math 对象并不像 Date 和 String 那样是对象的类,因此没有构造函数 Math(),像 Math.sin() 这样的函数只是函数,不是某个对象的方法。用户无须创建,通过把 Math 作为对象使用就可以调用其所有属性和方法。

【例 19.8】 在字符串中检索不同的子串(实例文件:ch19\19.8.html)。

```html
<html>
<body>
<script type="text/javascript">
var str="Hello world!"
document.write(str.match("world")+"<br/>")
document.write(str.match("World")+"<br/>")
document.write(str.match("worlld")+"<br/>")
document.write(str.match("world!"))
</script>
</body>
</html>
```

在 IE 9.0 中浏览效果如图 19-8 所示。

图 19-8　在字符串中检索不同的字串

19.2.2　案例 5——数学对象属性的应用

Math 对象的属性是数学中常用的常量。Math 对象的属性如表 19-3 所示。

表 19-3　Math 对象的属性

E	返回算术常量 e,即自然对数的底数(约等于 2.718)
LN2	返回 2 的自然对数(约等于 0.693)
LN10	返回 10 的自然对数(约等于 2.302)
LOG2E	返回以 2 为底的 e 的对数(约等于 1.443)
LOG10E	返回以 10 为底的 e 的对数(约等于 0.434)
PI	返回圆周率(约等于 3.14159)
SQRT1_2	返回 2 的平方根的倒数(约等于 0.707)
SQRT2	返回 2 的平方根(约等于 1.414)

【例 19.9】 Math 对象属性的综合应用(实例文件:ch19\19.9.html)。

```html
<html>
<body>
<script type="text/javascript">
    var numVar1=Math.E
```

```
        document.write("E 属性应用后的计算结果为：" +numVar1);
        document.write("<br>");
        document.write("<br>");
        var numVar2=Math.LN2
        document.write("LN2 属性应用后的计算结果为：" +numVar2);
        document.write("<br>");
        document.write("<br>");
        var numVar3=Math.LN10
        document.write("LN10 属性应用后的计算结果为：" +numVar3);
        document.write("<br>");
        document.write("<br>");
        var numVar4=Math. LOG2E
        document.write("LOG2E 属性应用后的计算结果为：" +numVar4);
        document.write("<br>");
        document.write("<br>");
        var numVar5=Math. LOG10E
        document.write("LOG10E 属性应用后的计算结果为：" +numVar5);
        document.write("<br>");
        document.write("<br>");
        var numVar6=Math. PI
        document.write("PI 属性应用后的计算结果为：" +numVar6);
        document.write("<br>");
        document.write("<br>");
        var numVar7=Math. SQRT1 2
        document.write("SQRT1 2 属性应用后的计算结果为：" +numVar7);
        document.write("<br>");
        document.write("<br>");
        var numVar8=Math. SQRT2
        document.write("SQRT2 属性应用后的计算结果为：" +numVar8);
</script>
</body>
</html>
```

在 IE 9.0 中浏览效果如图 19-9 所示。

图 19-9　Math 对象属性的综合应用

19.2.3　案例6——数学对象方法的应用

Math 对象的方法是数学中常用的函数，如表 19-4 所示。

表 19-4 Math 对象的方法

方 法	说 明
abs(x)	返回数的绝对值
acos(x)	返回数的反余弦值
asin(x)	返回数的反正弦值
atan(x)	以介于-PI/2 与 PI/2 弧度之间的数值来返回 x 的反正切值
atan2(y,x)	返回从 x 轴到点(x,y)的角度(介于-PI/2 与 PI/2 弧度之间)
ceil(x)	对数进行上舍入
cos(x)	返回数的余弦值
exp(x)	返回 e 的指数值
floor(x)	对数进行下舍入
log(x)	返回数的自然对数(底为 e)
max(x,y)	返回 x 和 y 中的较大值
min(x,y)	返回 x 和 y 中的较小值
pow(x,y)	返回 x 的 y 次幂
random()	返回 0～1 之间的随机数
round(x)	把数四舍五入为最接近的整数
sin(x)	返回数的正弦值
sqrt(x)	返回数的平方根
tan(x)	返回角的正切值
toSource()	返回该对象的源代码
valueOf()	返回 Math 对象的原始值

下面详细讲述 Math 对象常用方法的使用。

1. 返回数的绝对值

使用 abs()方法可返回数的绝对值。其语法格式如下。

```
Math.abs(x)
```

其中，参数 x 为必选项，必须是一个数值。

【例 19.10】 计算数值的绝对值(实例文件：ch19\19.10.html)。

```
<html>
<body>
<script type="text/javascript">
    var numVar1=2
    var numVar2=-2
    document.write("正数 2 的绝对值为: "+ Math.abs(numVar1) + "<br />")
    document.write("负数-2 的绝对值为: "+ Math.abs(numVar2))
</script>
</body>
</html>
```

在 IE 9.0 中浏览效果如图 19-10 所示。

2. 返回两个或多个参数中的最大值或最小值

使用 max()方法可返回两个或多个指定参数中的最大值。其语法格式如下。

```
Math.max(x...)
```

其中参数 x 为 0 或多个值。其返回值为参数中最大的数值。

使用 min()方法可返回两个或多个指定参数中的最小值。其语法格式如下。

```
Math.min(x...)
```

其中参数 x 为 0 或多个值。其返回值为参数中最小的数值。

【例 19.11】 返回参数当中的最大值或最小值(实例文件：ch19\19.11.html)。

```html
<html>
<body>
<script type="text/javascript">
    var numVar=2;
    var numVar1=0.5;
    var numVar2=-0.6;
    var numVar3=1;
    document.write("2、0.5、-0.6、1中最大的值为: "+ Math.max(numVar,
numVar1,numVar2,numVar3) + "<br />")
    document.write("2、0.5、-0.6、1中最小的值为: "+ Math.min(numVar,
numVar1,numVar2,numVar3) + "<br />")
</script>
</body>
</html>
```

在 IE 9.0 中浏览效果如图 19-11 所示。

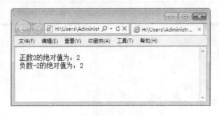

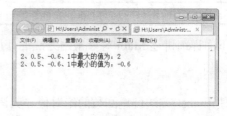

图 19-10　计算数值的绝对值　　　　图 19-11　返回参数中的最大值或最小值

3. 计算指定数值的平方根

使用 sqrt() 方法可返回一个数的平方根。其语法结构如下。

```
Math.sqrt(x)
```

其中参数 x 为必选项，且必须是大于等于 0 的数。计算结果的返回值是参数 x 的平方根。如果 x 小于 0，则返回 NaN。

【例 19.12】 计算指定数值的平方根(实例文件：ch19\19.12.html)。

```html
<html>
<body>
<script type="text/javascript">
```

```
    var numVar=2;
    var numVar1=0.5;
    var numVar2=-0.6;
    var numVar3=1;
    document.write("2 的平方根为: "+ Math. sqrt (numVar) + "<br />")
    document.write("0.5 的平方根为: "+ Math. sqrt (numVar1) + "<br />")
    document.write("-0.6 的平方根为: "+ Math. sqrt (numVar2) + "<br />")
    document.write("1 的平方根为: "+ Math. sqrt (numVar3) + "<br />")
</script>
</body>
</html>
```

在 IE 9.0 中浏览效果如图 19-12 所示。

4. 进行数值的幂运算

使用 pow()方法可返回 x 的 y 次幂的值。其语法结构如下。

```
Math.pow(x,y)
```

其中参数 x 为必选项,是底数,且必须是数字;y 也为必选项,是幂数,且必须是数字。

> 提示 如果结果是虚数或负数,则该方法将返回 NaN。如果由于指数过大而引起浮点溢出,则该方法将返回 Infinity。

【例 19.13】 数值的幂运算(实例文件:ch19\19.13.html)。

```
<html>
<body>
<script type="text/javascript">
    document.write("0 的 0 次幂为: "+ Math.pow(0,0) + "<br />")
    document.write("0 的 1 次幂为: "+Math.pow(0,1) + "<br />")
    document.write("1 的 1 次幂为: "+Math.pow(1,1) + "<br />")
    document.write("1 的 10 次幂为: "+Math.pow(1,10) + "<br />")
    document.write("2 的 3 次幂为: "+Math.pow(2,3) + "<br />")
    document.write("-2 的 3 次幂为: "+Math.pow(-2,3) + "<br />")
    document.write("2 的 4 次幂为: "+Math.pow(2,4) + "<br />")
    document.write("-2 的 4 次幂为: "+Math.pow(-2,4) + "<br />")
</script>
</body>
</html>
```

在 IE 9.0 中浏览效果如图 19-13 所示。

图 19-12 计算平方根

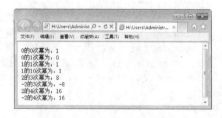
图 19-13 数值的幂运算

399

5. 计算指定数值的对数

使用 log() 方法可返回一个数的自然对数。其语法结构如下。

```
Math.log(x)
```

其中参数 x 为必选项，可以是任意数值或表达式。其返回值为 x 的自然对数。

注意 参数 x 必须大于 0。

【例 19.14】 计算指定数值的对数(实例文件：ch19\19.14.html)。

```html
<html>
<body>
<script type="text/javascript">
    document.write("2.7183 的对数为："+ Math.log(2.7183) + "<br />")
    document.write("2 的对数为："+ Math.log(2) + "<br />")
    document.write("1 的对数为："+ Math.log(1) + "<br />")
    document.write("0 的对数为："+Math.log(0) + "<br />")
    document.write("-1 的对数为："+Math.log(-1))
</script>
</body>
</html>
```

在 IE 9.0 中浏览效果如图 19-14 所示。

6. 进行取整运算

使用 round() 方法可把一个数字舍入为最接近的整数。其语法结构如下。

```
Math.round(x)
```

其中参数 x 为必选项，且必须是数字。参数的返回值是与 x 最接近的整数。

提示 对于 0.5，该方法将进行上舍入。例如，3.5 将舍入为 4，而-3.5 将舍入为-3。

【例 19.15】 取整运算(实例文件：ch19\19.15.html)。

```html
<html>
<body>
<script type="text/javascript">
    document.write("0.60 取整后的数值为："+Math.round(0.60) + "<br />")
    document.write("0.50 取整后的数值为："+Math.round(0.50) + "<br />")
    document.write("0.49 取整后的数值为："+Math.round(0.49) + "<br />")
    document.write("-4.40 取整后的数值为："+Math.round(-4.40) + "<br />")
    document.write("-4.60 取整后的数值为："+Math.round(-4.60))
</script>
</body>
</html>
```

在 IE 9.0 中浏览效果如图 19-15 所示。

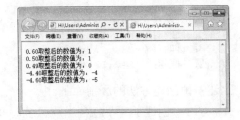

图 19-14　计算对数　　　　　　　　　　　**图 19-15　取整运算**

7. 生成 0 到 1 之间的随机数

使用 random() 方法可返回介于 0~1 之间的一个随机数。其语法格式如下。

```
Math.random()
```

其返回值为 0.0~1.0 之间的一个随机数。

【例 19.16】　生成 0 到 1 之间的随机数(实例文件：ch19\19.16.html)。

```html
<html>
<body>
<script type="text/javascript">
    document.write("0 到 1 之间的第一次随机数为："+Math.random()+ "<br />")
    document.write("0 到 1 之间的第二次随机数为："+Math.random()+ "<br />")
    document.write("0 到 1 之间的第三次随机数为："+Math.random())
</script>
</body>
</html>
```

在 IE 9.0 中浏览效果如图 19-16 所示。

图 19-16　生成 0 到 1 之间的随机数

19.3　日　期　对　象

在 JavaScript 中，虽然没有日期类型的数据，但是在开发过程中经常会处理日期。因此，JavaScript 提供了日期(Date)对象来操作日期和时间。

19.3.1　案例 7——创建日期对象

在 JavaScript 中，创建日期对象必须使用 new 语句。使用关键字 new 新建日期对象时，可以使用下述 4 种方法。

方法一：日期对象=New Date()
方法二：日期对象=New Date(日期字串)
方法三：日期对象=New Date(年,月,日[时,分,秒,[毫秒]])
方法四：日期对象=New Date(毫秒)

上述 4 种创建方法的区别如下。

(1) 方法一创建了一个包含当前系统时间的日期对象。

(2) 方法二可以将一个字符串转换成日期对象，这个字符串可以是只包含日期的字符串，也可以是既包含日期又包含时间的字符串。JavaScript 对日期格式有要求，通常使用的格式有以下两种。

- 日期字符串可以表示为"月 日,年 小时:分钟:秒钟"，其中月份必须使用英文单词，而其他部分可以使用数字表示，日和年之间一定要有逗号(,)。
- 日期字符串可以表示为"年/月/日 小时:分钟:秒钟"，所有部分都要求使用数字，年份要求使用四位，月份用 0 至 11 的整数，代表 1 月到 12 月。

(3) 方法三通过指定年月日时分秒创建日期对象，时分秒都可以省略。月份用 0 至 11 的整数，代表 1 月到 12 月。

(4) 方法四使用毫秒来创建日期对象。可以把 1970 年 1 月 1 日 0 时 0 分 0 秒 0 毫秒看成一个基数，而给定的参数代表距离这个基数的毫秒数。如果指定参数毫秒为 3000，则该日期对象中的日期为 1970 年 1 月 1 日 0 时 0 分 3 秒。

下面的实例将分别使用上述 4 种方法创建日期对象。

【例 19.17】 创建日期对象(实例文件：ch19\19.17.html)。

```html
<!DOCTYPE html>
<html>
<head>
<title>创建日期对象</title>
<script>
//以当前时间创建一个日期对象
var myDate1=new Date();
//将字符串转换成日期对象，该对象代表日期为 2010 年 6 月 10 日
var myDate2=new Date("June 10,2010");
//将字符串转换成日期对象，该对象代表日期为 2010 年 6 月 10 日
var myDate3=new Date("2010/6/10");
//创建一个日期对象，该对象代表日期和时间为 2011 年 10 月 19 日 16 时 16 分 16 秒
var myDate4=new Date(2011,10,19,16,16,16);
//创建一个日期对象，该对象代表距离 1970 年 1 月 1 日 0 时 0 分 0 秒的时间
var myDate5=new Date(20000);
//分别输出以上日期对象的本地格式
document.write("myDate1 所代表的时间为："+myDate1.toLocaleString()+"<br>");
document.write("myDate2 所代表的时间为："+myDate2.toLocaleString()+"<br>");
document.write("myDate3 所代表的时间为："+myDate3.toLocaleString()+"<br>");
document.write("myDate4 所代表的时间为："+myDate4.toLocaleString()+"<br>");
document.write("myDate5 所代表的时间为："+myDate5.toLocaleString()+"<br>");
</script>
</head>
<body>
</body>
</html>
```

在 IE 9.0 中浏览效果如图 19-17 所示。

图 19-17 创建日期对象

 Date 日期对象只包含两个属性，分别是 constructor 和 prototype，因为这两个属性在每个内部对象中都有，前面在讲字符串对象时已经讲过，这里不再赘述。

19.3.2 案例 8——日期对象常用方法的应用

日期对象的方法主要分为三大组：setXxx、getXxx 和 toXxx。setXxx 组的方法用于设置时间和日期值；getXxx 组的方法用于获取时间和日期值；toXxx 组的方法用于将日期转换成指定格式。日期对象的方法如表 19-5 所示。

表 19-5 日期对象的方法

方 法	描 述
Date()	返回当前的日期和时间
getDate()	从 Date 对象返回一个月中的某一天(1～31)
getDay()	从 Date 对象返回一周中的某一天(0～6)
getMonth()	从 Date 对象返回月份(0～11)
getFullYear()	从 Date 对象以四位数字返回年份
getYear()	请使用 getFullYear()方法代替
getHours()	返回 Date 对象的小时(0～23)
getMinutes()	返回 Date 对象的分钟(0～59)
getSeconds()	返回 Date 对象的秒数(0～59)
getMilliseconds()	返回 Date 对象的毫秒数(0～999)
getTime()	返回 1970 年 1 月 1 日至今的毫秒数
getTimezoneOffset()	返回本地时间与格林尼治标准时间 (GMT) 的分钟差
getUTCDate()	根据世界时从 Date 对象返回月中的一天 (1～31)
getUTCDay()	根据世界时从 Date 对象返回周中的一天 (0～6)
getUTCMonth()	根据世界时从 Date 对象返回月份 (0～11)
getUTCFullYear()	根据世界时从 Date 对象返回四位数的年份
getUTCHours()	根据世界时返回 Date 对象的小时 (0～23)
getUTCMinutes()	根据世界时返回 Date 对象的分钟 (0～59)

续表

方　法	描　述
getUTCSeconds()	根据世界时返回 Date 对象的秒钟 (0~59)
getUTCMilliseconds()	根据世界时返回 Date 对象的毫秒 (0~999)
parse()	返回 1970 年 1 月 1 日午夜到指定日期(字符串)的毫秒数
setDate()	设置 Date 对象中月的某一天 (1~31)
setMonth()	设置 Date 对象中的月份 (0~11)
setFullYear()	设置 Date 对象中的年份(四位数字)
setYear()	请使用 setFullYear() 方法代替
setHours()	设置 Date 对象中的小时 (0~23)
setMinutes()	设置 Date 对象中的分钟 (0~59)
setSeconds()	设置 Date 对象中的秒钟 (0~59)
setMilliseconds()	设置 Date 对象中的毫秒 (0~999)
setTime()	以毫秒设置 Date 对象
setUTCDate()	根据世界时设置 Date 对象中月份的一天 (1~31)
setUTCMonth()	根据世界时设置 Date 对象中的月份 (0~11)
setUTCFullYear()	根据世界时设置 Date 对象中的年份(四位数字)
setUTCHours()	根据世界时设置 Date 对象中的小时 (0~23)
setUTCMinutes()	根据世界时设置 Date 对象中的分钟 (0~59)
setUTCSeconds()	根据世界时设置 Date 对象中的秒钟 (0~59)
setUTCMilliseconds()	根据世界时设置 Date 对象中的毫秒 (0~999)
toSource()	返回该对象的源代码
toString()	把 Date 对象转换为字符串
toTimeString()	把 Date 对象的时间部分转换为字符串
toDateString()	把 Date 对象的日期部分转换为字符串
toGMTString()	请使用 toUTCString() 方法代替
toUTCString()	根据世界时,把 Date 对象转换为字符串
toLocaleString()	根据本地时间格式,把 Date 对象转换为字符串
toLocaleTimeString()	根据本地时间格式,把 Date 对象的时间部分转换为字符串
toLocaleDateString()	根据本地时间格式,把 Date 对象的日期部分转换为字符串
UTC()	根据世界时返回 1997 年 1 月 1 日到指定日期的毫秒数
valueOf()	返回 Date 对象的原始值

在表 19-5 中,读者会发现,将日期转换成字符串的方法,要么就是将日期对象中的日期转换成字符串,要么就是将日期对象中的时间转换成字符串,要么就是将日期对象中的日期和时间一起转换成字符串。并且,这些方法转换成的字符串格式无法控制,例如,将日期转换成 2010 年 6 月 10 日的格式,以上方法就无法做到。

从 JavaScript1.6 开始添加了一个 toLocaleFormat()方法,该方法可以有选择地将日期对象中的某个或某些部分转换成字符串，也可以指定转换的字符串格式。toLocaleFormat()方法的语法如下。

```
日期对象.toLocaleFormat(formatString)
```

参数 formatString 为要转换的日期部分字符，这些字符及含义如表 19-6 所示。

表 19-6　日期的部分字符

格式字符	说　明
%a	显示日期的缩写，显示方式由本地区域设置
%A	显示星期的全称，显示方式由本地区域设置
%b	显示月份的缩写，显示方式由本地区域设置
%B	显示月份的全称，显示方式由本地区域设置
%c	显示日期和时间，显示方式由本地区域设置
%d	以 2 位数的形式显示月份中的某一日，01～31
%H	以 2 位数的形式显示小时，24 小时制，00～23
%I	以 2 位数的形式显示小时，12 小时制，01～12
%j	以 3 位数的形式显示一年中的第几天，001～366
%m	以 2 位数的形式显示月份，01～12
%M	以 2 位数的形式显示分钟，00～59
%p	本地区域设置的上午或者下午
%S	以 2 位数的形式显示秒钟，00～59
%U	以 2 位数的形式显示一年中的第几周，00～53(星期天为一周的第一天)
%w	显示一周中的第几天，0～6(星期天为一周的第一天，0 为星期天)
%W	以 2 位数的形式显示一年中的第几周，00～53(星期一为一周的第一天，一年中的第一个星期一认为是第 0 周)
%x	显示日期，显示方式由本地区域设置
%X	显示时间，显示方式由本地区域设置
%y	以 2 位数的形式显示年份
%Y	以 4 位数的形式显示年份
%Z	如果时区信息不存在，则被时区名称、时区简称或者被无字节替换
%%	显示%

下面实例将日期对象以 YYYY-MM-DD PM H:M:S 星期 X 的格式显示。

【例 19.18】　自定义格式输出日期(实例文件：ch19\19.18.html)。

```
<!DOCTYPE html>
<html>
<head>
<title>创建日期对象</title>
<script>
var now=new Date();    //定义日期对象
```

```
//输出自定义的日期格式
document.write("今天是: "+now. toLocaleFormat("%Y-%m-%d %p %H:%M:%S %a");
</script>
</head>
<body>
</body>
</html>
```

由于 toLocaleFormat()方法是 JavaScript1.6 新增加的功能，IE、Opera 等浏览器都不支持，Firefox 浏览器完全支持，网页预览结果如图 19-18 所示。

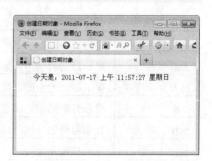

19.3.3 案例 9——日期对象间的运算

日期对象之间的运算通常包括一个日期对象加上整数的年、月或日，两个日期对象相减等。

图 19-18 自定义格式输出日期

1. 日期对象与整数年、月或日相加

日期对象与整数年、月或日相加，需要将它们相加的结果，通过 setXxx 函数设置成新的日期对象，语法格式如下。

```
date.setDate(date.getDate()+value);          //增加天
date.setMonth(date.getMonth()+value);        //增加月
date.setFullYear(date.getFullYear()+value);  //增加年
```

2. 日期对象相减

JavaScript 中允许两个日期对象相减，相减之后将会返回这两个日期之间的毫秒数。通常会将毫秒转换成秒、分、小时、天等。例如，下面的程序段实现了两个日期的相减，并会将结果分别转换成秒、分、小时和天。

【例 19.19】 日期相减(实例文件：ch19\19.19.html)。

```
<html>
<head>
<title>创建日期对象</title>
<script>
var now=new Date();     //以当前的时间定义日期对象
var nationalDay=new Date(2015,10,1,0,0,0);   //以 2015 年国庆节定义日期对象
var msel=nationalDay-now   //相差毫秒数
//输出相差时间
document.write("距离 2015 年国庆节还有: "+msel+"毫秒<br>");
document.write("距离 2015 年国庆节还有: "+parseInt(msel/1000)+"秒<br>");
document.write("距离 2015 年国庆节还有: "+parseInt(msel/(60*1000))+"分钟<br>");
document.write("距离 2015 年国庆节还有: "+parseInt(msel/(60*60*1000))+"小时
<br>");
document.write("距离 2015 年国庆节还有: "+parseInt(msel/(24*60*60*1000))+"天
<br>");
</script>
</head>
<body>
```

```
</body>
</html>
```

在 IE 9.0 中浏览效果如图 19-19 所示。

图 19-19　日期对象相减运行结果

19.4　数 组 对 象

数组是具有相同数据类型的变量集合，这些变量都可以通过索引进行访问。数组中的变量称为数组的元素，数组能够容纳元素的数量称为数组的长度。数组中的每个元素都具有唯一的索引(或称为下标)与其相对应，在 JavaScript 中数组的索引从零开始。

19.4.1　案例 10——创建数组与访问对象

Array 对象是常用的内置动作脚本对象，它将数据存储在已编号的属性中，而不是已命名的属性中。数组元素的名称叫作索引。数组用于存储和检索特定类型的信息，如学生列表或游戏中的一系列移动。Array 对象类似 String 和 Date 对象，需要使用 new 关键字和构造函数来创建。

可以在创建一个 Array 对象时初始化它：

```
myArray=new Array()
myArray=new Array([size])
myArray=new Array([element0[,element1[,...[, elementN]]]])
```

其中各个参数的含义如下。

- size：可选，指定一个整数表示数组的大小。
- element0,…,elementN：可选，为要放到数组中的元素。创建数组后，能够用 [ ] 符号访问数组单个元素。

有上述可知，创建数组对象有以下 3 种方法。

(1) 新建一个长度为零的数组。

```
var 数组名=new Array( );
```

例如，声明数组为 myArr1，长度为 0，代码如下。

```
var myArr1=new Array();
```

(2) 新建一个长度为 n 的数组。

```
var 数组名=new Array(n);
```

例如，声明数组为 myArr2，长度为 6，代码如下。

```
var myArr2=new Array(6);
```

(3) 新建一个指定长度的数组，并赋值。

```
var 数组名=new Array(元素1,元素2,元素3,…);
```

例如，声明数组为 myArr3，并且分别赋值为 1、2、3、4，代码如下。

```
var myArr3=new Array(1,2,3,4);
```

上面这一行代码创建了一个数组 myArr3，并且包含 4 个元素 myArr3[0]、myArr3[1]、myArr3[2]、myArr3[3]，这 4 个元素值分别为 1、2、3、4。

【例 19.20】 构造一个长度为 5 的数组，为其添加元素后，使用 for 循环语句枚举其元素(实例文件：ch19\19.20.html)。

```
<!DOCTYPE HTML>
<html>
<head>
<script language=JavaScript>
myArray=new Array(5);
myArray[0]="a";
myArray[1]="b";
myArray[2]="c";
myArray[3]="d";
myArray[4]="e";
for (i = 0; i < 5; i++){
    document.write(myArray[i]+"<br>");
}
</script>
<META content="MSHTML 6.00.2900.5726" name=GENERATOR>
</head>
<body>
</body>
</html>
```

在 IE 9.0 中浏览效果如图 19-20 所示。

只要构造了一个数组，就可以使用中括号"[ ]"，通过索引和位置(它也是基于 0 的)来访问它的元素。每个数组对象实体也可以看作是一个对象，因为每个数组都是由它所包含的若干个数组元素组成的，每个数组元素都可以看作是这个数组对象的一个属性，可以用表示数组元素位置的数字来标识。也就是说数组对象使用数组元素的下标来进行区分，数组元素的下标从零开始索引，第一个下标为 0，后面依次加 1。访问数据的语法格式如下。

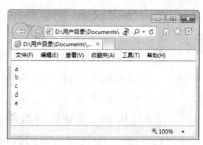

图 19-20　显示构造的数组

```
document.write(mycars[0])
```

【例 19.21】 使用方括号访问并直接构造数组(实例文件：ch19\19.21.html)。

```
<!DOCTYPE HTML>
```

```
<html>
<head>
<META http-equiv=Content-Type content="text/html; charset=gb2312">
<script language=JavaScript>
    myArray=[["a1","b1","c1"],["a2","b2","c2"],["a3","b3","c3"]];
    for (var i=0; i <= 2; i++){
      document.write( myArray[i])
      document.write("<br>");
    }
    document.write("<hr>");
    for (i=0;i<3;i++){
      for (j=0;j<3;j++){
       document.write(myArray[i][j]+"  ");
      }
      document.write("<br>");
    }
</script>
<META content="MSHTML 6.00.2900.5726" name=GENERATOR>
</head>
<body>
</body>
</html>
```

在 IE 9.0 中浏览效果如图 19-21 所示。

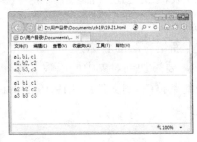

图 19-21　访问构造的数组

19.4.2　案例 11——数组对象属性的应用

JavaScript 提供了一个 Array 内部对象来创建数组，Array 对象的属性主要有两个，分别是 length 属性和 prototype 属性，下面将详细介绍这两个属性。

1. length

该属性的作用是获得数组的长度，当将新元素添加到数组时，此属性会自动更新。其语法格式如下。

```
my_array.length
```

【例 19.22】　更新 length 属性(实例文件：ch19\19.22.html)。

```
<!DOCTYPE HTML>
<html>
  <head>
  <META http-equiv=Content-Type content="text/html; charset=gb2312">
```

```
<script language=JavaScript>
  my array = new Array();
  document.write(my array.length+"<br>"); // 初始长度为 0
  my array[0] = 'a';
  document.write(my array.length+"<br>"); // 将长度更新为 1
  my array[1] = 'b';
  document.write(my array.length+"<br>"); //将长度更新为 2
  my array[9] = 'c';
  document.write(my array.length+"<br>"); //将长度更新为 10
</script>
</head>
<body>
</body>
</html>
```

在 IE 9.0 中浏览效果如图 19-22 所示。

2. prototype

该属性是所有 JavaScript 对象所共有的属性，和 Date 对象的 prototype 属性一样，其作用为将新定义的属性或方法添加到 Array 对象中，该对象的实例就可以调用该属性或方法。其语法格式如下。

```
Array.prototype.methodName=functionName
```

其中各个参数的作用说明如下。

- methodName：必选项，新增方法的名称。
- functionName：必选项，要添加到对象中的函数名称。

【例 19.23】 删除数组中的数据(实例文件：ch19\19.23.html)。

```
<!DOCTYPE HTML>
<html>
<head>
<META http-equiv=Content-Type content="text/html; charset=gb2312">
<script>
  //添加一个属性，用于统计删除的元素个数
  Array.prototype.removed=0;
  //添加一个方法，用于删除指定索引的元素
  Array.prototype.removeAt=function(index)
  {
    if(isNaN(index)||index<0)
       {return false;}
    if(index>=this.length)
       {index=this.length-1}
    for(var i=index;i<this.length;i++)
    {
       this[i]=this[i+1];
    }
    this.length-=1
    this.removed++;
  }
  //添加一个方法，输出数组中的全部数据
  Array.prototype.outPut=function(sp)
```

```
    {
        for(var i=0;i<this.length;i++)
        {
            document.write(this[i]);
            document.write(sp);
        }
        document.write("<br>");
    }
    //定义数组
    var arr=new Array(1,2,3,4,5,6,7,8,9);
    //测试添加的方法和属性
    arr.outPut(" ");
    document.write("删除一个数据<br>");
    arr.removeAt(2);
    arr.outPut(" ");
    arr.removeAt(4);
    document.write("删除一个数据<br>");
    arr.outPut(" ")
    document.write("一共删除了"+arr.removed+"个数据");
</script>
</head>
<body>
</body>
</html>
```

在 IE 9.0 中浏览效果如图 19-23 所示。

图 19-22　给数组指定相应的整数

图 19-23　删除数组中的数据

这段代码利用 prototype 属性分别向 Array 对象中添加了两个方法和一个属性，分别实现了删除指定索引处的元素、输出数组中的所有元素和统计删除元素个数的功能。

19.4.3　案例 12——数组对象常用方法的应用

在 JavaScript 当中，数组对象的常用方法有 14 种。下面介绍几种常用数组对象方法的使用。

1. 连接其他数组到当前数组

使用 concat()方法可以连接两个或多个数组。该方法不会改变现有的数组，而仅仅会返回被连接数组的一个副本。其语法格式如下。

```
arrayObject.concat(array1,array2,...,arrayN)
```

其中 arrayN 是必选项，该参数可以是具体的值，也可以是数组对象，可以是任意多个。

【例 19.24】 使用 concat()方法连接 3 个数组(实例文件：ch19\19.24.html)。

```html
<html>
<body>
<script type="text/javascript">
    var arr = new Array(3)
    arr[0] = "北京"
    arr[1] = "上海"
    arr[2] = "广州"
    var arr2 = new Array(3)
    arr2[0] = "西安"
    arr2[1] = "天津"
    arr2[2] = "杭州"
    var arr3 = new Array(2)
    arr3[0] = "长沙"
    arr3[1] = "温州"
    document.write(arr.concat(arr2,arr3))
</script>
</body>
</html>
```

在 IE 9.0 中浏览效果如图 19-24 所示。

2. 将数组元素连接为字符串

使用 join()方法可以把数组中的所有元素放入一个字符串。其语法格式如下。

```
arrayObject.join(separator)
```

其中 separator 为可选项，用于指定要使用的分隔符，如果省略该参数，则使用逗号作为
分隔符。

【例 19.25】 使用 join()方法将数组元素连接为字符串(实例文件：ch19\19.25.html)。

```html
<html>
<body>
<script type="text/javascript">
    var arr = new Array(3);
    arr[0] = "河北";
    arr[1] = "石家庄";
    arr[2] = "廊坊";
    document.write(arr.join());
    document.write("<br />");
    document.write(arr.join("."));
</script>
</body>
</html>
```

在 IE 9.0 中浏览效果如图 19-25 所示。

图 19-24　连接其他数组到当前数组

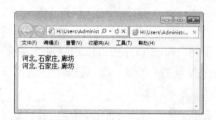

图 19-25　将数组元素连接为字符串

3. 移除数组中的最后一个元素

使用 pop()方法可以移除并返回数组中的最后一个元素。其语法格式如下。

```
arrayObject.pop()
```

 pop()方法将移除 arrayObject 中的最后一个元素, 把数组长度减 1, 并且返回它移除的元素的值。如果数组已经为空, 则 pop()不改变数组, 并返回 undefined 值。

【例 19.26】 使用 pop()方法移除数组中的最后一个元素(实例文件: ch19\19.26.html)。

```html
<html>
<html>
<body>
<script type="text/javascript">
    var arr = new Array(3)
    arr[0] = "河南"
    arr[1] = "郑州"
    arr[2] = "洛阳"
    document.write("数组中原有元素: "+arr)
    document.write("<br />")
    document.write("被移除的元素: "+arr.pop())
    document.write("<br />")
    document.write("移除元素后的数组元素: "+arr)
</script>
</body>
</html>
```

在 IE 9.0 中浏览效果如图 19-26 所示。

4. 将指定的数值添加到数组中

使用 push()方法可向数组的末尾添加一个或多个元素, 并返回新的长度。其语法格式如下。

```
arrayObject.push(newelement1,newelement2,...,newelementN)
```

其中 arrayObject 为必选项, 该参数为数组对象; newelement1 为可选项, 表示添加到数组中的元素。

 push()方法可以把它的参数顺序添加到 arrayObject 的尾部。它直接修改 arrayObject, 而不是创建一个新的数组。push()方法和 pop()方法使用数组提供的先进后出的功能。

【例 19.27】 使用 push()方法将指定数值添加到数组中(实例文件: ch19\19.27.html)。

```html
<html>
<body>
<script type="text/javascript">
    var arr = new Array(3)
    arr[0] = "河南"
    arr[1] = "河北"
    arr[2] = "江苏"
```

```
    document.write("原有的数组元素: "+arr)
    document.write("<br />")
    document.write("添加元素后数组的长度: " +arr.push("吉林"))
    document.write("<br />")
    document.write("添加数值后的数组: " +arr)
</script>
</body>
</html>
```

在 IE 9.0 中浏览效果如图 19-27 所示。

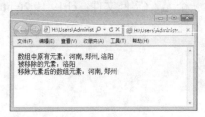

图 19-26 移除数组中最后一个元素

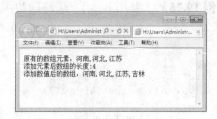

图 19-27 将指定数值添加到数组中

5. 反序排列数组中的元素

使用 reverse() 方法可以颠倒数组中元素的顺序。其语法格式如下。

```
arrayObject.reverse()
```

提示　　　该方法会改变原来的数组，而不会创建新的数组。

【例 19.28】　使用 reverse() 方法颠倒数组中的元素顺序(实例文件：ch19\19.28.html)。

```
<html>
<body>
<script type="text/javascript">
    var arr = new Array(3)
    arr[0] = "张三"
    arr[1] = "李四"
    arr[2] = "王五"
    document.write(arr + "<br />")
    document.write(arr.reverse())
</script>
</body>
</html>
```

在 IE 9.0 中浏览效果如图 19-28 所示。

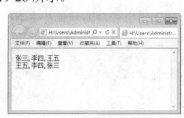

图 19-28 反序排列数组中的元素

19.5 实战演练——制作网页随机验证码

网站为了防止用户利用机器人自动注册、登录、灌水，都采用了验证码技术。所谓验证码，就是将一串随机产生的数字或符号生成一幅图片，图片里加上一些干扰因素(防止 OCR)，由用户肉眼识别其中的验证码信息，输入表单提交网站验证，验证成功后才能使用某项功能。本例将产生一个由 n 位数字和大小写字母构成的验证码。

【例 19.29】 随机产生一个由 n 位数字和字母组成的验证码，如图 19-29 所示。单击【刷新】按钮，重新产生验证码，如图 19-30 所示。

提示 使用数学对象中的随机数方法 random 和字符串的取字符方法 charAt。

图 19-29 随机验证码

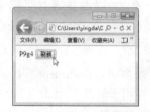

图 19-30 刷新验证码

具体操作步骤如下。

step 01 创建 HTML 文件，并输入如下代码。

```
<!DOCTYPE html>
<html>
<head>
<meta charset="utf-8" />
<title>随机验证码</title>
</head>
<body>
<span id="msg"></span>
<input type="button" value="刷新">
</body>
</html>
```

注意 span 标记没有什么特殊的意义，它显示某行内的独特样式，在这里主要是用于显示产生的验证码。为了保证后面程序的正常运行，一定不要省略 id 属性及修改取值。

step 02 新建 JavaScript 文件，保存文件名为 getCode.js，保存在与 HTML 文件相同的位置。在 getCode.js 文件中输入如下代码。

```
/*产生随机数函数*/
function validateCode(n){
    /*验证码中可能包含的字符*/
    var s="abcdefghijklmnopqrstuvwxyzABCDEFGHIJKLMNOPQRSTUVWXYZ0123456789";
    var ret="";  //保存生成的验证码
```

```
/*利用循环，随机产生验证码中的每个字符*/
for(var i=0;i<n;i++)
{
    var index=Math.floor(Math.random()*62);  //随机产生一个 0 至 62 之间的数字
    ret+=s.charAt(index);    //将随机产生的数字当作字符串的位置下标，在字符串 s 中
                             取出该字符，并放入 ret 中
}
return ret;    //返回产生的验证码
}

/*显示随机数函数*/
function show(){
    document.getElementById("msg").innerHTML=validateCode(4);
//在 id 为 msg 的对象中显示验证码
}
window.onload=show;    //页面加载时执行函数 show
```

> **注意**　在 getCode.js 文件中，validateCode 函数主要用于产生指定位数的随机数，并返回该随机数；show 函数主要用于调用 validateCode 函数，并在 id 为 msg 的对象中显示随机数。

在 show 函数中，document 的 getElementById("msg")函数使用 DOM 模型获得对象，innerHTML 属性用于修改对象的内容。

step 03　在 HTML 文件的 head 部分，输入 JavaScript 代码，如下所示。

```
<script src="getCode.js" type="text/javascript"></script>
```

step 04　在 HTML 文件中，修改【刷新】按钮的代码，修改<input type="button" value="刷新>这一行代码，如下所示。

```
<input type="button" value="刷新" onclick="show()" />
```

step 05　保存网页后，即可查看最终效果。

> **注意**　在本例中，使用了两种方法为对象增加事件。在 HTML 代码中增加事件，即为【刷新】按钮增加 onclick 事件。在 JavaScript 代码中增加事件，即在 JavaScript 代码中为窗口增加 onload 事件。

19.6　跟我练练手

19.6.1　练习目标

能够熟练掌握本章所讲内容。

19.6.2　上机练习

练习 1：在 JavaScript 程序中使用字符串对象。
练习 2：在 JavaScript 程序中使用数学对象。

练习 3：在 JavaScript 程序中日期对象。

练习 4：在 JavaScript 程序中数组对象。

19.7 高手甜点

甜点 1：如何产生指定范围内的随机整数

在实际开发中，会经常使用指定范围内的随机整数。借助数学方法，总结出以下两种指定范围内的随机整数产生方法。

(1) 产生 0 至 n 之间的随机数：Math.floor(Math.random()*(n+1))。

(2) 产生 n1 至 n2 之间的随机数：Math.floor(Math.random()*(n2-n1))+n1。

甜点 2：如何格式化 alert 弹出窗口的内容

使用 alert 弹出窗口时，窗口内容的显示格式可以借助转义字符进行格式化。如果希望窗口内容按指定位置换行，可添加转义字符"\n"；如果希望转义字符间有制表位间隔，可使用转义字符"\t"等。

第6篇

网页元素设计篇

第 20 章

体现设计者的思想——使用 Photoshop CS6 进行页面设计

Photoshop CS6 作为专业的图形图像处理软件，是许多从事平面设计工作人员的必备工具。它被广泛地应用于广告公司、制版公司、输出中心、印刷厂、图形图像处理公司、婚纱影楼以及网页设计类的公司等。本章就来介绍如何使用 Photoshop CS6 进行网页设计。

本章要点(已掌握的在方框中打钩)

☐ 熟悉 Photoshop 的常用工具。
☐ 掌握创建与保存网页文档的方法。
☐ 掌握网页的版面设计方法。

20.1 熟悉 Photoshop 的常用工具

在 Photoshop CS6 的工具箱中存在着大量操作工具。通过这些工具，可以进行文字、选择、绘画、绘制、取样、编辑、移动、注释、查看图像等操作，还可以更改前景色/背景色以及在不同的模式下工作。

20.1.1 案例 1——缩放工具的使用

使用缩放工具可以实现对图像的缩放查看，如图 20-1 所示，使用缩放工具拖曳出想要放大的区域即可对局部区域进行放大，也可以利用快捷键来实现：按 Ctrl++组合键以画布为中心放大图像；按 Ctrl+-组合键，以画布为中心缩小图像；按 Ctrl+0 组合键，以满画布显示图像，即图像窗口充满整个工作区域。

图 20-1　缩放工具

20.1.2 案例 2——抓手工具的使用

当图像放大到窗口中只能够显示局部图像的时候，如果需要查看图像中的某一部分，方法有如下 3 种。

- 使用抓手工具拖曳图像。
- 在使用抓手工具以外的工具时，在按住空格键的同时拖曳鼠标可以将所要显示的部分图像在图像窗口中显示出来。
- 可以拖曳水平滚动条和垂直滚动条来查看图像。

如图 20-2 所示为使用抓手工具查看部分图像。

20.1.3 案例 3——选框工具的使用

选框工具有 4 个，分别是：矩形选框工具、椭圆选框工具、单行选框工具和单列选框工具。

图 20-2　抓手工具

(1) 矩形选框工具▣：主要用于选择矩形的图像，是 Photoshop CS6 中比较常用的工具。使用该工具仅限于选择规则的矩形，不能选取其他形状，如图 20-3 所示。

(2) 椭圆选框工具▣：用于选取圆形或椭圆的图像，如图 20-4 所示。

(3) 单行选框工具▦：用于选取一个像素大小的单行图像，如图 20-5 所示。

(4) 单列选框工具▦：用于选取一个像素大小的单列图像，如图 20-6 所示。

图 20-3　矩形选框工具

图 20-4　椭圆选框工具

图 20-5　单行选框工具

图 20-6　单列选框工具

20.1.4　案例 4——钢笔工具的使用

使用钢笔工具可以载入选区，从而创建选区，具体操作步骤如下。

step 01　打开随书光盘中的素材文件，如图 20-7 所示。

step 02　单击工具箱中的【钢笔工具】按钮，单击属性栏中的【排除重叠形状】按钮，使用钢笔工具给图像描点，如图 20-8 所示。

图 20-7　打开素材文件

图 20-8　使用钢笔工具

step 03　由于下一个节点在转角位置，需要将上个点的方向线手柄去掉，按住 Alt 键单击上一个描点，方向线手柄清除，如图 20-9 所示。

step 04　依照上述步骤继续描点，如果描点错误可以使用 Ctrl+Z 组合键撤销操作，或者在【历史记录】模板中选择恢复到的历史记录位置。当终点和起点重合时，鼠标指针右下角有一个圆圈，单击即可闭合路径，如图 20-10 所示。

图 20-9　清除方向线

图 20-10　闭合路径

step 05　打开【路径】面板，单击面板下方的【将路径作为选区载入】按钮▦，如图 20-11
　　　　所示。

step 06　路径变成蚂蚁线，选区生成，如图 20-12 所示。

图 20-11　【路径】面板

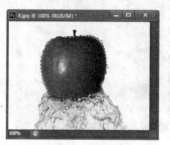

图 20-12　生成选区

20.1.5　案例 5——套索工具的使用

使用套索工具可以以手绘形式随意地创建选区。使用套索工具创建选区的操作步骤如下。

step 01　打开随书光盘中的素材文件，如图 20-13 所示。

step 02　选择工具箱中的【套索工具】，如图 20-14 所示。

step 03　单击图像上的任意一点作为起始点，按住鼠标左键拖曳出需要选择的区域，到
　　　　达合适的位置后释放鼠标，选区将自动闭合，如图 20-15 所示。

图 20-13　打开素材文件

图 20-14　选择套索工具

图 20-15　生成选区

20.1.6 案例6——多边形套索工具的使用

使用多边形套索工具可绘制选框的直线边框，适合选择多边形选区。使用多边形套索工具创建选区的具体操作步骤如下。

step 01 打开随书光盘中的素材文件，如图 20-16 所示。

step 02 选择工具箱中的【多边形套索工具】，如图 20-17 所示。

step 03 单击长方体上的一点作为起始点，然后依次在长方体的边缘单击选择不同的点，最后汇合到起始点或者双击鼠标就可以自动闭合选区，如图 20-18 所示。

图 20-16　打开素材文件

图 20-17　选择多边形套索工具

图 20-18　生成选区

20.1.7 案例7——磁性套索工具的使用

使用磁性套索工具可以智能地自动选取选区，特别适用于快速选择与背景对比强烈而且边缘复杂的对象。使用磁性套索工具创建选区的具体操作如下。

step 01 打开随书光盘中的素材文件，如图 20-19 所示。

step 02 选择工具箱中的【磁性套索工具】，如图 20-20 所示。

图 20-19　打开素材文件

图 20-20　选择磁性套索工具

　　　　需要选择的图像如果与边缘的其他色彩接近，自动吸附会出现偏差，这时可单击鼠标以手动添加一个紧固点。如果要抹除刚绘制的线段和紧固点，可按 Delete 键，连续按 Delete 键可以倒序依次删除紧固点。

step 03 在图像上单击以确定第一个紧固点。如果想取消使用磁性套索工具，可按 Esc 键。将鼠标指针沿着要选择图像的边缘慢慢地移动，选取的点会自动吸附到色彩差异的边沿，如图 20-21 所示。

step 04 拖曳鼠标使线条移动至起点，鼠标指针会变为 形状，单击即可闭合选框，如图 20-22 所示。

图 20-21　开始选取图像

图 20-22　生成选区

20.1.8　案例 8——魔棒工具的使用

使用魔棒工具可以自动地选择颜色一致的区域，不必跟踪其轮廓，特别适用于选择颜色相近的区域。使用魔棒工具选取图像的操作步骤如下。

step 01 打开随书光盘中的素材文件，如图 20-23 所示。

step 02 选择工具箱中的【魔棒工具】，如图 20-24 所示。

step 03 在图像中单击想要选取的颜色，即可选取相近颜色的区域，如图 20-25 所示。

图 20-23　打开素材文件

图 20-24　选择魔棒工具

图 20-25　生成选区

不能在位图模式的图像中使用魔棒工具。

20.1.9　案例 9——快速选择工具的使用

使用快速选择工具可以更加方便快捷地进行选取操作，使用快速选择工具创建选区的具体操作如下。

step 01 打开随书光盘中的素材文件，如图 20-26 所示。

step 02 选择工具箱中的【快速选择工具】，如图 20-27 所示。

step 03 设置合适的画笔大小，在图像中单击想要选取的颜色，即可选取相近颜色的区域。如果需要继续加选，单击 按钮后继续单击或者双击进行选取，如图 20-28 所示。

图 20-26 打开素材文件

图 20-27 选择快速选择工具

图 20-28 生成选区

20.1.10 案例 10——渐变工具的使用

渐变是由一种颜色向另一种颜色实现的过渡，以形成一种柔和的或者特殊规律的色彩区域，可以在整个文档或选区内填充渐变颜色。使用渐变工具绘制彩色圆柱的操作步骤如下。

step 01 新建一个大小为 800 像素×600 像素、分辨率为 72 像素/英寸的画布，如图 20-29 所示。

step 02 在【图层】面板中单击【新建图层】按钮 ，新建【图层 1】图层，如图 20-30 所示。

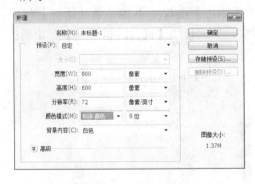
图 20-29 【新建】对话框

图 20-30 新建图层

step 03 选择工具箱中的【矩形选框工具】 ，然后在画布中建立一个矩形选框，如图 20-31 所示。

step 04 在属性栏中单击【添加到选区】按钮 ，然后使用【椭圆选框工具】 在矩形选框的底部绘制一个椭圆，如图 20-32 所示。

step 05 最终的选区效果如图 20-33 所示。

 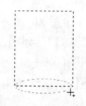 

图 20-31　绘制矩形　　　　图 20-32　椭圆选框工具　　　　图 20-33　生成选区

step 06　选择【渐变工具】█，在其属性栏中单击【点按可编辑渐变】按钮█████，选择【预设】中的【色谱】，如图 20-34 所示。

step 07　在属性栏中单击【线性渐变】按钮█，然后在选区中水平拖曳填充渐变，如图 20-35 所示。

图 20-34　【渐变编辑器】对话框

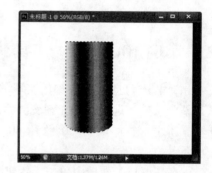

图 20-35　填充选区

step 08　按 Ctrl+D 组合键取消选区，在【图层】面板中单击【新建图层】按钮，新建【图层 2】图层。选择【图层 2】图层，然后使用【椭圆选框工具】在矩形的上方创建一个椭圆选区，如图 20-36 所示。

step 09　将选区填充为灰色(C：0、M：0、Y：0、K：10)，然后取消选区，如图 20-37 所示。

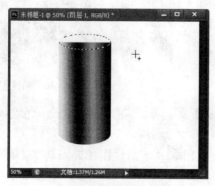

图 20-36　创建椭圆选区

图 20-37　最终的效果

20.2 创建与保存网页文档

在了解了 Photoshop CS6 的常用工具后，下面就可以使用 Photoshop CS6 创建网页文档了。本节主要介绍创建与保存网页文档的方法。

20.2.1 案例 11——创建网页文档

在使用 Photoshop CS6 进行网页设计时，需要事先创建一个网页文档。创建网页文档的具体操作步骤如下。

step 01 在 Photoshop CS6 工作界面中，选择【文件】→【新建】菜单命令，打开【新建】对话框。在其中输入网页文档的名称，并设置网页文档的大小、颜色模式、分辨率等，如图 20-38 所示。

step 02 单击【确定】按钮，即可创建一个空白文档，如图 20-39 所示。

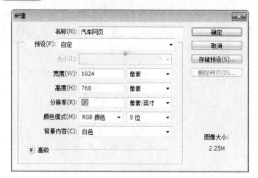

图 20-38 【新建】对话框

图 20-39 空白文档

【新建】对话框中的参数介绍如下。

- 【名称】文本框：用于填写新建文件的名称。"未标题-1"是 Photoshop 默认的名称，可以将其改为其他名称。
- 【预设】下拉列表框：用于提供预设文件尺寸及自定义尺寸。
- 【宽度】文本框：用于设置新建文件的宽度，默认以像素为宽度单位，也可以选择英寸、厘米、毫米、点、派卡和列等为单位。
- 【高度】文本框：用于设置新建文件的高度，单位同上。
- 【分辨率】文本框：用于设置新建文件的分辨率。像素/英寸默认为分辨率的单位，也可以选择像素/厘米为单位。
- 【颜色模式】下拉列表框：用于设置新建文件的模式，包括位图、灰度、RGB 颜色、CMYK 颜色和 Lab 颜色等几种模式。
- 【背景内容】下拉列表框：用于设置新建文件的背景内容，包括白色、背景色和透明 3 种。
    - 白色：白色背景。
    - 背景色：以所设定的背景色(相对于前景色)为新建文件的背景。

◆ 透明：透明背景(以灰色与白色交错的格子表示)。

按 Ctrl+N 组合键也可以打开【新建】对话框。

20.2.2 案例 12——保存网页文档

一般在设计好网页后，或将网页设计到一半时，都需要将其保存起来。下面介绍如何保存设计的网页文档。

保存网页文件的方法有以下 3 种。

方法 1：使用【存储】菜单命令。

选择【文件】→【存储】菜单命令，可以以原有的格式存储正在编辑的文件，如图 20-40 所示。

方法 2：使用【存储为】菜单命令。

选择【文件】→【存储为】菜单命令，打开【存储为】对话框进行保存。对于新建的文件或已经存储过的文件，可以使用【存储为】命令将文件另外存储为某种特定的格式，如图 20-41 所示。

图 20-40　选择【存储】菜单命令　　　　图 20-41　【存储为】对话框

(1) 【存储选项】选项组：用于对各种要素进行存储前的取舍。

● 【作为副本】复选框：勾选此复选框，可将所编辑的文件存储为文件的副本并且不影响原有的文件。

● 【Alpha 通道】复选框：当文件中存在 Alpha 通道时，可以选择存储 Alpha 通道(勾选此复选框)或不存储 Alpha 通道(取消勾选此复选框)。要查看图像是否存在 Alpha 通道，可选择【窗口】→【通道】菜单命令打开【通道】面板，然后在其中查看。

● 【图层】复选框：当文件中存在多个图层时，可以保持各图层独立进行存储(勾选此复选框)或将所有图层合并为同一图层存储(取消勾选此复选框)。要查看图像是否存在多个图层,可选择【窗口】→【图层】菜单命令打开【图层】面板,然后在其中查看。

- 【注释】复选框:当文件中存在注释时,可以通过勾选或取消勾选此复选框对其存储或忽略。
- 【专色】复选框:当图像中存在专色通道时,可以通过勾选或取消勾选此复选框对其存储或忽略。专色通道可以在【通道】面板中查看。

(2)【颜色】选项组:用于为存储的文件配置颜色信息。

(3)【缩览图】复选框:用于为存储文件创建缩览图,该选项为灰色表明系统自动地为其创建缩览图。

(4)【使用小写扩展名】复选框:勾选此复选框,则用小写字母创建文件的扩展名。

方法 3:使用快捷键。

按 Ctrl+S 组合键进行保存。

提示　　对于正在编辑的文件应该随时存储,以免出现意外而丢失。

20.3　网页的版面设计

当用户在网络中遨游时,一个个精彩的网页会呈现在我们面前。网页的精彩因素有哪些呢?色彩的搭配、文字的变化、图片的处理等,这些当然是不可忽略的因素,除了这些,还有一个重要的因素,那就是网页的版面设计。

20.3.1　案例 13——熟悉常用版面布局样式

下面看看我们经常用到的版面布局形式。

1. T 形布局

所谓 T 形布局,是指页面顶部为横条网站标志+广告条,下方左面为主菜单,右面显示内容的布局,因为菜单条背景较深,整体效果类似英文字母 T,如图 20-42 所示。这是网页设计中用得最广泛的一种布局方式,其优点是页面结构清晰,主次分明,是初学者最容易上手的布局方法。缺点是规矩呆板,如果细节色彩上不注意,很容易让人"看之无味"。

2. "口"形布局

这是一个象形的说法,就是页面一般上下各有一个广告条,左面是主菜单,右面放友情链接等,中间是主要内容,如图 20-43 所示。这种布局的优点是充分利用版面,信息量大。缺点是页面拥挤,不够灵活。也有将四边空出,只用中间的"口"形布局。

图 20-42　Ｔ形布局

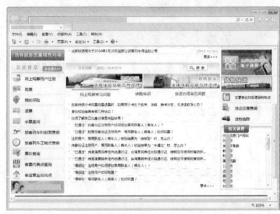

图 20-43　"口"形布局

3. "三"形布局

这种布局多用于国外站点，国内用得不多。特点是页面上横向两条色块，将页面整体分割为 4 个部分，色块中大多放广告条，如图 20-44 所示。

4. 对称对比布局

顾名思义，采取左右或者上下对称的布局，一半深色，一半浅色，一般用于设计型站点，如图 20-45 所示。优点是视觉冲击力强，缺点是将两部分有机地结合比较困难。

图 20-44　"三"形布局

图 20-45　对称对比布局

5. POP 布局

POP 引自广告术语，是指页面布局像一张宣传海报，以一张精美图片作为页面的设计中心，常用于时尚类站点，如图 20-46 所示。其优点显而易见：漂亮吸引人。缺点就是速度慢。作为版面布局还是值得借鉴的。

图 20-46　POP 布局

20.3.2　案例 14——在 Photoshop CS6 中构建网页结构

在设计网页之前，设计者可以先在 Photoshop 中勾画出框架，那么后来的设计就可以在此框架基础上进行布局了，具体的操作步骤如下。

step 01 打开 Photoshop CS6，如图 20-47 所示。

step 02 选择【文件】→【新建】菜单命令，打开【新建】对话框，在其中设置文档的宽度为 1024 像素、高度为 768 像素，如图 20-48 所示。

图 20-47　Photoshop CS6 的工作界面　　　　图 20-48　【新建】对话框

step 03 单击【确定】按钮，创建一个 1024 像素×768 像素的文档，如图 20-49 所示。

step 04 选择工具箱中的【矩形工具】，并调整为路径状态，绘制一个矩形框，如图 20-50 所示。

step 05 使用文字工具，创建一个文本图层，输入"网站的头部"，如图 20-51 所示。

step 06 依次绘出中左、中右和底部，网站的结构布局最终如图 20-52 所示。

图 20-49　创建空白文档

图 20-50　绘制矩形框

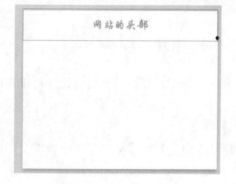

图 20-51　输入文字

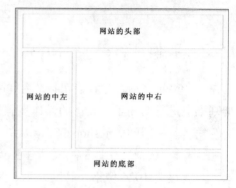

图 20-52　输入其他文字

20.4　实战演练——网页图像的切割

网页效果图出来之后，首先需要将网页要展现的样式分为几块，也就是通常所说的网页图像的切割。最常用的切割工具还是 Photoshop，在掌握切图原则后，就可以动手实际操了。具体的操作步骤如下。

step 01　选择【文件】→【打开】菜单命令，打开随书光盘中的素材图片，如图 20-53 所示。

step 02　在工具箱中单击【切片工具】按钮，根据需要在网页中选择需要切割的图片，如图 20-54 所示。

step 03　选择【文件】→【存储为 Web 所用格式】菜单命令，打开【存储为 Web 所用格式】对话框，在其中选中所有切片图像，如图 20-55 所示。

step 04　单击【存储】按钮，即可打开【将优化结果存储为】对话框，在【切片】下拉列表框中选择【所有切片】选项，如图 20-56 所示

图 20-53 打开素材文件

图 20-54 选择需要切割的图片

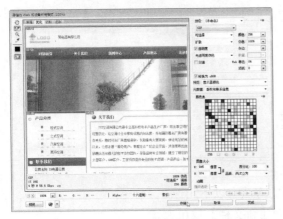

图 20-55 【存储为 Web 所用格式】对话框

图 20-56 【将优化结果存储为】对话框

step 05 单击【保存】按钮，即可将所有切片中的图像保存起来，如图 20-57 所示。

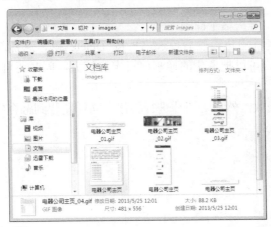

图 20-57 图像切割对象

提示 在切图过程中，如果有格式一致的重复项，我们只需切一次，其他重复项可以通过调整 table 表格使它正常。这样做的好处有两点：一是避免重复劳动；二是保证每个重复项表格图片大小统一。

20.5 跟我练练手

20.5.1 练习目标

能够熟练掌握本章所讲内容。

20.5.2 上机练习

练习 1：使用 Photoshop 常用工具。
练习 2：创建与保存网页文档。
练习 3：设计网页版面。

20.6 高 手 甜 点

甜点 1：利用状态或快照快速创建新文档

根据图像的所选状态或快照创建新文档的方法有以下几种。
(1) 将状态或快照拖曳至【从当前状态创建新文档】按钮上。
(2) 选择状态或快照，然后单击【从当前状态创建新文档】按钮。

甜点 2：怎样使一个图片和另一个图片很好地融合在一起

有以下两种方法可以解决这个问题：
(1) 先选中图片，进行羽化，然后反选，再按 Delete 键，这样就可以把图片边缘羽化。为了达到好的融合效果，可以把羽化的像素值设定为较大，同时还可以多次按 Delete 键，那样融合的效果会更好。
(2) 在图片上添加蒙版，然后对图片进行羽化，同样能达到融合的效果。把层的透明度降低，效果会更好。

第 21 章

让网页活灵活现
——网页元素
设计基础

网页设计中传达的视觉信息是网页设计的三个基本要素：图形、文字和色彩。色彩决定网页的风格，而图形与文字的应用编排组合、版式布局直接影响信息传达的准确性，决定网页设计的成败。

本章要点(已掌握的在方框中打钩)

- ☐ 熟悉 Photoshop 的图层。
- ☐ 掌握图层样式的使用方法。
- ☐ 掌握 Photoshop 蒙版的使用方法。
- ☐ 掌握 Photoshop 通道的使用方法。
- ☐ 掌握 Photoshop 滤镜的使用方法。

21.1　网页图像堆叠之图层

图层是 Photoshop 最为核心的功能之一。它承载了几乎所有的编辑操作。如果没有图层，所有的图像将处在同一个平面上，这对图像编辑来讲，简直是无法想象的。正是因为有了图层功能，Photoshop 才变得如此强大。

21.1.1　案例 1——认识【图层】面板

Photoshop 中的所有图层都被保存在【图层】面板中，对图层的各种操作基本上都可以在【图层】面板中完成。使用【图层】面板可以创建、编辑和管理图层以及为图层添加样式，还可以显示当前编辑的图层信息，使用户清楚地掌握当前图层操作的状态。

选择【窗口】→【图层】菜单命令或按 F7 键可以打开【图层】面板，如图 21-1 所示。

21.1.2　案例 2——图层的分类

图 21-1　【图层】面板

Photoshop 的图层类型有多种，可以将图层分为普通图层、背景图层、文字图层、形状图层等。

1. 普通图层

普通图层是一种常用的图层。在普通图层上用户可以进行各种图像编辑操作，如图 21-2 所示。

2. 背景图层

使用 Photoshop 新建文件时，如果【背景内容】选择为白色或背景色，在新文件中就会被自动创建一个背景图层。并且该图层还有一个锁定的标志。背景图层始终在最底层，就像一栋楼房的地基一样，不能与其他图层调整叠放顺序。

一个图像中可以没有背景图层，但最多只能有一个背景图层，如图 21-3 所示。

图 21-2　普通图层

图 21-3　背景图层

背景图层的不透明度不能更改，不能为背景图层添加图层蒙版，也不可以使用图层样式。如果要改变背景图层的不透明度、为其添加图层蒙版或者使用图层样式，可以先将背景图层转换为普通图层。

把背景图层转换为普通图层的具体操作步骤如下。

step 01 打开随书光盘中的素材文件，如图21-4所示。

step 02 选择【窗口】→【图层】菜单命令，打开【图层】面板。在【图层】面板中选定背景图层，如图21-5所示。

图21-4　打开素材文件

图21-5　选择背景图层

step 03 选择【图层】→【新建】→【背景图层】菜单命令，如图21-6所示。

step 04 弹出【新建图层】对话框，如图21-7所示。

图21-6　选择【背景图层】菜单命令　　　　图21-7　【新建图层】对话框

step 05 单击【确定】按钮，背景图层即转换为普通图层，如图21-8所示。

提示

使用背景橡皮擦工具和魔术橡皮擦工具擦除背景图层时，背景图层便自动变成普通图层。另外，直接在背景图层上双击，可以快速将背景图层转换为普通图层。

3. 文字图层

文字图层是一种特殊的图层，用于存放文字信息。它在【图层】面板中的缩览图与普通图层不同。如图21-9所示第一个图层为文字图层，第二个图层为普通图层。

文字图层主要用于编辑图像中的文本内容，用户可以对文字图层进行移动、复制等操作。但是不能使用绘画和修饰工具来绘制和编辑文字图层中的文字，不能使用【滤镜】菜单命令。如果需要编辑文字，则必须栅格化文字图层，被栅格化后的文字将变为位图图像，不能再修改其文字内容。

图21-8　【图层】面板

栅格化文字图层就是将文字图层转换为普通图层。可以执行下列操作之一。

1) 普通方法

选中文字图层，选择【图层】→【栅格化】→【文字】菜单命令，如图 21-10 所示。文字图层即转换为普通图层，如图 21-11 所示。

图 21-9　文字图层　　　　图 21-10　选择【文字】菜单命令　　　图 21-11　文字图层转换为普通图层

2) 快捷方法

在【图层】面板中的文字图层上右击，从弹出的快捷菜单中选择【栅格化文字】命令，可以将文字图层转换为普通图层，如图 21-12 所示。

4. 形状图层

形状是矢量对象，与分辨率无关。形状图层一般是使用工具箱中的形状工具(【矩形工具】、【圆角矩形工具】、【椭圆工具】、【多边形工具】、【直线工具】、【自定形状工具】或【钢笔工具】)绘制图形后而自动创建的图层。

要创建形状图层，一定要先在属性栏中单击【形状图层】按钮。形状图层包含定义形状颜色的填充图层和定义形状轮廓的矢量蒙版。形状轮廓是路径，显示在【路径】面板中。如果当前图层为形状图层，在【路径】面板中可以看到矢量蒙版的内容，如图 21-13 所示。

图 21-12　选择【栅格化文字】命令　　　　　图 21-13　形状图层

用户可以对形状图层进行修改和编辑，具体操作如下。

step 01 打开随书光盘中的素材文件，如图 21-14 所示。

step 02 创建一个形状图层，然后在【图层】面板中双击该图层的缩览图，如图 21-15 所示。

图 21-14　打开素材文件

图 21-15　形状图层

step 03 打开【拾色器】对话框，如图 21-16 所示。

step 04 选择相应的颜色后单击【确定】按钮，即可重新设置填充颜色，如图 21-17 所示。

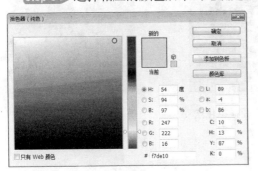

图 21-16　【拾色器】对话框

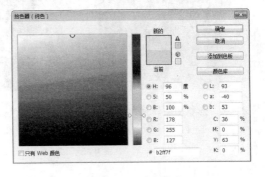

图 21-17　选择颜色

step 05 使用工具箱中的【直接选择工具】，即可修改或编辑形状中的路径，如图 21-18 所示。

如果要将形状图层转换为普通图层，需要栅格化形状图层，有以下 3 种方法。

1) 完全栅格化法

选择形状图层，选择【图层】→【栅格化】→【形状】菜单命令，如图 21-19 所示。即可将形状图层转换为普通图层，同时不保留蒙版和路径，如图 21-20 所示。

2) 路径栅格化法

选择【图层】→【栅格化】→【填充内容】菜单命令，将栅格化形状图层填充，同时保留矢量蒙版，如图 21-21 所示。

3) 蒙版栅格化法

选择【图层】→【栅格化】→【矢量蒙版】菜单命令，将栅格化形状图层的矢量蒙版，但同时转换为图层蒙版，丢失路径，如图 21-22 所示。

图 21-18　编辑形状　　　　　　　　　　　　图 21-19　栅格化形状

图 21-20　形状图层转换为普通图层　　　图 21-21　路径栅格化法　　　图 21-22　蒙版栅格化法

21.1.3　案例 3——创建图层

需要使用新图层时，可以执行图层创建操作。创建图层的方法有以下几种。

- 方法一：打开【图层】面板，单击【新建图层】按钮 ，可创建新图层，如图 21-23 所示。
- 方法二：选择【图层】→【新建】→【图层】菜单命令，弹出【新建图层】对话框，可创建新图层，如图 21-24 所示。

图 21-23　单击【新建图层】按钮　　　　　　图 21-24　【新建图层】对话框

- 方法三：按 Ctrl+Shift+N 组合键也可以弹出【新建图层】对话框，进而创建新图层。

21.1.4 案例 4——隐藏与显示图层

在进行图像编辑时，为了避免在部分图层中误操作，可以先将其隐藏，需要对其操作时再将其显示。隐藏与显示图层的方法有以下两种。

- 方法一：打开【图层】面板，选择需要隐藏或显示的图层，图层前面有一个可见性指示框，显示眼睛图标时，该图层可见，单击眼睛，眼睛会消失，图层变为不可见，再次单击，图层会再次显示为可见，如图 21-25 所示。
- 方法二：选择需要隐藏的图层后，选择【图层】→【隐藏图层】菜单命令，可将图层隐藏，如图 21-26 所示。选择需要显示的图层，选择【图层】→【显示图层】菜单命令，可将其设为可见，如图 21-27 所示。

图 21-25 【图层】面板

图 21-26 隐藏图层

图 21-27 显示图层

21.1.5 案例 5——对齐图层

依据当前图层和链接图层的内容，可以进行图层之间的对齐操作。Photoshop 中提供有 6 种对齐方式。对齐图层的操作步骤如下。

step 01 打开随书光盘中的素材文件，如图 21-28 所示。

step 02 在【图层】面板中按住 Ctrl 键的同时单击【图层 1】、【图层 2】、【图层 3】、【图层 4】和【图层 5】图层，如图 21-29 所示。

step 03 选择【图层】→【对齐】→【顶边】菜单命令，如图 21-30 所示。

step 04 最终效果如图 21-31 所示。

Photoshop 提供有 6 种排列方式，如图 21-32 所示。其具体含义如下。

(1) 【顶边】：将链接图层顶端的像素对齐到当前工作图层顶端的像素或者选区边框的顶端，以此方式来排列链接图层的效果。

图 21-28　打开素材文件

图 21-29　选中多个图层

图 21-30　选择【顶边】菜单命令

图 21-31　顶边对齐效果

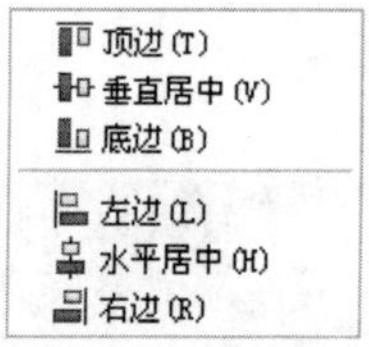

| | |
| 顶边(T) |
| 垂直居中 (V) |
| 底边(B) |
| 左边(L) |
| 水平居中 (H) |
| 右边(R) |

图 21-32　排列方式

（2）【垂直居中】：将链接图层的垂直中心像素对齐到当前工作图层垂直中心的像素或者选区的垂直中心，以此方式来排列链接图层的效果。

（3）【底边】：将链接图层的最下端的像素对齐到当前工作图层的最下端像素或者选区边框的最下端，以此方式来排列链接图层的效果。

（4）【左边】：将链接图层最左边的像素对齐到当前工作图层最左端的像素或者选区边框的最左端，以此方式来排列链接图层的效果。

（5）【水平居中】：将链接图层水平中心的像素对齐到当前工作图层水平中心的像素或者选区的水平中心，以此方式来排列链接图层的效果。

（6）【右边】：将链接图层的最右端像素对齐到当前工作图层最右端的像素或者选区边框的最右端，以此方式来排列链接图层的效果。

21.1.6　案例6——合并图层

合并图层即是将多个有联系的图层合并为一个图层，以便于进行整体操作。首先选择要合并的多个图层，然后选择【图层】→【合并图层】菜单命令即可。也可以通过按 Ctrl+E 组合键来完成。合并图层的具体操作步骤如下。

step 01 打开随书光盘中的素材文件，如图 21-33 所示。

step 02 在【图层】面板中按住 Ctrl 键同时单击所有图层，单击【图层】面板右上角的小三角 按钮，在弹出的菜单中选择【合并图层】命令，如图 21-34 所示。

图 21-33 打开素材文件

图 21-34 选择【合并图层】命令

step 03 最终效果如图 21-35 所示。

Photoshop 提供 3 种合并方式，如图 21-36 所示。其具体含义如下。

图 21-35 合并图层

图 21-36 合并图层的方式

(1)【合并图层】：在没有选择多个图层的状态下，可以将当前图层与其下面的图层合并为一个图层。也可以通过按 Ctrl+E 组合键来完成。

(2)【合并可见图层】：将所有的显示图层合并到背景图层中，隐藏图层被保留。也可以通过按 Shift+Ctrl+E 组合键来完成。

(3)【拼合图像】：可以将图像中的所有可见图层都合并到背景图层中，隐藏图层则被删除。这样可以大大地减小文件的大小。

21.1.7 案例 7——设置不透明度和填充

打开【图层】面板，选择图层，可以对图层设置不透明度和填充。两者功能效果相似，但又有差异。

设置不透明度和填充的具体操作步骤如下。

step 01 打开随书光盘中的素材文件，如图 21-37 所示。

网站开发案例课堂

step 02 选中【图层 4】，在【图层】面板中设置【不透明度】为 70%，图像效果如图 21-38 所示。

图 21-37　打开素材文件

图 21-38　设置图层不透明度效果

step 03 如果将图像的【填充】设置为 50%，图像效果如图 21-39 所示。

图 21-39　设置填充效果

提示　　　　【不透明度】可以对图像及其混合效果都生效，而【填充】只对图像本身有用，对混合效果无效。

21.2　网页图像效果之图层样式

图层样式是多种图层效果的组合，Photoshop 提供了多种图像效果，如阴影、发光、浮雕和颜色叠加等。将效果应用于图层的同时，也创建了相应的图层样式。在【图层样式】对话框中可以对创建的图层样式进行修改、保存、删除等编辑操作。

21.2.1　案例 8——光影效果

图层样式当中的光影效果主要包括投影、内阴影、外发光、内发光、光泽等。下面就来介绍这些图层样式的使用方法和使用后的效果。

1. 制作投影效果

应用【投影】选项可以在图层内容的背后添加阴影效果。

step 01　打开随书光盘中的素材文件，如图 21-40 所示。

step 02　输入文字"美好时光"，字体为华文行楷，字号为 200 点，颜色为深绿色(C：58、M：29、Y：100、K：10)，如图 21-41 所示。

图 21-40　打开素材文件

图 21-41　输入文字

step 03　单击【添加图层样式】按钮 *fx.*，在弹出的【添加图层样式】菜单中选择【投影】选项。在弹出的【图层样式】对话框中进行参数设置，如图 21-42 所示。

step 04　单击【确定】按钮，最终效果如图 21-43 所示。

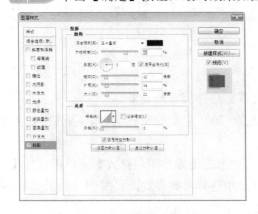

图 21-42　【图层样式】对话框

图 21-43　文字效果

2. 制作内阴影效果

应用【内阴影】选项可以围绕图层内容的边缘添加内阴影效果。

step 01 新建一个宽度为 400 像素、高度为 300 像素的空白文件，如图 21-44 所示。

step 02 单击【确定】按钮，然后在其中输入文字 HAPPY，如图 21-45 所示。

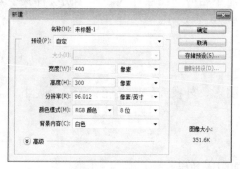

图 21-44　【新建】对话框

图 21-45　输入文字

step 03 单击【添加图层样式】按钮 *fx.*，在弹出的【添加图层样式】菜单中选择【内阴影】选项。在弹出的【图层样式】对话框中进行参数设置，如图 21-46 所示。

step 04 单击【确定】按钮后会产生一种立体化的文字效果，如图 21-47 所示。

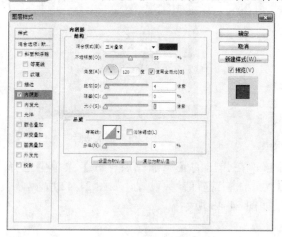

图 21-46　【图层样式】对话框

图 21-47　文字效果

3. 制作文字外发光效果

应用【外发光】选项可以围绕图层内容的边缘创建外部发光效果。

step 01 新建一个宽度为 400 像素、高度为 300 像素的空白文件，在其中输入文字 Photoshop，如图 21-48 所示。

step 02 单击【添加图层样式】按钮 *fx.*，在弹出的【添加图层样式】菜单中选择【外发光】选项。在弹出的【图层样式】对话框中进行参数设置，如图 21-49 所示。

step 03 单击【确定】按钮，最终效果如图 21-50 所示。

4. 制作文字内发光效果

应用【内发光】选项可以围绕图层内容的边缘创建内部发光效果。

step 01 新建一个宽度为 400 像素、高度为 300 像素的空白文件，在其中输入文字 Photoshop，如图 21-51 所示。

图 21-48　输入文字

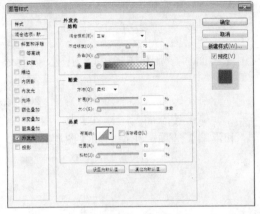

图 21-49　【图层样式】对话框

图 21-50　文字外发光效果

图 21-51　输入文字

step 02 单击【添加图层样式】按钮 *fx.*，在弹出的【添加图层样式】菜单中选择【内发光】选项。在弹出的【图层样式】对话框中进行参数设置，如图 21-52 所示。

step 03 单击【确定】按钮，最终效果如图 21-53 所示。

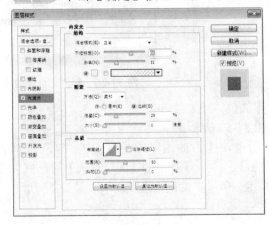

图 21-52　【图层样式】对话框

图 21-53　文字内发光效果

【内发光】的设置选项和【外发光】的设置选项几乎一样。只是【外发光】设置选项中的【扩展】选项变成了【内发光】中的【阻塞】选项。外发光得到的阴影是在图层的边缘，在图层之间看不到效果的影响；而内发光得到的效果只在图层内部，即得到的阴影只出现在图层的不透明的区域。

21.2.2 案例 9——浮雕效果

应用【斜面和浮雕】样式可以为图层内容添加暗调和高光效果，使图层内容呈现凸起的立体效果。

step 01 新建画布，大小为 400 像素×200 像素，输入文字，如图 21-54 所示。

step 02 单击【添加图层样式】按钮 *fx*，在弹出的【添加图层样式】菜单中选择【斜面和浮雕】选项。在弹出的【图层样式】对话框中进行参数设置，如图 21-55 所示。

图 21-54 输入文字

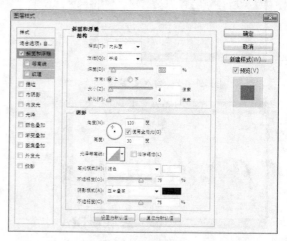

图 21-55 【图层样式】对话框

step 03 最终形成的立体文字效果如图 21-56 所示。

21.2.3 案例 10——叠加效果

图层样式中的叠加效果包括颜色叠加、渐变叠加和图案叠加 3 种，下面分别进行详细介绍。

图 21-56 斜面与浮雕效果

1. 为图层内容套印颜色

应用【颜色叠加】选项可以为图层内容套印颜色。

step 01 打开随书光盘中的素材文件，如图 21-57 所示。

step 02 将背景图层转化为普通图层，然后单击【添加图层样式】按钮 *fx*，在弹出的【添加图层样式】菜单中选择【颜色叠加】选项。在弹出的【图层样式】对话框中为图像叠加橘红色(C：0、M：53、Y：100、K：0)，并设置其他参数，如图 21-58 所示。

图 21-57　打开素材文件

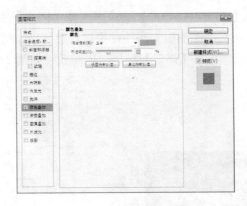

图 21-58　【图层样式】对话框

step 03　单击【确定】按钮，最终效果如图 21-59 所示。

2. 为图层内容套印渐变效果

应用【渐变叠加】选项可以为图层内容套印渐变效果。

step 01　打开随书光盘中的素材文件，如图 21-60 所示。

step 02　将背景图层转化为普通图层，然后单击【添加图层样式】按钮 fx，在弹出的【添加图层样式】菜单中选择【渐变叠加】选项。在弹出的【图层样式】对话框中为图像添加渐变效果，并设置其他参数，如图 21-61 所示。

图 21-59　颜色叠加效果

图 21-60　打开素材文件

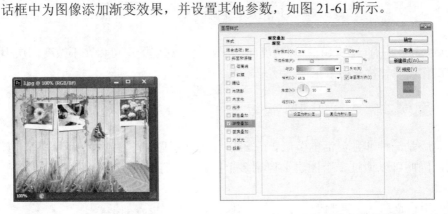

图 21-61　【图层样式】对话框

step 03　单击【确定】按钮，最终效果如图 21-62 所示。

3. 为图层内容套印图案混合效果

应用【图案叠加】选项可以为图层内容套印图案混合效果。在原来的图像上加上一个图层图案的效果，根据图案颜色的深浅在图像上表现为雕刻效果的深浅。为图像叠加图案的具体操作步骤如下。

step 01　打开随书光盘中的素材文件，如图 21-63 所示。

step 02　将背景图层转化为普通图层，然后单击【添加图层样式】按钮 fx，在弹出的

图 21-62　颜色渐变效果

【添加图层样式】菜单中选择【图案叠加】选项。在弹出的【图层样式】对话框中为图像添加图案，并设置其他参数，如图 21-64 所示。

step 03 ▶ 单击【确定】按钮，最终效果如图 21-65 所示。

 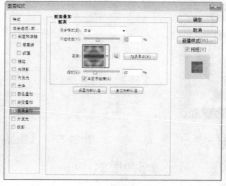 

图 21-63　打开素材文件　　　　图 21-64　【图层样式】对话框　　　　图 21-65　图案叠加效果

注意 使用中要注意调整图案的不透明度，否则得到的图像可能只是一个放大的图案。

21.3　网页图像效果之蒙版

在 Photoshop 中有一些具有特殊功能的图层，使用这些图层可以在不改变图层中原有图像的基础上制作出多种特殊的效果，这就是蒙版。

21.3.1　案例 11——剪贴蒙版

剪贴蒙版是一种非常灵活的蒙版，它可以使用下层图层中图像的形状来限制上层图像的显示范围，因此可以通过一个图层来控制多个图层的显示区域。剪贴蒙版的创建和修改方法都非常简单。

下面使用自定形状工具制作剪贴蒙版特效，具体操作步骤如下。

step 01 ▶ 打开随书光盘中的素材文件，如图 21-66 所示。

step 02 ▶ 设置前景色为黑色，新建【图层 1】，选择【自定形状工具】，然后在属性栏中单击【形状】下拉按钮，在弹出的下拉列表中选择红心形状，如图 21-67 所示。

step 03 ▶ 将新建的图层放到最上方，然后在画面中拖动鼠标绘制该形状，如图 21-68 所示。

step 04 ▶ 选择【直排文字蒙版工具】，在画面中输入文字，设置字体为华文琥珀，字号为 50 点。设置完成后右击文字图层，在弹出的快捷菜单中选择【栅格化文字】命令，如图 21-69 所示。

图 21-66　打开素材文件

图 21-67　选择形状

图 21-68　绘制形状

图 21-69　输入文字

step 05　将添加的文字图层和【图层 1】合并，并将合并后的图层放到【图层 0】下方，如图 21-70 所示。

step 06　选择【图层 0】，选择【图层】→【创建剪贴蒙版】菜单命令，为其创建一个剪贴蒙版，如图 21-71 所示。

图 21-70　合并图层

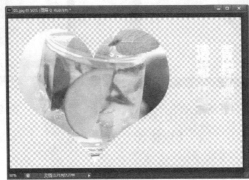

图 21-71　创建剪贴蒙版

step 07　为剪贴蒙版制作一个背景。新建图层，放置到最底层，将图层颜色设置为深灰色，如图 21-72 所示。

图 21-72　为蒙版添加背景色

21.3.2　案例 12——快速蒙版

应用快速蒙版，会在图像上创建一个临时的屏蔽，可以保护所选区域免于被操作，而处于蒙版范围外的地方则可以进行编辑与处理。

使用快速蒙版为图像制作简易边框的具体操作步骤如下。

step 01　打开随书光盘中的素材文件，如图 21-73 所示。

step 02　新建一个图层，使用工具箱中的【矩形选框工具】，在图像中创建一个矩形选区，如图 21-74 所示。

图 21-73　打开素材文件

图 21-74　绘制矩形

step 03　单击工具箱下方的【以快速蒙版模式编辑】工具，或按 Q 键进入快速蒙版编辑模式，如图 21-75 所示。

step 04　选择【滤镜】→【扭曲】→【波浪】菜单命令，弹出【波浪】对话框，设置相关参数，如图 21-76 所示。

提示　参数可以自由调整，变化参数后可得到不同效果的边框。

step 05　单击【确定】按钮返回图像界面，图像四周已经有简易的边框模型，如图 21-77 所示。

step 06 按 Q 键，退出快速蒙版编辑模式，得到一个新的选区，如图 21-78 所示。

图 21-75 快速蒙版编辑模式

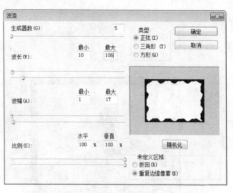

图 21-76 【波浪】对话框

图 21-77 添加波浪效果

图 21-78 得出选区

step 07 选择【选择】→【反选】菜单命令，按 Delete 键将反选后的选区删除，如图 21-79 所示。

step 08 新建图层置于底部，并填充为粉色，如图 21-80 所示。

图 21-79 删除选区

图 21-80 填充颜色

step 09 按 Ctrl+D 组合键，取消选择，这样图像简易边框制作完成，边框呈均匀分布的不规则形状，如图 21-81 所示。

step 10 选择【文件】→【存储为】菜单命令，将图像保存为 JPG 格式即可，如图 21-82 所示。

图 21-81　制作画框效果

图 21-82　保存图片

21.3.3　案例 13——图层蒙版

图层蒙版是加在图层上的一个遮盖，通过创建图层蒙版来隐藏或显示图像中的部分或全部。如果要隐藏当前图层中的图像，可以使用黑色涂抹蒙版；如果要显示当前图层中的图像，可以使用白色涂抹蒙版；如果要使当前图层中的图像呈现半透明效果，则可以使用灰色涂抹蒙版。

使用图层蒙版制作水中倒影的具体操作步骤如下。

step 01　打开随书光盘中的素材文件，如图 21-83 所示。

step 02　按 Ctrl+J 组合键复制当前图层，生成【图层 1】，如图 21-84 所示。

图 21-83　打开素材文件

图 21-84　新建图层

step 03　选择【图像】→【画布大小】菜单命令，弹出【画布大小】对话框，将画布高度加大一倍，如图 21-85 所示。

step 04　选中【图层 1】，选择【编辑】→【变换】→【垂直翻转】菜单命令，并将翻转后的图像垂直移动到下方，和已有的背景图层对接，如图 21-86 所示。

提示　　　　按 Shift 键可以使图像垂直或水平移动。

step 05　选择【图层 1】，选择【魔棒工具】，将【容差】设置为 255，将翻转后的图片选为选区，使用【渐变工具】绘制垂直方向的黑白渐变，如图 21-87 所示。

图 21-85 【画布大小】对话框

图 21-86 翻转图片

step 06 新建一个图层并填充为白色，再按 D 键把前景色恢复为默认的黑白。选择【滤镜】→【滤镜库】菜单命令，打开【滤镜库】对话框，在其中选择【素描】→【半调图案】选项，打开【半调图案】对话框，在【图案类型】下拉列表框中选择【直线】选项，将【大小】设置为 7，【对比度】设置为 50，单击【确定】按钮，如图 21-88 所示。

图 21-87 添加渐变效果

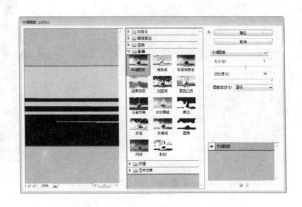

图 21-88 【半调图案】对话框

step 07 选择【滤镜】→【模糊】→【高斯模糊】菜单命令，将【半径】设置为 4，单击【确定】按钮，如图 21-89 所示。

step 08 按 Ctrl+S 组合键，保存文件为 PSD 格式，名称可自行定义。保存后把上一步中制作的黑白线条图层隐藏，新建一个图层，按 Ctrl+Shift+Alt+E 组合键盖印图层，如图 21-90 所示。

提示　盖印图层是将所有可见图层合并，然后再执行复制。

图 21-89　【高斯模糊】对话框

图 21-90　盖印图层

step 09　选择【滤镜】→【扭曲】→【置换】菜单命令，打开【置换】对话框，将【水平比例】设置为 4，其他参数保持默认配置，单击【确定】按钮，如图 21-91 所示。打开【选取一个置换图】对话框，在其中选择上文保存的 PSD 文件为置换文件。

step 10　图层蒙版制作结束，已经可以看到三朵花的水中倒影，而且还呈现了波纹的效果，如图 21-92 所示。

图 21-91　【置换】对话框

图 21-92　最终的效果

21.3.4　案例 14——矢量蒙版

矢量蒙版是由钢笔或者形状工具创建的，与分辨率无关的蒙版，它通过路径和矢量形状来控制图像显示区域，常用来创建 Logo、按钮、面板或其他 Web 设计元素。

下面来讲解使用矢量蒙版为图像添加心形的方法。

step 01　打开随书光盘中的素材文件，如图 21-93 所示。

step 02　打开随书光盘中的另一个素材文件。使用【移动工具】将其移动到 step01 打开的文件中，生成【图层 1】。选择【编辑】→【自由变换】菜单命令，对【图层 1】中的图片进行缩放和移动操作，移动到合适的位置，如图 21-94 所示。

图 21-93　打开素材文件

图 21-94　移动素材

step 03　隐藏【图层 1】，设置前景色为黑色。选择【自定形状工具】 ，并在属性栏中将工具模式设置为【路径】，再单击【形状】下拉按钮，在弹出的下拉列表中选择红心形状。在图中合适的位置绘制红心，并按 Ctrl+T 组合键对形状进行变形，如图 21-95 所示。

step 04　红心路径调整到合适位置后，按 Enter 键。设置【图层 1】可见，选择【图层】→【矢量蒙版】→【当前路径】菜单命令，蒙版效果生成，如图 21-96 所示。

图 21-95　绘制形状

图 21-96　添加蒙版效果

21.4　网页图像效果之通道

Photoshop 中的通道有多种用途，它可以显示图像的分色信息、存储图像的选取范围和记录图像的特殊色信息。

21.4.1　案例 15——复合通道

使用复合通道的方法可以制作出积雪和飘雪的效果，具体操作步骤如下。

step 01　打开随书光盘中的素材文件，如图 21-97 所示。

step 02　切换到【图层】面板，右击背景图层，在弹出的快捷菜单中选择【复制图层】命令，为新图层命名为"图层 1"，如图 21-98 所示。

图 21-97　打开素材文件

图 21-98　新建图层

 提示

　　按 Ctrl+J 组合键，可以快速复制图层。

step 03　选择【图层 1】，进入【通道】面板，选择比较清晰的通道，本实例选择绿通道，拖动绿通道到【创建新通道】按钮 🔳 上，生成新通道【绿 副本】，如图 21-99 所示。

step 04　选择【绿 副本】通道，选择【滤镜】→【滤镜库】菜单命令，打开【滤镜库】对话框，在其中选择【艺术效果】→【胶片颗粒】选项，弹出【胶片颗粒】对话框，根据需求调整【颗粒】、【高光区域】、【强度】参数，单击【确定】按钮，如图 21-100 所示。

图 21-99　【通道】面板

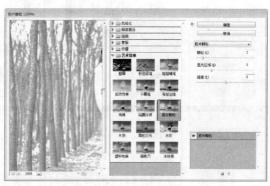

图 21-100　【胶片颗粒】对话框

step 05　返回【通道】面板，选择【绿 副本】通道，单击面板下方的【将通道作为选区载入】按钮 🔳，生成选区，按 Ctrl+C 组合键复制选区，如图 21-101 所示。

step 06　切换到【图层】面板，新建图层，选中新图层，按 Ctrl+V 组合键粘贴复制的选区，图像中已经基本呈现出被积雪覆盖的感觉，但是女孩的身体和脸也被复制的选区覆盖，呈现白色，如图 21-102 所示。

step 07　使用工具箱中的【橡皮擦工具】，在属性栏中适当调整【大小】、【硬度】、【不透明度】、【流度】等参数，然后将女孩脸部和身体上过多的白色擦除，如图 21-103 所示。

step 08 将已有的三个图层合并，然后新建图层，命名为"图层 1"，如图 21-104 所示。

图 21-101　复制选区

图 21-102　预览效果

图 21-103　擦除多余部分

图 21-104　新建图层

step 09 选择【编辑】→【填充】菜单命令，弹出【填充】对话框，在【内容】选项组的【使用】下拉列表框中选择【50%灰色】选项，其他采用默认设置，单击【确定】按钮，如图 21-105 所示。

step 10 选中【图层 1】，选择【滤镜】→【杂色】→【添加杂色】菜单命令，弹出【添加杂色】对话框，将【数量】设置为 230%，选中【平均分布】单选按钮，单击【确定】按钮，如图 21-106 所示。

图 21-105　【填充】对话框

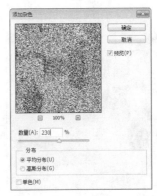

图 21-106　【添加杂色】对话框

step 11 选择【滤镜】→【模糊】→【高斯模糊】菜单命令，弹出【高斯模糊】对话框，将【半径】设置为 2 像素，单击【确定】按钮，如图 21-107 所示。

注意　　半径确定了后面生成雪花的密度及大小，读者可自行调整几种半径数值，来比较后面生成雪花的密度及大小。

step 12　选择【图像】→【调整】→【色阶】菜单命令，弹出【色阶】对话框，将【输入色阶】选项组中的三个滑块向中间移动，到图像中出现大量清晰白点为止，单击【确定】按钮，如图 21-108 所示。

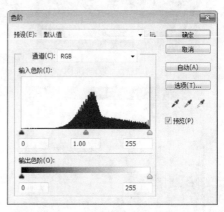

图 21-107　【高斯模糊】对话框　　　　图 21-108　【色阶】对话框

step 13　选择【滤镜】→【模糊】→【动感模糊】菜单命令，调整【角度】为 65 度，【距离】为 10 像素，单击【确定】按钮，如图 21-109 所示。

说明　　角度用于确定雪花飘落的方向，距离用于确定雪花飘落的速度，距离值越大，雪花飘落速度越快。

step 14　选择【图层】→【图层样式】→【混合选项】菜单命令，设置【混合模式】为【变亮】，【不透明度】为60%，单击【确定】按钮，如图 21-110 所示。

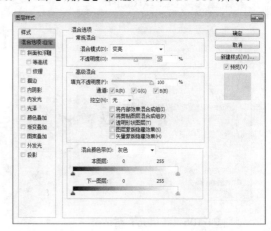

图 21-109　【动感模糊】对话框　　　　图 21-110　【图层样式】对话框

step 15 返回图形界面，已经基本呈现雪花效果，但是人物在雪花中显得不够清晰，如图 21-111 所示。

step 16 使用工具箱中的【橡皮擦工具】，在属性栏中适当调整【大小】、【硬度】、【不透明度】、【流度】等参数，然后将遮挡女孩脸部的雪花抹除一部分，使女孩清秀的样貌显现出来，如图 21-112 所示。

图 21-111　制作出雪花效果　　　　　图 21-112　擦除图片中多余的部分

21.4.2　案例 16——颜色通道

颜色通道是在打开新图像时自动创建的通道，它们记录了图像的颜色信息。图像的颜色模式不同，颜色通道的数量也不相同。RGB 图像中包含红、绿、蓝通道和一个用于编辑图像的复合通道；CMYK 图像包含青色、洋红、黄色、黑色通道和一个复合通道；Lab 图像包含明度、a、b 通道和一个复合通道；位图、灰度、双色调和索引颜色图像都只有一个通道。如图 21-113 所示分别是不同的颜色通道。

图 21-113　各种图片格式的通道面板

下面使用颜色通道抠出图像中的文字 Logo。

step 01 打开随书光盘中的素材文件，如图 21-114 所示。

step 02 打开【通道】面板，取消【绿】和【蓝】两个通道的显示，只显示【红】通道，可以看出图像中文字 Logo 和周围图像的颜色差别最明显，如图 21-115 所示。

step 03 按 Ctrl 键，拖动【红】通道到面板下方的【创建新通道】按钮上，产生【红副本】通道，如图 21-116 所示。

step 04 选择【编辑】→【调整】→【色阶】菜单命令，弹出【色阶】对话框，调整色阶滑块，将黑色和白色滑块向中间滑动，使文字更黑，文字周边颜色更淡，然后单击【确定】按钮，如图 21-117 所示。

图 21-114　打开素材图片

图 21-115　【通道】面板

图 21-116　复制通道

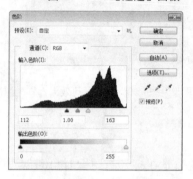

图 21-117　【色阶】对话框

step 05　将前景色设置为白色，选择工具箱中的【橡皮擦工具】，先使用值较大的橡皮擦擦除多余的黑色区域，再使用较小尺寸的橡皮擦将文字 Logo 周围的多余颜色擦除，如图 21-118 所示。

step 06　擦除后，得到黑色的文字及白色的背景，由于调整色阶的问题，文字可能出现锯齿边，选择【加深工具】，多次单击文字 Logo，如图 21-119 所示。

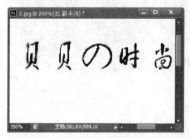

图 21-118　擦除多余颜色

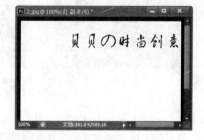

图 21-119　加深文字

step 07　按 Ctrl 键，单击【通道】面板中的【红 副本】通道，将白色区域生成为选区，然后选择图像图层，除了文字 Logo 外，所有图像都在选区中，如图 21-120 所示。

step 08　按 Delete 键，删除选区内容，再按 Ctrl+D 组合键取消选区，得到完整的文字 Logo，如图 21-121 所示。

图 21-120　选择选区

图 21-121　删除选区

step 09 选择工具箱中的【裁剪工具】 ，拖动鼠标选中图像中除了文字 Logo 以外的部分，按 Enter 键执行裁剪，这样可以去掉多余的空白区域，如图 21-122 所示。

图 21-122　文字 Logo

提示 　　做好的文字 Logo 应该保存为 png 格式，因为 png 格式的文件可以使用透明背景。

21.4.3　案例 17——专色通道

专色通道是一种特殊的混合油墨，一般用来替代或者附加到图像颜色油墨中。一个专色通道都有属于自己的印版，在对一张含有专色通道的图像进行印刷输出时，专色通道会作为一个单独的页被打印出来。

要新建专色通道，可从【通道】面板的下拉菜单中选择【新专色通道】命令或者按住 Ctrl 键并单击【创建新通道】 按钮，即可弹出【新建专色通道】对话框，设定后单击【确定】按钮，如图 21-123 所示。

图 21-123　【新建专色通道】对话框

(1)【名称】文本框：可以给新建的专色通道命名。在默认情况下将自动命名为"专色1""专色 2"等，以此类推。

(2)【颜色】选项：用于设定专色通道的颜色。

(3)【密度】文本框：可以设定专色通道的密度，其范围在 0%～100%之间。这个选项的功能对实际的打印效果没有影响，只是在编辑图像时可以模拟打印的效果。这个选项类似于蒙版颜色的【透明度】。

step 01 打开随书光盘中的素材"人物剪影.psd"文件，如图 21-124 所示。

step 02 打开【通道】面板，按住 Ctrl 键单击 Alpha 1 通道，在图像中选中人物选区，如图 21-125 所示。

图 21-124　打开素材图片　　　　图 21-125　选中人物选区

step 03 按住 Ctrl 键，单击【通道】面板下方的【创建新通道】按钮 ▣，弹出【新建专色通道】对话框，单击【颜色】色块，如图 21-126 所示。

step 04 弹出【拾色器(专色)】对话框，设置颜色为黑色，R、G 和 B 三个文本框分别设置为 0，单击【确定】按钮，如图 21-127 所示。

图 21-126　【新建专色通道】对话框　　　　图 21-127　【拾色器】对话框

step 05 返回【新建专色通道】对话框，单击【确定】按钮，如图 21-128 所示。

step 06 人物剪影制作成功，如图 21-129 所示。

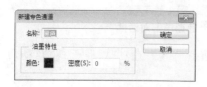

图 21-128　【新建专色通道】对话框　　　　图 21-129　人物剪影

21.4.4 案例 18——计算法通道

计算用于混合两个来自一个或多个源图像的单个通道，然后将结果应用到新图像或新通道中。下面使用计算功能，制作灰色图像效果，其具体操作步骤如下。

step 01 打开随书光盘中的素材文件，如图 21-130 所示。

step 02 打开【图层】面板，选择背景图层，然后按 Ctrl+J 组合键，复制背景图层，得到【背景 副本】图层，如图 21-131 所示。

图 21-130 打开素材文件

图 21-131 复制背景图层

step 03 选中背景图层，选择【图像】→【计算】菜单命令，弹出【计算】对话框，把【源 1】和【源 2】选项组中的【图层】和【通道】分别设为【背景】和【红】，勾选【源 2】选项组中的【反相】复选框，在【混合】下拉列表框中选择【正片叠底】选项，将【不透明度】设为 100%，单击【确定】按钮，如图 21-132 所示。

step 04 打开【通道】面板，产生新通道 Alpha 1，单击面板下方的【将通道作为选区载入】按钮，如图 21-133 所示。

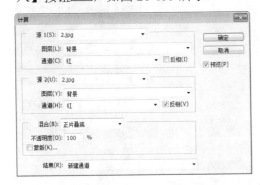

图 21-132 【计算】对话框

图 21-133 【通道】面板

step 05 返回到【图层】面板，单击图层面板下方的【创建新的填充或调整图层】按钮，在弹出的下拉列表中选择【色阶】选项，打开【色阶】调整面板，在 RGB 通道下把输入色阶设为 0、3.65、255，输出色阶设为 0、255，如图 21-134 所示。

step 06 单击【创建新的填充或调整图层】按钮，在弹出的下拉列表中选择【通道混合器】选项，打开【通道混合器】调整面板，在【输出通道】下拉列表框中选择【灰色】，勾选【单色】复选框，拖动颜色滑块，调至满意为止，如图 21-135 所示。

step 07　选择最顶端的【背景 副本】图层，选择【滤镜】→【模糊】→【高斯模糊】菜单命令，弹出【高斯模糊】对话框，设置【半径】为 10 像素，单击【确定】按钮，如图 21-136 所示。

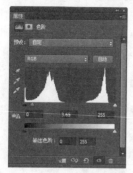

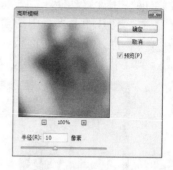

图 21-134　调整色阶　　　图 21-135　通道混合器　　　图 21-136　【高斯模糊】对话框

step 08　选择【图层】→【图层样式】→【混合选项】菜单命令，弹出【图层样式】对话框，将【混合模式】设为【柔光】，按住 Alt 键调节【混合颜色带】，至满意为止，单击【确定】按钮，如图 21-137 所示。

step 09　返回到【图层】面板，新建一个图层，按 Ctrl+Alt+Shift+E 组合键盖印可见图层，如图 21-138 所示。

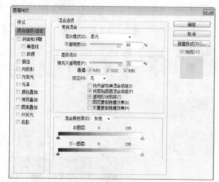

图 21-137　【图层样式】对话框　　　　　　图 21-138　盖印图层

step 10　打开【通道】面板，将 Alpha 1 设置为不可见，灰色图像效果生成，如图 21-139 所示。

图 21-139　最终的图像效果

21.5 一键制作网页图像效果之滤镜

在 Photoshop CS6 中，有图像处理传统滤镜和一些新滤镜，每一种滤镜又提供了多种细分的滤镜效果，为用户处理图像提供了极大的方便。

21.5.1 案例 19——【镜头校正】滤镜

使用【镜头校正】滤镜可以调整图像角度，使因拍摄角度不好造成的倾斜瞬间校正。具体操作步骤如下。

step 01 打开随书光盘中的素材文件，如图 21-140 所示。

step 02 选择【滤镜】→【镜头校正】菜单命令，弹出【镜头校正】对话框，选择左侧的【拉直工具】，在倾斜的图形中绘制一条直线，该直线用于定位调整后图像正确的垂直轴线，可以选择图像中的参照物拉直线，如图 21-141 所示。

图 21-140 打开素材文件　　　　　图 21-141 【镜头校正】对话框

step 03 拉好直线后释放鼠标，图像自动调整角度，一次没有调整好，可以重复多次操作，使本来倾斜的图像变得很正，如图 21-142 所示。

step 04 调整完成后，单击【确定】按钮，返回图像界面，图像校正后的效果如图 21-143 所示。

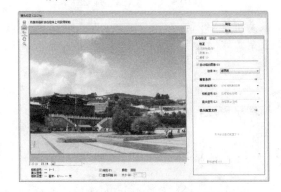

图 21-142 多次校正　　　　　图 21-143 校正后的效果

提示　　校正后倾斜的四边会被自动裁剪掉。

21.5.2　案例 20——【消失点】滤镜

利用【消失点】滤镜可以在包含透视平面的图像中进行透视校正编辑。使用【消失点】滤镜可以在图像中指定平面，然后对平面中的图像做绘画、仿制、复制、粘贴、变换等编辑操作。所有编辑操作都将采用用户所处理平面的透视。

利用【消失点】滤镜，不再只仅仅将图像作为一个单一平面进行编辑操作，可以以立体方式在图像中的透视平面上操作。使用【消失点】滤镜来修饰、添加或移去图像中的内容时，结果将更加逼真，因为系统可正确确定这些编辑操作的方向，并且将它们缩放到透视平面。

下面使用【消失点】滤镜去除照片中的多余人物，具体操作步骤如下。

step 01　打开随书光盘中的素材文件，在照片背景中有一个小女孩可以将其去除，如图 21-144 所示。

step 02　选择【滤镜】→【消失点】菜单命令，弹出【消失点】对话框，使用左侧的【创建平面工具】按钮 ，如图 21-145 所示。

图 21-144　打开素材文件　　　　　　图 21-145　【消失点】对话框

step 03　通过单击的方式在女孩所在的区域创建平面，平面创建成功，平面由边点构成，线条呈现蓝色，表示四个顶点在同一个平面上，可以拖曳平面的顶点调整平面，如图 21-146 所示。

step 04　选择【编辑平面工具】按钮 ，拖动平面的四边可以拉伸平面，扩大平面范围，调整【网格大小】参数，可以变换网格密度，如图 21-147 所示。

step 05　选择【选框工具】，在平面内绘制一个选区，该选区用作填充女孩，设置【羽化】值为 0，【不透明度】为 100%，在【修复】下拉列表框中选择【开】选项，如图 21-148 所示。

step 06　按住 Alt 键拖动选区，覆盖女孩图像区域，尽量使覆盖后的图像与原图像吻合，可以重复以上操作，执行多次选区覆盖，如图 21-149 所示。

图 21-146　绘制平面

图 21-147　变换网格密度

图 21-148　绘制选区

图 21-149　覆盖多余部分

step 07 女孩阴影还留在图像中，在女孩阴影区域创建平面，平面中不能包含必须保留的图像内容，如前面的人物图像，所以在构建阴影平面时，不宜过大，如图 21-150所示。

step 08 依照上述方式，将女孩的阴影去掉，如图 21-151 所示。

图 21-150　去除阴影部分

图 21-151　抹掉多余部分

step 09 单击【确定】按钮后，返回图像界面，女孩已经从图像中去除，如图 21-152所示。

图 21-152　图像的最终效果

21.5.3　案例 21——【风】滤镜

通过【风】滤镜可以在图像中放置细小的水平线条来获得风吹的效果。方法包括
【风】、【大风】(用于获得更生动的风效果)和【飓风】(使图像中的线条发生偏移)。

step 01　打开随书光盘中的素材文件，如图 21-153 所示。

step 02　选择【滤镜】→【风格化】→【风】菜单命令，在弹出的【风】对话框中进行
设置，如图 21-154 所示。

step 03　单击【确定】按钮即可为图像添加风效果，如图 21-155 所示。

图 21-153　打开素材文件　　　　图 21-154　【风】对话框　　　　图 21-155　添加风效果

21.5.4　案例 22——【马赛克拼贴】滤镜

使用【马赛克拼贴】滤镜渲染图像，可使图像看起来是由小的碎片或拼贴组成，然
后在拼贴之间灌浆。

step 01　打开随书光盘中的素材文件，如图 21-156 所示。

step 02　选择【滤镜】→【滤镜库】→【纹理】→【马赛克拼贴】菜单命令，在弹出的
【马赛克拼贴】对话框中进行参数设置，如图 21-157 所示。

图 21-156　打开素材文件

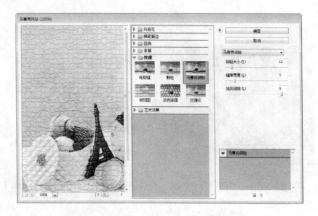

图 21-157　【马赛克拼贴】对话框

【马赛克拼贴】对话框中的各个参数如下。

(1)【拼贴大小】：用来设置图像中生成的块状图形的大小。

(2)【缝隙宽度】：用来设置块状图形单元间的裂缝宽度。

(3)【加亮缝隙】：用来设置块状图形缝隙的亮度。

step 03　单击【确定】按钮即可为图像添加马赛克拼贴效果，如图 21-158 所示。

图 21-158　马赛克拼贴效果

21.5.5　案例 23——【旋转扭曲】滤镜

使用【旋转扭曲】滤镜可以使图像围绕轴心扭曲，生成漩涡的效果。下面使用【旋转扭曲】滤镜制作彩色漩涡效果，其具体操作步骤如下。

step 01　打开随书光盘中的素材文件，如图 21-159 所示。

step 02　选择【滤镜】→【扭曲】→【旋转扭曲】菜单命令，弹出【旋转扭曲】对话框，调整【角度】值，向左滑动滑块呈现逆时针漩涡效果，向右滑动呈现顺时针漩涡效果，如图 21-160 所示。

step 03　单击【确定】按钮，返回图像界面，生成图像效果如图 21-161 所示。

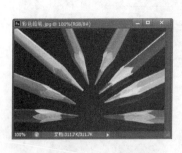

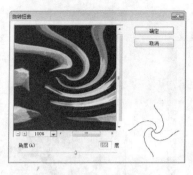

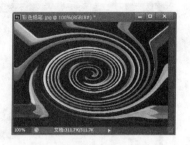

图 21-159　打开素材文件　　　图 21-160　【旋转扭曲】对话框　　图 21-161　旋转扭曲后的效果

 提示

【旋转扭曲】滤镜产生的漩涡是以整个图像中心为圆心的，如果要对图像中的某一个区域执行旋转扭曲，可以先将该区域选为选区，再执行旋转扭曲操作。

21.5.6　案例24——【模糊】滤镜

使用【模糊】滤镜，可以让清晰的图像变成各种模糊效果，可以做快速跟拍、车轮滚动等效果。

下面模拟高速跟拍效果，具体操作步骤如下。

step 01　打开随书光盘中的素材文件，图片中的汽车是静止或缓慢行驶的，如图 21-162 所示。

step 02　按用 Ctrl+J 组合键复制背景图层，得到【图层 1】，如图 21-163 所示。

图 21-162　打开素材文件

图 21-163　复制图层

step 03　选择【图层 1】，选择【滤镜】→【模糊】→【动感模糊】菜单命令，弹出【动感模糊】对话框，设置【角度】为接近水平，【距离】为 12 像素，单击【确定】按钮，如图 21-164 所示。

step 04　返回图像界面，整个图片已经有模糊的效果，汽车呈现动感，如图 21-165 所示，但是在高速跟拍时应该是背景模糊，汽车清晰。

step 05　选择工具箱中的【橡皮擦工具】，在属性栏中选择【柔边圆】橡皮擦样式，【大小】和【硬度】可自行调整，如图 21-166 所示。

step 06 使用设置好的橡皮擦工具，在车身部位擦除，最终可以得到相对清晰的车身和较模糊的背景，使汽车有快速飞驰的效果，如图 21-167 所示。

图 21-164 【动感模糊】对话框

图 21-165 应用模糊后的效果

图 21-166 设置橡皮擦工具参数

图 21-167 最终效果

21.5.7 案例 25——【渲染】滤镜

大部分的滤镜都需要有源图像做依托，在源图像的基础上进行滤镜变换。但是【渲染】滤镜其自身就可以产生图形，比如典型的云彩滤镜，它利用前景和背景色来生成随机云雾效果。由于是随机的，所以每次生成的图像都不相同。

下面使用云彩滤镜制作一个简单的云彩特效，具体操作步骤如下。

step 01 选择【文件】→【新建】菜单命令，弹出【新建】对话框，创建一个 500 像素×500 像素、白色背景的文件，单击【确定】按钮，如图 21-168 所示。

step 02 采用默认的黑色前景色和白色背景色，选择【滤镜】→【渲染】→【分层云彩】菜单命令，然后重复按 Ctrl+F 组合键重复使用分层云彩 5～10 次，得到如图 21-169 所示的灰度图像。

step 03 选择【图像】→【调整】→【渐变映射】菜单命令，弹出【渐变映射】对话框，默认显示黑白渐变，单击渐变条，如图 21-170 所示。

step 04 弹出【渐变编辑器】对话框，在渐变条下方单击可添加色标，双击色标可打开选择色标颜色的对话框，依图 21-171 所示分别为色标添加黑、红、黄、白 4 种颜色，单击【确定】按钮。

图 21-168　【新建】对话框

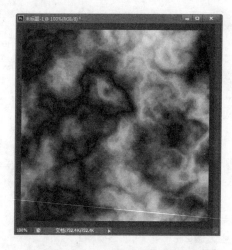

图 21-169　添加分层云彩效果

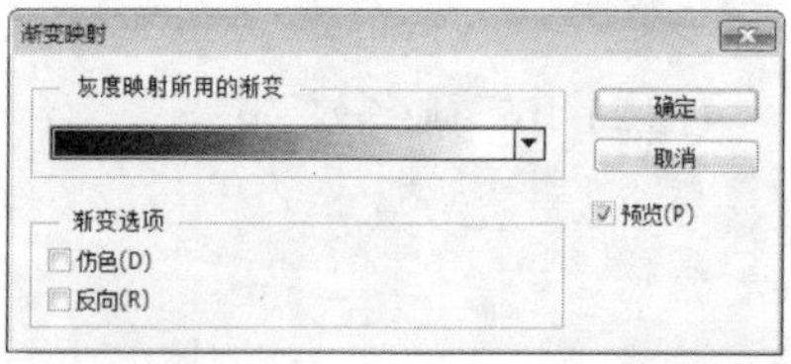

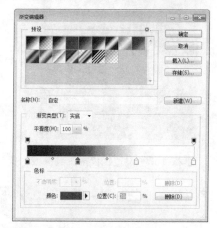

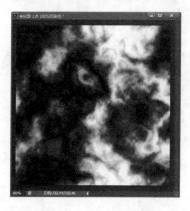

图 21-170　【渐变映射】对话框

图 21-171　【渐变编辑器】对话框

step 05　返回到图像界面，显示如图 21-172 所示的云彩效果，效果略显生硬。

step 06　右击图层，在弹出的快捷菜单中选择【转换为智能对象】命令，将图层转换为智能对象，如图 21-173 所示。

图 21-172　云彩效果

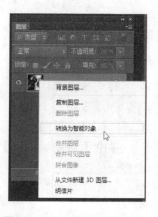

图 21-173　转换为智能对象

step 07 选择【滤镜】→【模糊】→【径向模糊】菜单命令，弹出【径向模糊】对话框，设置【数量】为 80，【模糊方法】为【缩放】，【品质】为【最好】，在【中心模糊】区域中用鼠标拖动，调整径向模糊的中心，单击【确定】按钮，如图 21-174 所示。

step 08 调整后效果如图 21-175 所示，云彩呈现放射状模糊。

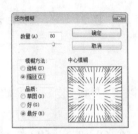

图 21-174 【径向模糊】对话框

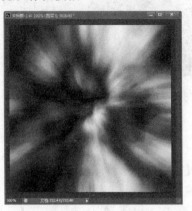

图 21-175 显示效果

step 09 双击【图层】面板中【图层 0】下方【径向模糊】后的箭头，如图 21-176 所示。

step 10 弹出【混合选项(径向模糊)】对话框，在【模式】下拉列表框中选择【变亮】选项，单击【确定】按钮，如图 21-177 所示。

图 21-176 【图层】面板

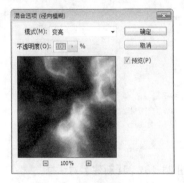

图 21-177 【混合选项】对话框

step 11 返回图像界面，得到最终的云彩效果，如图 21-178 所示。

提示　由于云彩图形是随机产生的，不一定全部满足需求，可以剪切其中一部分云彩效果使用。

另外，在制作云彩效果时，使用的渐变映射的颜色不同，得出的效果也有很大差异，例如选择蓝白相间的渐变颜色，如图 21-179 所示。

依照上述步骤操作，可以得到如图 21-180 所示的蓝天白云的效果。

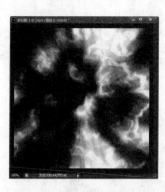 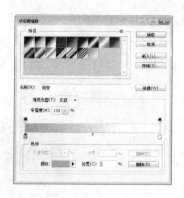 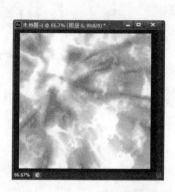

图 21-178　最后的云彩效果　　图 21-179　【渐变编辑器】对话框　　图 21-180　蓝天白云效果

21.5.8　案例 26——【艺术效果】滤镜

使用【艺术效果】滤镜可以生成各种个性的效果，这里以【塑料包装】艺术效果为例制作特效魔圈，具体操作步骤如下。

step 01 按 Ctrl+N 组合键，弹出【新建】对话框，创建一个 500 像素×500 像素的文件，背景色采用黑色，如图 21-181 所示。

step 02 按 Ctrl+J 组合键，复制背景图层，生成【图层 1】，如图 21-182 所示。

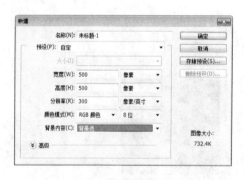

图 21-181　【新建】对话框

图 21-182　复制图层

step 03 选择【图层 1】，选择【滤镜】→【渲染】→【镜头光晕】菜单命令，弹出【镜头光晕】对话框，适当调整【亮度】，在小窗口中调整光晕中心位置，至图形中心，单击【确定】按钮，如图 21-183 所示。

step 04 选择【滤镜】→【艺术效果】→【塑料包装】菜单命令，弹出【塑料包装】对话框，调整右侧的【高光强度】、【细节】和【平滑度】参数，单击【确定】按钮，如图 21-184 所示。

step 05 返回图像界面，按 Ctrl+J 组合键，复制当前图层，如图 21-185 所示。

step 06 双击【图层 副本】，弹出【图层样式】对话框，设置【混合模式】为【叠加】，单击【确定】按钮，如图 21-186 所示。

图 21-183 【镜头光晕】对话框

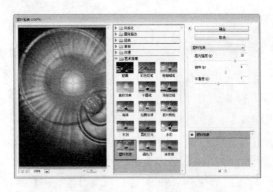

图 21-184 【塑料包装】效果

图 21-185 复制当前图层

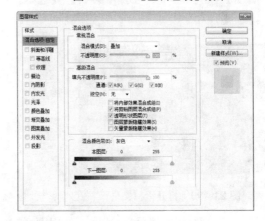

图 21-186 【图层样式】对话框

step 07 选择【编辑】→【调整】→【色相/饱和度】菜单命令，弹出【色相/饱和度】对话框，调整【色相】、【饱和度】和【明度】参数，单击【确定】按钮，如图 21-187 所示。

step 08 返回图像界面，得到如图 21-88 所示的蓝色魔圈效果。

图 21-187 【色相/饱和度】对话框

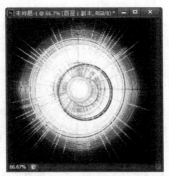

图 21-188 蓝色魔圈效果

21.6 实战演练——校正偏红图片

使用【应用图像】命令可以对图像的图层和通道进行混合与蒙版操作，可以用于执行色彩调整等操作。例如，拍摄的图片由于曝光等问题，有可能会发红，这种图片就可以使用【应用图像】命令进行调整，具体操作步骤如下。

step 01 打开随书光盘中的素材文件，如图 21-189 所示。

step 02 选择【图像】→【应用图像】菜单命令，弹出【应用图像】对话框，在【通道】下拉列表框中选择【绿】，在【混合】下拉列表框中选择【滤色】，将【不透明度】设为 50%，勾选【蒙版】复选框，在【通道】下拉列表中选择【绿色】，并勾选【反相】复选框，设置完成后单击【确定】按钮，如图 21-190 所示。

图 21-189 打开素材文件

图 21-190 【应用图像】对话框

step 03 打开【应用图像】对话框，使用同样方法对蓝色通道执行滤色操作，如图 21-191 所示。

step 04 打开【应用图像】对话框，在【通道】下拉列表框中选择 RGB，在【混合】下拉列表框中选择【变暗】，将【不透明度】设置为 100%，单击【确定】按钮，如图 21-192 所示。

图 21-191 设置参数

图 21-192 设置混合参数

step 05 打开【应用图像】对话框，在【通道】下拉列表框中选择【红】，在【混合】下拉列表框中选择【正片叠底】，将【不透明度】设置为 100%，勾选【蒙版】复选框，在【通道】下拉列表框中选择【红】，勾选【反相】复选框，单击【确定】按钮，如图 21-193 所示。

step 06　返回图像，可以看到红色已经减淡，但是还是有些微微泛红，可以使用曲线工具再做微调，如图 21-194 所示。

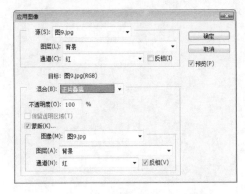

图 21-193　【应用图像】对话框(2)

图 21-194　图像效果

step 07　选择【图像】→【调整】→【曲线】菜单命令，打开【曲线】对话框，在【通道】下拉列表框中选择【红】，单击曲线中间，向下拖动，当图像颜色调整得差不多时释放鼠标，单击【确定】按钮，如图 21-195 所示。

step 08　调整结束，图像已经没有泛红的感觉，如图 21-196 所示。

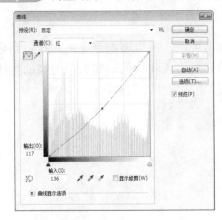

图 21-195　【曲线】对话框

图 21-196　最终效果

提示　　　使用【应用图像】命令校正偏红图像时，要结合偏红程度做参数调整，这就要求操作者对图像的颜色构成有基本的了解。

21.7　跟我练练手

21.7.1　练习目标

能够熟练掌握本章所讲内容。

21.7.2　上机练习

练习 1：应用图层制作图像。
练习 2：应用图层样式制作图像。
练习 3：应用蒙版制作图像。
练习 4：应用通道制作图像。
练习 5：应用滤镜制作图像。

21.8　高手甜点

甜点 1：如何在户外拍摄人物

在户外拍摄人物时，一般不要到阳光直射的地方，特别是在光线很强的夏天。但是，如果由于条件所限必须在这样的情况下拍摄时，则需要要让被摄人物背对阳光，这就是人们常说的"肩膀上的太阳"规则。这样被摄人物的肩膀和头发上就会留下不错的边缘光效果(轮廓光)。然后再用闪光灯略微(较低亮度)给被摄人物的面部足够的光线，就可以得到一张与周围自然光融为一体的完美照片了。

甜点 2：室内人物拍摄应注意哪些问题

人们看照片时，首先是被照片中最明亮的景物所吸引，所以要把最亮的光投射到你希望的位置。室内人物摄影，毫无疑问被摄体人物的脸是最引人注目的，那么最明亮的光线应该在脸上，然后逐渐沿着身体往下而变暗，这样可以增加趣味性、生动性和立体感。

第 22 章

网页的标志——制作网站 Logo 与 Banner

Logo 的中文含义就是标志、标识。作为独特的传媒符号，Logo 一直是传播特殊信息的视觉文化语言。Logo 自身的风格对网站设计也有一定的影响。Banner 的中文含义是旗帜、横幅和标语，通常被称为网络广告。本章就来介绍如何制作网站 Logo 与 Banner。

本章要点(已掌握的在方框中打钩)

- ☐ 掌握制作时尚空间感的文字 Logo 的方法。
- ☐ 掌握制作图案 Logo 的方法。
- ☐ 掌握制作图文结合 Logo 的方法。
- ☐ 掌握制作英文 Banner 的方法。
- ☐ 掌握制作中文 Banner 的方法。

22.1　制作时尚空间感的文字 Logo

一个设计新颖的网站 Logo 可以给网站带来不错的宣传效应。本节就来制作一个时尚空间感的文字 Logo。

22.1.1　案例 1——制作背景

制作文字 Logo 之前，需要事先制作一个文件背景，具体操作步骤如下。

step 01 打开 Photoshop CS6，选择【文件】→【新建】菜单命令，打开【新建】对话框，在【名称】文本框中输入"文字 Logo"，将【宽度】设置为 400 像素，【高度】设置为 300 像素，【分辨率】设置为 72 像素/英寸，如图 22-1 所示。

step 02 单击【确定】按钮，新建一个空白文档，如图 22-2 所示。

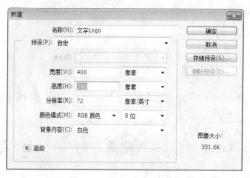

图 22-1　【新建】对话框

图 22-2　空白文档

step 03 新建一个【图层 1】，设置前景色为"C：59、M：53、Y：52、K：22"，背景色为"C：0、M：0、Y：0、K：0"，如图 22-3 所示。

step 04 选择工具箱中的【渐变工具】，在其属性栏中设置过渡色为【前景色到背景色渐变】，渐变模式为【线性渐变】，如图 22-4 所示。

step 05 按 Ctrl+A 组合键进行全选，选择【图层 1】，再回到图像窗口，在选区中按住 Shift 键，同时由上至下画出渐变色，然后按 Ctrl+D 组合键取消选区，如图 22-5 所示。

图 22-3　设置颜色

图 22-4　选择渐变模式

图 22-5　画出渐变色

22.1.2 案例 2——制作文字内容

文字 Logo 的背景制作完成后，下面就可以制作 Logo 的文字内容了，具体操作步骤如下。

step 01 在工具箱中选择【横排文字工具】，在文档中输入文字 YOU，并设置文字的字体格式为 Times New Roman，大小为 100 点，字体样式为 Bold，颜色为 "C：0、M：100、Y：0、K：0"，如图 22-6 所示。

step 02 在【图层】面板中选中文字图层，然后将其拖曳到【新建图层】按钮上，复制文字图层，如图 22-7 所示。

图 22-6 输入文字

图 22-7 复制文字图层

step 03 选中【YOU 副本】图层，选择【编辑】→【变换】→【垂直翻转】菜单命令，翻转图层，然后调整图层的位置，如图 22-8 所示。

step 04 选中【YOU 副本】图层，在图层面板中设置该图层的不透明度为 50%，最终的效果如图 22-9 所示。

图 22-8 翻转图层

图 22-9 设置图层的不透明度

step 05 参照 step01～step04 的操作步骤，设置字母 J 的显示效果，其颜色为白色，如图 22-10 所示。

step 06 参照 step01~step04 的操作步骤，设置字母 IA 的显示效果，其颜色为白色，如图 22-11 所示。

图 22-10　设置字母 J 的效果

图 22-11　设置字母 IA 的效果

22.1.3　案例 3——绘制自定义形状

在一些 Logo 当中，会出现"Ⓡ"标识。绘制"Ⓡ"标识的具体操作步骤如下。

step 01 在工具箱中选择【自定形状工具】，再在属性栏中单击【形状】下拉按钮，打开系统预设的形状，在其中选择需要的形状样式，如图 22-12 所示。

step 02 在【图层】面板中单击【新建图层】按钮，新建一个图层，然后在该图层中绘制形状，如图 22-13 所示。

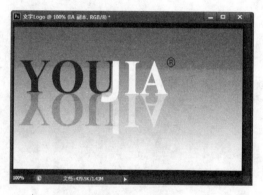

图 22-12　选择形状

图 22-13　绘制形状

step 03 在【图层】面板中选中【形状 1】图层，并右击，从弹出的快捷菜单中选择【栅格化图层】命令，即可将该形状转化为普通图层，如图 22-14 所示。

step 04 选中形状所在图层并复制该图层，然后选择【编辑】→【变换】→【垂直翻转】菜单命令，翻转形状，最后调整该形状图层的位置与图层不透明度，如图 22-15 所示。

图 22-14　栅格化形状　　　　　　　图 22-15　翻转图层

22.1.4　案例 4——美化文字 Logo

美化文字 Logo 的具体操作步骤如下。

step 01　新建一个图层，然后选择工具箱中的【单列选框工具】，选择图层中的单列，如图 22-16 所示。

step 02　选择工具箱中的【油漆桶】工具，填充单列为梅红色"C：0、M：100、Y：0、K：0"，然后按 Ctrl+D 组合键，取消选区的选择状态，如图 22-17 所示。

图 22-16　选择单列　　　　　　　图 22-17　填充单列选区

step 03　按 Ctrl+T 组合键，自由变换绘制的直线，并将其调整到合适的位置，如图 22-18 所示。

step 04　选择工具箱中的【橡皮擦】工具，擦除多余的直线，如图 22-19 所示。

图 22-18　变换绘制的直线　　　　　　图 22-19　擦除多余的直线

step 05　复制直线所在图层，然后选择【编辑】→【变换】→【垂直翻转】菜单命令，并调整其位置和图层的不透明度，如图 22-20 所示。

step 06　新建一个图层，选择工具箱中的【矩形选框工具】，在其中绘制一个矩形，并填充矩形的颜色为"C：0、M：100、Y：0、K：0"，如图 22-21 所示。

图 22-20　翻转直线

图 22-21　绘制矩形

step 07　在梅红色矩形上输入文字"友佳"，并调整文字的大小与格式，如图 22-22 所示。

step 08　双击文字"友佳"所在的图层，打开【图层样式】对话框，勾选【投影】复选框，为图层添加投影样式，如图 22-23 所示。

图 22-22　输入文字

图 22-23　为文字添加投影效果

step 09　选中矩形与文字"友佳"所在图层，然后右击，在弹出的快捷菜单中选择【合并图层】命令，合并选中的图层，如图 22-24 所示。

step 10　选中合并之后的图层，将其拖曳到【新建图层】按钮之上，复制图层。然后选择【编辑】→【变换】→【垂直翻转】菜单命令，翻转图层，最后调整图层的位置与图层的不透明度，最终效果如图 22-25 所示。

图 22-24　合并图层

图 22-25　最终效果

22.2　制作网页图案 Logo

本节介绍如何制作图案 Logo。

22.2.1　案例 5——制作背景

制作背景的具体操作步骤如下。

step 01 打开 Photoshop CS6，选择【文件】→【新建】菜单命令，打开【新建】对话框，在【名称】文本框中输入"图案 Logo"，将【宽度】设置为 400 像素，【高度】设置为 300 像素，【分辨率】设置为 72 像素/英寸，如图 22-26 所示。

step 02 单击工具箱中的【渐变工具】按钮，再双击属性栏中的【编辑渐变】按钮，即可打开【渐变编辑器】对话框，在其中设置最左边色标的 RGB 值为"47、176、224"，最右边色标的 RGB 值为"255、255、255"，如图 22-27 所示。

图 22-26　新建空白文档　　　　　　　　图 22-27　【渐变编辑器】对话框

step 03 设置完毕后单击【确定】按钮，对选区从上到下进行渐变填充，如图 22-28 所示。

step 04 选择【文件】→【新建】菜单命令，打开【新建】对话框，在其中设置【宽度】为 400 像素，【高度】为 10 像素，【分辨率】为 72 像素/英寸，【颜色模式】为【RGB 颜色】，【背景内容】为【透明】，如图 22-29 所示。

图 22-28　渐变填充选区　　　　　　　　图 22-29　【新建】对话框

step 05 在【图层】面板中单击【新建图层】按钮，新建一个图层之后，单击工具箱中的【矩形选框工具】按钮，并在属性栏中设置【样式】为【固定大小】，【宽度】为 400 像素，【高度】为 5 像素，在视图中绘制一个矩形，如图 22-30 所示。

step 06 单击工具箱中的【前景色】图标，在弹出的【拾色器】对话框中，将 RGB 值设为 "148、148、155"，然后使用【油漆桶工具】，为选区填充颜色，如图 22-31 所示。

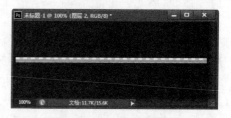

图 22-30　绘制矩形选区　　　　　　图 22-31　填充矩形选区

step 07 选择【编辑】→【定义图案】菜单命令，打开【图案名称】对话框，在【名称】文本框中输入图案的名称即可，如图 22-32 所示。

step 08 返回到图案 Logo 视图中，选中已被渐变填充的矩形选区，在【图层】面板中单击【新建图层】按钮，新建一个图层之后，选择【编辑】→【填充】菜单命令，即可打开【填充】文本框，设置【使用】为【图案】，【自定图案】为上面定义的图案，【模式】为【正常】，如图 22-33 所示。

图 22-32　【图案名称】对话框　　　　图 22-33　【填充】对话框

step 09 设置完毕后单击【确定】按钮即可为选定的区域填充图像，然后在【图层】面板中可以通过调整其不透明度来设置填充图像的显示效果，在这里设置图层不透明度为 47%，如图 22-34 所示。

step 10 在【图层】面板中双击新建的图层，打开【图层样式】对话框，在【样式】中选择【内发光】样式之后，设置【混合模式】为【正常】，发光颜色 RGB 值为 "255、255、190"，【大小】为 5 像素。设置完毕之后，单击【确定】按钮，即可完成对内发光样式的设置，如图 22-35 所示。

图 22-34　设置图层的不透明度

图 22-35　设置图层样式

22.2.2　案例 6——制作图案效果

背景制作完毕后，下面就可以制作图案效果了，具体操作步骤如下。

step 01 在【图层】面板中单击【新建图层】按钮，新建一个图层之后，单击工具箱中的【椭圆选框工具】按钮，按住 Shift 键在图层中创建一个圆形选区，如图 22-36 所示。

step 02 使用【油漆桶工具】，为选区填充颜色，其 RGB 值设为"120、156、115"，如图 22-37 所示。

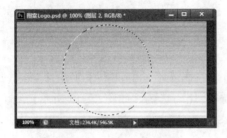
图 22-36　创建圆形选区

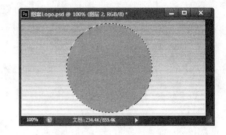
图 22-37　填充颜色

step 03 在【图层】面板中双击新建的图层，打开【图层样式】对话框，在【样式】中选择【外发光】样式之后，设置【混合模式】为【正常】，发光颜色 RGB 值为"240、243、144"，【大小】为 24 像素，如图 22-38 所示。

step 04 设置完毕后单击【确定】按钮，即可完成对外发光样式的设置，如图 22-39 所示。

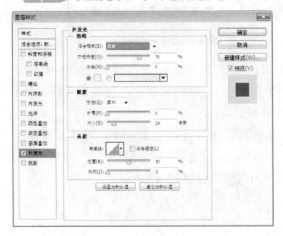
图 22-38　【图层样式】对话框

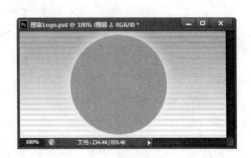
图 22-39　设置图层外发光效果

网站开发案例课堂

step 05 在【图层】面板中单击【新建图层】按钮，新建一个图层之后，单击工具箱中的【椭圆选框工具】按钮，按住 Shift 键在上面创建的圆形中再创建一个圆形选区，如图 22-40 所示。

step 06 使用【油漆桶工具】，为选区填充颜色，其 RGB 值设为"255、255、255"，如图 22-41 所示。

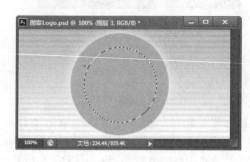

图 22-40　创建圆形选区　　　　　　　　图 22-41　填充颜色

step 07 在【图层】面板中单击【新建图层】按钮，新建一个图层，然后单击工具箱中的【自定形状工具】按钮，在属性栏中，单击【形状】下拉按钮，在弹出的下拉列表中选择红桃形状 ♥，如图 22-42 所示。

step 08 选择完毕后在视图中绘制一个心形图案，在【路径】面板中单击【将路径作为选区载入】按钮，即可将红桃形图案的路径转化为选区，如图 22-43 所示。

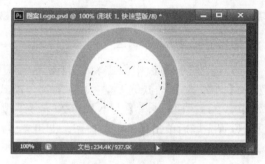

图 22-42　选择形状　　　　　　　　　图 22-43　绘制心形

step 09 单击【前景色】图标，打开【拾取实色】对话框，在其中将 RGB 值设为"224、65、65"，然后使用【油漆桶工具】为选区填充颜色，再使用【移动工具】调整其位置，完成后具体的显示效果如图 22-44 所示。

step 10 在【图层】面板中单击【新建图层】按钮，新建一个图层，单击工具箱中的【横排文字工具】按钮，在视图中输入文本 Love 之后，再在"字符"面板中设置字体大小为 20 点，字体样式为宋体，颜色为白色，如图 22-45 所示。

图 22-44　填充心形

图 22-45　输入文字

22.3　制作网页图文结合 Logo

大部分网站的 Logo 都是图文结合的 Logo，本节就来制作一个图文结合的 Logo。

22.3.1　案例 7——制作网站 Logo 中的图案

制作网站 Logo 中的图案的具体操作步骤如下。

step 01　在 Photoshop CS6 的主窗口中，选择【文件】→【新建】菜单命令，打开【新建】对话框，在其中设置【宽度】为 200 像素，【高度】为 100 像素，【分辨率】为 96.012 像素/英寸，【颜色模式】为【RGB 颜色】，【背景内容】为【白色】，如图 22-46 所示。

step 02　选择【视图】→【显示】→【网格】菜单命令，在图像窗口中显示出网格，然后选择【编辑】→【首选项】→【参考线、网格和切片】菜单命令，打开【首选项】对话框，在其中将【网格线间隔】设置为 10 毫米，如图 22-47 所示。

图 22-46　【新建】对话框

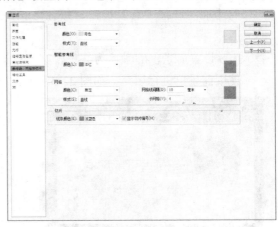

图 22-47　【首选项】对话框

step 03　设置完毕后单击【确定】按钮，此时图像窗口显示的网格属性如图 22-48 所示。

step 04　在【图层】面板中单击【新建图层】按钮，新建一个图层之后，单击工具箱中的【椭圆选框工具】按钮，按住 Shift 键在图层中创建一个圆形选区，如图 22-49 所示。

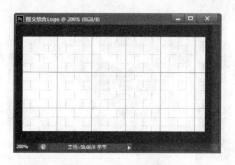

图 22-48 显示网格属性

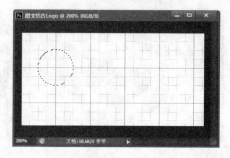

图 22-49 绘制圆形

step 05 选择工具箱中的【多边形套索工具】，并同时按住 Alt 键减少部分的选区，完成后的效果如图 22-50 所示。

step 06 设置前景色的颜色为绿色，其 RGB 值为"27、124、30"，然后选择【油漆桶工具】，使用前景色进行填充，如图 22-51 所示。

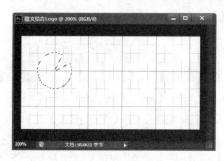

图 22-50 减少选区

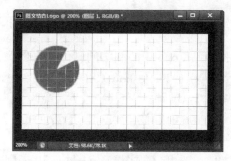

图 22-51 填充选区

step 07 在【图层】面板中单击【新建图层】按钮，新建一个图层之后，单击工具箱中的【椭圆选框工具】按钮，按住 Shift 键在图层中创建一个圆形选区，如图 22-52 所示。

step 08 设置前景色的颜色为红色，其 RGB 值为"255、0、0"，然后选择填充工具，使用前景色进行填充，如图 22-53 所示。

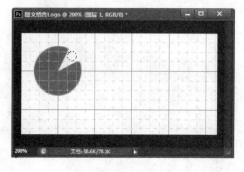

图 22-52 创建圆形选区

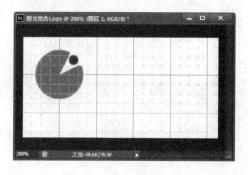

图 22-53 填充选区

step 09 采用同样的办法依次创建两个新的图层,并在每个图层上创建一个大小不同的红色选区。使用【移动工具】调整其位置,完成后的效果如图 22-54 所示。

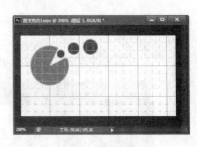

图 22-54　图像效果

22.3.2　案例 8——制作网站 Logo 中的文字

图案制作完毕后,下面就可以制作网站 Logo 中的文字了,具体操作步骤如下。

step 01 新建一个图层,然后单击工具箱中的【横排文字工具】按钮,单击属性栏中的【文字变形】按钮,打开【变形文字】对话框。在【样式】下拉列表框中选择【波浪】选项,设置完毕后单击【确定】按钮,如图 22-55 所示。

step 02 选择【窗口】→【段落】菜单命令,打开【段落】面板,然后切换到【字符】面板,在【字符】面板中设置要输入文字的各个属性,如图 22-56 所示。

图 22-55　【变形文字】对话框

图 22-56　【字符】面板

step 03 设置完毕后在图像中输入文字"创新科技",并适当调整其位置,如图 22-57 所示。

step 04 在【图层】面板中双击文字图层的图标,打开【图层样式】对话框,并在【样式】中选择【斜面和浮雕】选项,设置【样式】为【外斜面】,并设置【阴影模式】颜色的 RGB 值为"253、109、159",如图 22-58 所示。

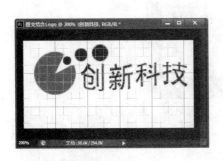

图 22-57　输入文字

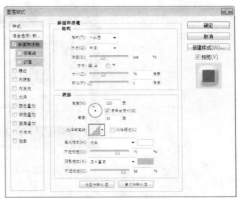

图 22-58　【图层样式】对话框

step 05 设置完毕单击【确定】按钮，其效果如图 22-59 所示。

step 06 新建一个图层，然后单击工具箱中的【横排文字工具】按钮，并在属性栏中设置文字的大小、字体和颜色，然后输入文字 Cx，如图 22-60 所示。

图 22-59 文字效果

图 22-60 输入文字

step 07 右击新建的文字图层，在弹出的快捷菜单中选择【栅格化文字】命令，将文字图层转化为普通图层，然后按 Ctrl+T 组合键对文字进行变形和旋转，完成后的效果如图 22-61 所示。

step 08 采用同样的方法完成网址其他部分的制作，其最终效果如图 22-62 所示。

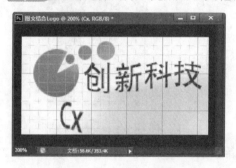

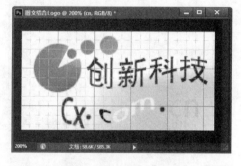

图 22-61 栅格化文字

图 22-62 输入其他文字

step 09 选择【视图】→【显示】→【网格】菜单命令，在图像窗口中取消网格的显示。至此，就完成了图文结合 Logo 的制作，如图 22-63 所示。

图 22-63 取消网格的显示

22.4　制作网页英文 Banner

在网站当中，Banner 的位置显著，色彩艳丽，动态的情况较多，很容易吸引浏览者的目光，所以 Banner 作为一种页面元素，它必须服从整体页面的风格和设计原则。本节就来制作一个英文 Banner。

22.4.1　案例 9——制作 Banner 背景

制作 Banner 背景的具体操作步骤如下。

step 01　打开 Photoshop，按 Ctrl+N 组合键，新建一个宽 468 像素、高 60 像素的文件，将它命名为"英文 Banner"，如图 22-64 所示。

step 02　单击【确定】按钮，新建一个空白文档，如图 22-65 所示。

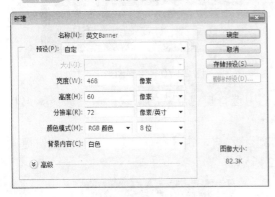

图 22-64　【新建】对话框

图 22-65　空白文档

step 03　新建【图层 1】，设置前景色为"C：5、M：20、Y：95、K：0"，背景色为"C：36、M：66、Y：100、K：20"，如图 22-66 所示。

step 04　选择工具箱中的【渐变工具】，在其属性栏中设置过渡色为【前景色到背景色渐变】，渐变模式为【线性渐变】，如图 22-67 所示。

step 05　按 Ctrl+A 组合键进行全选，选择【图层 1】，再回到图像窗口，在选区中按住 Shift 键，同时由上至下画出渐变色，然后按 Ctrl+D 组合键取消选区，如图 22-68 所示。

图 22-66　设置背景颜色

图 22-67　选择渐变样式

图 22-68　渐变填充选区

22.4.2　案例 10——制作 Banner 底纹

制作 Banner 背景底纹的具体操作步骤如下。

step 01　在工具箱中选择【画笔工具】，单击【形状】下拉按钮，在弹出的下拉列表中
选择　图案，并设置大小为 100 像素，流量为 50%，如图 22-69 所示。

step 02　使用【画笔工具】在图片中画出如图 22-70 所示的图形。

图 22-69　设置画笔参数

图 22-70　绘制图形

step 03　选择【自定形状工具】，在属性栏中选择自己喜欢的形状，这里选择　形状，
如图 22-71 所示。

step 04　新建【路径 1】，绘制大小合适的形状，再右击【路径 1】，在弹出的快捷菜单
中选择【建立选区】命令，如图 22-72 所示。

图 22-71　选择形状

图 22-72　建立选区

step 05　设置前景色为"C：10、M：16、Y：75、K：0"，新建【图层 2】，然后填充
形状，如图 22-73 所示。

图 22-73　填充形状

step 06 双击【图层 2】，打开【图层样式】对话框，为【图层 2】添加投影和描边图层样式，具体的参数设置如图 22-74 所示。

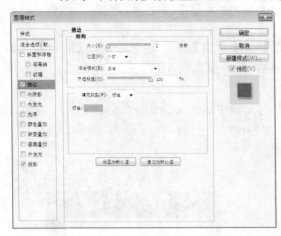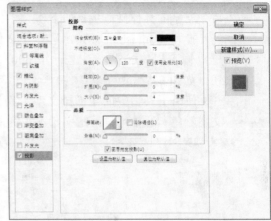

图 22-74 【图层样式】对话框

step 07 选择【自定形状工具】，为图片添加形状，并填充为绿色，具体的效果如图 22-75 所示。

图 22-75 填充图形

22.4.3 案例 11——制作文字特效

制作文字特效的具体操作步骤如下。

step 01 选择工具箱中的【横排文字工具】，为 Banner 添加英文文字，然后设置文字的大小、颜色、字体等属性，并为文字图层添加投影效果，如图 22-76 所示。

step 02 选择【编辑】→【变换】→【斜切】菜单命令，调整文字的角度，最终效果如图 22-77 所示。

图 22-76 输入文字   图 22-77 调整文字角度

22.5 制作网页中文 Banner

上一节介绍了如何制作英文 Banner，这一节将来介绍如何制作中文 Banner。

22.5.1　案例 12——输入特效文字

输入特效文字的具体操作步骤如下。

step 01 打开 Photoshop CS6，选择【文件】→【新建】菜单命令，弹出【新建】对话框，输入相关配置，创建一个 600 像素×300 像素的空白文档，单击【确定】按钮，如图 22-78 所示。

step 02 使用工具箱中的【横排文字工具】在文档中插入要制作立体效果的文字内容，文字颜色和字体可自行定义，本实例采用黑色，如图 22-79 所示。

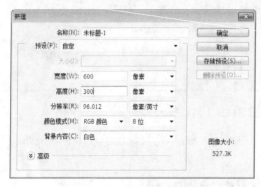

图 22-78　【新建】对话框　　　　　　　图 22-79　输入文字

step 03 右击文字图层，在弹出的快捷菜单中选择【栅格化文字】命令，将矢量文字变成像素图像，如图 22-80 所示。

step 04 选择【编辑】→【自由变换】菜单命令，对文字执行变形操作，调整到合适的角度，如图 22-81 所示。

图 22-80　栅格化文字　　　　　　　　图 22-81　变换文字

提示　　对文字进行自由变换时需要注意透视原理。

22.5.2 案例 13——将输入的文字设置为 3D 效果

将输入的文字设置为 3D 效果的具体操作步骤如下。

step 01 复制文字图层，生成文字副本图层，如图 22-82 所示。

step 02 选择副本图层并双击，弹出【图层样式】对话框，勾选【斜面和浮雕】复选框，调整【深度】为 350%，【大小】为 2 像素，勾选【颜色叠加】复选框，设置叠加颜色为红色，单击【确定】按钮，如图 22-83 所示。

图 22-82　复制图层

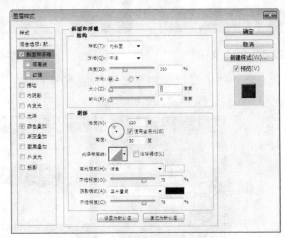

图 22-83　【图层样式】对话框

step 03 新建【图层 1】，把【图层 1】拖到文字副本图层下方，如图 22-84 所示。

step 04 右击文字副本图层，在弹出的快捷菜单中选择【向下合并】命令，将文字副本图层合并到【图层 1】上得到新的图层，如图 22-85 所示。

图 22-84　调整图层位置

图 22-85　合并图层

step 05 选择【图层 1】，按 Ctrl+Alt+T 组合键执行复制变形，在属性栏中输入纵横拉伸的百分比均为 101%左右，然后使用小键盘中的方向键，向右移动两个像素(单击一次方向键可移动一个像素)，如图 22-86 所示。

step 06 按 Ctrl+Alt+Shift+T 组合键复制【图层 1】，并使用方向键向右移动一个像素，使用相同方法依次复制图层，并向右移动一个像素，经过多次重复操作，得到如图 22-87 所示的立体效果。

图 22-86　变形文字　　　　　　　　　图 22-87　复制多个文字图层

step 07　合并除了背景层和原始文字图层外的其他所有图层，并将合并后的图层拖放到
　　　　文字图层下方，如图 22-88 所示。

图 22-88　合并图层

step 08　选择文字图层，按 Ctrl+T 组合键对图形执行拉伸变形操作，使其刚好能盖住制
　　　　作立体效果的表面，按 Enter 键使其生效，如图 22-89 所示。

step 09　双击文字图层，弹出【图层样式】对话框，勾选【渐变叠加】复选框，设置渐
　　　　变样式为"橙、黄、橙渐变"，单击【确定】按钮，如图 22-90 所示。

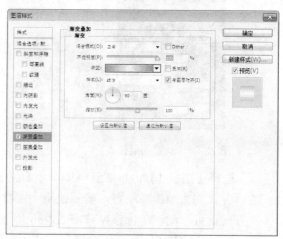

图 22-89　变形文字　　　　　　　　　图 22-90　【图层样式】对话框

step 10　立体文字效果制作完成，如图 22-91 所示。

图 22-91　文字效果

22.5.3　案例 14——制作 Banner 背景

制作 Banner 背景的具体操作步骤如下。

step 01　按 Ctrl+N 组合键，打开【新建】对话框，新建一个宽 468 像素、高 60 像素的
文件，将它命名为"中文 Banner"，如图 22-92 所示。

step 02　单击【确定】按钮，新建一个空白文档，如图 22-93 所示。

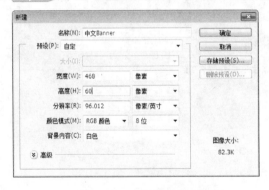

图 22-92　【新建】对话框

图 22-93　空白文档

step 03　选择工具箱中的【渐变工具】，并设置渐变颜色为紫色"R：102、G：102、
B：155"到橙色"R：230、G：230、B：255"的渐变，如图 22-94 所示。

step 04　按住 Ctrl 键，单击背景图层，全选背景，然后在选框上方单击并向下拖曳鼠
标，填充从上到下的渐变。然后按 Ctrl+D 组合键取消选区，如图 22-95 所示。

图 22-94　选择渐变图案

图 22-95　渐变填充选区

step 05　打开上一节制作的特效文字，使用【移动工具】将该文字拖曳到"中文 Banner"
文件中，然后按 Ctrl+T 组合键，调整文字的大小与位置，如图 22-96 所示。

step 06　选择【画笔工具】，然后在画笔预设面板中选择枫叶图案，并设置图案的大小

等，如图 22-97 所示。

图 22-96　变形文字　　　　　　　　　图 22-97　设置画笔参数

step 07 在"中文 Banner"文档中绘制枫叶图案，最终效果如图 22-98 所示。

图 22-98　中文 Banner 的效果

22.6　跟我练练手

22.6.1　练习目标

能够熟练掌握本章所讲内容。

22.6.2　上机练习

练习 1：制作时尚空间感的文字 Logo。
练习 2：制作网页图案 Logo。
练习 3：制作网页图文结合 Logo。
练习 4：制作网页英文 Banner。
练习 5：制作网页中文 Banner。

22.7　高 手 甜 点

甜点 1：选区图像的精确移动

选择选区后，单击工具箱中的【移动工具】按钮，使用方向键可以对选区执行精确移动，每次移动一个像素。如果要加快移动速度，可以在移动的同时按住 Shift 键。

甜点 2: 如何重复利用设置好的渐变色

在设置渐变填充时，设置一个比较满意的渐变色很不容易，设置好的渐变色也有可能需要在多个对象上使用，所以能将设置好的渐变色保存下来就再好不过了。那么，应当如何操作呢？

具体的操作方法如下：在【渐变编辑器】对话框中，设置好渐变色后，在【名称】文本框中输入名称，单击【新建】按钮，可以将已经设置好的渐变色保存到预设中，如图 22-99 所示。对其他对象设置渐变时可以从预设中找到保存的渐变设置。

图 22-99　设置渐变色

第 23 章

网站中的路标—— 制作网页导航条

　　导航条是网页的一个重要组成部分。导航条的设计，有时会决定一个页面的成败，同时导航条也是提高站点易用性的关键。

本章要点(已掌握的在方框中打钩)

☐ 认识网页导航条。
☐ 掌握制作网页导航条的方法。

23.1　网页导航条简介

导航条是最早出现在网页上的页面元素之一。它既是网站路标，又是分类名称，是十分重要的。导航条应放置到明显的页面位置，让浏览者在第一时间内看到它并做出判断，决定要进入哪个栏目去搜索他们所要的信息。

在设计网站导航条的时候，一般来说要注意以下几点。

- 网站导航条的色彩要与网站的整体相融合，在色彩的选用上不要求具有 Logo、Banner 那样的鲜明色彩。
- 放置在网站正文的上方或者下方，这样能够为精心设计的导航条提供一个很好的展示空间。如果网站使用的是列表导航，也可以将列表放置在网站正文的两侧。
- 导航条应层次清晰，能够简单明了地反映访问者所浏览的层次结构。
- 应更可能多地提供相关资源的链接。

23.2　制作网页导航条

导航条的设计根据具体情况可以有多种变化，它的设计风格决定了页面设计的风格。常见的导航条有横向导航、纵向导航等。

23.2.1　案例 1——制作横向导航条框架

制作横向导航条框架的具体操作步骤如下。

step 01　在 Photoshop CS6 操作界面中，选择【文件】→【新建】菜单命令，打开【新建】对话框，在其中设置文档的【宽度】、【高度】等参数，如图 23-1 所示。

step 02　单击【确定】按钮，即可新建一个宽 500 像素、高 50 像素的文件，并将其命名为"导航条"，如图 23-2 所示。

图 23-1　【新建】对话框

图 23-2　空白文档

step 03　新建【图层 1】，选择【矩形选框工具】绘制 500 像素×30 像素的导航轮廓，如图 23-3 所示。

step 04 单击工具箱中的前景色色块，将其设置为橘黄色"R：234、G151、B77"，然后使用【油漆桶工具】填充选中的矩形框，如图 23-4 所示。

图 23-3 创建矩形选区

图 23-4 填充颜色

step 05 双击图层的缩览图，在弹出的对话框中勾选左侧的【渐变叠加】复选框，再设置填充颜色，其中中间的颜色为"R77，G142，B186"，两端颜色为"R：8、G：123、B：109"，如图 23-5 所示。

step 06 勾选【描边】复选框，设置描边的颜色为"R：77、G：142、B：186"，并设置其他参数，如图 23-6 所示。

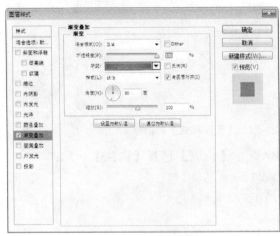

图 23-5 【图层样式】对话框

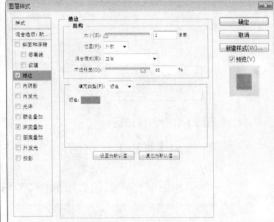

图 23-6 添加描边图层样式

step 07 单击【确定】按钮，效果如图 23-7 所示。

图 23-7 绘制的导航条框架

23.2.2 案例 2——制作斜纹

下面制作导航条上的斜纹，具体操作步骤如下。

step 01 新建【图层 2】，在按住 Ctrl 键的同时单击【图层 1】图层读取选区，选择【编辑】→【填充】菜单命令，打开【填充】对话框，在其中设置填充图案，如图 23-8 所示。

step 02 单击【确定】按钮，将【不透明度】设置为 43%，得到如图 23-9 所示的效果。

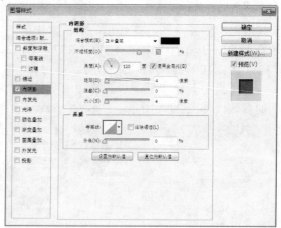

图 23-8　设置填充图案　　　　　　　　图 23-9　填充选区

step 03　新建【图层 3】，创建如图 23-10 所示的选区。

step 04　填充渐变色"#366F99"到"#5891BA"，并给图层添加【内阴影】图层样式，
　　　　参数设置如图 23-11 所示。

图 23-10　创建选区　　　　　　　　　图 23-11　【图层样式】对话框

step 05　添加【描边】，颜色为"#4D8EBA"，【位置】选择【内部】，如图 23-12
　　　　所示。

step 06　添加图层样式后的效果如图 23-13 所示。

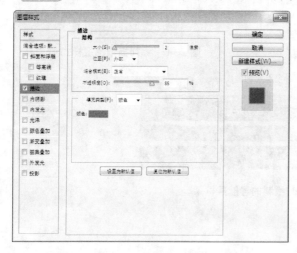

图 23-12　【图层样式】对话框　　　　　　　　　图 23-13　图案效果

step 07　复制【图层 3】，将其移动到与【图层 3】对应的位置，如图 23-14 所示。

step 08　新建【图层 4】，用"#316B94"和白色绘制如图 23-15 所示的图像，在不取消
　　　　选区的情况下转换到【通道】面板，新建 Alpha 1 通道，在选区内由上到下填充"白
　　　　色→黑色→白色"的渐变，再按住 Ctrl 键的同时单击该通道，回到【图层 4】图

层，按 Ctrl+Shift+I 组合键进行反选后按 Delete 键删除。

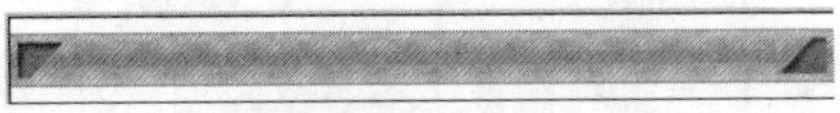

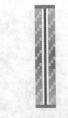

图 23-14　复制图案　　　　　　　　　　图 23-15　绘制图形

step 09　复制几个该图层，分别移动到合适的位置后对齐并合并，如图 23-16 所示。

图 23-16　复制图层

step 10　使用【横排文字工具】输入各个导航文字，合并后加上【距离】和【大小】分
　　　　别为 2 像素的投影，最终效果如图 23-17 所示。

图 23-17　输入文字

23.2.3　案例 3——制作纵向导航条

制作纵向导航条的具体操作步骤如下。

step 01　新建一个宽 300 像素、高 500 像素的文件，将它命名为"垂直导航条"，如
　　　　图 23-18 所示。

step 02　单击【确定】按钮，创建一个空白文档，如图 23-19 所示。

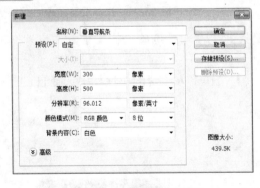

图 23-18　【新建】对话框　　　　　　　图 23-19　空白文档

step 03　在工具箱中单击前景色色块，打开【拾色器(前景色)】对话框，设置前景色为灰
　　　　色(R：229、G：229、B：229)，如图 23-20 所示。

step 04　单击【确定】按钮，按 Alt+Delete 组合键填充颜色，如图 23-21 所示。

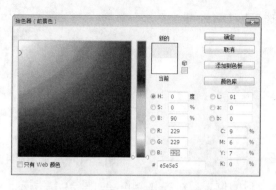

图 23-20　【拾色器(前景色)】对话框

图 23-21　填充颜色

step 05 新建【图层 1】，使用【矩形选框工具】绘制如下区域，然后填充为白色，如图 23-22 所示。

step 06 双击【图层 1】，打开【图层样式】对话框，给该图层添加投影、内阴影、渐变叠加以及描边样式，单击【确定】按钮，即可看到添加图层样式后的效果，如图 23-23 所示。

图 23-22　绘制矩形并填充白色

图 23-23　添加图层样式

step 07 选择工具箱中的【横排文字工具】，输入导航条上的文字，并设置文字的颜色、大小等属性，如图 23-24 所示。

step 08 选择工具箱中的【自定形状工具】，在上方出现的属性栏中选择自己喜欢的形状，如图 23-25 所示。

图 23-24　输入文字

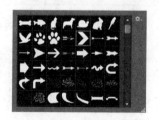

图 23-25　选择形状

step 09 新建【路径 1】，绘制大小合适的形状，再右击【路径 1】，在弹出的快捷菜单中选择【建立选区】命令。新建【图层 3】，在选区内填充上和文字一样的颜色，重复对齐操作，效果如图 23-26 所示。

step 10 合并除背景图层之外的所有图层，然后复制合并之后的图层，并调整其位置。至此，就完成了垂直导航条的制作，最终效果如图 23-27 所示。

图 23-26　绘制形状

图 23-27　复制图层

23.3　跟我练练手

23.3.1　练习目标

能够熟练掌握本章所讲内容。

23.3.2　上机练习

练习 1：制作横向导航条的框架。

练习 2：制作横向导航条的斜纹。

练习 3：制作纵向导航条。

23.4　高手甜点

甜点 1：如何使用联机滤镜

Photoshop 的滤镜是一种植入 Photoshop 的外挂功能模块，在使用 Photoshop 进行处理图片的过程中，如果发现系统预设的滤镜不能满足设计的需要，则可以在 Photoshop CS6 操作界面中选择【滤镜】→【浏览联机滤镜】菜单命令，如图 23-28 所示。

图 23-28　选择【浏览联机滤镜】命令

　　打开 Photoshop CS6 的官方网站，在其中选择需要下载的滤镜插件，然后安装即可。Photoshop 滤镜的安装很简单，一般滤镜文件的扩展名为.8bf，只要将这个文件复制到 Photoshop 目录下面的 Plug-ins 目录中就可以了。

　　甜点 2：为 Photoshop 添加特殊的字体

　　在 Photoshop CS6 中所使用的字体，其实就是调用了 Windows 系统中的字体，如果感觉 Photoshop 中字库文字的样式太单调，则可以自行添加。首先把自己喜欢的字体文件安装在 Windows 系统的 Fonts 文件夹下，这样就可以在 Photoshop CS6 中调用这些新安装的字体。

　　对于某些没有自动安装程序的字体库，可以手工对其进行安装。打开 Windows\Fonts 文件夹，选择【文件】→【安装新字体】菜单命令，弹出【添加字体】对话框，把新字体选中之后单击【确定】按钮，新字体就安装成功了。

第 24 章

网页中迷人的蓝海 ——制作网页 按钮与特效 边线

按钮是网站设计不可缺少的基础元素之一。按钮作为页面的重要视觉元素，放置在明显、易找、易读的区域是必要的。网页中的边线在一定程度上起到了美化网页的作用。

本章要点(已掌握的在方框中打钩)

☐ 掌握制作常用按钮的方法。

☐ 掌握制作装饰边线的方法。

24.1 制作按钮

在个性张显的今天，互联网也注重个性的发展，不同的网站采用不同的按钮样式，按钮设计的好坏直接影响了整个站点的风格。下面介绍几款常用按钮的制作。

24.1.1 制作普通按钮

面对色彩丰富繁杂的网络世界，普通简洁的按钮凭其大方经典的样式得以永存。制作普通按钮的具体操作步骤如下。

step 01 打开 Photoshop，按 Ctrl+N 组合键，打开【新建】对话框，设置【宽度】为 250 像素，【高度】为 250 像素，并命名为"普通按钮"，如图 24-1 所示。

step 02 单击【确定】按钮，新建一个空白文档，如图 24-2 所示。

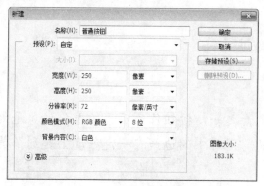

图 24-1 【新建】对话框

图 24-2 空白文档

step 03 新建【图层 1】，选择【椭圆选框工具】，在按住 Shift 键的同时在图像窗口画出一个 200 像素×200 像素的正圆，如图 24-3 所示。

step 04 选择【渐变工具】，并设置渐变颜色为"R：102、G：102、B：155"到"R：230、G：230、B：255"的渐变，如图 24-4 所示。

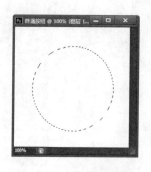

图 24-3 创建圆形选区

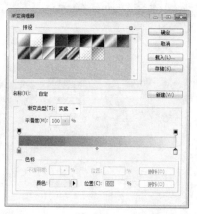

图 24-4 设置渐变填充颜色

step 05 在圆形选框上方单击并向下拖曳鼠标，填充从上到下的渐变。然后按 Ctrl+D 组合键取消选区，如图 24-5 所示。

step 06 新建【图层 2】，再使用【椭圆选框工具】画出一个 170 像素×170 像素的正圆，用【渐变工具】进行从下到上的填充，如图 24-6 所示。

step 07 选中【图层 1】和【图层 2】，然后单击下方的【链接】按钮，链接两个图层，如图 24-7 所示。

图 24-5　取消选区　　　　图 24-6　绘制圆形并填充颜色　　　图 24-7　链接两个图层

step 08 选择【移动工具】，单击属性栏中的【垂直居中对齐】和【水平居中对齐】按钮，以【图层 1】为准，对齐【图层 2】，效果如图 24-8 所示。

step 09 选中【图层 2】，为图层添加【斜面和浮雕】效果，具体参数设置如图 24-9 所示。

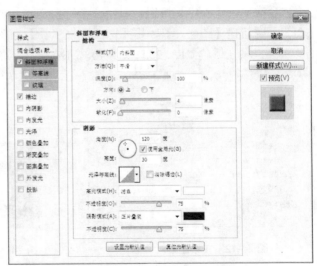

图 24-8　对齐图层　　　　　　　图 24-9　设置【斜面和浮雕】参数

step 10 选中【图层 2】，为图层添加【描边】效果，具体参数设置如图 24-10 所示。

step 11 单击【确定】按钮，完成普通按钮的制作，效果如图 24-11 所示。

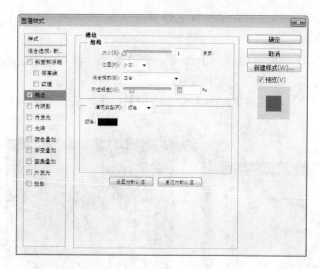

图 24-10　设置【描边】参数

图 24-11　制作的按钮

24.1.2　制作迷你按钮

信息在网络上有着重要的地位，很多人不想放过可以放一点信息的空间，于是采用迷你按钮，可爱又不失得体，很受年轻人士的喜爱。

制作迷你按钮的具体操作步骤如下。

step 01 打开 Photoshop，按 Ctrl+N 组合键，打开【新建】对话框，设置【宽度】为 60 像素，【高度】为 60 像素，并命名为"迷你按钮"，如图 24-12 所示。

step 02 单击【确定】按钮，新建一个空白文档，如图 24-13 所示。

step 03 新建【图层 1】，用【椭圆选框工具】在图像窗口画一个 50 像素×50 像素的正圆，填充橙色"R：255、G：153、B：0"，如图 24-14 所示。

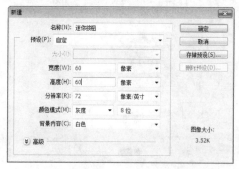

图 24-12　【新建】对话框

图 24-13　空白文档

图 24-14　填充图形

step 04 选择【选择】→【修改】→【收缩】菜单命令，打开【收缩选区】对话框，设置【收缩量】为 7 像素，如图 24-15 所示。

step 05 单击【确定】按钮，可以看到收缩之后的效果，然后按 Delete 键删除，可以得到如图 24-16 所示的圆环。

图 24-15 【收缩选区】对话框 图 24-16 收缩后的效果

step 06 双击【图层1】，打开【图层样式】对话框，添加【斜面和浮雕】效果，具体的
参数如图 24-17 所示。

step 07 单击【确定】按钮，得到如图 24-18 所示的圆环。

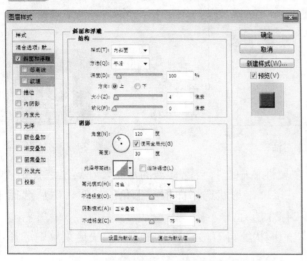

图 24-17 添加【斜面和浮雕】效果 图 24-18 环形图案

step 08 新建【图层2】，用【椭圆选框工具】画一个 36 像素×36 像素的正圆，设置前
景色为白色，背景色为灰色(R：207、G：207、B：207)，如图 24-19 所示。

step 09 在按住 Shift 键的同时用【渐变工具】从左上角往右下角拉出渐变。单击属性
栏中的【垂直居中对齐】按钮和【水平居中对齐】按钮使其与边框对齐，如图 24-20
所示。

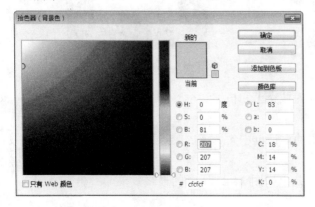

图 24-19 【拾色器(背景色)】对话框 图 24-20 对齐图层

step 10 ▶ 选中【图层 2】并双击，打开【图层样式】对话框，在其中设置【斜面和浮雕】参数，如图 24-21 所示。

step 11 ▶ 单击【确定】按钮，得到最终的效果，如图 24-22 所示。

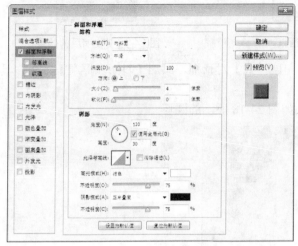

图 24-21　【图层样式】对话框　　　　　　　　图 24-22　环形图案

step 12 ▶ 选择【自定形状工具】，在属性栏中选择自己喜欢的形状，在这里选择了"🐾"形状，如果找不到这个形状，可以单击形状选择面板右上角的按钮，然后选择【全部】命令调出全部形状，如图 24-23 所示。

step 13 ▶ 新建路径 1，绘制大小合适的形状，再右击路径，在弹出的快捷菜单中选择【建立选区】命令，如图 24-24 所示。

图 24-23　调出全部形状　　　　　　图 24-24　建立选区

step 14 ▶ 新建【图层 3】，在选区内填充上和按钮边框一样的橙色，重复对齐操作，效果如图 24-25 所示。

step 15 ▶ 双击【图层 3】，在弹出的对话框中勾选【内阴影】复选框，设置相关参数，如图 24-26 所示。

step 16 ▶ 单击【确定】按钮，得到效果如图 24-27 所示的最终效果。

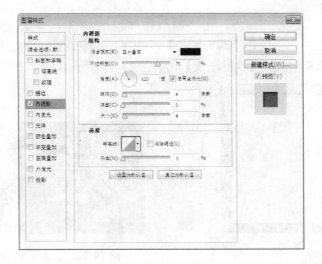

图 24-25　对齐图层　　　　图 24-26　【图层样式】对话框　　　图 24-27　最终的显示效果

24.1.3　制作水晶按钮

水晶按钮可以说是最受欢迎的按钮样式之一。下面就教大家制作一款橘红色的水晶按钮，具体操作步骤如下。

step 01 打开 Photoshop，按 Ctrl+N 组合键，打开【新建】对话框，设置【宽度】为 15 厘米，【高度】为 15 厘米，并命名为"水晶按钮"，如图 24-28 所示。

step 02 单击【确定】按钮，新建一个空白文档，如图 24-29 所示。

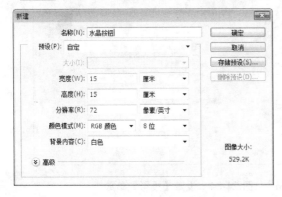

图 24-28　【新建】对话框　　　　　　　　图 24-29　空白文档

step 03 选择【椭圆选框工具】并双击，在属性栏中设置【羽化】为 0 像素，勾选【消除锯齿】复选框，设置【样式】为【固定大小】，【宽度】为 350 像素，【高度】为 350 像素，如图 24-30 所示。

图 24-30　设置参数

step 04 新建【图层 1】，将光标移至图像窗口，绘制一个固定大小的圆形选区，如图 24-31 所示。

step 05　设置前景色为"C：0、M：90、Y：100、K：0"，背景色为"C：0、M：40、Y：30、K：0"。选择【渐变工具】，在属性栏中设置过渡色为【前景色到背景色渐变】，渐变模式为【线性渐变】，如图 24-32 所示。

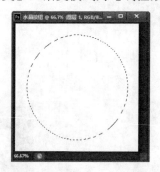

图 24-31　绘制圆形选区

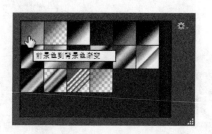

图 24-32　选择渐变样式

step 06　选择【图层 1】，再回到图像窗口，在选区中按住 Shift 键的同时由上至下画出渐变色，按 Ctrl+D 组合键取消选区，如图 24-33 所示。

step 07　双击【图层 1】，打开【图层样式】对话框，勾选【投影】复选框，设置暗调颜色为"C：0、M：80、Y：80、K：80"，并设置其他相关参数，如图 24-34 所示。

图 24-33　渐变填充选区

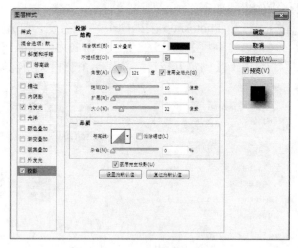

图 24-34　设置【投影】参数

step 08　勾选【内发光】复选框，设置发光颜色为"C：0、M：80、Y：80、K：80"，并设置其他相关参数，如图 24-35 所示。

step 09　单击【确定】按钮，可以看到最终的效果，这时图像中已经初步显示出红色立体按钮的基本模样了，如图 24-36 所示。

step 10　新建【图层 2】，选择【椭圆选框工具】，将属性栏中的【样式】设置为【正常】，在【图层 2】中画出一个椭圆形选区，如图 24-37 所示。

step 11　双击工具箱中的【以快速蒙版模式编辑】按钮，打开【快速蒙版选项】对话框，设置蒙版颜色为蓝色，如图 24-38 所示。

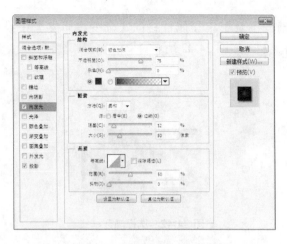

图 24-35 设置【内发光】参数

图 24-36 红色立体按钮

图 24-37 绘制圆形选区

图 24-38 【快速蒙版选项】对话框

step 12 ▶ 单击【确定】按钮，此时，图像中椭圆选区以外的部分被带有一定透明度的蓝色遮盖，如图 24-39 所示。

step 13 ▶ 选择【画笔工具】，设置合适的笔刷大小和硬度，将光标移至图像窗口，用笔刷以蓝色蒙版色遮盖部分椭圆，如图 24-40 所示。

图 24-39 添加蒙版后的效果

图 24-40 遮盖蒙版

step 14 ▶ 单击工具箱中的【以标准模式编辑】按钮，这时图像中原来椭圆形选区的一部分被减去，如图 24-41 所示。

step 15 设置前景色为白色，选择【渐变工具】，在属性栏的【渐变编辑器】中设置【渐变模式】为【前景色到透明渐变】，如图 24-42 所示。

图 24-41　获取选区　　　　　　　　　　图 24-42　选择渐变样式

step 16 按住 Shift 键，同时在选区中由上到下填充渐变，然后按 Ctrl+H 组合键隐藏选区，观察效果，如图 24-43 所示。

step 17 新建【图层 3】，按 Ctrl 键，单击【图层】面板中的【图层 1】，重新获得圆形选区，选择【选择】→【修改】→【收缩】菜单命令，在弹出的对话框中设置【收缩量】为 7 像素，将选区收缩，如图 24-44 所示。

图 24-43　填充选区　　　　　　　　　　图 24-44　收缩选区

step 18 选择【矩形选框工具】，将光标移至图像窗口，按住 Alt 键，由选区左上部拖动鼠标到选区的右下部四分之三处，减去部分选区，如图 24-45 所示。

step 19 仍用白色作为前景色，并再次选择【渐变工具】，【渐变模式】设置为【前景色到透明渐变】，按住 Shift 键的同时在选区中由下到上做渐变填充，之后按 Ctrl+H 组合键隐藏选区，观察效果，如图 24-46 所示。

图 24-45　创建选区　　　　　　　　　　图 24-46　填充选区

step 20 选中【图层 3】，选择【滤镜】→【模糊】→【高斯模糊】菜单命令，在【高斯模糊】对话框的【半径】文本框中填入适当的数值，如图 24-47 所示。

step 21 单击【确定】按钮，加上高斯模糊效果，如图 24-48 所示。

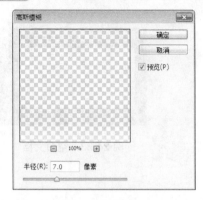

图 24-47　【高斯模糊】对话框

图 24-48　应用模糊效果

step 22 回到图像窗口，在【图层】面板中把【图层 3】的【不透明度】设置为 65%。至此，橘红色水晶按钮就制作完成了，如图 24-49 所示。

提示　合并所有图层，然后选择【图像】→【调整】→【色相/饱和度】菜单命令，在打开的对话框中勾选【着色】复选框，可以对按钮进行颜色的变换，如图 24-50 所示。变换颜色后的水晶按钮如图 24-51 所示。

图 24-49　调整图层的不透明度

图 24-50　【色相/饱和度】对话框

图 24-51　蓝色按钮

24.1.4　制作木纹按钮

木纹按钮的制作主要是利用滤镜功能来完成的，具体操作步骤如下。

step 01 打开 Photoshop，按 Ctrl+N 组合键，新建一个宽 200 像素、高 100 像素的文件，将它命名为"木纹按钮"，如图 24-52 所示。

step 02 单击【确定】按钮，新建一个空白文档，如图 24-53 所示。

step 03 将背景填充为白色，然后选择【滤镜】→【杂色】→【添加杂色】菜单命令，在打开的对话框中，设置【数量】为 400%，【分布】为【高斯分布】，再勾选【单色】复选框，如图 24-54 所示。

图 24-52　【新建】对话框　　　　　　　　　　图 24-53　空白文档

step 04　单击【确定】按钮，效果如图 24-55 所示。

图 24-54　【添加杂色】对话框　　　　　　　图 24-55　添加杂色后的效果

step 05　选择【滤镜】→【模糊】→【动感模糊】菜单命令，打开【动感模糊】对话框，设置【角度】为 0 或 180 度，【距离】为 999 像素，如图 24-56 所示。

step 06　单击【确定】按钮，得到如图 24-57 所示的效果。

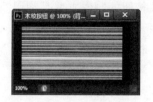

图 24-56　【动感模糊】对话框　　　　　　　图 24-57　应用动感模糊后的效果

step 07 选择【滤镜】→【模糊】→【高斯模糊】菜单命令，打开【高斯模糊】对话框，设置【半径】为1像素，如图 24-58 所示。

step 08 单击【确定】按钮，得到如图 24-59 所示的效果。

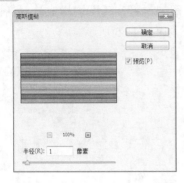

图 24-58 【高斯模糊】对话框　　　　　　　图 24-59 应用高斯模糊后的效果

step 09 按 Ctrl+U 组合键，弹出【色相/饱和度】对话框，勾选【着色】复选框，设置【色相】为 30，【饱和度】为 45，【明度】为 5，如图 24-60 所示。

step 10 单击【确定】按钮，得到的效果如图 24-61 所示。

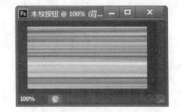

图 24-60 【色相/饱和度】对话框　　　　　　图 24-61 调整色相后的效果

step 11 选择【滤镜】→【扭曲】→【旋转扭曲】菜单命令，打开【旋转扭曲】对话框，设置【角度】为 200 度，如图 24-62 所示。

step 12 单击【确定】按钮，得到如图 24-63 所示的效果。

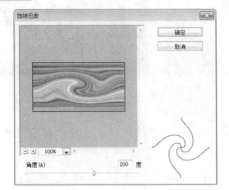

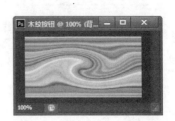

图 24-62 【旋转扭曲】对话框　　　　　　　图 24-63 应用扭曲后的效果

step 13　复制背景图层，新建【路径 1】，选择【圆角矩形工具】，在属性栏中设置【半径】为 15 像素，绘制出按钮外形，对此路径建立选区，选择【选择】→【反选】菜单命令，按 Delete 键删除选区部分，再删除背景图层，如图 24-64 所示。

step 14　最后添加图层样式，双击【背景 副本】图层，打开【图层样式】对话框，为图层添加【斜面和浮雕】效果，具体的参数设置如图 24-65 所示。

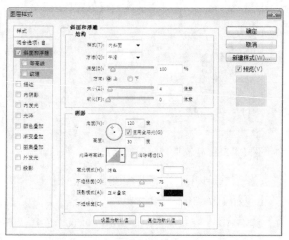

图 24-64　删除多余图案　　　　　　　图 24-65　【图层样式】对话框

step 15　双击【背景 副本】图层，打开【图层样式】对话框，为图层添加【等高线】效果，参数设置如图 24-66 所示。

step 16　最后单击【确定】按钮，得到最终效果，如图 24-67 所示。

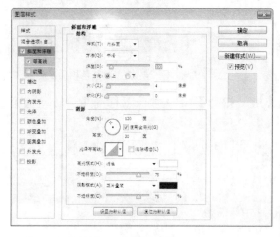

图 24-66　添加【等高线】效果　　　　　　　图 24-67　木纹按钮

提示　　读者还可以通过更多的图层样式把按钮做得更加精致，甚至可以把它变成红木的，在设计家居网页时或许是种不错的选择。

24.2 制作装饰边线

网页图像的装饰和造型不同于绘画，它不是独立的造型艺术，它的任务是美化网页的页面，给浏览者以美的视觉感受。网页艺术的造型、装饰，根据不同的对象、不同的环境、不同的地域，在设计方案中的体现也各不相同。

24.2.1 制作装饰虚线

虚线可以说在网页中无处不在，但在 Photoshop 中却没有虚线画笔，这里教大家两个简单的方法。

1. 通过【画笔工具】实现

具体操作步骤如下。

`step 01` 按 Ctrl+N 组合键，新建一个宽 400 像素、高 100 像素的文件，将它命名为"虚线 1"，如图 24-68 所示。

`step 02` 选择【画笔工具】，单击属性栏右端的【切换画笔面板】按钮 ，调出如图 24-69 所示的【画笔】面板。

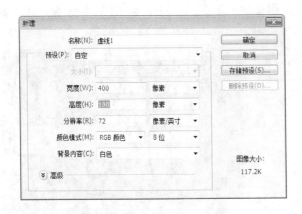

图 24-68 【新建】对话框

图 24-69 【画笔】面板

`step 03` 选择【尖角 3】画笔，再勾选面板左则的【双重画笔】复选框，选择比【尖角 3】粗一些的画笔，在这里选择的是【尖角 9】画笔，并设置其他参数，可以看到面板下部的预览框中已经出现了虚线，如图 24-70 所示。

`step 04` 新建【图层 1】，在图像窗口中按住 Shift 键的同时画出虚线，效果如图 24-71 所示。

提示　通过【画笔工具】实现的虚线并不是很美观，看上去比较随便，而且画出来的虚线的颜色和真实选择的颜色有出入。下面介绍如何使用【定义图案】命令来实现虚线的制作。

图 24-70　设置画笔参数

图 24-71　绘制虚线

2. 通过【定义图案】实现

step 01　按 Ctrl+N 组合键，新建一个宽 16 像素、高 2 像素的文件，将它命名为"虚线图案"，如图 24-72 所示。

step 02　放大图像，新建【图层 1】，用【矩形选框工具】绘制一个宽 8 像素、高 2 像素的选区，在【图层 1】上填充黑色，取消选区，如图 24-73 所示。

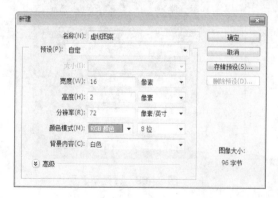

图 24-72　【新建】对话框

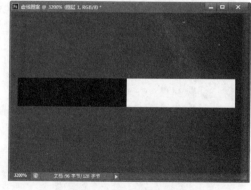

图 24-73　绘制矩形并填充颜色

step 03　选择【编辑】→【定义图案】菜单命令，打开【图案名称】对话框，输入图案的名称，然后单击【确定】按钮，如图 24-74 所示。

step 04　按 Ctrl+N 组合键，新建一个宽 400 像素、高 100 像素的文件，将它命名为"虚线 2"，如图 24-75 所示。

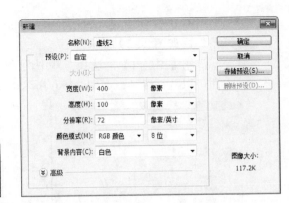

图 24-74　【图案名称】对话框　　　　　　　图 24-75　【新建】对话框

step 05 新建【图层 1】，用【矩形选框工具】绘制一个宽 350 像素、高 2 像素的选区，如图 24-76 所示。

step 06 在选区内右击，在弹出的快捷菜单中选择【填充】命令，打开【填充】对话框，其中【自定图案】选择之前做的虚线图案，如图 24-77 所示。

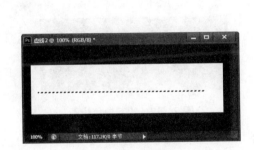

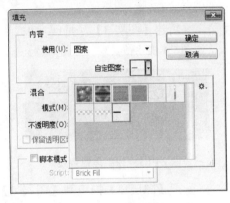

图 24-76　绘制矩形　　　　　　　　　　图 24-77　【填充】对话框

step 07 单击【确定】按钮，即可填充矩形，然后按 Ctrl+D 组合键，取消选区，最终效果如图 24-78 所示。

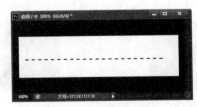

图 24-78　绘制的虚线

24.2.2　制作分割线条

内嵌线条在网页设计中应用较多，主要用来反映自然的光照效果和表现界面的立体感。制作线条的具体操作步骤如下。

step 01 按 Ctrl+N 组合键，新建一个宽 400 像素、高 40 像素的文件，将它命名为"内嵌线条"，如图 24-79 所示。

step 02 新建【图层 1】，选择一些中性的颜色填充图层，如这里选择紫色，使线条画在上面可以看得清楚，如图 24-80 所示。

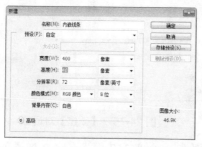

图 24-79　【新建】对话框

图 24-80　填充紫色

step 03 新建【图层 2】，选择【铅笔工具】，线宽设置成 1 像素，在按住 Shift 键的同时在图像上画一条黑色的直线，画好一条后可以再复制一条并把它们对齐，如图 24-81 所示。

step 04 新建【图层 3】，把线宽设置成 2 像素，然后再按上面的方法画两条白色的线，如图 24-82 所示。

图 24-81　绘制黑色直线

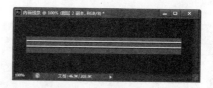

图 24-82　绘制白色线条

step 05 把【图层 3】拖曳到【图层 2】的下层，然后选择【移动工具】，把两条白色线条拖动到黑色线条的右下角一个像素处。至此，可以看到添加的立体效果，如图 24-83 所示。

step 06 在【图层】面板中设置【图层 3】的混合模式为【柔光】，这样装饰性内嵌线条就制作完成了，如图 24-84 所示。

图 24-83　拖动线条

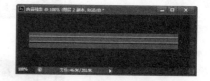

图 24-84　设置图层样式

24.2.3　制作斜纹区域

下面使用【定义图案】命令来制作斜纹区域，具体操作步骤如下。

step 01 按 Ctrl+N 组合键，新建一个宽 4 像素、高 4 像素的文件，将它命名为"斜纹图案"，如图 24-85 所示。

step 02 放大图像，新建【图层 1】，用【矩形选框工具】选择选区，如图 24-86 所示。

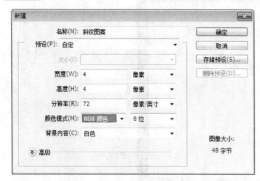

图 24-85 【新建】对话框

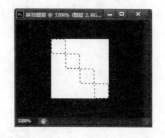

图 24-86 绘制矩形

step 03 设置前景色为灰色，按 Alt+Delete 组合键删除选区，如图 24-87 所示。

step 04 选择【编辑】→【定义图案】菜单命令，打开【图案名称】对话框，输入图案的名称，然后单击【确定】按钮，如图 24-88 所示。

图 24-87 删除选区

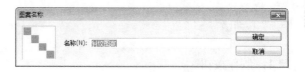

图 24-88 【图案名称】对话框

step 05 按 Ctrl+N 组合键，新建任意长宽的文件，将它命名为"斜纹线条"，如图 24-89 所示。

step 06 新建【图层 1】，按 Ctrl+A 组合键全选，右击选区，在弹出的快捷菜单中选择【填充】命令，打开【填充】对话框，【自定图案】选择之前制作的斜纹图案，如图 24-90 所示。

图 24-89 空白文档

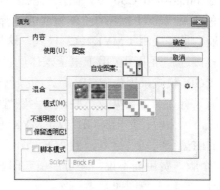

图 24-90 【填充】对话框

step 07 单击【确定】按钮，即可得到如图 24-91 所示的效果。

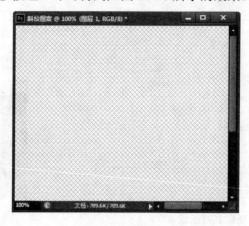

图 24-91　斜纹效果

24.3　跟我练练手

24.3.1　练习目标

能够熟练掌握本章所讲内容。

24.3.2　上机练习

练习 1：制作按钮。
练习 2：制作装饰边线。

24.4　高手甜点

甜点 1：如何选择图像的色彩模式

在 Photoshop CS6 中，图像的色彩模式有 RGB 模式、CMYK 模式、GrayScale 模式以及其他色彩模式。对于图像色彩模式的选择要看图像的最终用途。如果图像要在印刷纸上打印或印刷，最好采用 CMYK 色彩模式，这样在屏幕上所看见的颜色和输出打印颜色或印刷的颜色比较接近。如果图像用于电子媒体显示(如网页、电脑投影、录像等)，则图像的色彩模式最好用 RGB 模式，因为 RGB 模式的颜色更鲜艳、更丰富，画面也更好看些。并且 RGB 图像的通道只有 3 个，数据量小些，所占磁盘空间也较小。如果图像是灰色的，则用 GrayScale 模式较好，因为即使是用 RGB 或 CMYK 色彩模式表达图像，看起来仍然是中性灰颜色，但其占用的磁盘空间却大得多。另外灰色图像在印刷时，如用 CMYK 模式表示，出菲林及印刷时有 4 个版，费用高不说，还可能引起印刷时灰平衡控制不好的偏色问题。当有一色印刷墨量过大时，会使灰色图像产生偏色。

甜点 2: 制作网页按钮与边框主要应用哪些功能

在使用 Photoshop CS6 设计并制作网页按钮与边框时，主要用到 Photoshop 的图层样式和渐变填充功能。图层样式与渐变填充功能界面中包含有多种设置参数，参数不同，所设计出的效果也不相同。要想制作出精美的网页按钮与边框，最简单的方式就是更改图层样式中的参数值和改变渐变填充的颜色。

第 25 章

让网页更绚丽——制作网站常用动画特效

使用 Flash 可以制作网站动画效果。常见的动画形式为逐帧动画、形状补间动画、补间动画、传统补间动画、引导动画、遮罩动画等。本章就来介绍使用 Flash 制作动画的相关知识。

本章要点(已掌握的在方框中打钩)

☐ 了解 Flash CS6 的基本功能。

☐ 认识图层和时间轴。

☐ 掌握制作常用简单动画的方法。

25.1　了解 Flash CS6

Flash CS6 软件是交互创作的业界标准，可用于提供跨个人计算机、移动设备以及几乎任何尺寸和分辨率的屏幕一致呈现的令人痴迷的互动体验。使用 Flash 中的诸多功能，可以创建许多类型的应用程序，如动画、游戏等。

25.1.1　绘制矢量图

利用 Flash 的矢量绘图工具，可以绘制出具有丰富表现力的作品。矢量绘图是 Flash 编辑环境的基本功能之一。在它所提供的绘图工具中，不仅有传统的圆、方和直线等绘制工具，而且有专业的贝赛尔曲线绘制工具，如图 25-1 所示。

图 25-1　绘制矢量图

25.1.2　设计制作动画

动画设计是 Flash 最普遍的应用，其基本的形式是"帧到帧动画"，这也是传统手动绘制动画的主要工作方式，如图 25-2 所示。

Flash CS6 提供了几种在文档中添加动画的方法。

- 补间动画技术。一些有规律可循的运动和变形，只需要制作起点帧和终点帧，并对两帧之间的运动规律进行准确的设置，计算机就能自动地生成中间过渡帧，如图 25-3 所示。

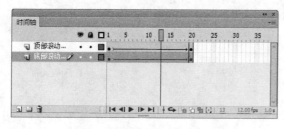

图 25-2　【时间轴】面板

图 25-3　补间动画技术

- 通过在【时间轴】面板中更改连续帧的内容来创建动画，如图 25-4 所示。可以在舞台中创作出移动对象、旋转对象、增大或减小对象大小、改变颜色、淡入淡出，以及改变对象形状等。更改既可以独立于其他更改，也可以和其他更改互相协调。

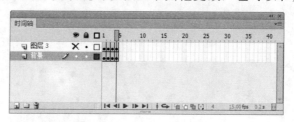

图 25-4　【时间轴】面板

25.1.3 强大的编程功能

动作脚本是 Flash CS6 的脚本编写语言，可以使影片具有交互性。动作脚本提供了一些元素，可以将这些元素组织到脚本中，指示影片要进行什么操作；可以对影片进行脚本设置，使单击鼠标和按下键盘键之类的事件可以触发这些脚本。

在 Flash 中，可以通过【动作】面板编写脚本，如图 25-5 所示。在标准编辑模式下使用该面板，可以通过从菜单和列表中选择选项来创建脚本；在专家编辑模式下使用该面板，可以直接向脚本窗格中输入脚本。在这两种模式下，代码提示都可以帮助完成动作和插入属性及事件。

图 25-5　【动作】面板

25.2　认识图层与时间轴

无论是绘制图形还是制作动画，图层和时间轴都是至关重要的。图层用于放置编辑对象；时间轴用于显示 Flash 显示图形和其他项目元素的时间，使用时间轴可以指定舞台上各图形的分层顺序。

25.2.1 认识图层

使用图层可以组织文档中的插图，可以在图层上绘制和编辑对象，而不影响其他图层上的对象。如果一个图层上没有内容，那么就可以透过它看到下面的图层，如图 25-6 所示。

在【时间轴】面板的图层控制区中，可以进行增加图层、删除图层、隐藏图层、锁定图层等操作，如图 25-7 所示。一旦选中了某个图层，图层名称的右边就会出现铅笔图标 ✎，表示该图层或图层文件夹已被激活。

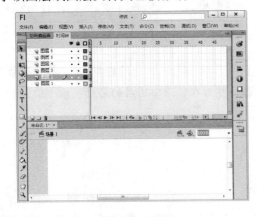

图 25-6　图层

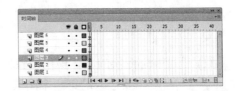

图 25-7　图层控制区

25.2.2　图层的基本操作

新建 Flash 影片后，系统会自动地生成一个图层，并将其命名为"图层 1"。当【时间轴】面板中有多个图层时，若要激活某个图层，应在【时间轴】面板中选中该图层，或者选中该图层中的某个舞台对象，这时该图层的右侧会出现铅笔图标 ✐，表示可以对它进行编辑，如图 25-8 所示。

1. 添加图层

新创建的影片中只有一个图层，根据需要可以增加多个图层。进行以下的操作可以添加图层。

(1) 单击【时间轴】面板左下方的【新建图层】按钮 🗋，如图 25-9 所示。

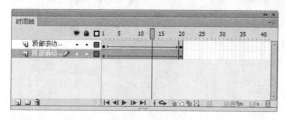

图 25-8　选中图层　　　　　　　　图 25-9　【新建图层】按钮

(2) 选择【插入】→【时间轴】→【图层】菜单命令，如图 25-10 所示。

(3) 右击【时间轴】面板的图层控制区，在弹出的快捷菜单中选择【插入图层】命令，如图 25-11 所示。

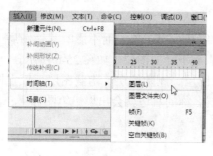

图 25-10　选择【图层】菜单命令

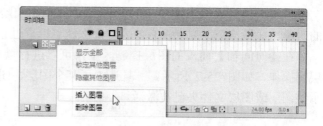

图 25-11　选择【插入图层】命令

提示

系统默认的插入图层的名称是"图层 1"、"图层 2"、"图层 3"等。要重新命名图层，只要双击需要重新命名图层的名称，然后在被选中图层的名称字段中输入新的名称即可。

2. 选取多个图层

(1) 选取相邻图层的具体操作步骤如下。

step 01　单击要选取的第一个图层。

step 02　按住 Shift 键，然后单击要选取的最后一个图层，即可选取这两个图层之间的所

　　有图层，如图 25-12 所示。

(2) 选取不相邻图层的具体操作步骤如下。

step 01 单击要选取的第一个图层。

step 02 按住 Ctrl 键，然后单击需要选取的其他图层，即可选取不相邻图层，如图 25-13 所示。

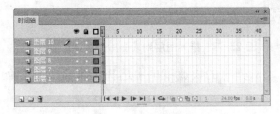

图 25-12　选取相邻图层

图 25-13　选取不相邻图层

3. 移动图层

　　在图层控制区中将指针移到图层名上，然后按下鼠标左键拖曳图层，这时会产生一条虚线，当虚线到达预定位置后释放鼠标，即可移动图层，如图 25-14 所示。

4. 复制图层

　　选中需要复制的图层，按下鼠标左键拖曳图层到【新建图层】按钮之上，即可复制该图层。还可以选择【编辑】→【时间轴】→【复制图层】菜单命令，进行复制图层，如图 25-15 所示。

图 25-14　移动图层

图 25-15　复制图层

5. 删除图层

　　删除图层的具体操作步骤如下。

step 01 选取要删除的图层。

step 02 进行下列任何一项操作，都可以删除图层。

(1) 单击【时间轴】面板中的【删除】按钮，如图 25-16 所示。

(2) 将要删除的图层拖曳到【删除】按钮🗑的位置，如图 25-17 所示。

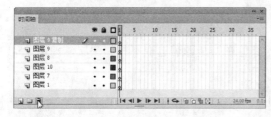 

图 25-16　单击【删除】按钮　　　　图 25-17　拖动图层到【删除】按钮之上

(3) 右击【时间轴】面板中的图层控制区，从弹出的快捷菜单中选择【删除图层】命令，如图 25-18 所示。

6. 创建运动引导层

运动引导层是为了给绘画提供帮助，所有的运动引导层名称的前面都有一个图标 。运动引导层不出现在发布后的影片中，只起向导的作用，如图 25-19 所示。

图 25-18　选择【删除图层】命令　　　　图 25-19　运动引导层

如果要将某个图层设置为引导层，可以在该图层上右击，然后从弹出的快捷菜单中选择【引导层】命令，如图 25-20 所示。

图 25-20　选择【引导层】命令

提示

　　　　如果需要将运动引导层恢复为普通层，可以在运动引导层上右击，然后从弹出的快捷菜单中撤销选择【引导层】命令即可。

25.2.3　认识【时间轴】面板

对 Flash 来说，时间轴至关重要，可以说，时间轴是动画的灵魂。只有熟悉了【时间轴】面板的操作和使用的方法，才能在制作动画的时候得心应手，如图 25-21 所示。

在【时间轴】面板中，文档每个图层中的帧显示在该图层名右侧的一行中。顶部的时间轴标题指示帧编号，播放头指示当前在舞台中显示的帧。时间轴状态显示在【时间轴】面板的底部，可显示当前帧频、帧速率以及到当前帧为止的运行时间，如图 25-22 所示。

　　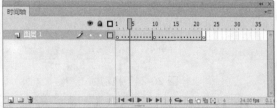

图 25-21　【时间轴】面板　　　　　　　　　　图 25-22　时间轴中的帧

若要更改时间轴中的帧显示，则可单击【时间轴】面板右上角的【帧视图】按钮，此时可弹出【帧视图】菜单，如图 25-23 所示。

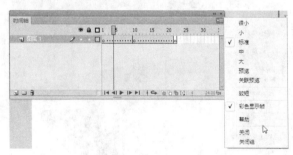

图 25-23　【帧视图】菜单

根据弹出菜单，用户可以更改帧单元格的宽度和减小帧单元格行的高度；要打开或关闭用彩色显示帧顺序，则可选择【彩色显示帧】命令。

25.2.4　【时间轴】面板的基本操作

在【时间轴】面板中可以对帧或关键帧进行如下修改，具体操作方法如下。

(1) 插入、选择、删除和移动帧或关键帧。

(2) 将帧和关键帧拖到同一图层中的不同位置，或是拖到不同的图层中，如图 25-24 所示。

(3) 复制和粘贴帧和关键帧，如图 25-25 所示。

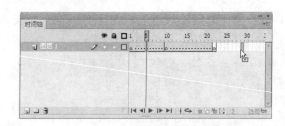

图 25-24　拖动帧　　　　　　　　　　　图 25-25　复制帧

(4) 将关键帧转换为空白帧，如图 25-26 所示。

(5) 从【库】面板中将一个项目拖动到舞台上，从而将该项目添加到当前的关键帧中，如图 25-27 所示。

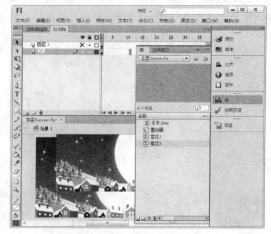

图 25-26　转换帧　　　　　　　　　　　图 25-27　添加关键帧

25.3　制作常用简单动画

本节主要介绍 Flash CS6 中常用的动画形式，以及制作这些简单动画的操作方法。

25.3.1　制作逐帧动画

逐帧动画技术利用人的视觉暂留原理，快速地播放连续的、具有细微差别的图像，使原来静止的图形运动起来。要创建逐帧动画，需要将每个帧都定义为关键帧，然后给每个帧创建不同的图像。

制作逐帧动画的具体操作步骤如下。

step 01　在 Flash CS6 窗口中选择【文件】→【导入】→【导入到舞台】菜单命令，然后在弹出的【导入】对话框中找到存放连续图片的文件夹素材，如图 25-28 所示。

step 02　在对话框中选中一组动作连续的图片中的任意一张。单击【打开】按钮，弹出一个对话框，提示是否导入所有的图片文件，如图 25-29 所示。

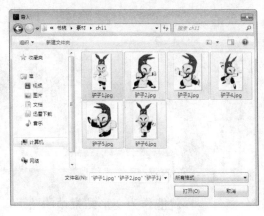

图 25-28　【导入】对话框

图 25-29　提示对话框

step 03　单击【是】按钮，这样一组共 6 张图片就会自动地导入连续的帧中，如图 25-30 所示。

step 04　按 Ctrl+Enter 组合键，即可浏览动画，如图 25-31 所示。

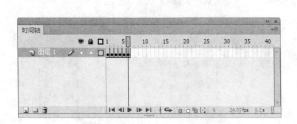

图 25-30　【时间轴】面板

图 25-31　浏览动画

25.3.2　制作形状补间动画

形状补间适用于图形对象，在两个关键帧之间可以制作出变形的效果，让一种形状随时间变换成另外一种形状，还可以对形状的位置、大小和颜色等进行渐变。

1. 制作简单变形

让一种形状变换成另外一种形状的具体操作步骤如下。

step 01　使用绘图工具在舞台上拉出一个随意大小无边框的矩形，这是变形动画的第 1 帧，如图 25-32 所示。

step 02 选中第 10 帧，按 F7 键插入空白关键帧。在工具箱中选择【文本工具】，在舞台上输入字母 j，然后选中字母 j，在【属性】面板的【字符】选项组的【系列】下拉列表框中选择 Webdings 选项，j 变成"飞机"形状，如图 25-33 所示。

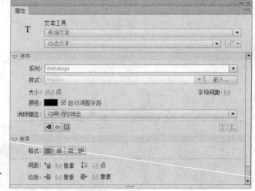

图 25-32　绘制矩形

图 25-33　绘制飞机形状

step 03 按 Ctrl+B 组合键将"飞机"字符分离，这样就能作为变形结束帧的图形，如图 25-34 所示。

 提示　　　Flash 不能对组、符号、字符或位图图像进行形状变形，所以要将字符打散。

step 04 在【时间轴】面板中选取第 1 帧，然后右击，在弹出的快捷菜单中选择【创建补间形状】命令，如图 25-35 所示。

step 05 至此变形动画制作完成，用鼠标拖曳播放头即可查看变形的过程。

图 25-34　分离飞机字符

图 25-35　创建补间形状

2. 控制变形

如果制作的变形效果不太理想，则可使用 Flash 的变形提示点，它可以控制复杂的变形。变形提示点用字母表示，以便于确定在开始形状和结束形状中的对应点，如图 25-36 所示。下面接着上一小节的步骤 4 继续进行操作。

step 01 确定已选中第 1 帧，选择【修改】→【形状】→【添加形状提示】菜单命令，工作区中会出现变形提示点，接着将其移到左上角的位置，如图 25-37 所示。

图 25-36　创建变形飞机

图 25-37　确定图形位置

step 02　选择第 10 帧，然后将变形提示点●移动到左上角的位置，如图 25-38 所示。

step 03　重复上述过程，增加其他变形提示点，并分别设置它们在开始形状和结束形状时的位置，如图 25-39 所示。

step 04　再次移动播放头，就可以看到加上提示点后的变形动画，如图 25-40 所示。

图 25-38　移动变形提示点

图 25-39　移动其他点

图 25-40　变形动画效果

25.3.3　制作补间动画

补间动画就是在一个图层的两个关键帧之间建立补间动画关系后，Flash 会在两个关键帧之间自动地生成补充动画图形的显示变化，以得到更流畅的动画效果。

1. 制作简单补间

补间动画只能具有一个与之关联的对象实例，并使用属性关键帧而不是关键帧，这是 Flash 中比较常用的动画类型。

创建补间动画的方法有以下两种。

(1) 在【时间轴】面板中创建。用鼠标选取要创建动画的关键帧后右击，在弹出的快捷菜单中选择【创建补间动画】命令，即可快速地完成补间动画的创建，如图 25-41 所示。

(2) 在命令菜单中创建。选取要创建动画的关键帧后，选择【插入】→【补间动画】菜单命令，同样也可以创建补间动画，如图 25-42 所示。

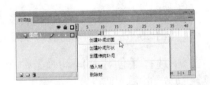

图 25-41　选择【创建补间动画】命令

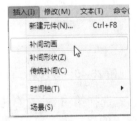

图 25-42　选择【补间动画】菜单命令

2. 制作多种渐变运动

下面制作一个由小变大的淡入动画，具体操作步骤如下。

step 01　选择【文件】→【新建】菜单命令，弹出【新建文档】对话框，选择【常规】

选项卡中的 ActionScript 3.0 选项，单击【确定】按钮，新建一个文档，如图 25-43 所示。

step 02 选择【文件】→【导入】→【导入到舞台】菜单命令，弹出【导入】对话框，单击随书光盘中的素材"汽车.gif"，如图 25-44 所示。

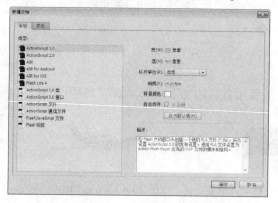

图 25-43 【新建文档】对话框

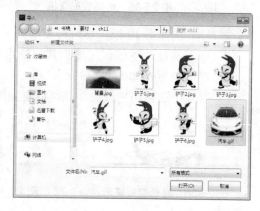

图 25-44 【导入】对话框

step 03 单击【打开】按钮，将图片导入到舞台，如图 25-45 所示。

step 04 选中导入的图片，右击，在弹出的快捷菜单中选择【转换为元件】菜单命令，弹出【转换为元件】对话框，在【类型】下拉列表框中选择【图形】选项，单击【确定】按钮，如图 25-46 所示。

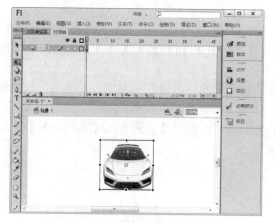

图 25-45 导入到舞台

图 25-46 【转换为元件】对话框

step 05 选择第 1 帧，右击，在弹出的快捷菜单中选择【创建补间动画】命令，然后将动画的终点调整到时间轴的第 24 帧(将光标放在动画持续的最后一帧，光标变成 ↔ 形状后，拖曳到第 24 帧)，如图 25-47 所示。

step 06 单击第 24 帧，将舞台上的实例从第 1 帧的位置向右下方拖曳，如图 25-48 所示。

step 07 单击【时间轴】面板下方的【绘图纸外观】按钮，显示所有帧的"绘图纸"。选中第 1 帧，再选择工具箱中的【缩放工具】，将舞台上的实例缩小，如图 25-49 所示。

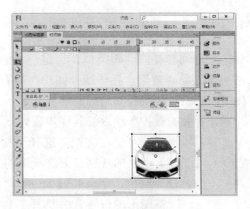

图 25-47　创建补间动画　　　　　　　　　　　图 25-48　移动素材位置

step 08 选择第 1 帧的实例，然后在【属性】面板的【色彩效果】选项组的【样式】下拉列表框中选择 Alpha 选项，并调整 Alpha 值为 20%，如图 25-50 所示。

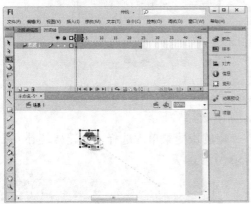

图 25-49　缩小素材图片　　　　　　　　　　　图 25-50　【属性】面板

step 09 至此就完成了动画的制作，按 Ctrl+Enter 组合键即可演示动画效果，如图 25-51 所示。

图 25-51　演示动画效果

25.3.4 制作传统补间动画

传统补间与补间动画类似，只是前者的创建过程比较复杂，并且可以实现通过补间动画无法实现的动画效果。在传统补间中，只有关键帧是可编辑的，只可以查看补间帧，但无法直接编辑它们。传统补间动画的插补帧显示为浅蓝色，并会在关键帧之间绘制一个箭头。

制作行驶的救护车动画的具体步骤如下。

step 01 新建一个空白文档，选择工具箱中的【文本工具】，在舞台上输入字母 h，在【属性】面板的【字符】选项组的【系列】下拉列表框中选择 Webdings 选项，并将颜色设为绿色，字母 h 就变成了"救护车"形状，如图 25-52 所示。

step 02 调整图形的位置，并选择工具箱中的【任意变形工具】，调整图形的大小，如图 25-53 所示。

step 03 选中【图层 1】的第 20 帧，按 F6 键插入关键帧，如图 25-54 所示。

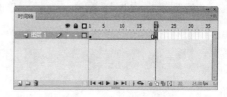

图 25-52　绘制形状　　图 25-53　调整形状大小　　　图 25-54　插入关键帧

step 04 将舞台上的图形移动到左侧的位置，如图 25-55 所示。

step 05 选中【图层 1】的第 1 帧，右击，在弹出的快捷菜单中选择【创建传统补间】命令。至此就完成了动画的制作，如图 25-56 所示。

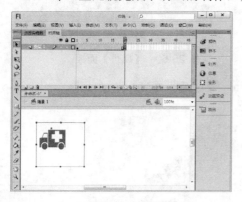
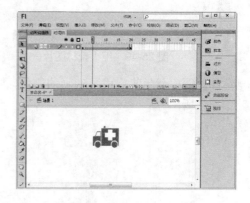

图 25-55　移动图形　　　　　　　　　　图 25-56　创建传统补间动画

25.4　跟我练练手

25.4.1　练习目标

能够熟练掌握本章所讲内容。

25.4.2 上机练习

练习 1：了解 Flash CS6 的工作界面。

练习 2：认识 Flash CS6 的图层与时间轴。

练习 3：制作常用的简单动画。

25.5 高手甜点

甜点 1：获得最佳补间形状动画效果

获得最佳补间形状动画效果的方法如下。

(1) 在复杂的补间形状中，需要创建中间形状，然后再进行补间，而不要只定义起始和结束的形状。

(2) 确保形状提示是符合逻辑的。

(3) 如果按逆时针顺序从形状的左上角开始放置形状提示，它们的工作效果最好。

甜点 2：如何批量导出 .fla 文件

单击【批量导出】按钮，弹出【批量导出】对话框，从中可以添加文件及文件夹(按 Ctrl+B 组合键也可以弹出【批量导出】对话框)，进行批量导出。

第 26 章

让网页不再单调 ——制作动态 网站 Logo 与 Banner

Logo 是指站点中使用的标志或者徽标，用来传达站点、公司的理念。Banner 是指居于网页头部，用来展示站点主要宣传内容、站点形象或者广告内容的部分，Banner 部分的大小并不固定。本章就来介绍制作动态网站 Logo 与 Banner 的实例。

本章要点(已掌握的在方框中打钩)

☐ 掌握制作滚动文字 Logo 的方法。
☐ 掌握制作产品 Banner 的方法。

26.1 制作滚动文字 Logo

制作滚动文字 Logo 的过程如下。

26.1.1 设置文档属性

设置文档属性的具体操作步骤如下。

step 01 在 Flash CS6 操作界面中选择【文件】→【新建】菜单命令，打开【新建文档】对话框，在【常规】选项卡中设置文档的参数，如图 26-1 所示。

step 02 单击【确定】按钮，即可新建一个空白文档，如图 26-2 所示。

图 26-1 【新建文档】对话框   图 26-2 空白文档

step 03 选择【修改】→【文档】菜单命令，打开【文档设置】对话框，在其中设置文档的尺寸，如图 26-3 所示。

step 04 设置完毕后，单击【确定】按钮，即可看到设置文档属性后的显示效果，如图 26-4 所示。

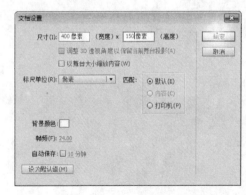

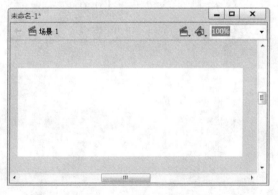

图 26-3 【文档设置】对话框   图 26-4 修改后的空白文档

26.1.2 制作文字元件

制作文字元件的具体操作步骤如下。

step 01 选择【插入】→【新建元件】菜单命令，打开【创建新元件】对话框，在【名
称】文本框中输入【文本】，并选择【类型】为【图形】，如图 26-5 所示。

step 02 单击【确定】按钮，进入文本编辑状态当中，如图 26-6 所示。

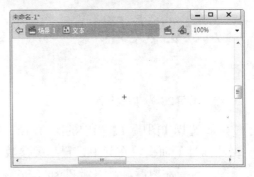

图 26-5 【创建新元件】对话框

图 26-6 文本编辑状态

step 03 选择工具箱中的【文本工具】，然后选择【窗口】→【属性】菜单命令，打开
【属性】面板，在其中设置文本的属性，具体的参数设置如图 26-7 所示。

step 04 单击【属性】面板中的【关闭】按钮，返回到文本编辑状态当中，在其中输入
文字，如图 26-8 所示。

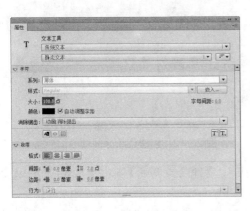

图 26-7 【属性】面板

图 26-8 输入文字

26.1.3 制作滚动效果

制作文字滚动效果的具体操作步骤如下。

step 01 单击【场景 1】，进入场景当中。然后选择【窗口】→【库】菜单命令，将
【库】面板中的元件拖曳到场景当中，如图 26-9 所示。

step 02 在【时间轴】面板中右击第 20 帧，在弹出的快捷菜单中选择【插入关键帧】命

令，插入关键帧，如图 26-10 所示。

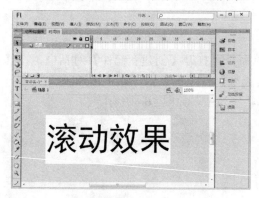

图 26-9　拖曳元件

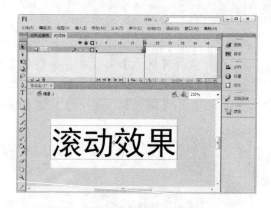

图 26-10　插入关键帧

step 03　选择【图层 1】当中的第 1 帧，然后选择【窗口】→【属性】菜单命令，打开
　　　　【属性】面板，在其中设置相关参数，如图 26-11 所示。

step 04　设置完毕后，返回到 Flash CS6 窗口当中，在【时间轴】面板中选择第 1 帧到第
　　　　20 帧之间的任意一帧并右击，在弹出的快捷菜单中选择【创建传统补间】命令，创
　　　　建传统补间动画，如图 26-12 所示。

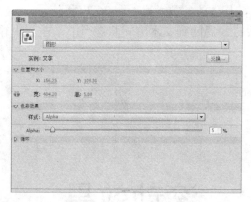

图 26-11　【属性】面板

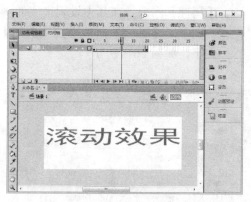

图 26-12　创建传统补间动画

step 05　选中第 20 帧并右击，在弹出的快捷菜单中选择【复制帧】命令，即可复制第 20
　　　　帧的内容，如图 26-13 所示。

step 06　单击【时间轴】面板中的【新建图层】按钮，新建一个图层。选中第 1 帧并右
　　　　击，在弹出的快捷菜单中选择【粘贴帧】命令，粘贴复制的帧，如图 26-14 所示。

step 07　选中【图层 2】，在【图层 2】的第 20 帧处右击，在弹出的快捷菜单中选择
　　　　【插入关键帧】命令，插入一个关键帧，如图 26-15 所示。

step 08　选择工具箱中的【自由变换工具】，对场景中【图层 2】的第 20 帧处的图形做
　　　　自由变换，具体的参数在【属性】面板中可以设置，如图 26-16 所示。

图 26-13　复制帧

图 26-14　粘贴帧

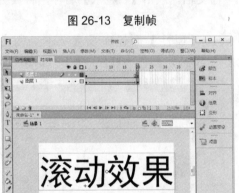

图 26-15　插入关键帧

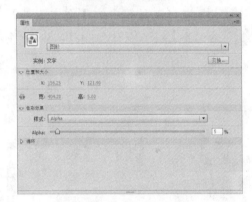

图 26-16　【属性】面板

step 09　设置完毕后，返回到 Flash CS6 窗口当中，在【时间轴】面板中选择【图层 2】的第 1 帧到第 20 帧之间的任意一帧并右击，在弹出的快捷菜单中选择【创建传统补间】命令，创建传统补间动画，如图 26-17 所示。

step 10　按 Ctrl+Enter 组合键，即可预览文字滚动效果，如图 26-18 所示。

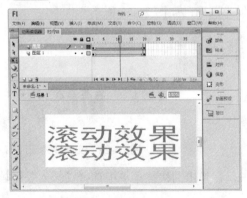

图 26-17　创建传统补间动画

图 26-18　预览动画

26.2 制作动态产品 Banner

网页中除了文字 Logo 外，常常还会放置动态 Banner，来吸引浏览者的眼球。本节就来制作一个产品 Banner。

26.2.1 制作文字动画

制作文字动画的具体操作步骤如下。

step 01 在 Flash CS6 操作界面中新建一个空白文档。双击【图层 1】名称，将其更名为"文字"，如图 26-19 所示。

step 02 选择工具箱中的【文本工具】**T**，在【属性】面板中设置文本类型为【静态文本】，字体为 Arial Black，字体大小为 50 点，颜色为红色，如图 26-20 所示。

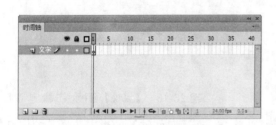

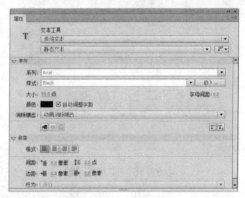

图 26-19 【时间轴】面板   图 26-20 【属性】面板

step 03 在舞台中间位置输入文字 MM，选择【修改】→【转换为元件】菜单命令，弹出【转换为元件】对话框，设置元件【类型】为【图形】，如图 26-21 所示。

step 04 单击【确定】按钮，即可将文字转换为图形，如图 26-22 所示。

图 26-21 【转换为元件】对话框   图 26-22 文字变为图形

step 05 选中【文字】图层的第 10 帧，右击，在弹出的快捷菜单中选择【插入关键帧】命令，如图 26-23 所示。

step 06 选中第 1 帧，将舞台上的文字 MM 垂直向上移动到舞台的上方(使其刚出舞台)，然后选中第 1 帧并右击，在弹出的快捷菜单中选择【创建传统补间】命令，如图 26-24 所示。

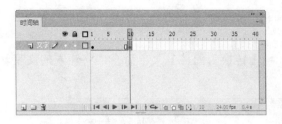

图 26-23　插入关键帧

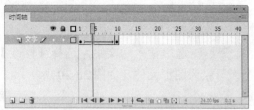

图 26-24　创建传统补间

step 07 选择文字图层的第 1 帧，然后选择文字 MM，打开【属性】面板，在【色彩效果】选项组的【样式】下拉列表框中选择 Alpha 选项，设置 Alpha 值为 0。如图 26-25 所示。

step 08 选择第 49 帧，按 F5 键插入帧，使动画延续到第 49 帧，如图 26-26 所示。

图 26-25　【属性】面板

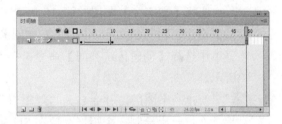

图 26-26　延续动画帧

step 09 新建一个图层，并命名为"文字-1"，然后单击第 10 帧，按 F7 键插入空白关键帧，如图 26-27 所示。

step 10 选择工具箱中的【文本工具】 T，在【属性】面板中设置其文本类型为【静态文本】，字体为 Arial，字体大小为 30，颜色为黑色，如图 26-28 所示。

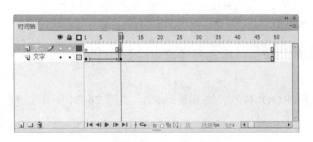

图 26-27　插入空白关键帧

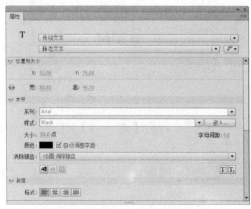

图 26-28　设置文本属性

step 11 在舞台上输入文字 SU，并在文字的下方位置再次输入文字 SU，颜色设置为灰色，如图 26-29 所示。

step 12 选中输入的文字，选择【修改】→【转换为元件】菜单命令，将输入的文字转换为图形元件，如图 26-30 所示。

图 26-29　输入文字　　　　　　　图 26-30　【转换为元件】对话框

26.2.2　制作文字遮罩动画

制作文字遮罩动画的具体操作步骤如下。

step 01 选择【文字-1】图层的第 15 帧，右击，在弹出的快捷菜单中选择【转换为关键帧】命令，将其和文字 MM 的左边对齐；然后选择第 10 帧，右击，在弹出的快捷菜单中选择【创建传统补间】命令；接着选择第 49 帧，按 F5 键插入帧。如图 26-31 所示。

step 02 新建一个图层，并命名为"遮罩 1"，选择第 1 帧，并选择工具箱中的矩形工具，在舞台上绘制一个矩形，放在 SU 文字的左侧，如图 26-32 所示。

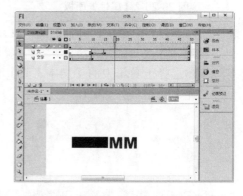

图 26-31　插入帧　　　　　　　　图 26-32　绘制矩形

step 03 右击【遮罩 1】图层，在弹出的快捷菜单中选择【遮罩层】命令，如图 26-33 所示。

step 04 同理，制作出文字 MM 右侧 ERROOM 文字的遮罩动画，如图 26-34 所示。

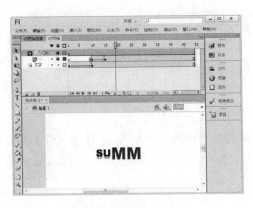

图 26-33　创建遮罩层

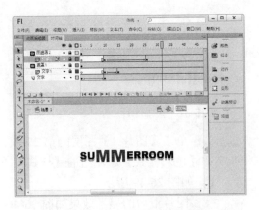

图 26-34　制作其他文字的遮罩

26.2.3　制作图片动画

制作图片动画的操作步骤如下。

step 01 选择【文件】→【导入到库】菜单命令，打开【导入到库】对话框，在其中选择需要导入到库的图片，如图 26-35 所示。

step 02 单击【打开】按钮，即可将图片导入到库之中，如图 26-36 所示。

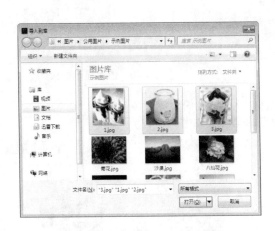

图 26-35　【导入到库】对话框

图 26-36　【库】面板

step 03 新建一个图层，将其命名为"图片 1"，选中第 27 帧，右击，按 F7 键插入空白关键帧，将库中的"1"图片拖到舞台上，并调整其大小和位置，然后选择【修改】→【转换为元件】菜单命令，将图片转换为图形元件，如图 26-37 所示。

step 04 选中第 32 帧，右击，在弹出的快捷菜单中选择【转换为关键帧】命令，然后选择第 27 帧，右击，在弹出的快捷菜单中选择【创建补间动画】命令，接着选择第 49 帧，如图 26-38 所示。

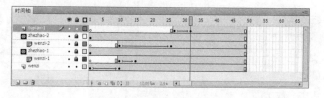

图 26-37 添加图片　　　　　　　　　图 26-38 创建补间动画

step 05 单击【图片 1】图层的第 27 帧，在舞台上选中图片"1"，打开【属性】面板，在【色彩样式】选项组的【样式】下拉列表框中选择 Alpha 选项，设置 Alpha 值为 0，如图 26-39 所示。

step 06 图片最后的显示效果如图 26-40 所示。

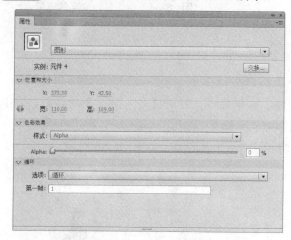

图 26-39 【属性】面板　　　　　　　　图 26-40 图片显示效果

step 07 同理，创建另外两张图片的动画效果，如图 26-41 所示。

step 08 按 Ctrl+Enter 组合键，即可预览动画效果，如图 26-42 所示。

图 26-41 添加其他图片　　　　　　　　图 26-42 预览动画

26.3　跟我练练手

26.3.1　练习目标

能够熟练掌握本章所讲内容。

26.3.2　上机练习

练习 1：制作滚动文字 Logo。
练习 2：制作产品 Banner。

26.4　高 手 甜 点

甜点 1：如何使网页 Banner 更具吸引力

(1) 使用简单的背景和文字。制作时注意构图要简单，颜色要醒目，角度要明显，对比要强烈。

(2) 巧妙地使用文字，使文本和 Banner 中的其他元素有机地结合起来，充分利用字体的样式、形状、粗细、颜色等来补充和加强图片的力量。

(3) 使用深色的外围边框，因为在站点中应用 Banner 时，大都不为 Banner 添加轮廓。如果 Banner 的内容都集中在中央，那么边缘就会过于空白。如果没有边框，Banner 就会和页面融为一体，从而降低 Banner 的注目率。

甜点 2：如何快速选择文本工具

有时为了在舞台上添加文本，需要使用文本工具，虽然可以通过单击工具箱中的【文本工具】按钮进行选择，但是直接按 T 键却可以快速选择文本工具。

第 7 篇

网站开发实战篇

第 27 章

娱乐休闲类网站
开发实战

娱乐休闲类网页类型较多，结合主题内容不同，所设计的网页风格差异很大，如聊天交友、星座运程、游戏视频等。本章主要以电影网为例进行介绍。通过本章的学习，读者能够掌握娱乐休闲类网站的制作技巧与方法。

本章要点(已掌握的在方框中打钩)

☐ 掌握网站结构分析的方法。
☐ 掌握制作网站主页面的方法。
☐ 掌握制作网站二级页面的方法。

27.1 网站分析及准备工作

本章通过介绍电影网网站建设认识娱乐休闲类网站的制作开发。首先需要进行网站分析及准备工作。

27.1.1 设计分析

休闲娱乐网站要注重图文混排的效果。实践证明，只有文字的页面用户停留的时间相对较短，如果完全是图片，又不能概括信息的内容，用户看着不明白，使用图文混排的方式是比较恰当的。另外一点，休闲娱乐类网站要注意引用会员注册机制，这样可以积累一些忠实的用户群体，有利于网站的可持续性发展。

27.1.2 网站流程图

在制作网站之前，需要先设计网站的流程图。下面给出娱乐休闲类网站的设计流程图，如图 27-1 所示。

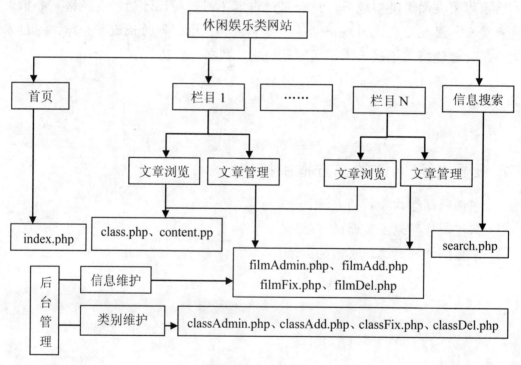

图 27-1 网站流程图

通过上面的流程图可以看到，不管栏目名称是什么，都可以使用列表页和内容页进行表达，在后台管理中我们使用同一内容添加页和内容维护页进行管理。

27.1.3　数据库分析

1. MySQL 数据库的导入

将本章范例文件夹中的"源文件\ch27"目录整个复制到 C:\Apache2.2\htdocs 里，就可以开始进行网站的规划。

在该目录中有本章范例所使用的数据库备份文件 db_16.sql，将其导入，其中包含了三个数据表：admin、filmclass 和 film。

2. 数据表分析

导入数据表之后，可以单击数据表右侧的【结构】链接观看数据表内容，如图 27-2 所示。

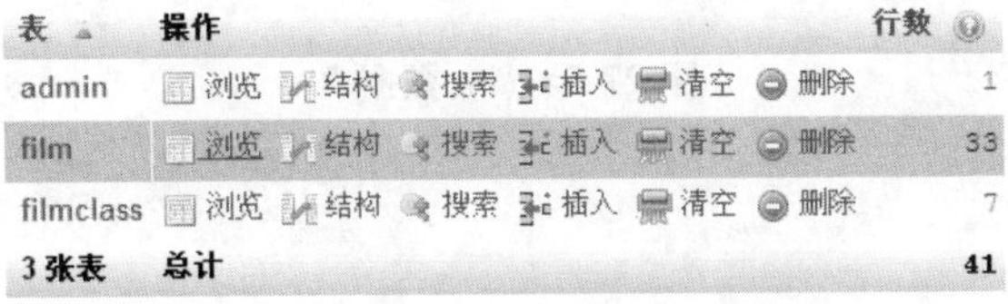

图 27-2　数据表内容

(1) admin 数据表。这个数据表用于保存登录管理界面的账号与密码，主索引栏为 username 字段，如图 27-3 所示。

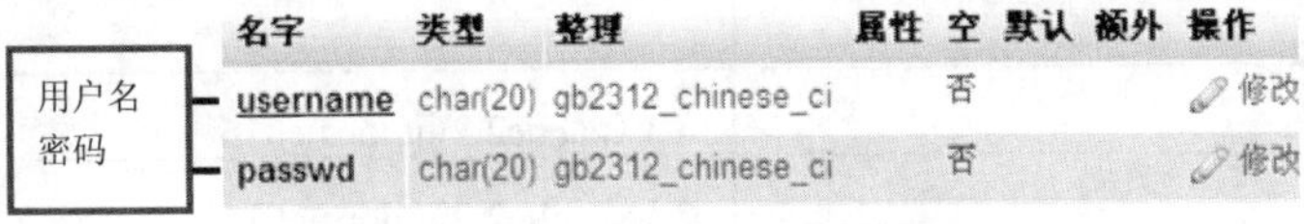

图 27-3　admin 数据表

目前已经预存一条数据在数据表中，如图 27-4 所示，值都为 admin，为默认使用的账号及密码。

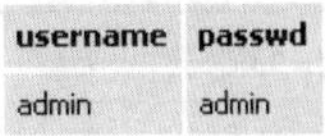

username	passwd
admin	admin

图 27-4　账户与密码

(2) filmClass 数据表。这个数据表主要用于保存电影分类信息。本数据表以 class_id(电影类别管理编号)为主索引，并设定为 UNSIGNED(正数)、auto_increment(自动编号)，如此即能在添加数据时为每一个类别加上一个单独的编号而不重复，如图 27-5 所示。

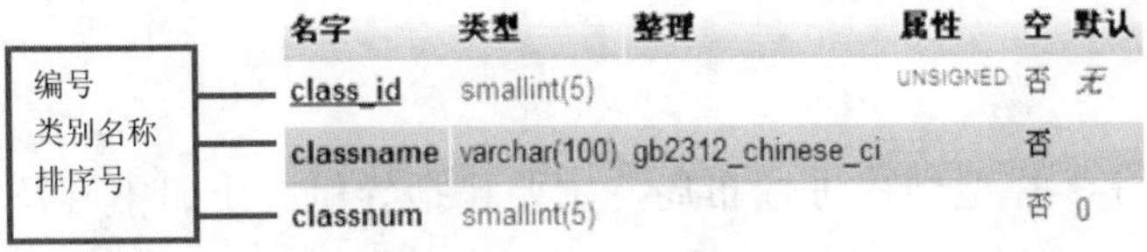

图 27-5　filmClass 数据表

(3) film 数据表。这个数据表主要用于保存电影信息。本数据表以 film_id(网站电影信息管理编号)为主索引，并设定为 UNSIGNED(正数)、auto_increment(自动编号)，如此即能在添加数据时为每一部电影加上一个单独的编号而不重复，如图 27-6 所示。

	名字	类型	整理	属性	空	默认
编号	film_id	smallint(5)		UNSIGNED	否	无
发布时间	film_time	datetime			否	0000-
标题	film_title	varchar(100)	gb2312_chinese_ci		否	
分类	film_type	varchar(100)	gb2312_chinese_ci		否	无
发布人	film_editor	varchar(100)	gb2312_chinese_ci		否	
图片	film_photo	varchar(100)	gb2312_chinese_ci		否	
是否推荐	istop	smallint(5)			否	0
是否新片	isnew	smallint(5)			否	0
影片地区	film_country	smallint(5)			是	0
下载地址	film_Url	varchar(100)	gb2312_chinese_ci		否	
内容	film_content	text	gb2312_chinese_ci		否	无

图 27-6　film 数据表

27.1.4　制作程序基本数据表

本章范例网站的制作程序基本数据表如表 27-1 所示。

表 27-1　制作程序基本数据表

信息名称	内　容
网站名称	CH16
本机服务器主文件夹	C:\Apache2.2\htdocs\ch16
程序使用文件夹	C:\Apache2.2\htdocs\ch16
程序测试网址	http://localhost/ ch16/
MySQL 服务器地址	localhost
管理账号/密码	root/root
使用数据库名称	Db_16
使用数据表名称	admin、filmclass、film

到此所有的前置作业与准备工作已经告一段落，接下来我们先分析网站的结构。

27.2　网站结构分析

网站首页使用 1-2-1 型结构进行布局，主要包括导航、资讯中心及下方的页脚。效果如图 27-7 所示。

二级页面只有一个，使用 1-2-1 型结构进行布局，如图 27-8 所示。

图 27-7 网站首页效果图

图 27-8 二级页面效果图

接下来，就要打开 Dreamweaver CS6，完成我们的娱乐休闲类网站制作。

27.3 网站主页面的制作

一个网站的首页也被称为主页，下面介绍网站主页面的制作。

27.3.1 管理站点

按照表 27-1 来定义新建的站点，进入 Dreamweaver CS6 后选择【站点】→【管理站点】菜单命令，创建用于存放网站内容的站点，这里不再详述。

27.3.2 网站主页面的制作过程

下面针对页面制作过程中的步骤和数据绑定进行讲解。

1. 数据库连接的设置

在【文件】面板中选择要编辑的网页 index.php，双击将其在编辑区打开。接着切换到【数据库】面板。单击【+】按钮，在弹出的菜单中选择【MySQL 连接】命令，在打开的【MySQL 连接】对话框中输入连接的名称和 MySQL 的连接信息，单击【确定】按钮，如图 27-9 所示。

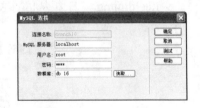

图 27-9 连接数据库

2. 模块化处理网站顶部与底部

制作本章实例时，我们仍然使用模块化结构思想，把多个页面共用的部分单独抽出来，形成多个单独页面，在需要使用的地方，引入一下就行了。可以先看一下 27.6 节的成品预览，在本实例中有两个地方可以进行单独抽出，分别是顶部导航(top.php)、网站底部(foot.php)。top.php、foot.php 这两个部分因为不涉及动态调用，在制作过程中直接从页面中抽出即可。

注意：在导航区本章使用文字进行链接，而不是从数据库中的分类中进行读取，这是什么原因呢，主要是因为电影分类相对比较固定，不常发生增减。总之，在制作网站的时候对于哪些部分是否需要动态化，要考虑该部分变化的频度，对能静态化的不要动态化。

3. 主要数据绑定实现

首页中有 9 处需要动态调用数据的地方，分别定义记录集为：今日推荐、推荐图片、最新电影、最新综艺、最新动作、最新动漫、最新国产、最新欧美、最新日韩，如图 27-10 所示。

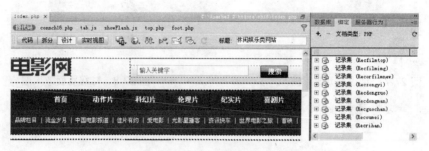

图 27-10 数据绑定

1) 今日推荐(Recfilmtop)

在【绑定】面板中单击打开 Recfilmtop 记录集，此记录集从信息表中检索标记 istop=1 的 15 条最新信息，如图 27-11 所示。

设定重复区域，如图 27-12 所示。

图 27-11 Recfilmtop 记录集   图 27-12 【重复区域】对话框

2) 推荐图片(Recfilmimg)

Recfilmimg 记录集从信息表中检索最新推荐的信息，以图片形式显示在首页，如图 27-13 所示。

图 27-13 Recfilmimg 记录集

因为图片是水平显示，应在【服务器行为】面板中选择 DWTeam → Horizontal Looper MX 命令，并设置为 1 行 2 列，如图 27-14 所示。

3) 最新电影(Recfilmnew)

单击打开 Recfilmnew 记录集，其目的是获取最新的电影信息，不区分类别，但要把综艺与动漫内容排除，如图 27-15 所示。

设定重复区域记录条数为 6，如图 27-16 所示。

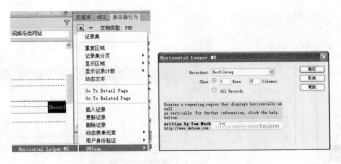

图 27-14　设置图片的排列方式

图 27-15　Recfilmnew 记录集

图 27-16　【重复区域】对话框

4) 最新综艺(Reczongyi)、最新动作(Recdongzuo)、最新动漫(Recdongman)

这三个记录集完成对最新发布的综艺信息、动作电影信息、动漫信息的检索，都是设置 film_type 和 isnew 作为检索条件，只是改变了一下 film_type 参数值。如图 27-17 所示为设置 Reczongyi 记录集的对话框。

如图 27-18 所示为设置最新综艺记录数的【重复区域】对话框。

图 27-17　Reczongyi 记录集

图 27-18　【重复区域】对话框

5) 最新国产(Recguochan)、最新欧美(Recoumei)、最新日韩(Recrihan)

这三个记录集用于检索最新上传的国产电影、欧美电影、日韩电影，在记录集设置上也是一致的，设置条件为 film_type 和 film_country，如图 27-19 所示。

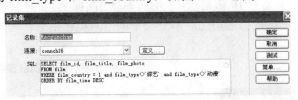

图 27-19　Recguochan 记录集

在条件设置时用 1 代表国产，2 代表欧美，3 代表日韩。因为是以图片形式显示，于是在【服务器行为】面板中选择 DWTeam → Horizontal Looper MX 命令，设置为 1 行 3 列，如图 27-20 所示。

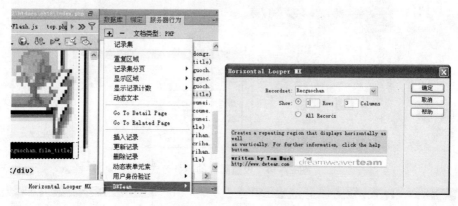

图 27-20   设置图片的排列方式

27.4   网站二级页面的制作

在【文件】面板中打开目录下的 class.php，在列表中创建一个获取所有本类电影信息的记录集 Recfilmclass 和获取本类电影推荐信息的 Recfilmtop，如图 27-21 所示。

class.php 记录集设置跟首页记录集设置不同，首页记录集设置是绑定到某个信息分类下或未指定分类，而 class.php 记录集需要动态获取传过来的参数 film_type，设定参数值为 $_GET[film_type]。

Recfilmtop 记录集：该记录集选取 5 条本栏目下的标记为推荐的信息，如图 27-22 所示。

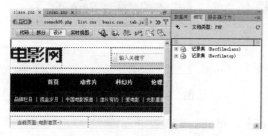

图 27-21   class.php 界面

图 27-22   Recfilmtop 记录集

设定重复记录，指定显示 10 条记录，如图 27-23 所示。

Recfilmclass 记录集：该记录集选取本分类下的所有电影信息，并以图片方式分页显示，如图 27-24 所示。

图 27-23   【重复区域】对话框

图 27-24   Recfilmclass 记录集

在【服务器行为】面板中选择 DWTeam → Horizontal Looper MX 命令，设置为 3 行 3 列，如图 27-25 所示。

最后插入记录集导航条，如图 27-26 所示。

图 27-25　Horizontal Looper MX 对话框

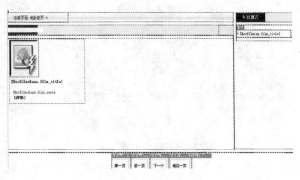

图 27-26　插入记录集导航条

27.5　网站后台分析与讨论

网站后台管理页面文件为网站 admin 目录下的 index.php，预览效果如图 27-27 所示。可以看出在后台管理页面中，管理员可以进行增加影片类别、管理影片类别、增加影片信息、管理影片信息等操作。

图 27-27　后台管理界面

27.6　网站成品预览

网站制作完成后就可以在浏览器中预览各个页面了，具体操作步骤如下。

step 01　使用浏览器打开 index.php，如图 27-28 所示。

step 02　单击导航中的【动作片】链接，进入信息列表页，如图 27-29 所示。

step 03　单击任意一条信息，进入信息内容页，如图 27-30 所示。

图 27-28　网站主页　　　　　　　　　　图 27-29　网站信息列表页

图 27-30　信息内容页

step 04　在搜索框中输入关键字 2012，如图 27-31 所示。

图 27-31　输入关键字

step 05　单击【搜索】按钮，搜索出有关关键字 2012 的所有电影信息，如图 27-32 所示。

step 06　在 IE 地址栏中输入 http://localhost/ch16/admin/，再输入默认的管理账号及密码
admin，进入管理界面，如图 27-33 所示。

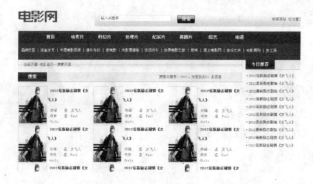

图 27-32　搜索结果　　　　　　　　图 27-33　【管理员登录画面】对话框

step 07 单击【登录管理画面】按钮，进入后台管理页面，如图 27-34 所示。

step 08 单击左侧的【新增影片类别】链接，进入【新增影片类别】页面，如图 27-35 所示。

图 27-34　后台管理页面

图 27-35　【新增影片类别】页面

step 09 输入完各项信息之后，单击【提交】按钮，回到【管理影片类别】页面，可以使用每则信息旁的【编辑】及【删除】链接来执行对应操作，如图 27-36 所示。

step 10 单击左侧的【新增影片信息】链接，进入【新增影片】页面，如图 27-37 所示。

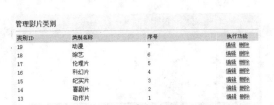

图 27-36　【管理影片类别】页面

图 27-37　【新增影片】页面

step 11 输入各项信息之后，返回【影片管理】界面，可以使用每则信息旁的【编辑】及【删除】链接来执行对应操作，如图 27-38 所示。

影片管理

影片ID	影片类别	影片名称	执行功能
45	动漫	2012最新励志剧情《女飞人》	编辑 删除
44	动漫	2012最新励志剧情《女飞人》	编辑 删除
43	动漫	2012最新励志剧情《女飞人》	编辑 删除
42	动漫	2012最新励志剧情《女飞人》	编辑 删除
41	动漫	2012最新励志剧情《女飞人》	编辑 删除
40	综艺	2012最新励志剧情《女飞人》	编辑 删除
39	综艺	2012最新励志剧情《女飞人》	编辑 删除
38	综艺	2012最新励志剧情《女飞人》	编辑 删除
37	综艺	2012最新励志剧情《女飞人》	编辑 删除
36	综艺	2012最新励志剧情《女飞人》	编辑 删除
35	综艺	2012最新励志剧情《女飞人》	编辑 删除
34	综艺	2012最新励志剧情《女飞人》	编辑 删除
33	综艺	2012最新励志剧情《女飞人》	编辑 删除
32	综艺	2012最新励志剧情《女飞人》	编辑 删除
31	综艺	2012最新励志剧情《女飞人》	编辑 删除

下一个 最后一页

图 27-38　【影片管理】页面

第 28 章

电子商务类网站开发实战

电子商务类网站的开发主要包括网站主页面制作、网站二级页面制作和网站后台的制作。本章以主要经营酒类产品的电子商务类网站为例进行介绍。

本章要点(已掌握的在方框中打钩)

- ☐ 熟悉网站的分析与准备工作内容。
- ☐ 熟悉网站结构分析的方法。
- ☐ 掌握网站主页面的制作方法。
- ☐ 掌握网站二级页面的制作方法。
- ☐ 掌握网站后台管理页面的制作方法。

28.1　网站分析及准备工作

在开发网站之前，首先需要分析网站并做一些准备工作。

28.1.1　设计分析

电子商务类网站一般侧重于向用户传达企业信息，包括企业的产品、新闻资讯、销售网络、联系方式等，让用户快速了解企业的最新产品和最新资讯。

本实例使用红色为网站主色调，让用户打开页面就会产生记忆识别。整个页面以产品、资讯为重点，舒适的主题色加上精美的产品图片，可以增强用户的购买欲望。

28.1.2　网站流程图

本章所制作的电子商务类网站的流程图如图 28-1 所示。

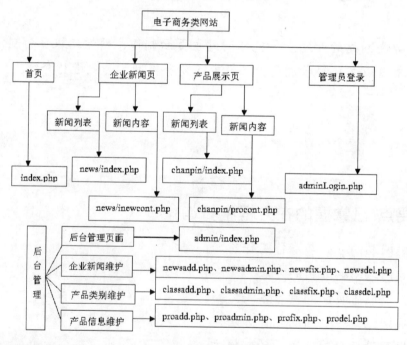

图 28-1　网站流程图

28.1.3　数据库分析

1. MySQL 数据库的导入

将本章范例文件夹中的"源文件\ch14"目录整个复制到 C:\Apache2.2\htdocs 里，就可以开始进行网站的规划。

在该目录中有本章范例所使用的数据库备份文件 db_14.sql，将其导入，其中包含了 4 个数据表：admin、news、proclass 和 product。

2. 数据表分析

导入数据表之后，可以单击数据表右侧的【结构】链接观看数据表内容，如图 28-2 所示。

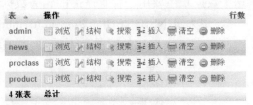

图 28-2　分析数据表

(1) admin 数据表。这个数据表主要用于保存登录管理界面的账号与密码，主索引栏为 username 字段，如图 28-3 所示。

目前数据表中已经预存一条数据，如图 28-4 所示，值都为 admin，为默认使用的账号及密码。

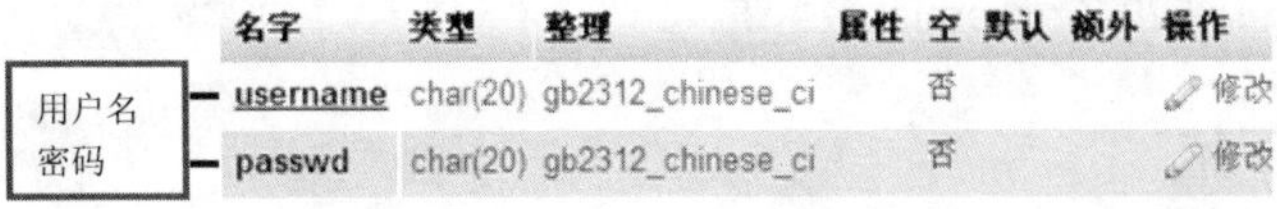

图 28-3　admin 数据表

username	passwd
admin	admin

图 28-4　数据库账户

(2) news 数据表。这个数据表主要用于保存企业新闻的相关数据。本数据表以 news_id(企业新闻管理编号)为主索引，并设定为 UNSIGNED(正数)、auto_increment(自动编号)，如此即能在添加数据时为每一则企业新闻加上一个单独的编号而不重复，如图 28-5 所示。

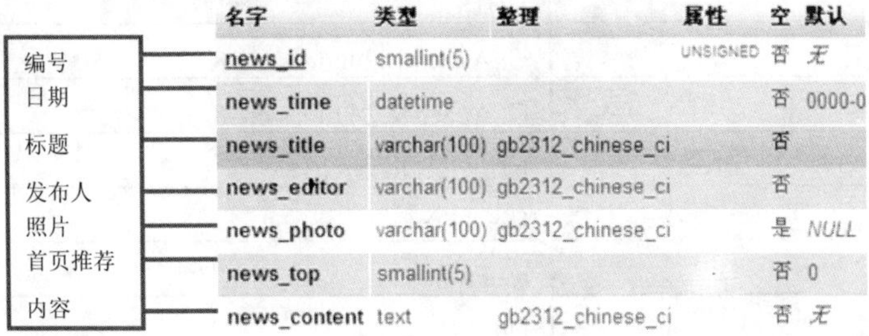

图 28-5　news 数据表

(3) proclass 数据表。这个数据表主要用于保存产品分类的相关数据。本数据表以 class_id(产品类别管理编号)为主索引，并设定为 UNSIGNED(正数)、auto_increment(自动编号)，如此即能在添加数据时为每一个产品类别加上一个单独的编号而不重复，如图 28-6 所示。

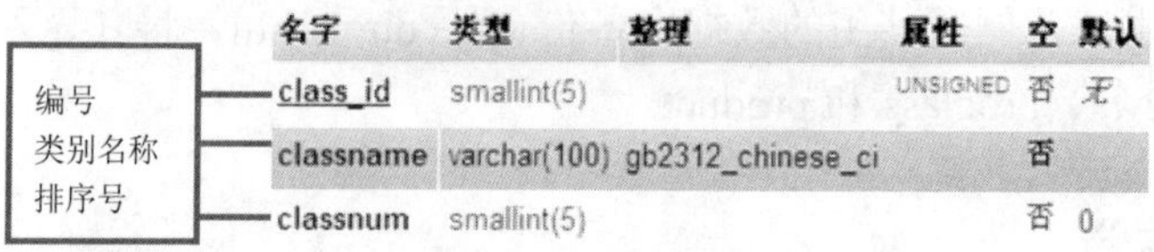

图 28-6 proclass 数据表

(4) product 数据表。这个数据表主要用于保存产品的相关数据。本数据表以 pro_id(企业产品管理编号)为主索引，并设定为 UNSIGNED(正数)、auto_increment(自动编号)，如此即能在添加数据时为每一款产品加上一个单独的编号而不重复，如图 28-7 所示。

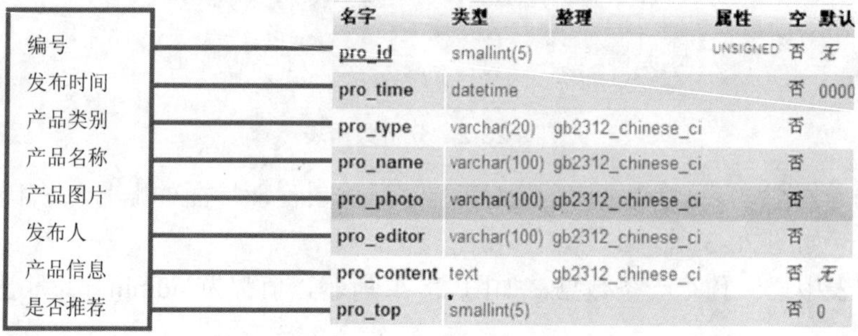

图 28-7 product 数据表

28.1.4 制作程序基本数据表

本章范例网站的基本数据表如表 28-1 所示。

表 28-1 网站基本数据表

信息名称	内　容
网站名称	CH18
本机服务器主文件夹	C:\Apache2.2\htdocs\ch18
程序使用文件夹	C:\Apache2.2\htdocs\ch18
程序测试网址	http://localhost/ch18/
MySQL 服务器地址	localhost
管理账号/密码	root/root
使用数据库名称	Db_14
使用数据表名称	admin、news、proclass、product

28.2 网站结构分析

网站首页使用 1-(1+2)-1 型结构进行布局，凸显网站的大气。整个页面非常简洁明了，主要包括导航、banner、产品展示、企业新闻、促销信息及下方的页脚，如图 28-8 所示。

二级页面有多个，只有企业新闻列表页和企业产品展示列表页需要使用动态方法实现，这两个页面使用 1-2-1 型结构进行布局(在实际网站制作中，通常设计者把变化不大的页面保持静态化，仅对经常更新的页面进行编程处理)，如图 28-9 所示。

图 28-8　网站首页

图 28-9　二级页面

28.3　网站主页面的制作

网站的分析以及准备工作都做好之后，下面就可以正式进行网站的制作了，这里以在 Dreamweaver CS6 中制作为例进行介绍。

28.3.1　管理站点

制作网站的第一步工作就是创建站点，在 Dreamweaver CS6 中创建站点的方法在前面的章节中已经介绍，这里不再赘述。

28.3.2　网站主页面的制作过程

下面针对页面制作过程中的步骤和数据绑定进行讲解。

1. 数据库连接的设置

在【文件】面板中选择要编辑的网页 index.php，双击将其在编辑区打开。然后切换到【数据库】面板，单击【+】按钮，在弹出的菜单中选择【MySQL 连接】命令，在打开的【MySQL 连接】对话框中输入连接的名称和 MySQL 的连接信息，单击【确定】按钮，如图 28-10 所示。

2. 主要数据绑定实现

在首页中有三处需要动态调用数据的地方，分别是图片新闻、文字新闻、促销产品。这里就出现了问题：同样是新闻，怎么区分图片新闻和文字新闻呢？怎么区分哪种商品出现在首页呢？

下面就来介绍如何将这些数据绑定到网页中，具体操作步骤如下。

step 01 打开【绑定】面板，这里需要三个数据绑定记录集，分别对应图片新闻、文字新闻、促销产品，如图 28-11 所示。

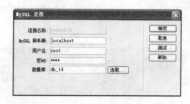

图 28-10 【MySQL 连接】对话框

图 28-11 【绑定】面板

step 02 单击打开图片新闻记录集 Recnewstop，如图 28-12 所示。在 SQL 语句后面，有一个 limit 1 指令，这个指令用于从数据表中取出一条数据，整个 SQL 语句的意思是从 news 表中取出推荐的图片不为空的最新发布的一条数据。如果数据量比较大，使用 limit 指令就显得非常有必要，可以大大提高数据的检索效率。

step 03 由于仅获取一条信息，不需要设置重复区域，接着设定跳转详细信息页面，如图 28-13 所示。

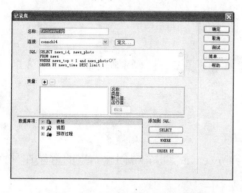

图 28-12 Recnewstop 记录集

图 28-13 设置跳转详细信息页面

step 04 单击打开 Recnews 记录集，这个记录集设置的目的是获取 6 条最新的企业新闻。SQL 语句的意义是从 news 表中取出 6 条最新发布的新闻信息，如图 28-14 所示。

step 05 在设定重复区域的时候设定记录条数为 6，如图 28-15 所示。

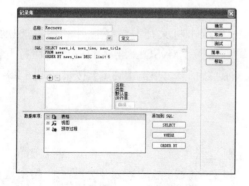

图 28-14 Recnews 记录集

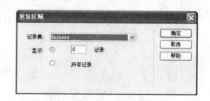

图 28-15 【重复区域】对话框

step 06　设定跳转详细信息页面，如图 28-16 所示。

step 07　打开促销产品记录集 Recprotop，这个记录集的目的是从 product 表中取出最新一条推荐到首页的产品信息，如图 28-17 所示。

图 28-16　设置跳转详细信息页面

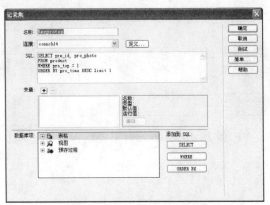

图 28-17　Recporotop 记录集

step 08　因为仅获取一条记录，也不需要设置重复区域，设定跳转详细信息页面，如图 28-18 所示。

图 28-18　设置跳转详细信息页面

28.4　网站二级页面的制作

需要动态化的二级页面涉及两个页面：一是企业新闻列表页；二是企业产品展示列表页。

28.4.1　企业新闻列表页

在【文件】面板中打开 news 目录下的 index.php，在新闻列表中创建一个用于获取所有企业新闻的记录集 Recnews，在【绑定】面板中将其打开。SQL 语句中按时间的降序排列所有记录，如图 28-19 所示。

列表中还需要设定重复区域、记录集导航条和显示区域，如图 28-20 所示。

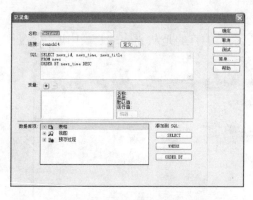

图 28-19　Recnews 记录集

图 28-20　新闻列表页

28.4.2　企业产品展示列表页

在【文件】面板中打开 chanpin 目录下的 index.php，在产品列表中创建两个记录集，一个是用于获取所有推荐产品的记录集 Recprotop；另一个是用于获取产品类别的记录集 Recproclass。打开【绑定】面板，可以查看，如图 28-21 所示。

图 28-21　【绑定】面板

制作企业产品展示列表页的具体操作步骤如下。

step 01　打开 Recproclass 记录集，SQL 语句的意思是选择产品类别表中的所有记录并按 classnum 升序排列，如图 28-22 所示。

step 02　设定重复区域，选取所有记录，如图 28-23 所示。

图 28-22　Recproclass 记录集

图 28-23　【重复区域】对话框

step 03　打开 Recprotop 记录集，该记录集的作用是从产品信息表中取出推荐的所有产品并按发布时间降序排列，最后发布的产品最先显示，如图 28-24 所示。

step 04　由于是图片列表，在设定的时候在【服务器行为】面板中选择 DWteam→Horizontal Looper MX 命令，如图 28-25 所示。

step 05　打开 Horizontal Looper MX 对话框，在其中设定行列为 3 行 3 列，如图 28-26 所示。

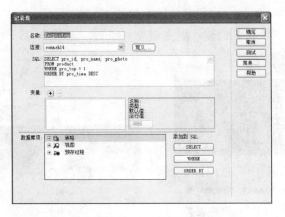

图 28-24　Recprotop 记录集

图 28-25　选择 Horizontal Looper MX 命令

图 28-26　Horizontal Looper MX 对话框

28.5　网站后台分析与讨论

　　由于后台涉及的功能比较多，所以使用 index.php 页进行导航。在【文件】面板中打开 admin 目录下的 index.php 页面，可以看到这里就是一个导航页，没有具体的页面功能，如图 28-27 所示。

　　【新增企业新闻】和【管理企业新闻】用于企业新闻信息的管理，【新增产品类别】和【管理产品类别】用于产品类别的管理，【新增产品信息】和【管理产品信息】用于产品信息的管理。

图 28-27　后台管理页面

28.6　网站成品预览

　　网站制作完成后，下面就可以在浏览器中预览网站的各个页面了，具体操作步骤如下。

step 01 使用浏览器打开 index.php 文件，如图 28-28 所示。

step 02 单击【企业资讯】链接，进入信息列表页，如图 28-29 所示。

图 28-28 网站首页

图 28-29 信息列表页

step 03 单击任意一条信息，进入信息内容页，如图 28-30 所示。

step 04 单击导航条中的【产品展台】链接，进入产品展示列表页，如图 28-31 所示。

图 28-30 信息内容页

图 28-31 产品展示列表页

step 05 单击【后台管理】按钮，在打开的【管理员登录画面】对话框中输入默认的管理账号及密码 admin，如图 28-32 所示。

step 06 单击【登录管理画面】按钮，进入后台管理界面，如图 28-33 所示。

图 28-32 【管理员登录画面】对话框

图 28-33 后台管理页面

step 07 单击左侧的【新增企业新闻】链接，进入【新增企业新闻】页面，在其中输入相关数据信息，如图 28-34 所示。

图 28-34 【新增企业新闻】页面

step 08 输入完各项信息之后，单击【提交】按钮，回到【管理企业新闻】页面，可以使用每则信息旁的【编辑】及【删除】链接来执行编辑和删除操作，如图 28-35 所示。

step 09 单击左侧的【新增产品类别】链接，进入【新增产品类别】页面，如图 28-36 所示。

管理企业新闻

新闻ID	日期	标题	执行功能
13	2012-11-30 00:00:00	小米盒子或"瘦身"再上市	编辑 删除
14	2012-11-30 00:00:00	美国不认可中概股	编辑 删除
15	2012-12-03 00:00:00	微软的10大噩梦正步步成真 [图] [推荐]	编辑 删除
16	2012-12-03 00:00:00	有许多职场人士执行力不强的原因	编辑 删除
17	2012-12-03 00:00:00	你是"病态性上网"吗?	编辑 删除

图 28-35 【管理企业新闻】页面

图 28-36 【新增产品类别】页面

step 10 输入类别名称及排序号之后，返回到【管理产品类别】界面，可以使用每则类别旁的【编辑】及【删除】链接来执行相应操作，如图 28-37 所示。

step 11 单击左侧的【新增产品信息】链接，进入【新增产品】页面，如图 28-38 所示。

管理产品类别

类别ID	类别名称	序号	执行功能
18	礼品系列	5	编辑 删除
17	洋酒系列	6	编辑 删除
16	红酒系列	2	编辑 删除
15	啤酒系列	3	编辑 删除
14	清酒系列	2	编辑 删除
13	烧酒系列	1	编辑 删除

图 28-37 【管理产品类别】页面

step 12 输入各项信息之后，返回到【产品管理】界面，可以使用每则产品旁的【编辑】及【删除】链接来执行编辑和删除操作，如图 28-39 所示。

图 28-38　【新增产品】页面

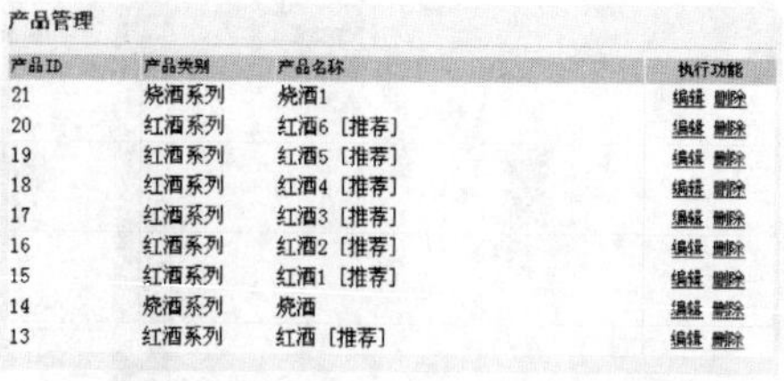

产品管理

产品ID	产品类别	产品名称	执行功能
21	烧酒系列	烧酒1	编辑 删除
20	红酒系列	红酒6 [推荐]	编辑 删除
19	红酒系列	红酒5 [推荐]	编辑 删除
18	红酒系列	红酒4 [推荐]	编辑 删除
17	红酒系列	红酒3 [推荐]	编辑 删除
16	红酒系列	红酒2 [推荐]	编辑 删除
15	红酒系列	红酒1 [推荐]	编辑 删除
14	烧酒系列	烧酒	编辑 删除
13	红酒系列	红酒 [推荐]	编辑 删除

图 28-39　【产品管理】页面

第 29 章

适合手机预览的
网站开发实战

随着移动电子的发展，网站开发也进入了一个新的阶段。常见的移动设备有智能手机、平板电脑等。平板电脑与手机的差异在于设置网页的分辨率不同。下面就以制作一个适合智能手机浏览的网站为例，来介绍开发网站的方式。

本章要点(已掌握的在方框中打钩)

☐ 掌握手机网页结构分析的方法。
☐ 掌握手机网页主页面的制作方法。

29.1 网站设计分析

由于手机和电脑相比，屏幕小很多，所以手机网站在版式上相对比较固定，通常都是 1+(n)+1 型版式布局。最终效果如图 29-1 所示。

图 29-1 网站首页

29.2 网站结构分析

手机网站制作由于受到版面限制，不能把传统网站上的所有应用、链接都移植过来。这不是简单的技术问题，而是用户浏览习惯的问题。所以设计手机网站的时候首要考虑的问题是怎么精简传统网站上的应用，保留最主要的信息和功能。

要确定你的服务中最重要的部分。如果是展示新闻或博客等信息，那就让你的访问者最快地接触到信息；如果是执行更新信息等操作，那么就让他们快速地达到目的。

如果功能繁多，要尽可能地删减，剔除一些额外的应用，集中在重要的应用上。如果一个用户需要改变设置或者做大改动，那他们就会去使用电脑版。

可以提供转至全版网站的方式。手机版网站不会具备全部的功能设置。虽然重新转至全版网站的用户成本要高，但是这个选项至少要有。

总的来说，成功的手机网站的设计秉持一个简明的原则：能够让用户快速地得到他们想知道的，最有效率地完成他们的行为，所有设置都要让他们满意。

与传统网站相比，手机网站架构可选择性比较少，本例的结构如图 29-2 所示。

图 29-2 网页结构

29.3 网站主页面的制作

由于手机浏览器支持的原因，手机的导航菜单也受到一定程度上的限制，没有太多复杂生动的效果展现，一般都以水平菜单为主。具体代码如下。

```
<DIV class="w1 N1">
<P><A
href="#">导航</A>
<A href="#">天气</A>
  <A href="#">微博</A>
  <A href="#">笑话</A>
  <A href="#">星座</A></P>
<P><A href="#">游戏</A>
  <A href="#">阅读</A> <A
href="#">音乐</A> <A
href="#">动漫</A>
  <A
href="#">视频</A>
</P>
</DIV>
```

制作完网页中的菜单后，下面还需要为菜单添加 CSS 样式，具体代码如下。

```
.w1 {
PADDING-BOTTOM: 3px; PADDING-LEFT: 10px; PADDING-RIGHT: 10px; PADDING-TOP:
3px
}
.N1 A {
MARGIN-RIGHT: 4px
}
```

运行结果如图 29-3 所示。

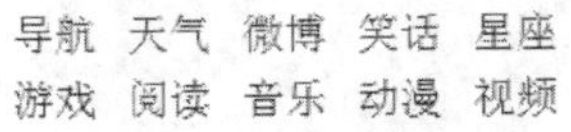

导航 天气 微博 笑话 星座
游戏 阅读 音乐 动漫 视频

图 29-3　网页导航菜单

下面设置手机网页的模块内容，手机网页各个模块的布局内容区别不大，基本上以 div、
p、a 这三个标签为主，具体代码如下。

```
<DIV class=w1>
<P><A href="#"><SPAN
style="COLOR: rgb(51,51,51)"><STRONG>淘宝砍价，血拼到底</STRONG></SPAN></A>
</P>
<P><A href="#"><SPAN
style="COLOR: rgb(51,51,51)">不是 1 折</SPAN></A><I class=s>|</I><A
href="#"><SPAN
style="COLOR: rgb(51,51,51)">不要钱</SPAN></A> </P></DIV>
<DIV class="w a3">
<P class="hn hn1"><A
href="#"><IMG
alt="淘宝砍价，血拼到底" src="images/1.jpg"></A> </P></DIV>
<DIV class="ls pb1">
<P><I class=s>.</I><A
href="#"><SPAN
style="COLOR: rgb(51,51,51)">信息内容标题信息内容标题</SPAN></A></P>
<P><I class=s>.</I><A
href="#"><SPAN
style="COLOR: rgb(51,51,51)">信息内容标题信息内容标题</SPAN></A></P>
```

```
<P><I class=s>.</I><A
href="#"><SPAN
style="COLOR: rgb(51,51,51)">信息内容标题信息内容标题</SPAN></A></P>
<P><I class=s>.</I><A
href="#"><SPAN
style="COLOR: rgb(51,51,51)">信息内容标题信息内容标题</SPAN></A></P></DIV>
```

下面为模块添加 CSS 样式，具体代码如下。

```
.ls {
MARGIN: 5px 5px 0px; PADDING-TOP: 5px
}
.ls A:visited {
COLOR: #551a8b
}
.ls .s {
COLOR: #3a88c0
}
.a3 {
TEXT-ALIGN: center
}
.w {
PADDING-BOTTOM: 0px; PADDING-LEFT: 10px; PADDING-RIGHT: 10px; PADDING-TOP:
0px
}
.pb1 {
PADDING-BOTTOM: 10px
}
```

实现效果如图 29-4 所示。

图 29-4　网页预览效果

29.4　网站成品预览

下面给出网站成品的源代码，具体如下。

```
<!DOCTYPE HTML PUBLIC "-//W3C//DTD HTML 4.0 Transitional//EN">
<!-- saved from url=(0018)http://m.sohu.com/ -->
<HTML xmlns="http://www.w3.org/1999/xhtml"><HEAD><TITLE>手机网页</TITLE>
<META content="text/html; charset=utf-8" http-equiv=Content-Type>
<META content=no-cache http-equiv=Cache-Control>
<META name=MobileOptimized content=240>
<META name=viewport
content=width=device-width,initial-scale=1.33,minimum-scale=1.0,maximum-
scale=1.0>
```

```
<LINK rel=stylesheet
type=text/css href="images/css.css" media=all><!--开发过程中用外链样式，开发完成
后可直接写入页面的 style 块内--><!-- 股票碎片 1 -->
<STYLE type=text/css>.stock_green {
    COLOR: #008000
}
.stock_red {
    COLOR: #f00
}
.stock_black {
    COLOR: #333
}
.stock_wrap {
    WIDTH: 240px
}
.stock_mod01 {
    PADDING-BOTTOM: 2px; LINE-HEIGHT: 18px; PADDING-LEFT: 10px; PADDING-
RIGHT: 0px; FONT-SIZE: 12px; PADDING-TOP: 10px
}
.stock_mod01 .stock_s1 {
    PADDING-RIGHT: 3px
}
.stock_mod01 .stock_name {
    COLOR: #039; FONT-SIZE: 14px
}
.stock_seabox {
    PADDING-BOTTOM: 6px; PADDING-LEFT: 10px; PADDING-RIGHT: 0px; FONT-SIZE:
14px; PADDING-TOP: 0px
}
.stock_seabox .stock_kw {
    BORDER-BOTTOM: #3a88c0 1px solid; BORDER-LEFT: #3a88c0 1px solid;
PADDING-BOTTOM: 2px; PADDING-LEFT: 0px; WIDTH: 130px; PADDING-RIGHT: 0px;
HEIGHT: 16px; COLOR: #999; FONT-SIZE: 14px; VERTICAL-ALIGN: -1px; BORDER-
TOP: #3a88c0 1px solid; BORDER-RIGHT: #3a88c0 1px solid; PADDING-TOP: 2px
}
.stock_seabox .stock_btn {
    BORDER-BOTTOM: medium none; TEXT-ALIGN: center; BORDER-LEFT: medium
none; PADDING-BOTTOM: 0px; PADDING-LEFT: 4px; PADDING-RIGHT: 4px;
BACKGROUND: #3a88c0; HEIGHT: 22px; COLOR: #fff; FONT-SIZE: 14px; BORDER-TOP:
medium none; CURSOR: pointer; BORDER-RIGHT: medium none; PADDING-TOP: 0px
}
.stock_seabox SPAN {
    PADDING-BOTTOM: 0px; PADDING-LEFT: 4px; PADDING-RIGHT: 0px; PADDING-TOP:
4px
}
.stock_seabox A {
    COLOR: #039; TEXT-DECORATION: none
}
</STYLE>
<!-- 股票碎片 1 -->
<META name=GENERATOR content="MSHTML 8.00.6001.19328"></HEAD>
<BODY>
<DIV class="w h Header">
<TABLE>
```

```
  <TBODY>
  <TR>
    <TD>
      <H1><IMG class=Logo alt=手机搜狐 src="images/logo.png"
      height=32></H1></TD>
    <TD>
      <DIV class="as a2">
      <DIV id=weather_tip class=weather min><A
      href="#" name=top><IMG style="HEIGHT: 32px"
      id=weather_icon src="images/1-s.jpg"></IMG> 北京<BR>6℃~19℃
      </A></DIV></DIV></TD></TR></TBODY></TABLE></DIV>
<DIV class="w1 N1">
<P><A
href="#">导航</A>
<A href="#">天气</A>
  <A href="#">微博</A>
  <A href="#">笑话</A>
  <A href="#">星座</A></P>
<P><A href="#">游戏</A>
  <A href="#">阅读</A> <A
href="#">音乐</A> <A
href="#">动漫</A>
  <A
href="#">视频</A>
</P></DIV>
<DIV class="w1 c1"></DIV>
<DIV class="w h">
<TABLE>
  <TBODY>
  <TR>
   <TD width="54%">
     <H3><IMG alt="" src="images/caibanlanmu.jpg" height=16><I
     class=s></I>热点</H3></TD>
   <TD width="46%">
     <DIV class="as a2"><A
     href="#">专题</A><I
     class=s>•</I><A
     href="#">策划</A></DIV></TD></TR></TBODY></TABLE></DIV>
<DIV class=w1>
<P><A href="#"><SPAN
style="COLOR: rgb(51,51,51)"><STRONG>淘宝砍价，血拼到底</STRONG></SPAN></A>
</P>
<P><A href="#"><SPAN
style="COLOR: rgb(51,51,51)">不是 1 折</SPAN></A><I class=s>|</I><A
href="#"><SPAN
style="COLOR: rgb(51,51,51)">不要钱</SPAN></A> </P></DIV>
<DIV class="w a3">
<P class="hn hn1"><A
href="#"><IMG
alt="淘宝砍价，血拼到底" src="images/1.jpg"></A> </P></DIV>
<DIV class="ls pb1">
<P><I class=s>.</I><A
href="#"><SPAN
style="COLOR: rgb(51,51,51)">信息内容标题信息内容标题</SPAN></A></P>
```

```
<P><I class=s>.</I><A
href="#"><SPAN
style="COLOR: rgb(51,51,51)">信息内容标题信息内容标题</SPAN></A></P>
<P><I class=s>.</I><A
href="#"><SPAN
style="COLOR: rgb(51,51,51)">信息内容标题信息内容标题</SPAN></A></P>
<P><I class=s>.</I><A
href="#"><SPAN
style="COLOR: rgb(51,51,51)">信息内容标题信息内容标题</SPAN></A></P></DIV>
<DIV class="w h">
<TABLE>
  <TBODY>
  <TR>
    <TD width="55%">
      <H3><IMG alt="" src="images/caibanlanmu.jpg" height=16><I
      class=s></I><A
      href="#">新闻</A></H3></TD>
    <TD width="45%">
      <DIV class="as a2"><A
      href="#">分类</A><I
      class=s>•</I><A
      href="#">分类</A></DIV></TD></TR></TBODY></TABLE></DIV>
<DIV class=ls>
<P><I class=s>.</I><A
href="#">信息内容标题信息内容标题</A></P>
<P><I class=s>.</I><A
href="#">信息内容标题信息内容标题</A></P>
<P><I class=s>.</I><A
href="#"><SPAN
style="COLOR: rgb(194,0,0)">微博</SPAN></A><I class=v>|</I><A
href="#"><SPAN
style="COLOR: rgb(194,0,0)">信息内容</SPAN></A></P>
<P><I class=s>.</I><A
href="#">信息内容标题信息内容标题</A></P>
<P><I class=s>.</I><A
href="#">信息内容标题信息内容标题</A></P>
<P><I class=s>.</I><A
href="#">信息内容标题信息内容标题</A></P>
<P><I class=s>.</I><A
href="#">信息内容标题信息内容标题</A></P>
<P><I class=s>.</I><A
href="#">信息内容标题信息内容标题</A></P>
<P><I class=s>.</I><A
href="#">信息内容标题信息内容标题</A></P>
<P><I class=s>.</I><A
href="#">信息内容标题信息内容标题</A></P>
<P><I class=s>.</I><A
href="#">信息内容标题信息内容标题</A></P>
<P><I class=s>.</I><A
href="#">信息内容标题信息内容标题</A></P></DIV>
<P class="w f a2 pb1"><A href="#">更多&gt;&gt;</A></P>
<DIV class="w h">
<TABLE>
  <TBODY>
```

```
    <TR>
      <TD width="55%">
        <H3><IMG alt="" src="images/caibanlanmu.jpg" height=16><I
        class=s></I><A
        href="#">分类</A></H3></TD>
      <TD width="45%">
        <DIV class="as a2"><A
        href="#">分类</A><I
        class=s>•</I><A
        href="#">分类</A></DIV></TD></TR></TBODY></TABLE></DIV>
  <DIV class="ls ls2">
    <P><I class=s>.</I><A
href="#">信息内容标题信息内容标题</A></P>
  <P><I class=s>.</I><A
href="#">信息内容标题信息内容标题</A></P>
  <P><I class=s>.</I><A
href="#">信息内容标题信息内容标题</A></P>
  <P><I class=s>.</I><A
href="#">信息内容标题信息内容标题</A></P>
  <P><I class=s>.</I><A
href="#">信息内容标题信息内容标题</A></P>
  <P><I class=s>.</I><A
href="#">信息内容标题信息内容标题</A></P></DIV>
  <P class="w f a2 pb1"><A href="#">更多&gt;&gt;</A></P>
  <DIV class="ls c1 pb1">•<A class=h6
href="#">信息内容标题信息内容标题!</A><BR>•<A
class=h6
href="#">信息内容标题信息内容标题</A><BR></DIV>

  <DIV class=c1><!--UCAD[v=1;ad=1112]--></DIV>
  <DIV class="w h">
<H3>站内直通车</H3></DIV>
  <DIV class="w1 N1">
<P><A
href="#">导航</A>
<A
href="#">新闻</A>
<A href="#">娱乐</A> <A
href="#">体育</A> <A
href="#">女人</A> </P>
  <P><A href="#">财经</A> <A
href="#">科技</A> <A
href="#">军事</A> <A
href="#">星座</A> <A
href="#">图库</A> </P></DIV>
  <P class="w a3"><A class=Top href="#">↑回顶部</A></P>
  <DIV class="w a3 Ftr">
<P><A href="#">普版</A><I
class=s>|</I><B class=c2>彩版</B><I class=s>|</I><A
href="#">触版</A><I
class=s>|</I><A href="#">PC</A></P>
  <P class=f12><A href="#">合作</A><I class=s>-</I><A
href="#">留言</A></P>
  <P class=f12>Copyright © 2012 xfytabao.com</P></DIV></BODY></HTML>
```

最终成品的网页预览效果如图 29-5 所示。

图 29-5　网页预览效果

第 8 篇

网站全能扩展篇

第 30 章

让别人浏览我的成果——网站的测试与发布

将本地站点中的网站建设好后，接下来需要将站点上传到远端服务器上，以供 Internet 上的用户浏览。

本章要点(已掌握的在方框中打钩)

☐ 熟悉上传网站前的准备工作。

☐ 掌握测试网站的方法。

☐ 掌握上传网站的方法。

30.1　上传网站前的准备工作

在将网站上传到网络服务器之前，首先要在网络服务器上注册域名和申请网络空间，同时，还要对本地计算机进行相应的配置，以完成网站的上传。

30.1.1　注册域名

域名可以说是企业的"网上商标"，所以在域名的选择上要与注册商标相符合，以便于记忆。

在申请域名时，应该选择短且容易记忆的域名，另外最好还要和客户的商业有直接的关系，尽可能地使用客户的商标或企业名称。

30.1.2　申请空间

域名注册成功，接下来需要为自己的网站在网上安个"家"，即申请网站空间。网站空间是指用于存放网页的、置于服务器中的、可通过国际互联网访问的硬盘空间(就是用于存放网站的服务器中的硬盘空间)。

自己注册了域名之后，还需要进行域名解析。

域名是为了方便记忆而专门建立的一套地址转换系统。要访问一台互联网上的服务器，最终还必须通过 IP 地址来实现，域名解析就是将域名重新转换为 IP 地址的过程。

一个域名只能对应一个 IP 地址，而多个域名则可同时被解析到一个 IP 地址。域名解析需要由专门的域名解析服务器(DNS)来完成。

30.2　测　试　网　站

网站上传到服务器后，工作并没有结束，下面要做的工作就是在线测试网站，这是一项十分重要又非常烦琐的工作。在线测试工作包括测试网页外观、测试链接、测试网页程序、检测数据库，以及测试下载时间是否过长等。

30.2.1　案例 1——测试站点范围的链接

测试网站超链接，也是上传网站之前必不可少的工作之一。对网站的超链接逐一进行测试，不仅能够确保访问者能够打开链接目标，并且还可以使超链接目标与超链接源保持高度的统一。

在 Dreamweaver CS6 中进行站点各页面超链接测试的具体操作步骤如下。

step 01　打开网站的首页，在窗口中选择【站点】→【检查站点范围的链接】菜单命令，如图 30-1 所示。

step 02 在 Dreamweaver CS6 设计器的下端弹出【链接检查器】面板，并给出本页面的检测结果，如图 30-2 所示。

图 30-1　选择【检查站点范围的链接】菜单命令　　　　**图 30-2　链接检查器**

step 03 如果需要检测整个站点的超链接时，单击左侧的 ▷ 按钮，在弹出的下拉菜单中选择【检查整个当前本地站点的链接】命令，如图 30-3 所示。

step 04 在【链接检查器】底部弹出整个站点的检测结果，如图 30-4 所示。

图 30-3　检查整个当前网站　　　　　　　**图 30-4　站点测试结果**

30.2.2　案例 2——改变站点范围的链接

更改站点内某个文件的所有链接的具体操作步骤如下。

step 01 在窗口中选择【站点】→【改变站点范围的链接】菜单命令，打开【更改整个站点链接】对话框，如图 30-5 所示。

step 02 在【更改所有的链接】文本框中输入要更改链接的文件，或者单击右边的【浏览文件】按钮 📂，在打开的【选择要修改的链接】对话框中选中要更改链接的文件，然后单击【确定】按钮，如图 30-6 所示。

step 03 在【变成新链接】文本框中输入新的链接文件，或者单击右边的【浏览文件】按钮 📂，在打开的【选择新链接】对话框中选中新的链接文件，如图 30-7 所示。

step 04 单击【确定】按钮，即可改变站点内某一个文件的链接情况，如图 30-8 所示。

图 30-5　【更改整个站点链接】对话框　　　　图 30-6　【选择要修改的链接】对话框

图 30-7　【选择新链接】对话框　　　　　　图 30-8　更改整个站点链接

30.2.3　案例3——查找和替换

在 Dreamweaver CS6 中，不但可以像 Word 等应用软件一样对页面中的文本进行查找和替换，而且可以对整个站点中的所有文档进行源代码或标签等内容的查找和替换。

step 01　选择【编辑】→【查找和替换】菜单命令，如图 30-9 所示。

step 02　打开【查找和替换】对话框，在【查找范围】下拉列表框中，可以选择【当前文档】、【所选文字】、【打开的文档】、【整个当前本地站点】等选项；在【搜索】下拉列表框中，可以选择对【文本】、【源代码】、【指定标签】等内容进行搜索，如图 30-10 所示。

图 30-9　选择【查找和替换】命令　　　　　图 30-10　【查找和替换】对话框

step 03 在【查找】列表框中输入要查找的具体内容；在【替换】列表框中输入要替换的内容；在【选项】选项组中，可以设置【区分大小写】、【全字匹配】等选项。单击【查找下一个】或者【替换】按钮，就可以完成对页面内指定内容的查找和替换操作。

30.2.4　案例4——清理文档

测试完超链接之后，还需要对网站中每个页面的文档进行清理，在 Dreamweaver CS6 中，可以清理一些不必要的 HTML，也可以清理 Word 生成的 HTML，以增加网页打开的速度。具体操作步骤如下。

1. 清理不必要的 HTML

step 01 选择【命令】→【清理 XHTML】菜单命令，弹出【清理 HTML/XHTML】对话框。

step 02 在【清理 HTML/XHTML】对话框中，可以设置对【空标签区块】、【多余的嵌套标签】和【Dreamweaver 特殊标记】等内容的清理，具体设置如图 30-11 所示。

step 03 单击【确定】按钮，即可完成对页面指定内容的清理。

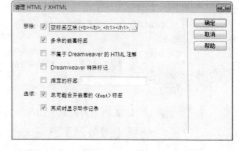

图 30-11　清理不必要的 HTML

2. 清理 Word 生成的 HTML

step 01 选择【命令】→【清理 Word 生成的 HTML】菜单命令，打开【清理 Word 生成的 HTML】对话框。

step 02 在【基本】选项卡中，可以设置要清理的来自 Word 文档的特定标记、背景颜色等选项，如图 30-12 所示；在【详细】选项卡中，可以进一步地设置要清理的 Word 文档中的特定标记以及 CSS 样式表的内容，如图 30-13 所示。

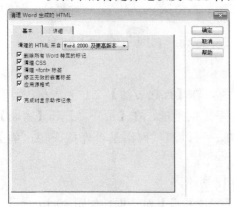

图 30-12　【基本】选项卡

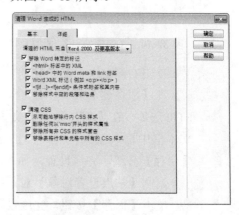

图 30-13　【详细】选项卡

step 03 单击【确定】按钮，即可完成对页面中由 Word 生成的 HTML 内容的清理。

30.3 发布网站

网站测试好以后，接下来最重要的就是发布网站。只有将网站发布到远程服务器上，才能让浏览者浏览。设计者可以利用 Dreamweaver 软件自带的上传功能进行发布，也可以利用专门的 FTP 软件发布。

30.3.1 案例 5——使用 Dreamweaver 发布网站

在 Dreamweaver CS6 中，使用站点窗口工具栏中的 ⬇ 和 ⬆ 按钮，可以将本地文件夹中的文件上传到远程站点，也可以将远程站点的文件下载到本地文件夹中。将文件的上传/下载操作和存回/取出操作相结合，就可以实现全功能的站点维护。

使用 Dreamweaver CS6，可以将本地网站文件发布到互联网的网站空间中。具体操作步骤如下。

step 01 选择【站点】→【管理站点】菜单命令，打开【管理站点】对话框，如图 30-14 所示。

step 02 在【管理站点】对话框中单击【编辑】按钮🖉，打开【站点设置对象】对话框，选择【服务器】选项，如图 30-15 所示。

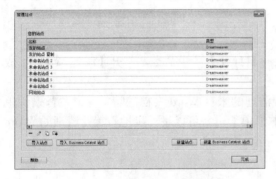

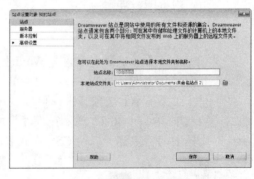

图 30-14 【管理站点】对话框   图 30-15 【站点设置对象】对话框

step 03 单击右侧面板中的 ➕ 按钮，如图 30-16 所示。

step 04 在【服务器】文本框中输入服务器的名称，在【连接方法】下拉列表框中选择 FTP 选项，在【FTP 地址】文本框中输入服务器的地址，在【用户名】和【密码】文本框中输入相关信息，单击【测试】按钮，可以测试网络是否连接成功，单击【保存】按钮，完成设置，如图 30-17 所示。

step 05 返回【站点设置对象】对话框，如图 30-18 所示。

step 06 单击【保存】按钮，完成设置，返回到【管理站点】对话框，如图 30-19 所示。

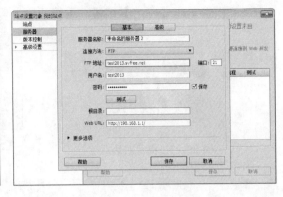

图 30-16　【服务器】选项卡　　　　　　　　　　　图 30-17　输入服务器信息

图 30-18　【站点设置对象】对话框　　　　　　　　图 30-19　【管理站点】对话框

step 07　单击【完成】按钮，返回站点文件窗口。在【文件】面板中，单击工具栏中的按钮，如图 30-20 所示。

step 08　打开上传文件窗口，在该窗口中单击按钮，如图 30-21 所示。

图 30-20　【文件】面板　　　　　　　　　　　　　图 30-21　上传文件窗口

step 09　开始连接到【我的站点】之上。单击工具栏中的按钮，弹出一个提示对话框，如图 30-22 所示。

step 10　单击【确定】按钮，系统开始上传网站内容，如图 30-23 所示。

图 30-22　提示对话框

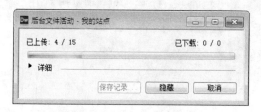

图 30-23　开始上传文件

30.3.2　案例 6——使用 FTP 工具上传网站

还可以利用专门的 FTP 软件上传网页，具体操作步骤如下(本小节以 Cute FTP 8.0 进行讲解)。

step 01　在 FTP 软件的操作界面中，选择【文件】→【新建】→【FTP 站点】菜单命令，如图 30-24 所示。

step 02　弹出【此对象的站点属性：无标题(4)】对话框，如图 30-25 所示。

图 30-24　选择【FTP 站点】菜单命令

图 30-25　【此对象的站点属性：无标题(4)】对话框

step 03　在【此对象的站点属性：无标题(4)】对话框中根据提示输入相关信息，单击【连接】按钮，连接到相应的地址，如图 30-26 所示。

step 04　返回主界面后，切换至【本地驱动器】选项卡，选择要上传的文件，如图 30-27 所示。

step 05　在左侧窗口中选中需要上传的文件并右击，在弹出的快捷菜单中选择【上载】命令，如图 30-28 所示。

step 06　这时，在窗口的下方窗格中将显示文件上传的进度以及上传的状态，如图 30-29 所示。

图 30-26　输入信息

图 30-27　选择要上传的文件

图 30-28　开始上传文件

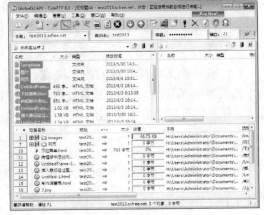

图 30-29　文件上传的进度

step 07 上传完成后，用户即可在外部进行查看，如图 30-30 所示。

图 30-30　查看文件上传结果

30.4　跟我练练手

30.4.1　练习目标

能够熟练掌握本章所讲内容。

30.4.2　上机练习

练习 1：测试网站。

练习 2：上传网站。

30.5　高 手 甜 点

甜点 1：正确上传文件

上传网站的文件需要遵循两个原则：首先，要确定上传的文件一定会被网站使用，不要上传无关紧要的文件，并尽量缩小上传文件的大小；其次，上传的图片要尽量采用压缩格式，这样不仅可以节省服务器的资源，而且可以提高网站的访问速度。

甜点 2：设置网页自动关闭

如果希望网页在指定的时间内能自动关闭，可以在网页源代码的标签后面加入如下代码。

```
<script LANGUAGE="JavaScript">
setTimeout("self.close()",5000)
</script>
```

代码中的 5000 表示 5 秒钟，它是以毫秒为单位的。

第 31 章

保障网站正常运行
——网站安全与
防御策略

网站攻击技术无处不在，在某个安全程序非常高的网站，攻击者也许只用小小的一句代码就可以让网站成为入侵者的帮凶，让网站访问者成为最无辜的受害者。

本章要点(已掌握的在方框中打钩)

☐ 熟悉网站维护的基础知识。

☐ 掌握网站安全防御策略。

31.1　网站维护基础知识

在学习网站安全与防御策略之前，用户需要了解些网站的基础知识。

31.1.1　网站的维护与安全

网站安全的基础是系统及平台的安全，只有在做好系统及平台的安全工作后才能保证网站的安全。目前，随着网站数量的增多，以及编写网站代码的程序语言也在不断地更新，致使网站漏洞不断出新，黑客攻击手段不断变化，让用户防不胜防，但用户可以以不变应万变，从如下几个方面来防范网站的安全。

目前，每个网站的服务器空间并不都是自己的。因为，一些小公司没有经济实力购买自己的服务器，它们只能去租别人的服务器。对于不同地方的网站服务器空间，其网站防范措施也不尽相同。

1. 网站服务空间是租用的

针对这种情况，网站管理员只能在保护网站的安全方面下功夫，即在网站开发这块做一些安全工作。

(1) 网站数据库的安全。一般 SQL 注入攻击主要是针对网站数据库的，所以需要在数据库连接文件中添加相应防攻击的代码。例如，在检查网站程序时，打开那些含有数据库操作的 ASP 文件，这些文件是需要防护的页面，然后在其头部加上相关的防注入代码，于是这些页面就能防注入了，最后再把它们都上传到服务器上。

(2) 堵住数据库下载漏洞。换句话说就是不让别人下载数据库文件，并且数据库文件的命名最好复杂并隐藏起来，让别人认不出来。

(3) 网站中最好不要有上传和论坛程序。因为这样最容易产生上传文件漏洞以及其他网站漏洞。

(4) 后台管理程序。对于后台管理程序的要求是：首先不要在网页上显示后台管理程序的入口链接，防止黑客攻击；其次就是用户名和密码不能过于简单且要定期更换。

(5) 定期检查网站上的木马。使用某些专门木马查杀工具，或使用网站程序集成的监测工具定期检查网站上是否存在木马。

除以上工作外，还可以把网站上的文件除了数据库文件外，都改成只读的属性，以防止文件被篡改。

2. 网站服务空间是自己的

针对这种情况，除了采用上述几点对网站安全进行防范外，还要对网站服务器的安全进行防范。这里以 Windows+IIS 实现的平台为例，需要做到如下几点。

(1) 服务器的文件存储系统要使用 NTFS 文件系统，因为在对文件和目录进行管理方面，NTFS 系统更安全有效。

(2) 关闭默认的共享文件。

(3) 建立相应的权限机制，以最小化权限的原则分配给 Web 服务器访问者。

(4) 删除不必要的虚拟目录、危险的 IIS 组件和不必要的应用程序映射。

(5) 保护好日志文件的安全，因为日志文件是系统安全策略的一个重要环节，可以通过对日记的查看，及时发现并解决问题，确保日志文件的安全能有效提高系统整体安全性。

31.1.2 常见网站攻击方式

网站攻击的手段极其多样，黑客常用的网站攻击手段主要有如下几种。

1. 阻塞攻击

阻塞类攻击手段典型的攻击方法是拒绝服务攻击(Denial of Service，DOS)，即攻击者想办法让目标机器停止服务。攻击成功后的后果为使目标系统死机、使端口处于停顿状态等，还可以在网站服务器中发送杂乱信息、改变文件名称、删除关键的程序文件等，进而扭曲系统的资源状态，使系统的处理速度降低。

2. 文件上传漏洞攻击

网站的上传漏洞根据在网页文件上传的过程中对其上传变量的处理方式的不同，可分为动力型和动网型两种。其中，动网型上传漏洞是因为编程人员在编写网页时未对文件上传路径变量进行任何过滤就允许进行上传而产生的漏洞，用户可以对文件上传路径变量进行任意修改。动网型上传漏洞最早出现在动网论坛中，其危害性极大，使很多网站都遭受攻击。而动力型上传漏洞是因为网站系统没有对上传变量进行初始化，在处理多个文件上传时，可以将 ASP 文件上传到网站目录中而产生的漏洞。

上传漏洞攻击方式对网站安全威胁极大，攻击者可以直接上传 ASP 木马文件等从而得到一个 WEBSHELL，进而控制整个网站服务器。

3. 跨站脚本攻击

跨站脚本攻击一般是指黑客在远程站点页面 HTML 代码中插入具有恶意目的的数据。用户认为该页面是可信赖的，但当浏览器下载该页面时，嵌入其中的脚本将被解释执行。跨站脚本攻击方式最常见的是通过窃取 cookie 或欺骗打开木马网页等，以取得重要的资料；也可以直接在存在跨站脚本漏洞的网站中写入注入脚本代码、在网站挂上木马网页等。

4. 弱密码的入侵攻击

这种攻击方式首先需要用扫描器探测到 SQL 账号和密码信息，进而拿到 SA 密码，然后用 SQLEXEC 等攻击工具通过 1433 端口连接到网站服务器上，再开设系统账号，通过 3389 端口登录。这种攻击方式还可以配合 WEBSHELL 来使用，一般的 ASP+MSSQL 的网站通常会把 MSSQL 连接密码写到一个配置文件当中，可以用 WEBSHELL 来读取配置文件里面的 SA 密码，然后上传一个 SQL 木马来获取系统的控制权限。

5. 网站旁注入侵

这种技术是通过 IP 绑定域名查询的功能查出服务器上有多少网站，再通过一些薄弱的网站实施入侵，拿到权限之后转而控制服务器的其他网站。

6. 网站服务器漏洞攻击

网站服务器的漏洞主要集中在各种网页中。由于网页程序编写得不严谨，因而出现了各种脚本漏洞，如文件上传漏洞、Cookie 欺骗漏洞等。但除了这几类常见的脚本漏洞外，还有一些专门针对某些网站程序出现的脚本程序漏洞，最常见的有用户对输入的数据过滤不严、网站源代码暴露、远程文件包含漏洞等。

利用这些漏洞需要用户有一定的编程基础。现在网络上随时都有最新的脚本漏洞发布，也有专门的工具，初学者完全可以利用这些工具进行攻击。

31.2　网站安全防御策略

在了解了网站安全基础知识后，下面介绍网站安全防御策略。

31.2.1　案例 1——检测上传文件的安全性

服务器提供了多种服务项目，其中上传文件是其提供的最基本的服务项目。它可以让空间的使用者自由上传文件，但是在上传文件的过程中，很多用户可能会上传一些对服务器造成致命打击的文件，如最常见的 ASP 木马文件。所以网络管理员必须利用入侵检测技术来检测网页木马是否存在，以防止随时随地都有可能发生的安全隐患，"思易 ASP 木马追捕"就是一个很好的检测工具，通过该工具可以检测到网站中是否存在 ASP 木马文件。

下面来介绍使用思易 ASP 木马追捕来检测上传文件是否为木马的过程，其具体操作步骤如下。

step 01 下载思易 ASP 木马追捕 2.0 源文件，并将 asplist2.0.asp 文件存放在 IIS 默认目录 H:\Inetpub\wwwroot 下，然后在【计算机管理】窗口中双击【Internet 信息服务管理器】选项，打开【Internet 信息服务】窗口。右击，在弹出的快捷菜单中选择【浏览】命令，如图 31-1 所示。

step 02 在打开的窗口中可以看到添加到 H:\Inetpub\wwwroot 目录下的 asplist2.0.asp 文件，在 IE 浏览器中打开该网页，在【检查的文件类型】文本框中输入思易 ASP 木马追捕可以检查的文件类型，主要包括 ASP、JPG、ZIP 在内的许多种文件类型，默认是检查所有类型。在【增加搜索自定义关键字】文本框中输入确定 ASP 木马文件所包含的特征字符，以增加木马检查的可靠性，关键字用","隔开，如图 31-2 所示。

图 31-1　选择【浏览】命令

图 31-2　打开 asplist2.0.asp 文件

step 03　在【所在目录】中列出了当前浏览器的目录，上面显示的是该目录包含的子目录，下面显示的是该目录的文件。此时单击目录列表中的目录可以检查相应的目录，而单击【回上级目录】链接即可返回到当前目录的上一级目录，如图 31-3 所示。

step 04　在设置好【检查的文件类型】和【增加搜索自定义关键字】属性后，单击【确定】按钮，根据设置进行网页木马的探测，如图 31-4 所示。

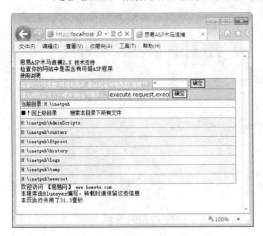

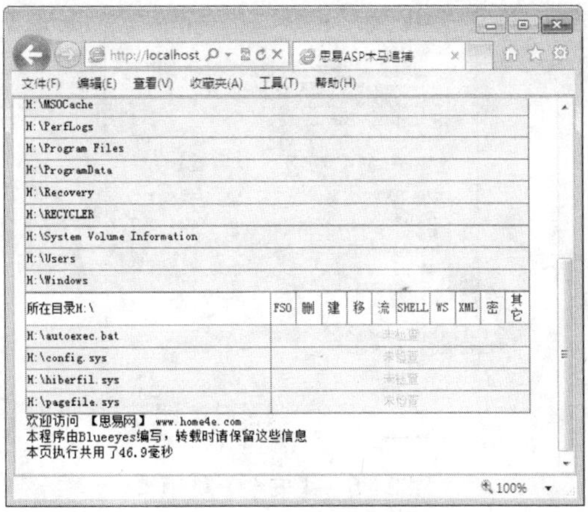

图 31-3　网页预览效果

图 31-4　网页木马探测结果

step 05　在思易 ASP 木马追捕工具中可以查看目录下的每一份文件，正常的网页文件一般不会支持删除、新建、移动文件的操作。如果检测出来的文件支持删除、新建操作或同时支持多种组件的调用，则可以确定该文件为木马病毒，直接删除即可。

其中各个参数的含义如下。

(1) FSO：FSO 组件，具有远程删除、新建、修改文件或文件夹的功能。

(2) 删：可以在线删除文件或文件夹。

(3) 建：可以在线新建文件或文件夹。

(4) 移：可以在线移动文件或文件夹。

(5) 流：是否调用 Adodb.stream。

(6) Shell：是否调用 Shell，Shell 是微软对一些常用外壳操作函数的封装。

(7) WS：是否调用 WSCIPT 组件。

(8) XML：是否调用 XMLHTTP 组件。

(9) 密：网页源文件是否加密。

31.2.2 案例 2——设置网站访问权限

限制用户的网站访问权限往往可以有效堵住入侵者的上传。可在 IIS 服务管理器中进行用户访问权限设置，还可设置网站目录下的文件访问控制权限，赋予 IIS 网站访问用户相应的权限，才能正常浏览网站网页文档或访问数据库文件。对于后缀为.asp、.html、.php 等的网页文档文件，设置网站访问用户对这些文件可读即可。

设置网站访问权限的具体操作步骤如下。

step 01　在资源管理器中右击 D:\inetpub 中的 www.***.com 目录，在弹出的快捷菜单中选择【属性】命令，在打开的对话框中切换到【安全】选项卡，如图 31-5 所示。

step 02　在【组或用户名】列表框中选择任意一个用户名，然后单击【编辑】按钮，打开权限对话框，如图 31-6 所示。

图 31-5　【安全】选项卡

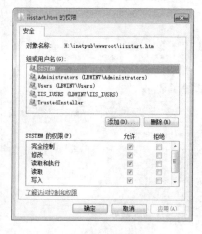

图 31-6　权限对话框

step 03　单击【添加】按钮，打开【选择用户或组】对话框，在其中输入用户 Everyone，如图 31-7 所示。

step 04　单击【确定】按钮，返回文件夹属性对话框中可看到已将 Everyone 用户添加到列表框中，如图 31-8 所示。单击【确定】按钮，即可完成设置。

另外，在网页文件夹中还有数据库文件的权限需要进行特别设置。因为用户在提交表单或进行注册等操作时，会修改数据库的数据，所以除给用户读取的权限外，还需要写入和修改权限，否则也会出现用户无法正常访问网站的问题。

设置网页数据库文件权限的操作方法如下：右击文件夹中的数据库文件，在弹出的快捷菜单中选择【属性】命令，在打开的属性对话框中切换到【安全】选项卡，在【组或用户名】列表框中选择 Eveyone 用户，在权限列表框中再选择【修改】、【写入】权限。

图 31-7 【选择用户或组】对话框

图 31-8 文件夹属性对话框

31.3 跟我练练手

31.3.1 练习目标

能够熟练掌握本章所讲内容。

31.3.2 上机练习

练习 1：检测上传文件的安全性。

练习 2：设置网站访问权限。

31.4 高手甜点

甜点 1：网站硬件的维护

硬件中最主要的就是服务器，一般要求使用专用的服务器，不要使用 PC 代替。因为专用的服务器中有多个 CPU，并且硬盘的各方面的配置也比较优秀；如果其中一个 CPU 或硬盘坏了，别的 CPU 和硬盘还可以继续工作，不会影响到网站的正常运行。

网站机房通常要注意室内的温度、湿度及通风性，这些将影响到服务器的散热和性能的正常发挥。如果有条件，最好使用两台或两台以上的服务器，所有的配置最好都是一样的。因为服务器经过一段时间要进行停机检修，在检修的时候可以用别的服务器工作，这样不会影响到网站的正常运行。

甜点 2：网站软件的维护

软件管理也是确保一个网站能够良好运行的必要条件，通常包括服务器的操作系统配置、网站的定期更新、数据的备份、网络安全的防护等。

(1) 服务器的操作系统配置。

一个网站要能正常运行，硬件环境是一个先决条件。但是服务器操作系统的配置是否可行和设置的优良性如何，则是一个网站能否良好长期运行的保证。除了要定期对这些操作系统进行维护外，还要定期对操作系统进行更新，使用最先进的操作系统。一般来说，操作系统中软件安装的原则是少而精，就是在服务器中安装的软件应尽可能地少，只要够用即可，这样可防止各个软件之间相互冲突。因为有些软件还是不健全的、有漏洞的，还需要进一步的完善，所以安装得越多，潜在的问题和漏洞也就越多。

(2) 网站的定期更新。

网站的创建并不是一成不变的，还要对网站进行定期的更新。除了更新网站的信息外，还要更新或调整网站的功能和服务。对网站中的废旧文件要随时清除，以提高网站的精良性，从而提高网站的运行速度。不要以为网站上传、运行后便万事大吉，与自己无关了。要多光顾自己的网站，作为一个旁观者来客观地看待自己的网站，评价自己的网站与别的优秀网站相比还有哪些不足。有时自己分析自己的网站往往比别人更能发现问题，然后再进一步地完善自己网站中的功能和服务。还有就是要时时关注互联网的发展趋势，随时调整自己的网站，使其顺应潮流，以便给别人提供更便捷和贴切的服务。

(3) 数据的备份。

所谓数据的备份，是指对自己网站中的数据进行定期备份，这样既可以防止服务器出现突发错误丢失数据，又可以防止自己的网站被别人"黑"掉。如果有了定期的网站数据备份，那么即使自己的网站被别人"黑"掉了，也不会影响网站的正常运行。

(4) 网络安全的防护。

所谓网络的安全防护，是指防止自己的网站被别人非法地侵入和破坏。除了要对服务器进行安全设置外，首要的一点是要注意及时下载和安装软件的补丁程序。此外，还要在服务器中安装、设置防火墙。防火墙虽然是确保安全的一个有效措施，但不是唯一的，也不能确保绝对安全，为此，还应该使用其他安全措施。另外一点就是要时刻注意病毒的问题，要时刻对自己的服务器进行查毒、杀毒等操作，以确保系统的安全运行。

随着网络的飞速发展，网络上的不安全因素也越来越多，所以有必要保护网络的安全。在操作计算机的同时，要采用一定的安全策略和防护方法，如提高网络的安全意识，要做到不随意透露密码，尽量不用生日或电话号码等容易被破解的信息作为密码，经常更换密码，禁用不必要的服务。在操作计算机时，显示器上常常会出现一些不需要的信息，应根据实际情况禁用一些不必要的服务，安装一些对计算机能起到保护作用的程序等。

第 32 章

增加点击率——
网站优化与推广

要想推广一个网站，坐等访客的光临是不行的。放在互联网上的网站就像一块立在地下走道中的公告牌一样，即使人们在走道里走动的次数很多，但是往往也很难发现这个公告牌，可见宣传网站有多么重要。就像任何产品一样，再优秀的网站如果不进行自我宣传，也很难有较大的访问量。

本章要点(已掌握的在方框中打钩)

☐ 熟悉网站广告的分类。
☐ 掌握添加网站广告的方法。
☐ 掌握添加实用查询工具的方法。
☐ 掌握网站宣传与推广的方法。

32.1　在网站中添加广告

通过在网站中适当地添加广告信息，可以给网站的拥有者带来不小的收入。随着点击量的上升，创造的财富也增多。

32.1.1　网站广告的分类

网站广告设计更多的时候是通过烦琐的工作与多次的尝试完成的。在实际工作中，网页设计者会根据需要添加不同类型的网站广告。网站广告的形式大致分为以下几种。

1. 网幅式广告

网幅式广告又称旗帜广告，通常横向出现在网页中，最常见的尺寸是 468 像素×60 像素和 468 像素×80 像素，目前还有 728 像素×90 像素的大尺寸型，是网络上比较早出现的一种广告形式，如图 32-1 所示。该广告以往以 jpg 或者 gif 格式为主，伴随着网络的发展，swf 格式的网幅广告也比较常见了。

2. 弹出式广告

弹出式广告是互联网上的一种在线广告形式，意图透过广告来增加网站流量。用户进入网页时，会自动开启一个新的浏览器视窗，以吸引读者直接到相关网址浏览，从而收到宣传之效。这些广告一般都透过网页的 JavaScript 指令来启动，但也有通过其他形式启动的。由于弹出式广告过分泛滥，很多浏览器或者浏览器组件都加入了弹出式窗口杀手的功能，以屏蔽这样的广告，如图 32-2 所示。

图 32-1　网幅式广告

图 32-2　弹出式广告

3. 按钮式广告

按钮式广告是一种小面积的广告形式，如图 32-3 所示。这种广告形式被开发出来主要有两个原因：一方面可以通过减小面积来降低购买成本，让小预算的广告主有能力购买；另一方面是为了更好地利用网页中比较小面积的零散空白位。

常见的按钮式广告有 125 像素×125 像素、120 像素×90 像素、120 像素×60 像素、88 像素×314 像素 4 种尺寸。在购买的时候，广告主也可以购买连续位置的几个按钮式广告组成双按钮广告、三按钮广告等，以加强宣传效果。按钮式广告一般容量比较小，常见的有 JPEG、GIF、Flash 3 种格式。

4. 文字链接广告

文字链接广告是一种最简单直接的网上广告，只需要将超链接加入相关文字便可，如图 32-4 所示。

图 32-3 按钮式广告 　　　　　　　　图 32-4 文字链接广告

5. 横幅式广告

横幅式广告是通栏式广告的初步发展阶段，初期用户认可程度很高，有不错的效果。但是伴随着时间的推移，人们对横幅式广告已经开始变得麻木，于是广告主和媒体开发了通栏式广告，它比横幅式广告更长，面积更大，更具有表现力，更吸引人。一般的通栏式广告尺寸有 590 像素×105 像素、590 像素×80 像素等，已经成为一种常见的广告形式，如图 32-5 所示。

6. 浮动式广告

浮动式广告是网页页面上悬浮或移动的非鼠标响应广告，可以为 Gif 或 Flash 等格式，如图 32-6 所示。

图 32-5 横幅式广告 　　　　　　　　图 32-6 浮动式广告

32.1.2 添加网站广告

网站广告的种类很多，下面以添加浮动式广告为例，讲解如何在网站上添加广告。具体操作步骤如下。

`step 01` 启动 Dreamweaver CS6，打开随书光盘中的"ch19\index.htm"文件，如图 32-7 所示。

step 02 单击【代码】按钮，将下面的代码复制到</body>之前的位置。

```
<div id="ad" style="position:absolute"><a href="http://www.baidu.com">
<img src="images/星座.jpg" border="0"></a>
</div>
<script language="javascript">
  var x = 50,y = 60
  var xin = true, yin = true
  var step = 1
  var delay = 10
  var obj=document.getElementById("ad")
  function floatAD() { var L=T=0
    var R= document.body.clientWidth-obj.offsetWidth
    var B = document.body.clientHeight-obj.offsetHeight
    obj.style.left = x + document.body.scrollLeft
    obj.style.top = y + document.body.scrollTop
    x = x + step*(xin?1:-1)
    if (x < L) { xin = true; x = L}
    if (x > R){ xin = false; x = R}
    y = y + step*(yin?1:-1)
    if (y < T) { yin = true; y = T }
    if (y > B) { yin = false; y = B } }
  var itl= setInterval("floatAD()", delay)
obj.onmouseover=function(){clearInterval(itl)}
obj.onmouseout=function(){itl=setInterval("floatAD()", delay)}
```

step 03 保存网页，然后在浏览器中浏览网页，如图 32-8 所示。

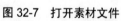

图 32-7　打开素材文件

图 32-8　预览网页

32.2　添加实用查询工具

在制作好的网页中，还可以添加一些实用查询工具，如天气预报、IP 查询、万年历、列车时刻查询等。

32.2.1 添加天气预报

在网页中添加天气预报的具体操作步骤如下。

step 01 打开随书光盘中的"ch19\网址导航.html"文件，选择文字"天气"，如图 32-9 所示。

step 02 在【属性】面板的【链接】文本框中输入 http://www.weather.com.cn/，如图 32-10 所示。

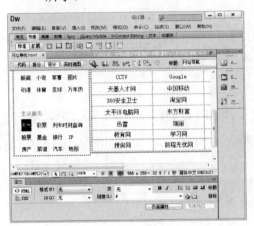

图 32-9 选择文字"天气"

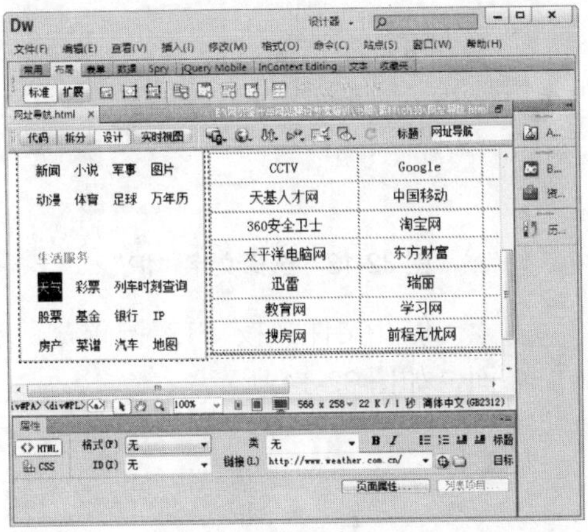

图 32-10 在【属性】面板中输入链接地址

step 03 保存文件，按 F12 键预览，然后单击文字"天气"，页面就会跳转到天气查询页面，如图 32-11 所示。

图 32-11 天气查询页面

32.2.2 添加 IP 查询

在网页中添加 IP 查询的具体操作步骤如下。

step 01 打开随书光盘中的"素材\ch28\网址导航.html"文件，选择文字"IP"，如

图 32-12 所示。

step 02 在【属性】面板的【链接】文本框中输入 http://www.ip138.com/，如图 32-13 所示。

图 32-12 选择文字"IP"

图 32-13 在【属性】面板中输入链接地址

step 03 保存文件，按 F12 键预览，然后单击文字"IP"，页面就会跳转到 IP 查询页面，如图 32-14 所示。

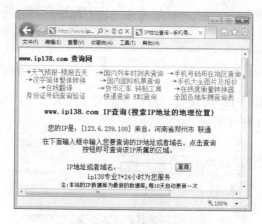

图 32-14 IP 查询页面

32.2.3 添加万年历

在网页中添加万年历的具体操作步骤如下。

step 01 打开随书光盘中的"素材\ch28\网址导航.html"文件，选择文字"万年历"，如图 32-15 所示。

step 02 在【属性】面板的【链接】文本框中输入 http://www.nongli.net/，如图 32-16 所示。

step 03 保存文件，按 F12 键预览，然后单击文字"万年历"，页面就会跳转到万年历查询页面，如图 32-17 所示。

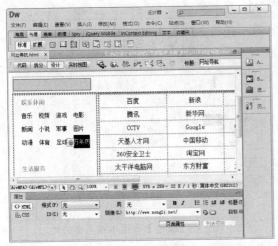
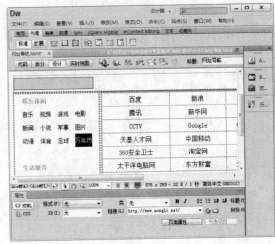

图 32-15 选择文字"万年历"   图 32-16 在【属性】面板中输入链接地址

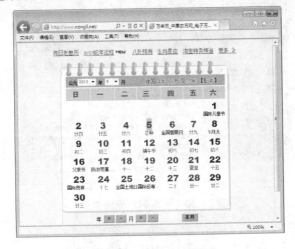

图 32-17 万年历查询页面

32.2.4 添加列车时刻查询

在网页中添加列车时刻查询的具体操作步骤如下。

step 01 打开随书光盘中的"素材\ch28\网址导航.html"文件,选择文字"列车时刻查询",如图 32-18 所示。

step 02 在【属性】面板的【链接】文本框中输入 http://www.12306.cn/mormhweb/,如图 32-19 所示。

step 03 保存文件,按 F12 键预览,然后单击文字"列车时刻查询",页面就会跳转到列车时刻查询页面,如图 32-20 所示。

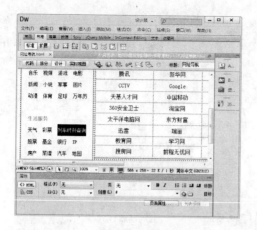 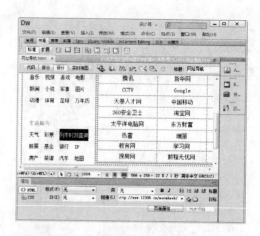

图 32-18　选择文字"列车时刻查询"　　　　图 32-19　在【属性】面板中输入链接地址

图 32-20　列车时刻查询页面

32.3　网站的宣传与推广

　　网站做好后，需要大力地宣传和推广，只有如此才能让更多人知道并浏览。宣传广告的方式很多，包括利用大众传媒、网络传媒、电子邮件、留言本与博客、论坛等。效果最明显的是利用网络传媒的方式。

32.3.1　网站宣传实用策略

　　网站做好之后，需要进行宣传和推广，才可以被更多浏览者访问，没有访问量的网站显然是毫无意义的。下面介绍一些比较实用的网站宣传技巧。

　　(1) 利用聊天室宣传网站。先在聊天室的公告中对所有人进行宣传，然后再对每个聊天室的人一个一个地发。很多大型网站聊天室里每天都有很大流量的聊天人员，所以这种方法见效比较快。但是需要注意的是：因为大部分聊天室都禁止发送广告性质的信息，所以在语言上需要好好斟酌才行。一般情况下，不要和聊天室的管理人员聊天，否则马上会被赶出聊天室。

(2) 利用搜索引擎宣传网站。搜索引擎是一个进行信息检索和查询的专门网站。很多网站都是依靠搜索引擎来宣传的，因为很多网上浏览者都会在搜索引擎中查找相关信息。比如，很多人都习惯利用百度搜索信息，所以如果在百度引擎上注册你的网站，被搜索到的机会就很大。当然，还需要好好研究一下网站的关键字，这对增大网站被搜索的概率很重要。国内此类网站很多，如百度、网易、搜狐、中文雅虎等，填份表格，就能成功注册，以后浏览者就能在这些引擎中查到相关的网页。

(3) 利用 QQ 宣传网站。目前，很多网页浏览者都有自己的 QQ，所以利用 QQ 宣传也是一个比较实用的方法。首先多注册几个 QQ 号码，然后在 QQ 中创建不同的分组，依次添加陌生人，开始宣传网站，一般以创业为向导，找到和浏览者共同的兴趣点。如果浏览者感兴趣，则继续聊下去，否则不要打扰别人，继续寻找下一个目标。根据以往的网站宣传经验，这种方法见效比较快。

32.3.2　利用大众传媒进行推广

大众传媒通常包括电视、书刊报纸、户外广告、其他印刷品等。

1. 电视

目前，电视是最大的宣传媒体。如果在电视中做广告，一定能收到像其他电视广告商品一样家喻户晓的效果，但对个人网站而言就不太适合了。

2. 书刊报纸

报纸是仅次于电视的第二大媒体，也是使用传统方式宣传网站的最佳途径。作为一名电脑爱好者，在使用软硬件和上网的过程中，通常也积累了一些值得与别人交流的经验和心得，那就不妨将它写出来，写好后寄往像《电脑爱好者》等比较著名的刊物，从而让更多人受益。可以在文章的末尾注明自己的主页地址和 E-mail 地址，或者将一些难以用书稿方式表达的内容放在自己的网站中表达。如果文章很受欢迎，那么就能吸引更多人来访问自己的网站。

3. 户外广告

在一些繁华、人流量大的地段的广告牌上做广告也是一种比较好的宣传方式。目前，在街头、地铁内所做的网站广告就说明了这一点，但这种方式比较适合有实力的商业性质的网站。

4. 其他印刷品

公司信笺、名片、礼品包装等都应该印上网址名称，让客户在记住你的名字、职位的同时，也能看到并记住你公司的网址。

32.3.3　利用网络媒介进行推广

由于网络广告的对象是网民，具有很强的针对性，因此，使用网络广告不失为一种较好的宣传方式。

1. 网络广告

在选择网站做广告的时候，需要注意以下两点。

(1) 应选择访问率高的门户网站。只有选择访问率高的网站，才能达到"广而告之"的效果。

(2) 优秀的广告创意是吸引浏览者的重要手段。要想唤起浏览者点击的欲望，就必须给浏览者点击的理由。因此，图形的整体设计、色彩和图形的动态设计以及与网页的搭配等都是极其重要的。如图 32-21 所示为天天营养网的首页，在其中就可以看到添加的网络广告信息。

2. 利用电子邮件

这个方法对自己熟悉的朋友使用还可以，或者在主页上提供更新网站邮件订阅功能，这样，在自己的网站被更新后，便可通知网友了。如果随便地向自己不认识的网友发 E-mail 宣传自己主页的话，就不太友好了。有些网友会认为那是垃圾邮件，以至于给网友留下不好的印象，被列入黑名单或拒收邮件列表内。这样对提高自己网站的访问率并无实质性帮助，而且若未经别人同意就三番五次地发出一样的邀请信，也是不礼貌的。

发出的 E-mail 邀请信要有诚意，态度要和蔼，并将自己网站更新的内容简要地介绍给网友。倘若网友表示不愿意再收到类似的信件，就不要再将通知邮件寄给他们了。如图 32-22 所示为邮箱登录页面。

图 32-21　天天营养网　　　　　　　　　图 32-22　邮箱登录页面

3. 使用留言板、博客

处处留言、引人注意也是一种很好的宣传自己网站的方法。在网上浏览、访问别人的网站时，当看到一个不错的网站时，可以考虑在这个网站的留言板中留下赞美的语句，并把自己网站的简介、地址一并写下来，将来其他人留言时看到这些留言，说不定会有兴趣到你的网站中去参观一下。

随着网络的发展，现在诞生了许多个人博客，在博客中也可以留下你宣传网站的语句。

还有一些是商业网站的留言板、博客等，如网易博客等，每天都会有很多人在上面留言，访问率较高，在那里留言对于让别人知道自己的网站的效果会更明显。如图 32-23 所示为网易博客的首页。

留言时的用语要真诚、简洁，切莫将与主题无关的语句也写在上面。篇幅要尽量简短，不要将同一篇留言反复地写在别人的留言板上。

4. 在网站论坛中留言

目前，大型的商业网站中都有多个专业论坛，有的个人网站上也有论坛，那里会有许多人在发表观点，在论坛中留言也是一种很好的宣传网站的方式。如图 32-24 所示为天涯论坛首页。

图 32-23　网易博客　　　　　　　　图 32-24　天涯论坛

32.3.4　利用其他形式进行推广

大众媒体与网络媒体是比较常见的网站推广方式。下面再来介绍几种其他形式的推广方式。

1. 注册搜索引擎

在知名的网站中注册搜索引擎，可以提高网站的访问量。当然，很多搜索引擎(有些是竞价排名)是收费的，这对商业网站可以使用，对个人网站就有点不好接受了。如图 32-25 所示为百度网站的企业推广首页。

2. 和其他网站交换链接

对个人网站来说，友情链接可能是最好的宣传网站的方式。和访问量大的、优秀的个人网页相互交换链接，能大大地提高网页的访问量。如图 32-26 所示为某个网站的友情链接区域。

这个方法比参加广告交换组织要有效得多，起码可以选择将广告放置到哪个网页。能选择与那些访问率较高的网页建立友情链接，这样造访网页的网友肯定会多起来。

友情链接是相互建立的，要别人加上链接，也应该在自己网页的首页或专门做友情链接的专页放置对方的链接，并适当地进行推荐，这样才能吸引更多人愿意与你共建链接。此外，网站标志要制作得漂亮、醒目，使人一看就有兴趣点击。

图 32-25　百度推广首页

图 32-26　网站友情链接

32.4　实战演练——查看网站的流量

添加网站流量统计功能可以在整体上对网站的浏览次数进行统计。添加网站流量统计功能并查看网站流量的具体操作步骤如下。

step 01 在 IE 浏览器中输入网址 http://www.cnzz.com/，打开 CNZZ 数据专家网的主页，如图 32-27 所示。

step 02 单击【免费注册】按钮进行注册，根据提示输入相关信息，如图 32-28 所示。

图 32-27　CNZZ 数据专家网的主页

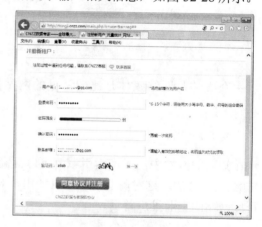

图 32-28　注册页面

step 03 单击【同意协议并注册】按钮，即可注册成功，并进入【添加站点】页面，如图 32-29 所示。

step 04 在【添加站点】页面中输入相关信息，如图 32-30 所示。

step 05 单击【确认添加站点】按钮，进入【站点设置】页面，如图 32-31 所示。

step 06 在【统计代码】选项卡中单击【复制到剪贴板】按钮，根据需要复制代码，如图 32-32 所示。

图 32-29 【添加站点】页面

图 32-30 输入站点信息

图 32-31 【站点设置】页面

图 32-32 复制代码

step 07 将代码插入到页面源代码中，如图 32-33 所示。

step 08 保存并预览效果，如图 32-34 所示。

图 32-33 添加代码到页面源代码之中

图 32-34 预览网页

step 09 单击【站长统计】链接，进入数据专家网查看密码页，如图 32-35 所示。

step 10 输入查看密码，单击【查看数据】按钮，即可查看到网站的浏览量，如图 32-36 所示。

图 32-35　查看密码页

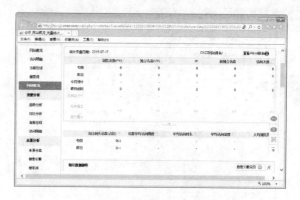

图 32-36　查看网站浏览量

32.5　跟我练练手

32.5.1　练习目标

能够熟练掌握本章所讲内容。

32.5.2　上机练习

练习 1：在网站中添加广告。
练习 2：在网站中添加实用查询工具。
练习 3：宣传与推广网站。
练习 4：查看网站的流量。

32.6　高手甜点

甜点 1：网站 Logo 的摆放位置

网站的 Logo 一般放置在网站首页的左上角，这和人的阅读习惯有关，当打开网站时，人的阅读习惯是将眼睛定位在左上角，这样能够使浏览者更好地记住网站的品牌，起到宣传作用。

甜点 2：正确添加视频播放器

在网站中添加视频播放器时，应尽量使用音乐文件的相对路径，如 images\yinyue.mp3，这样当网页文件夹的路径发生变化时，视频播放器仍然可以正常地连接到音乐文件。